零基础学西门子PLC编程

入门·提高 应用·实例

韩雪涛 主编

吴 瑛 韩广兴 副主编

化学工业出版社

·北京·

内容简介

本书从基础和实用出发，结合岗位培训和社会需求的从业标准，采用双色图解的方式全面系统地讲解西门子PLC编程及应用。主要内容包括：PLC基础知识，西门子PLC的硬件系统，西门子PLC的编程方式与编程软件，西门子PLC系统的安装、调试与维护，西门子PLC的梯形图及语句表，西门子PLC的基本逻辑指令、运算指令、程序控制指令、数据处理指令及数据转换和通信指令，西门子PLC电气控制电路，西门子S7-200 SMART PLC使用规范，西门子Smart 700 IE V3触摸屏的使用和编程，最后，通过工程应用案例使读者进一步提升西门子PLC的编程技能。

本书内容全面系统，重点突出，指令讲解和综合应用配有实际案例，实用性强。在重要知识点的图文旁边附有对应二维码，读者用手机扫描二维码即可实时学习相关教学视频，视频配合书中图文讲解，帮助读者在最短时间内轻松掌握西门子PLC的编程及应用。

本书可供从事PLC技术的人员学习使用，也可作为职业院校、培训学校相关专业的教材。

图书在版编目（CIP）数据

零基础学西门子PLC编程：入门、提高、应用、实例/韩雪涛主编.
—北京：化学工业出版社，2020.8
ISBN 978-7-122-37000-6

Ⅰ.①零… Ⅱ.①韩… Ⅲ.①PLC技术—程序设计Ⅳ.
①TM571.6

中国版本图书馆CIP数据核字（2020）第085244号

责任编辑：李军亮　徐卿华
责任校对：宋　玮　　　　装帧设计：史利平

出版发行：化学工业出版社（北京市东城区青年湖南街13号　邮政编码100011）
印　　装：大厂聚鑫印刷有限责任公司
787mm×1092mm　1/16　印张　17　字数420千字　　2021年2月北京第1版第1次印刷

购书咨询：010-64518888　　售后服务：010-64518899
网　　址：http://www.cip.com.cn
凡购买本书，如有缺损质量问题，本社销售中心负责调换。

定　　价：68.00元

前·言

随着自动化和人工智能技术的不断发展，PLC 的工业应用日益广泛。PLC 技术的学习和培训也逐渐从知识层面延伸到技能应用层面，越来越多的人开始从事与 PLC 相关的工作。具备专业的 PLC 知识、掌握过硬的 PLC 应用技能成为广大电工电子学习者和从业人员的迫切愿望。

然而，就 PLC 技术而言，不仅需要具备电子电路的知识，还需要了解计算机及编程的思维理念，这成为许多 PLC 学习者的瓶颈。如何能够在短时间内迅速提升学习能力，掌握全面、专业的 PLC 知识技能是这本书编写的初衷。

本书定位明确，主要针对 PLC 的初学者编写。目的在于让读者通过对本书的学习，在短时间内掌握 PLC 及相关电气知识，具备 PLC 编程和 PLC 应用的基本技能。

由于 PLC 的产品众多，为了达到最佳的学习效果，本书选择目前市场上应用比较广泛的西门子 PLC 产品作为案例，并依托数码维修工程师鉴定指导中心进行了大量的市场调研和资料汇总，以国家职业技能培训的鉴定标准为指导，结合电工电子领域学习者的学习习惯，对西门子 PLC 技术与技能进行系统的划分，从西门子 PLC 的特点入手，通过典型西门子 PLC 产品的介绍，让读者对西门子 PLC 的技术特点有一个初步的认识。然后结合大量实际案例，全面系统讲解西门子 PLC 的梯形图和语句表，并将西门子 PLC 的常用指令通过图解的方式进行细致讲解，使初学者轻松掌握西门子 PLC 编程技能。最后，本书通过大量 PLC 应用案例的解读，让读者进一步提升对 PLC 的编程应用技能。

在编写方式上，本书充分发挥多媒体的技术特色，将难以理解的电路知识和编程语言都通过图解的方式呈现，让读者能够采用最直观的方式学习，力求达到最高效的学习效果。

另外，本书引入了“微视频讲解互动”的全新教学模式，在书中重要的知识点或技能环节附有微视频二维码，读者在学习过程中可以使用手机直接扫描书中的二维码，实时学习对应的教学视频。

本书由数码维修工程师鉴定指导中心组织编写，由全国电子行业专家韩广兴亲自指导，编写人员由行业工程师、高级技师和一线教师组成。读者在学习和工作过程中如果有任何问题，欢迎与我们交流。

最后，需要说明的是，电工电子的专业技术难度大，涉及范围广，由于编写水平有限，书中难免有不足之处，恳请大家批评、指正。

数码维修工程师鉴定指导中心：

联系电话：022-83715667/83718162、13114807267

编　者

目 · 录

第①章 PLC 基础知识

1.1 认识 PLC

1.1.1 PLC 是什么

PLC 的英文全称为 Programmable Logic Controller，即可编程逻辑控制器，简称可编程控制器，它是一种全新模式的工业自动化控制装置，可以将 PLC 视为一种具有特殊结构的用于工业用途的计算机。但不同的是，PLC 比一般的计算机有更符合工业过程连接的接口，而且它使用自己专用的编程语言。从外形结构上看，PLC 的样子有些独特，图 1-1 为典型 PLC 实物外形。

PLC 的功能特点

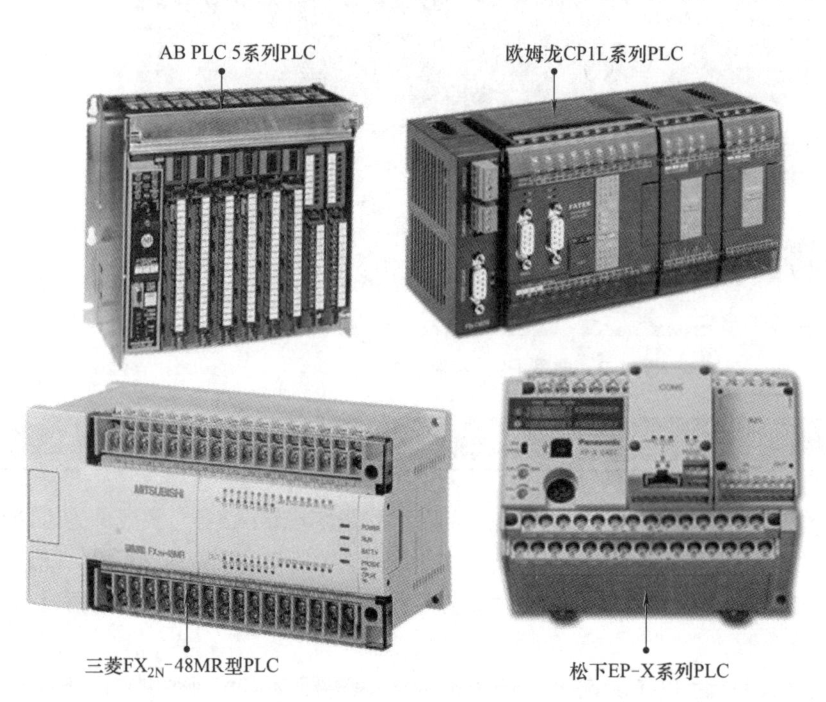

图 1-1　典型 PLC 实物外形

PLC 是专门为工业生产过程提供自动化控制的控制装置，如图 1-2 所示，PLC 通过其强大的输入、输出接口与工业控制系统中的各种部件相连（如控制按键、继电器、传感器、电动机、指示灯等输入、输出的控制部件、显示部件和功能部件）。

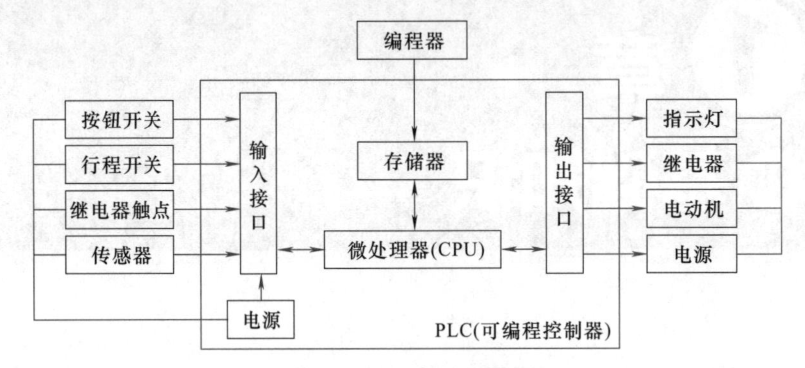

图 1-2　PLC 的功能框图

通过编程器编写控制程序（PLC 语句），将控制程序存入 PLC 中的存储器并在微处理器（CPU）的作用下执行逻辑运算、顺序控制、计数等操作指令。这些指令会以数字信号（或模拟信号）的形式送到输入、输出端，从而控制输入、输出端接口上连接的设备，协同完成生产过程。图 1-3 为典型 PLC 控制的系统模型。

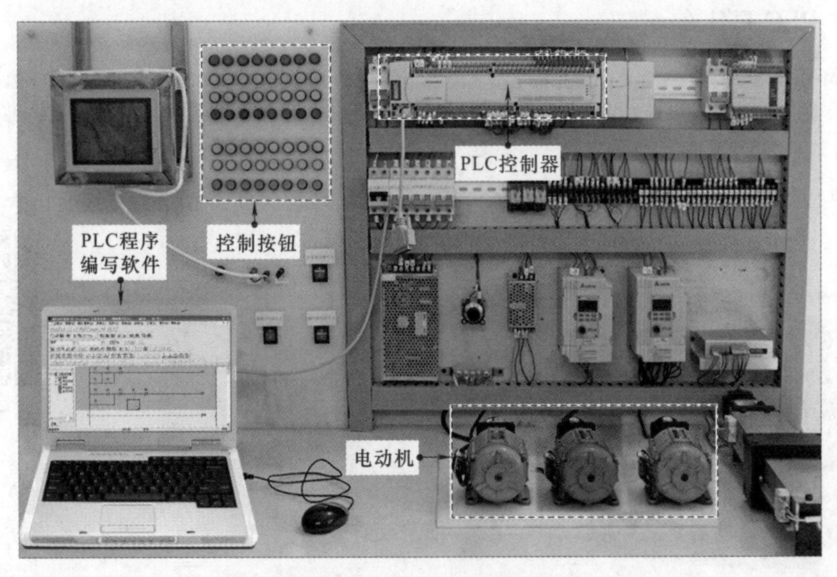

图 1-3　典型 PLC 控制系统

提示说明

PLC 控制系统用标准接口取代了硬件安装连接，用大规模集成电路与可靠元件的组合取代线圈和活动部件的搭配，并通过计算机控制方式，不仅大大简化了整个控制系统，而且也使得控制系统的性能更加稳定，功能更加强大。在拓展性和抗干扰能力方面也有了显著的提高。

PLC 控制系统最大的特色是在改变控制方式和效果时不需要改动电气部件的物理连接线路，只需要通过 PLC 程序编写软件重新编写 PLC 内部的程序即可。

1.1.2　PLC 的优势

早在 PLC 问世以前，继电器控制是工业控制领域的主导方式，其结构简单、价格低廉、容易操作。但是，该控制方式适应性差，变更调整不够灵活，一旦任务和工艺发生变化，必须重新设计，还必须改变硬件结构。

现代生产设备和流水线控制必须适应多变的市场需求，固定的工作模式、简单的控制逻辑已不能满足社会生产的需求。为了弥补继电器控制系统中的不足，同时降低成本，更加先进的自动控制装置——可编程控制器（PLC）应运而生。

PLC 控制系统通过软件控制取代了硬件控制，用标准接口取代了硬件安装连接。用大规模集成电路与可靠元件的组合取代线圈和活动部件的搭配。不仅大大简化了整个控制系统，而且也使得控制系统的性能更加稳定，功能更加强大，而且在拓展性和抗干扰能力方面也有了显著的提高。图 1-4 为工业控制中继电器 - 接触器控制系统与 PLC 控制系统的效果对比。

图 1-4　继电器 - 接触器控制系统和 PLC 控制系统的效果对比

PLC 不仅实现了控制系统的简化，而且在改变控制方式和效果时不需要改动电气部件的物理连接线路，只需要重新编写 PLC 内部的程序即可。下面通过不同控制方式的系统连接示意图的对比来了解 PLC 控制方式的优势特点和基本功能。

采用继电器 - 接触器的控制系统是通过许多开关、控制按钮、继电器和接触器的连接组合来实现对两个电动机的控制。单从连接的线路来看，虽然电路功能比较简单，但线路连接已经感觉比较复杂。图 1-5 为典型的采用继电器 - 接触器的控制系统连接示意图。

相比较而言，采用 PLC 进行控制管理，省略掉了许多接触器和继电器，控制按钮也采用触摸屏方式，线路连接更加简化，各输入、输出设备都通过相应的 I/O 接口连接。图 1-6 为十分典型的采用 PLC 的控制系统连接示意图。若整个控制过程需要改造，只需将编制程序重新输入到 PLC 内部，输入、输出部件直接通过 I/O 接口即可实现增减。无论是系统的连接、控制还是改造、维护，都十分简便。

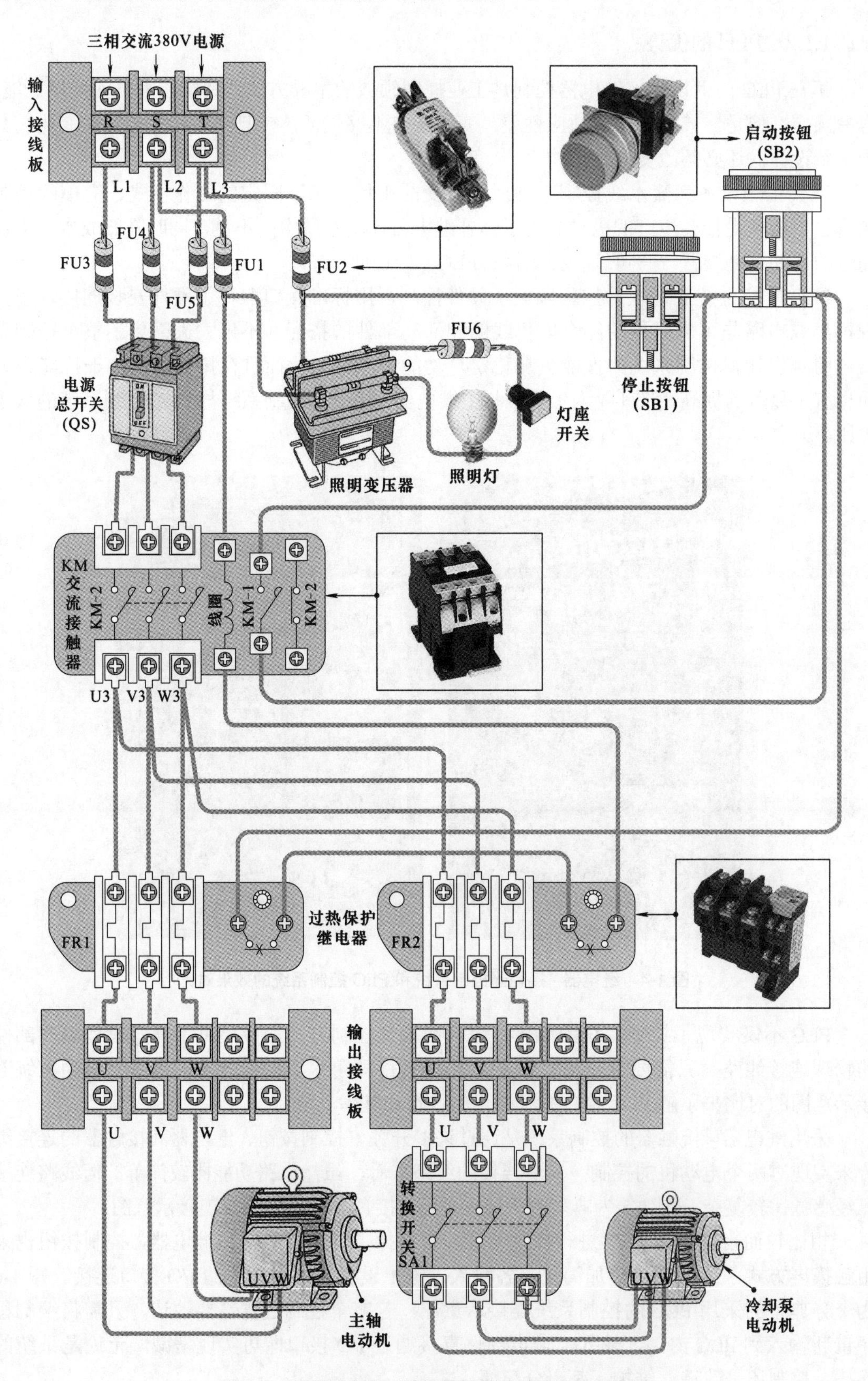

图 1-5　采用继电器 - 接触器的控制系统连接示意图

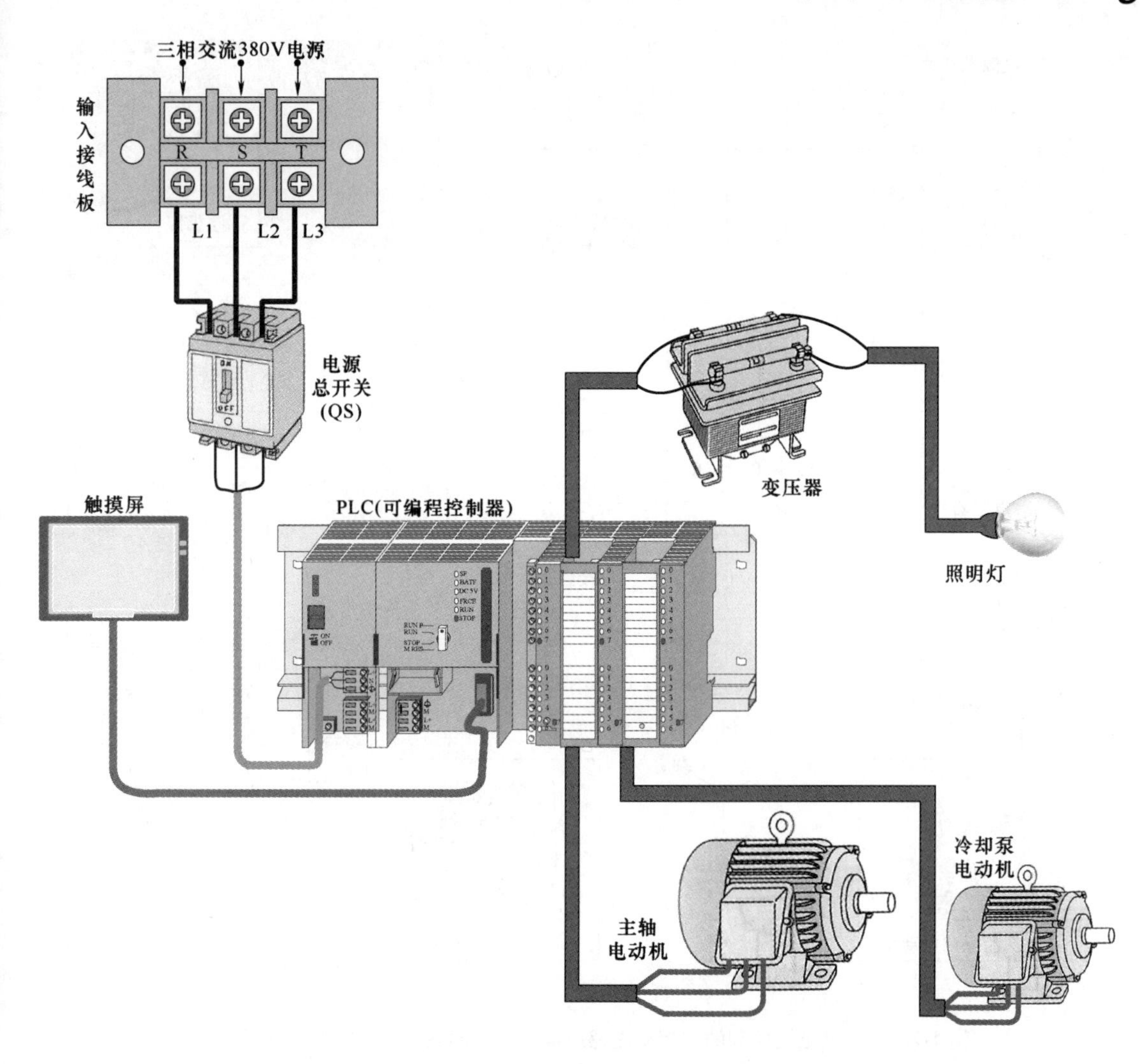

图 1-6 采用 PLC 的控制系统连接示意图

下面通过不同控制方式的实用案例（三相交流感应电动机的控制）的对比来了解 PLC 控制方式的特点和基本功能。

例如，采用继电器进行控制的三相交流感应电动机控制电路见图 1-7。

图中灰色阴影的部分即为控制电路部分。合上电源总开关，按下启动按钮 SB1，交流接触器 KM1 线圈得电，其常开辅助触点 KM1-2 接通实现自锁功能；同时常开主触点 KM1-1 接通，电源经串联电阻器 R1、R2、R3 为电动机供电，电动机降压启动开始。

当电动机转速接近额定转速时，按下全压启动按钮 SB2，交流接触器 KM2 的线圈得电，常开辅助触点 KM2-2 接通实现自锁功能；同时常开主触点 KM2-1 接通，短接启动电阻器 R1、R2、R3，电动机在全压状态下开始运行。

当需要电动机停止工作时，按下停机按钮 SB3，接触器 KM1、KM2 的线圈将同时失电断开，接着接触器的常开主触点 KM1-1、KM2-1 同时断开，电动机停止运转。

如果需要改变电动机的启动和运行方式的时候，就必须将控制电路中的接线重新连接，再根据需要进行设计、连接和测试，由此引起的操作过程繁杂、耗时。

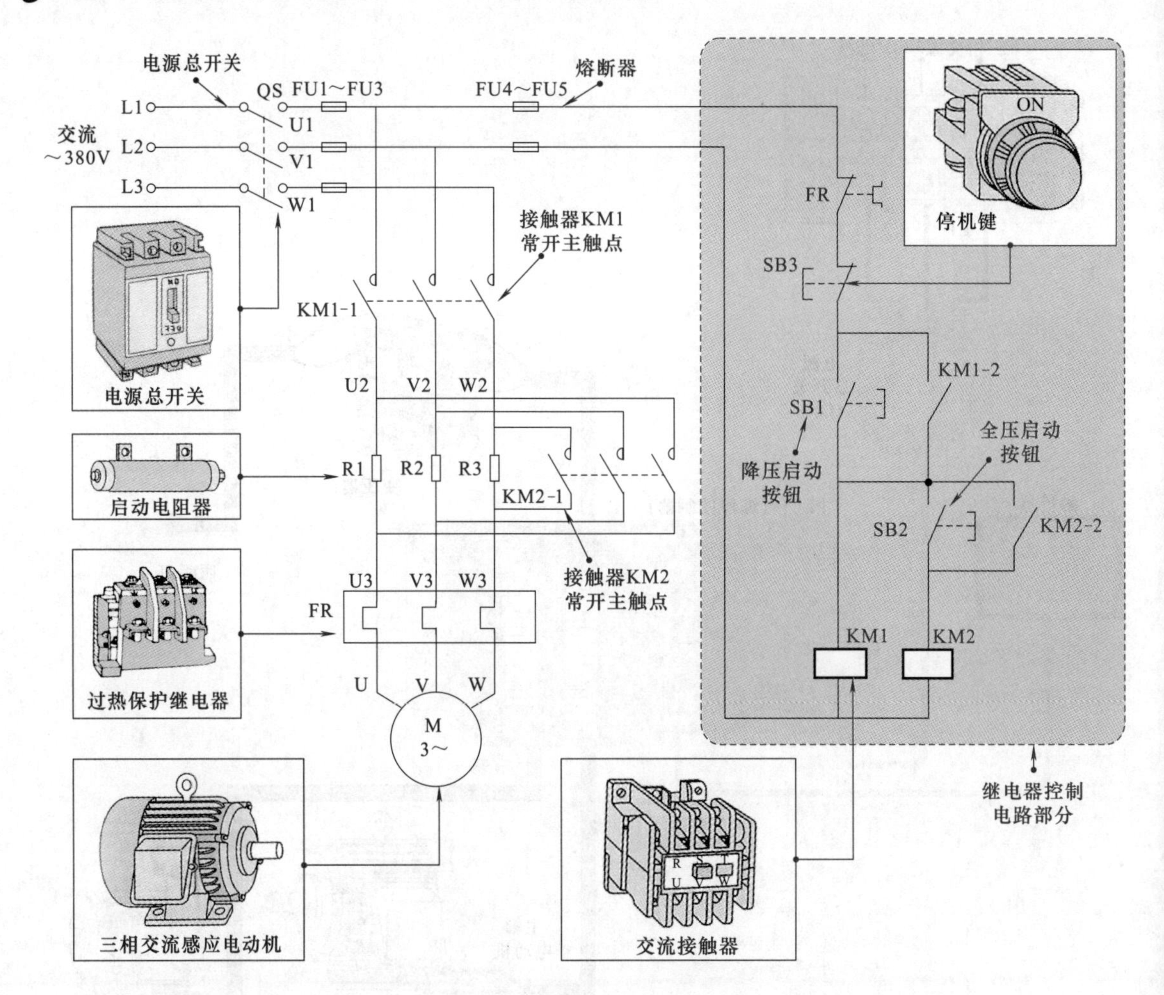

图 1-7　采用继电器控制的三相交流感应电动机控制电路（电阻器式降压启动）

而对于 PLC 控制的系统来说，仅仅需要改变 PLC 中的应用程序即可，下面也通过图示进行说明。采用 PLC 进行控制的三相交流感应电动机控制系统见图 1-8。

图中灰色阴影的部分即为控制电路部分。在该电路中，若需要对电动机的控制方式进行调整，无需改变电路中交流接触器、启动 / 停止开关以及接触器线圈的物理连接方式，只需要将 PLC 内部的控制程序重新编写，改变对外部物理器件的控制和启动顺序即可。

1.1.3 PLC 能干什么

目前，PLC 已经成为生产自动化、现代化的重要标志。众多电子器件生产厂商都投入到了 PLC 产品的研发中，PLC 的品种越来越丰富，功能越来越强大，应用也越来越广泛，无论是生产、制造还是管理、检验，都可以看到 PLC 的身影，如图 1-9、图 1-10 所示。

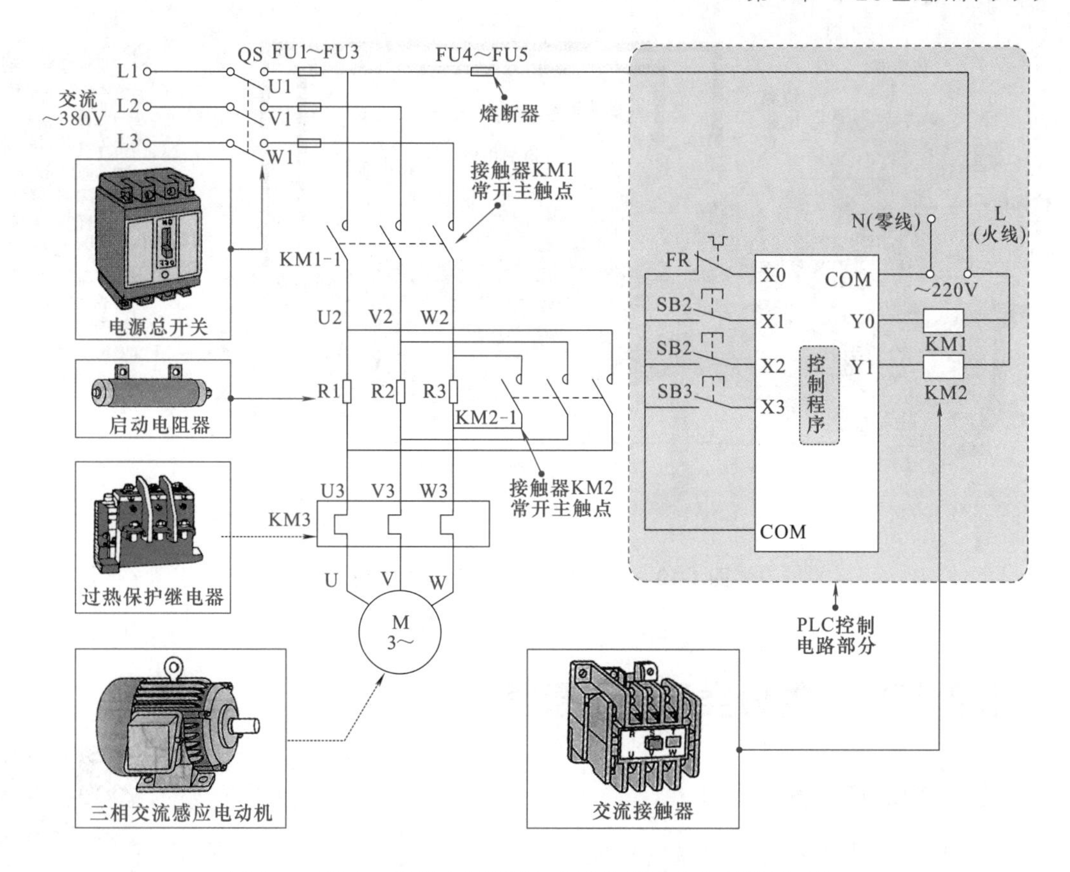

图 1-8　采用 PLC 进行控制的三相交流感应电动机控制系统

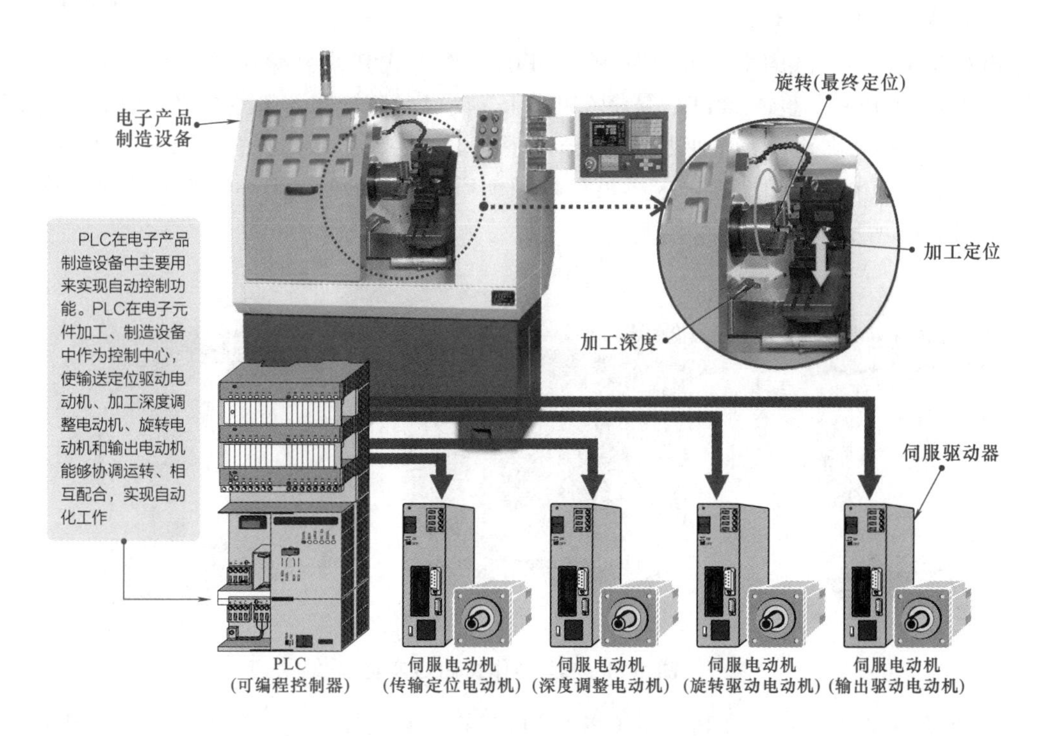

图 1-9　PLC 在电子产品制造设备中的应用

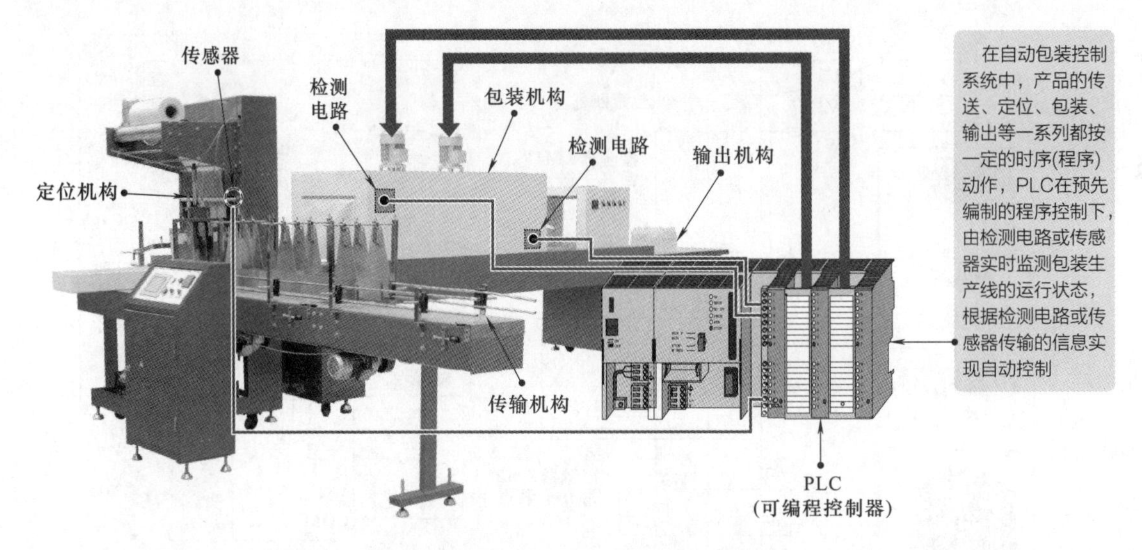

图 1-10　PLC 在自动包装系统中的应用

1.2　PLC 的分类和工作原理

1.2.1　PLC 的分类

PLC 的分类

随着 PLC 的发展和应用领域的扩展，PLC 的种类越来越多，可从不同的角度进行分类，如结构、I/O 点、功能、生产厂家等。

（1）按结构形式分类

PLC 根据结构形式的不同可分为整体式 PLC、组合式 PLC 和叠装式 PLC 三种。

① 整体式 PLC　整体式 PLC 是将 CPU、I/O 接口、存储器、电源等部分全部固定安装在一块或几块印制电路板上，使之成为统一的整体。当控制点数不符合要求时，可连接扩展单元，以实现较多点数的控制。这种 PLC 体积小巧，目前小型、超小型 PLC 多采用这种结构，如图 1-11 所示。

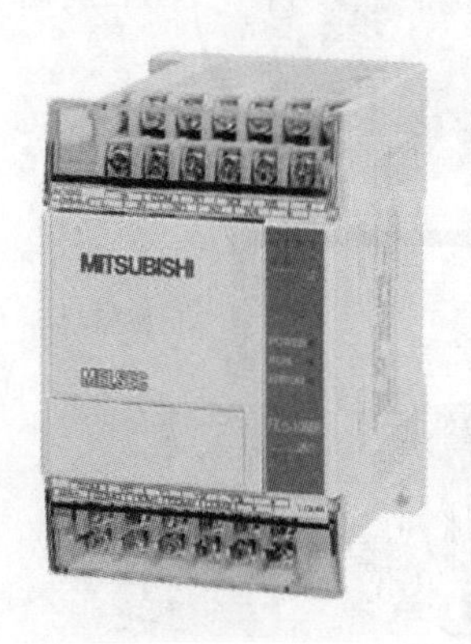

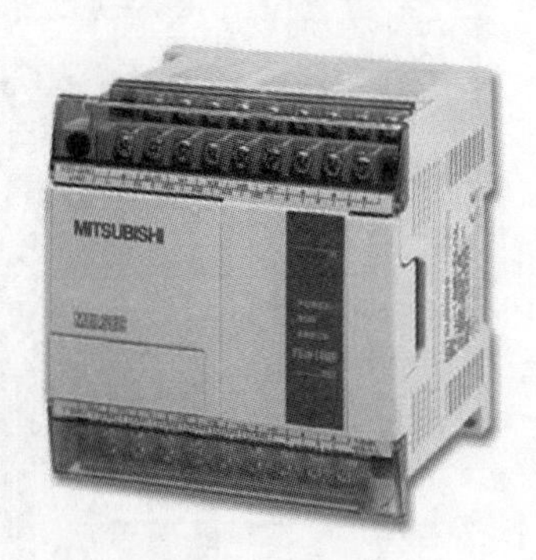

图 1-11　典型整体式 PLC 实物

② 组合式 PLC　组合式 PLC 的 CPU、I/O 接口、存储器、电源等部分都是以模块形式按一定规则组合配置而成（因此也称为模块式 PLC）。这种 PLC 可以根据实际需要进行灵活

配置，目前中型或大型 PLC 多采用组合式结构，如图 1-12 所示。

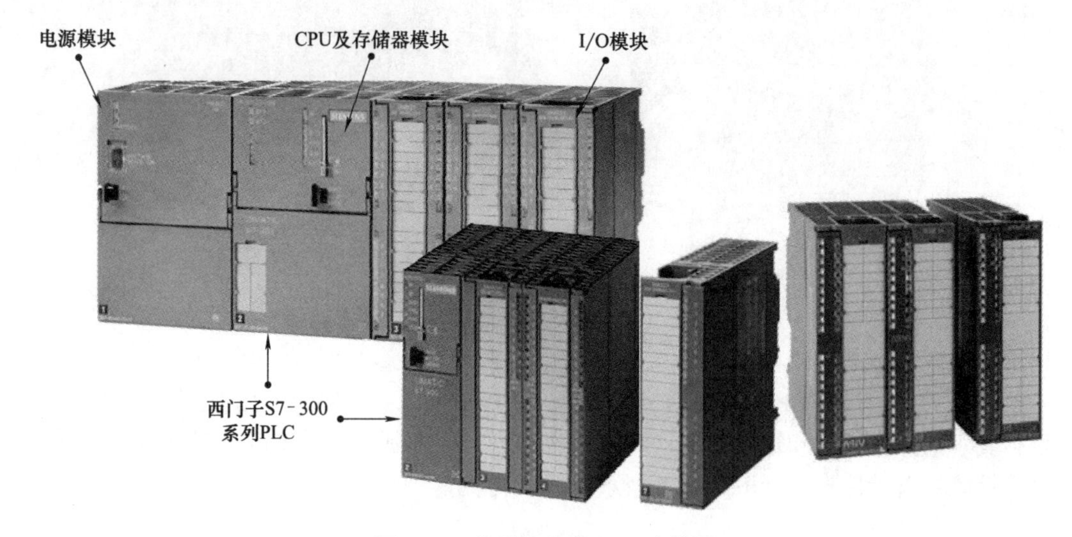

图 1-12 常见组合式 PLC 实物图

③ 叠装式 PLC 叠装式 PLC 是一种集合了整体式 PLC 的结构紧凑、体积小巧和组合式 PLC 的 I/O 点数搭配灵活于一体的 PLC，如图 1-13 所示。这种 PLC 将 CPU（CPU 和一定的 I/O 接口）独立出来作为基本单元，其他模块为 I/O 模块作为扩展单元，且各单元可一层层地叠装，连接时使用电缆进行单元之间的连接即可。

图 1-13 常见叠装式 PLC 实物图

（2）按 I/O 点数分类

I/O 点数是指 PLC 可接入外部信号的数目，I 指 PLC 可接入输入点的数目，O 指 PLC 可接入输出点的数目，I/O 点则指 PLC 可接入的输入点、输出点的总数。

PLC 根据 I/O 点数的不同可分为小型 PLC、中型 PLC 和大型 PLC 三种。

① 小型 PLC 小型 PLC 是指 I/O 点数在 24 ～ 256 点之间的小规模 PLC，如图 1-14 所示，这种 PLC 一般用于单机控制或小型系统的控制。

② 中型 PLC 中型 PLC 的 I/O 点数一般在 256 ～ 2048 点之间，如图 1-15 所示，这种 PLC 不仅可对设备直接进行控制，同时还可用于对下一级的多个可编程控制器进行监控，一

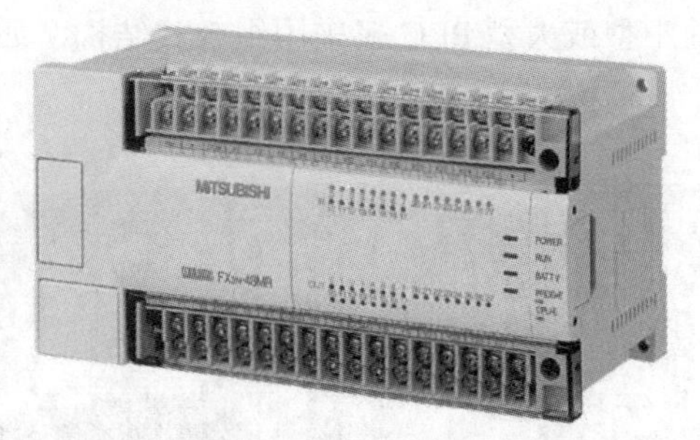

图 1-14　常见小型 PLC 实物图

般用于中型或大型系统的控制。

③ 大型 PLC　大型 PLC 的 I/O 点数一般在 2048 点以上，如图 1-16 所示。这种 PLC 能够进行复杂的算数运算和矩阵运算，可对设备进行直接控制，同时还可用于对下一级的多个可编程控制器进行监控，一般用于大型系统的控制。

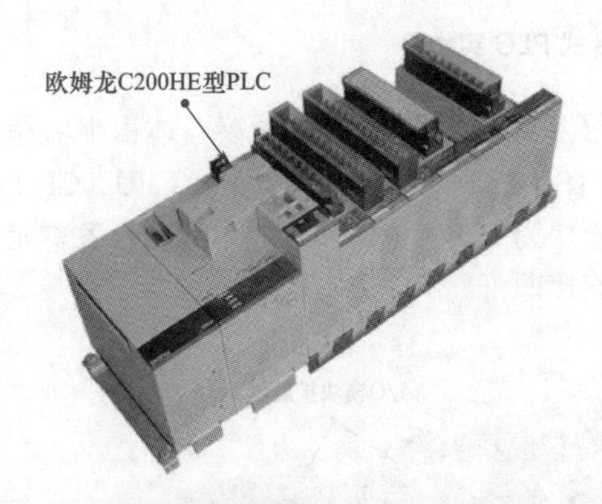

图 1-15　常见中型 PLC 实物图

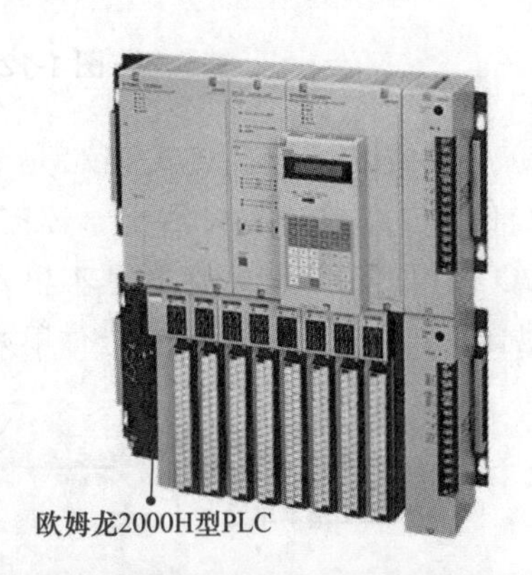

图 1-16　常见大型 PLC 实物图

（3）按功能分类

PLC 根据功能的不同可分为低档 PLC、中档 PLC 和高档 PLC 三种。

① 低档 PLC　具有简单的逻辑运算、定时、计算、监控、数据传送、通信等基本控制功能和运算功能的 PLC 称为低档 PLC。这种 PLC 工作速度较低，能带动 I/O 模块的数量也较少。

图 1-17 为低档 PLC 实物外形。

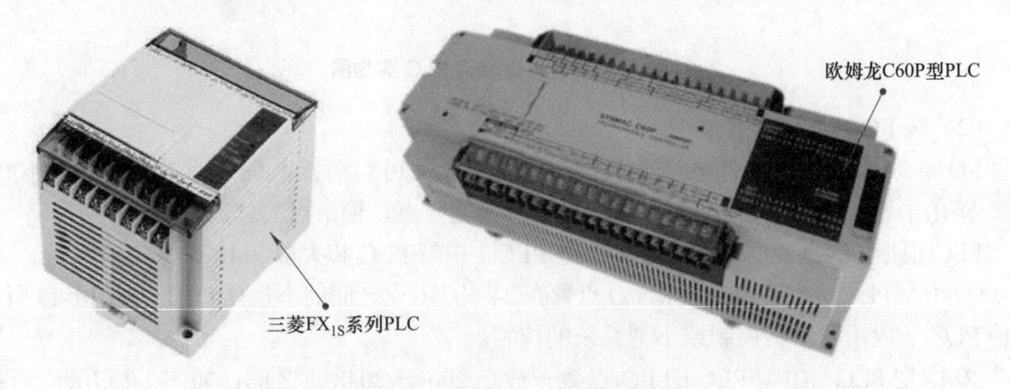

图 1-17　低档 PLC 实物外形

② 中档 PLC　中档 PLC 除具有低档 PLC 的控制功能外，还具有较强的控制功能和运算能力，如比较复杂的三角函数、指数和 PID 运算等，同时还具有远程 I/O、通信联网等功能，这种 PLC 工作速度较快，能带动 I/O 模块的数量也较多。

图 1-18 为中档 PLC 实物外形。

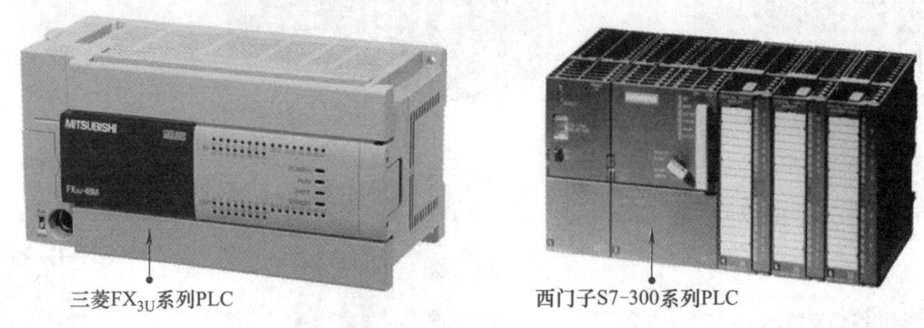

图 1-18　中档 PLC 实物外形

③ 高档 PLC　高档 PLC 除具有中档 PLC 的功能外，还具有更为强大的控制功能、运算功能和联网功能，如矩阵运算、位逻辑运算、平方根运算及其他特殊功能函数运算等，这种 PLC 工作速度很快，能带动 I/O 模块的数量也很多。

图 1-19 为高档 PLC 实物外形。

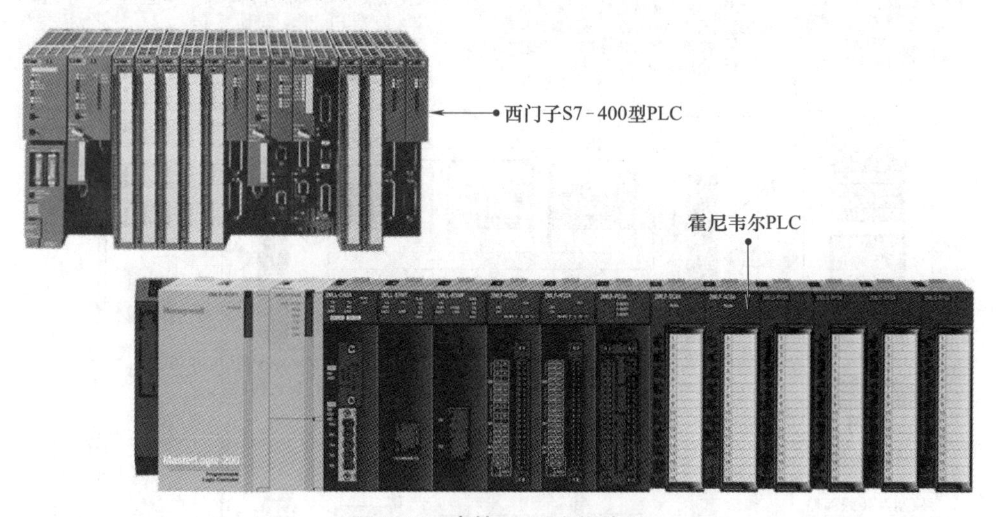

图 1-19　高档 PLC 实物外形

（4）按生产厂家分类

PLC 的生产厂家较多，如美国的 AB 公司、通用电气公司，德国的西门子公司，法国的 TE 公司，日本的欧姆龙、三菱、富士等公司，都是目前市场上非常主流且极具有代表性的生产厂家。图 1-20 为不同生产厂家生产的 PLC 实物外形。

1.2.2　PLC 如何工作

PLC 是一种以微处理器为核心的可编程控制装置，由电源电路提供所需工作电压，是专门为大中型工业用户现场的操作管理而设计的，它采用可编程的存储器，用以在其内部存储执行逻辑运算、顺序控制、定时 / 计数和算术运算等操作指令，并通过数字式或模拟式的输入、输出接口，控制各种类型的机械或生产过程。

图 1-21 为 PLC 的整机工作原理示意图。

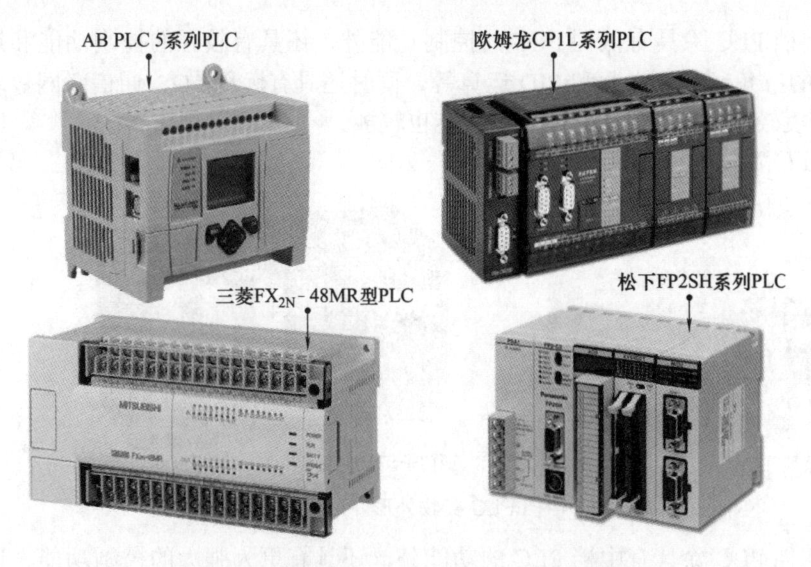

图 1-20　不同生产厂家生产的 PLC 实物外形

PLC 的工作原理

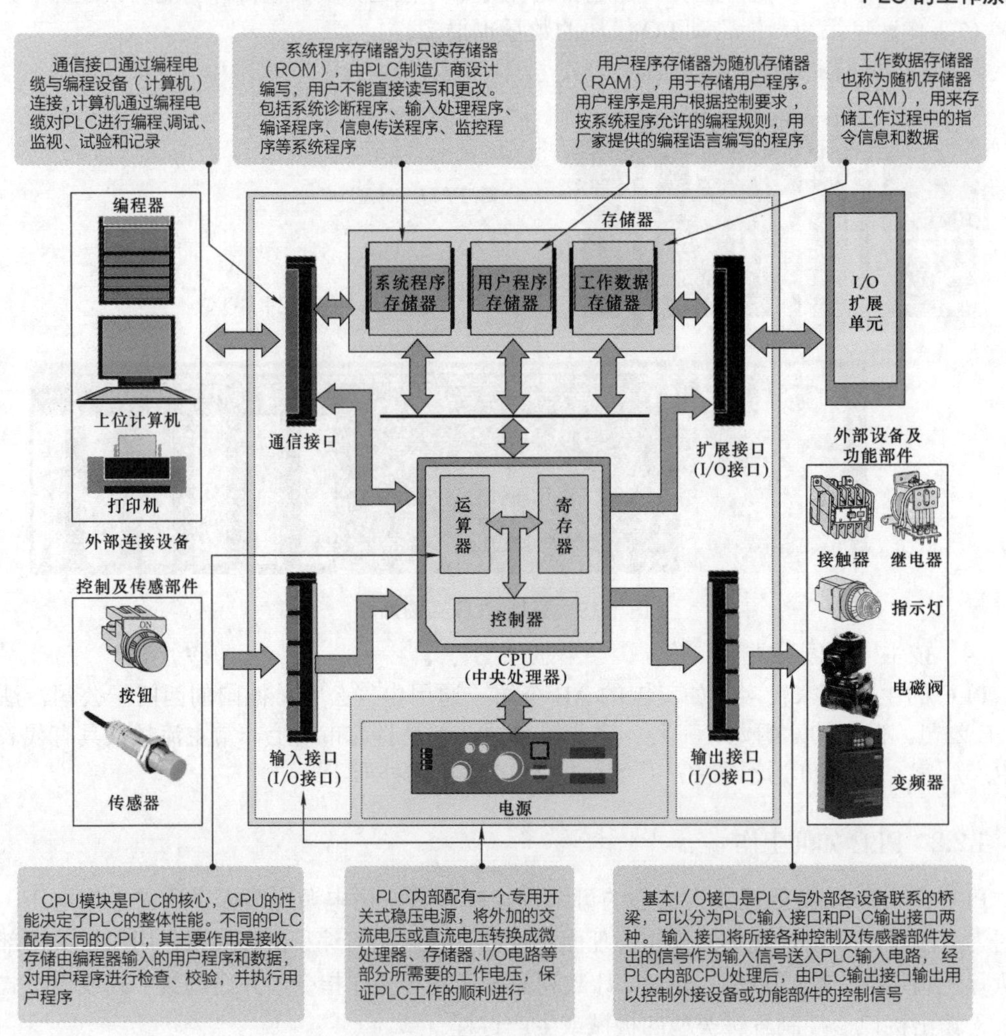

图 1-21　PLC 的整机工作原理示意图

（1）PLC 用户程序的输入

PLC 的用户程序是由工程技术人员通过编程设备（简称编程器）输入的，如图 1-22 所示。

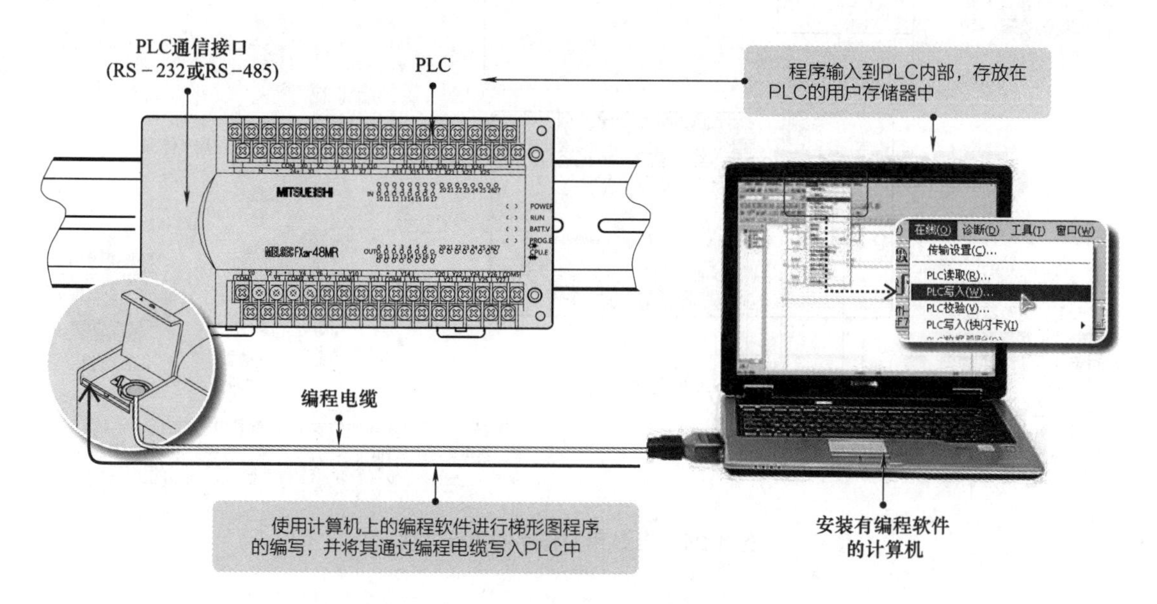

图 1-22 将计算机编程软件编写的程序输入到 PLC 中

（2）PLC 内部用户程序的编译过程

图 1-23 为 PLC 内部用户程序的编译过程。将用户编写的程序存入 PLC 后，CPU 会向存储器发出控制指令，从程序存储器中调用解释程序将编写的程序进一步编译，使之成为 PLC 认可的编译程序。

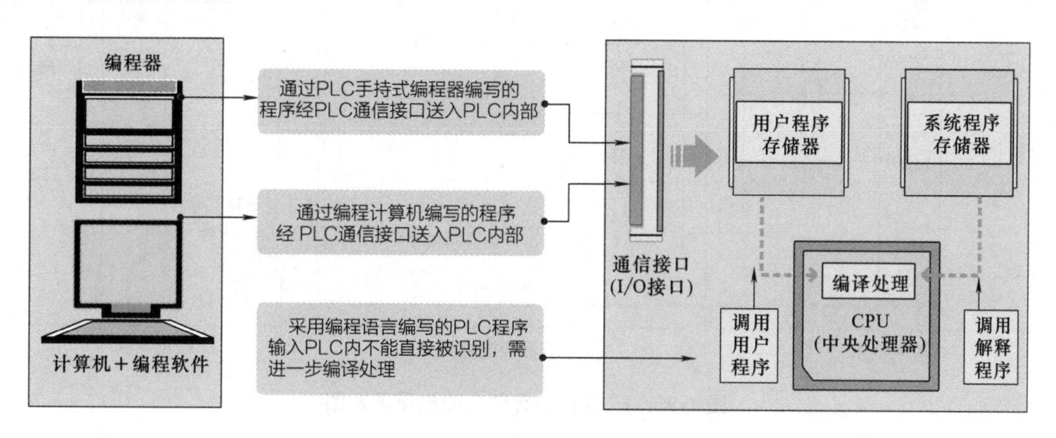

图 1-23 PLC 内部用户程序的编译过程

（3）PLC 用户程序的执行过程

用户程序的执行过程为 PLC 工作的核心内容，如图 1-24 所示。

为了更清晰地了解 PLC 的工作过程，将 PLC 内部等效为三个功能电路，即输入电路、运算控制电路和输出电路，如图 1-25 所示。

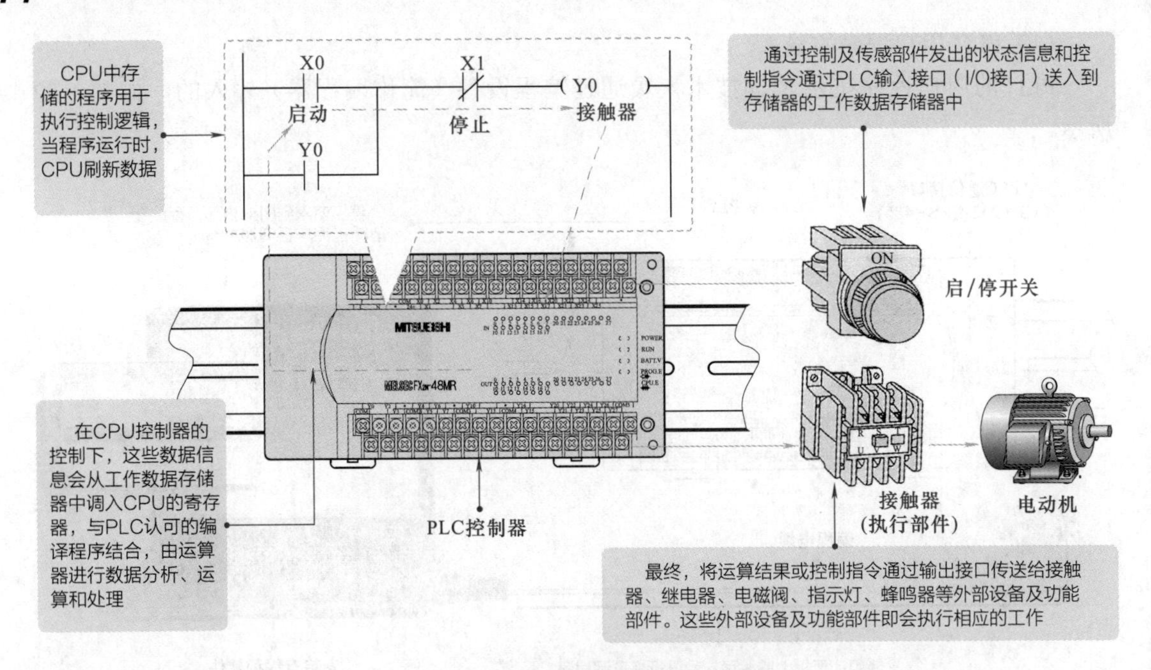

图 1-24　PLC 用户程序的执行过程

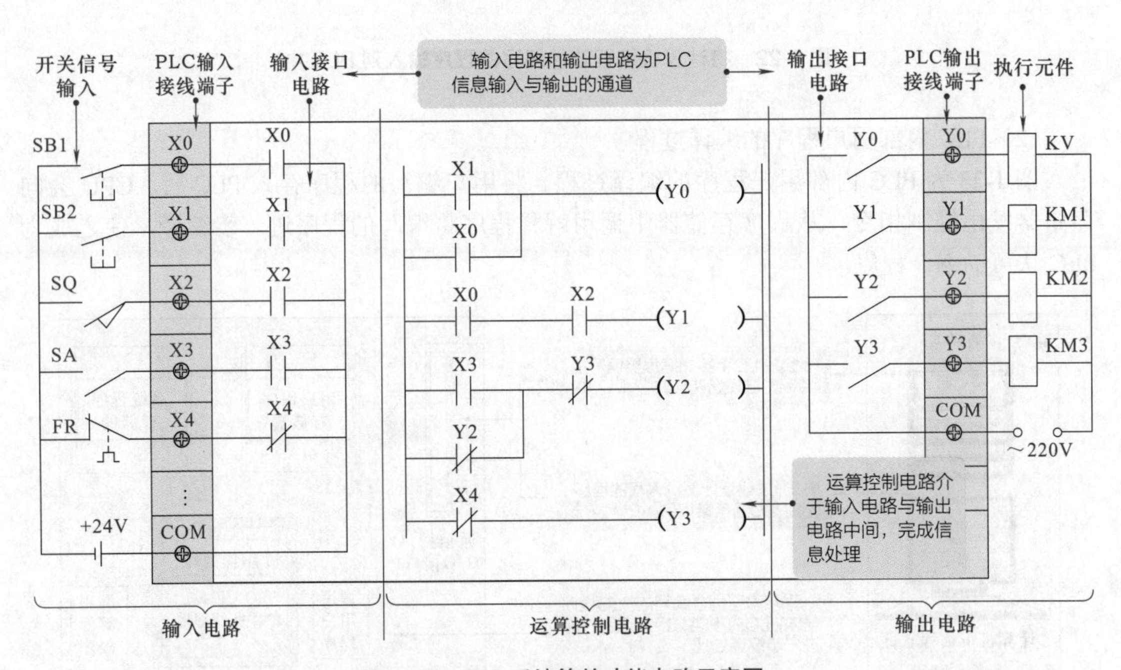

图 1-25　PLC 系统等效功能电路示意图

① PLC 的输入电路　输入电路主要为输入信号采集部分，其作用是将被控对象的各种控制信息及操作命令转换成 PLC 输入信号，然后送给运算控制电路部分。

PLC 输入电路根据输入端电源类型不同主要有直流输入电路和交流输入电路两种。

a. 直流输入电路　例如，图 1-26 为典型 PLC 中的直流输入电路。该电路主要由电阻器 R1、R2 和电容器 C、光耦合器 IC、发光二极管 LED 等构成。其中 R1 为限流电阻，R2 与 C 构成滤波电路，用于滤除输入信号中的高频干扰；光耦合器起到光电隔离的作用，防止现

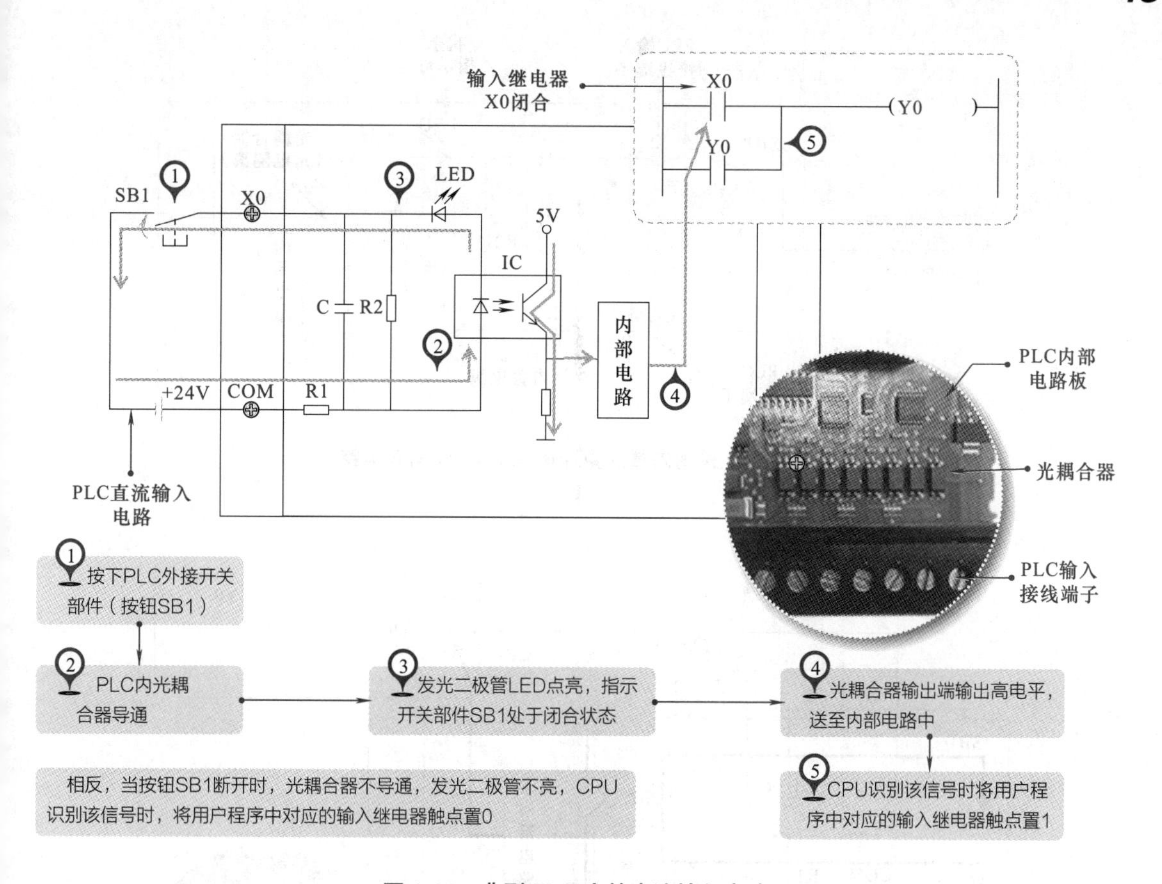

图 1-26　典型 PLC 中的直流输入电路

场的强电干扰进入 PLC 中；发光二极管用于显示输入点的状态。

提示说明

目前，一些 PLC 中的直流电源采用内置式，即由 PLC 内部提供 24V 的直流电源，该类 PLC 在连接外部开关部件时，只需将各种开关部件接入 PLC 的输入接线端子和公共端子之间即可，采用该类型直流供电方式的 PLC 大大简化了输入端的接线，如图 1-27 所示。

b. 交流输入电路　PLC 交流输入电路与直流输入电路基本相同，外接交流电源的大小根据不同 CPU 类型有所不同（可参阅相应的使用手册）。

例如，图 1-28 为典型 PLC 交流输入电路。该电路中，电容器 C2 用于隔离交流强电中的直流分量，防止强电干扰损坏 PLC。另外，光耦合器内部为两个方向相反的发光二极管，任意一个发光二极管导通都可以使光耦合器中光敏晶体管导通并输出相应信号。状态指示灯也采用了两个反向并联的发光二极管，光耦合器中任意一只二极管导通都能使状态指示灯点亮（直流输入电路也可以采用该结构，外接直流电源时可不用考虑极性）。

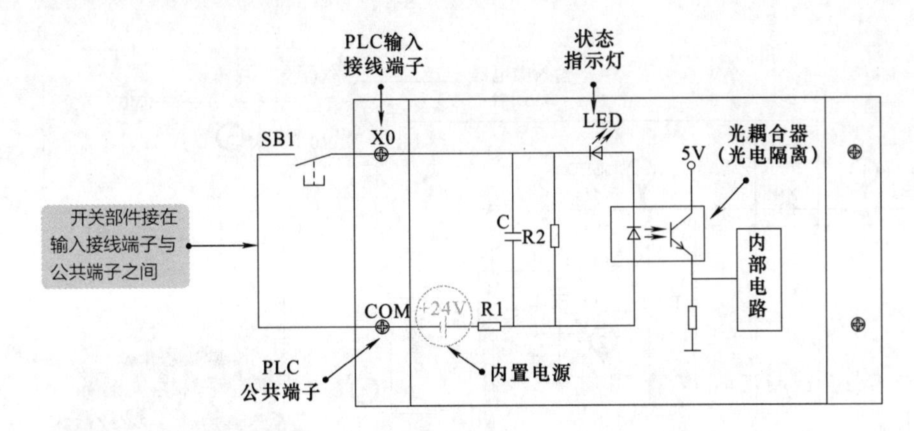

图 1-27　采用内置式直流电源的 PLC 输入电路

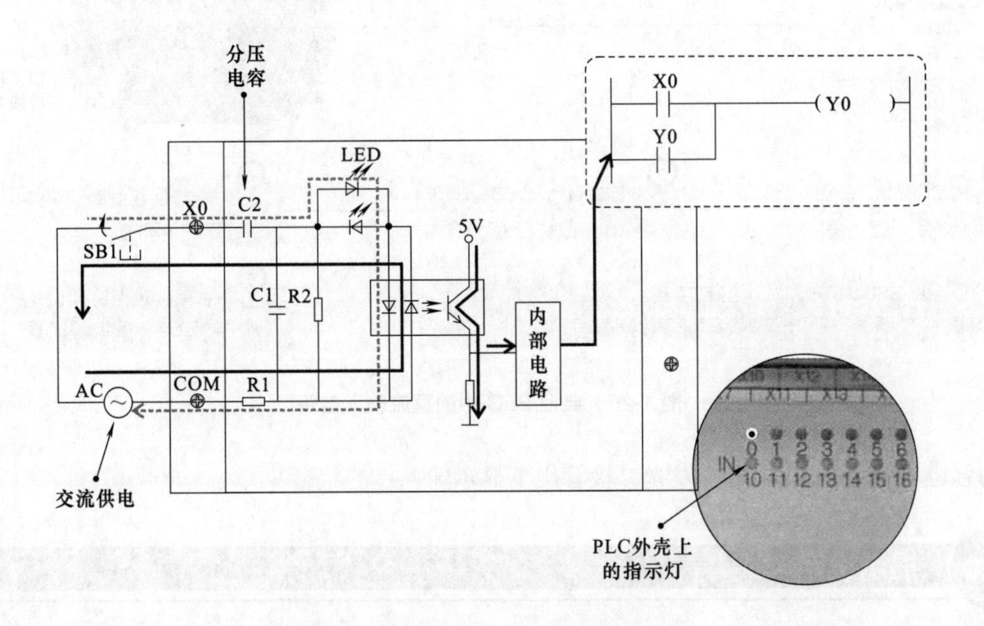

图 1-28　典型 PLC 中的交流输入电路

② PLC 的运算控制电路　运算控制电路以内部的 CPU 为核心，按照用户设定的程序对输入信息进行处理，然后将处理结果送至输出电路，再由输出电路输出控制信号。这个过程实现了算术运算和逻辑运算等多种处理功能。

③ PLC 的输出电路　输出电路即开关量的输出单元，由 PLC 输出接口电路、连接端子和外部设备及功能部件构成，CPU 完成的运算结果由该电路提供给被控负载，用以完成 PLC 主机与工业设备或生产机械之间的信息交换。

PLC 的输出电路根据输出电路所用开关器件不同，主要有晶体管输出电路、晶闸管输出电路和继电器输出电路三种。

a. 晶体管输出电路　晶体管输出电路是指 PLC 内部电路输出的控制信号，经由晶体管构成的输出接口电路、PLC 输出接线端子后，送至外接的执行部件，用以输出开关量信号，执行相应动作。例如，图 1-29 为典型 PLC 的晶体管输出电路。该电路主要由光耦合器 IC、状态指示灯 LED、输出晶体管 VT、保护二极管 VD、熔断器 FU 等构成。其中，熔断器 FU

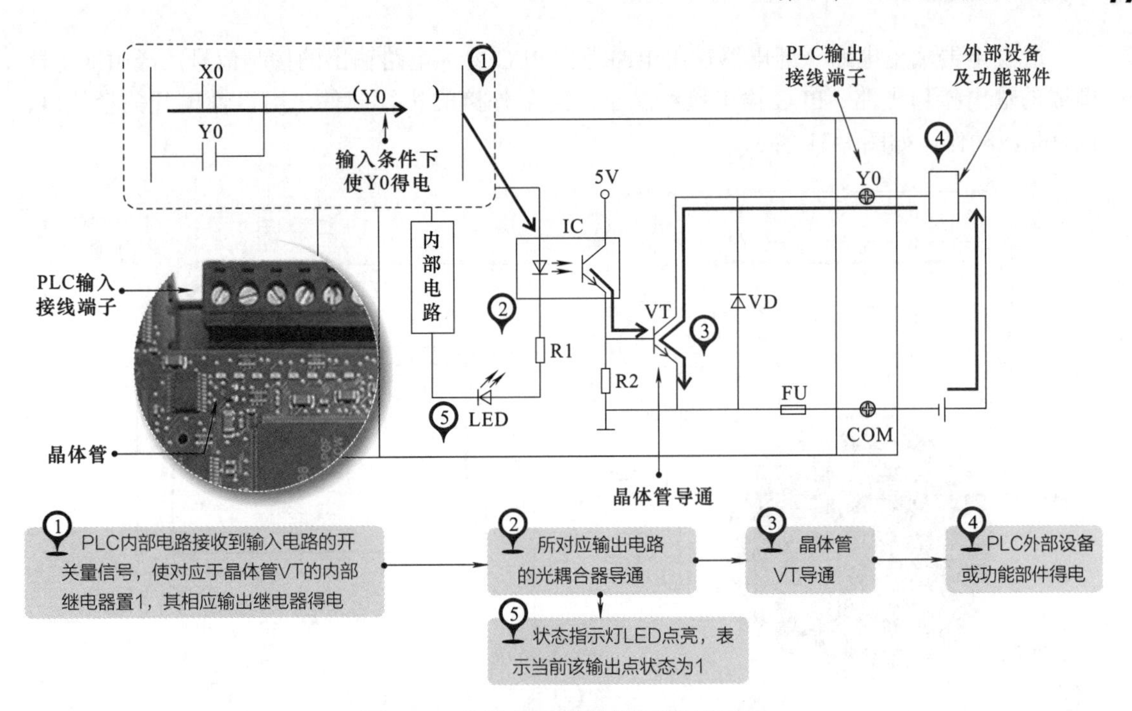

图 1-29 典型 PLC 中的晶体管输出电路

用于防止 PLC 外接设备或功能部件短路时损坏 PLC。

b. 晶闸管输出电路　晶闸管输出电路是指 PLC 内部电路输出的控制信号，经由晶闸管构成的输出接口电路、PLC 输出接线端子，送至外接的执行部件，用以输出开关量信号，执行相应动作，如图 1-30 所示。

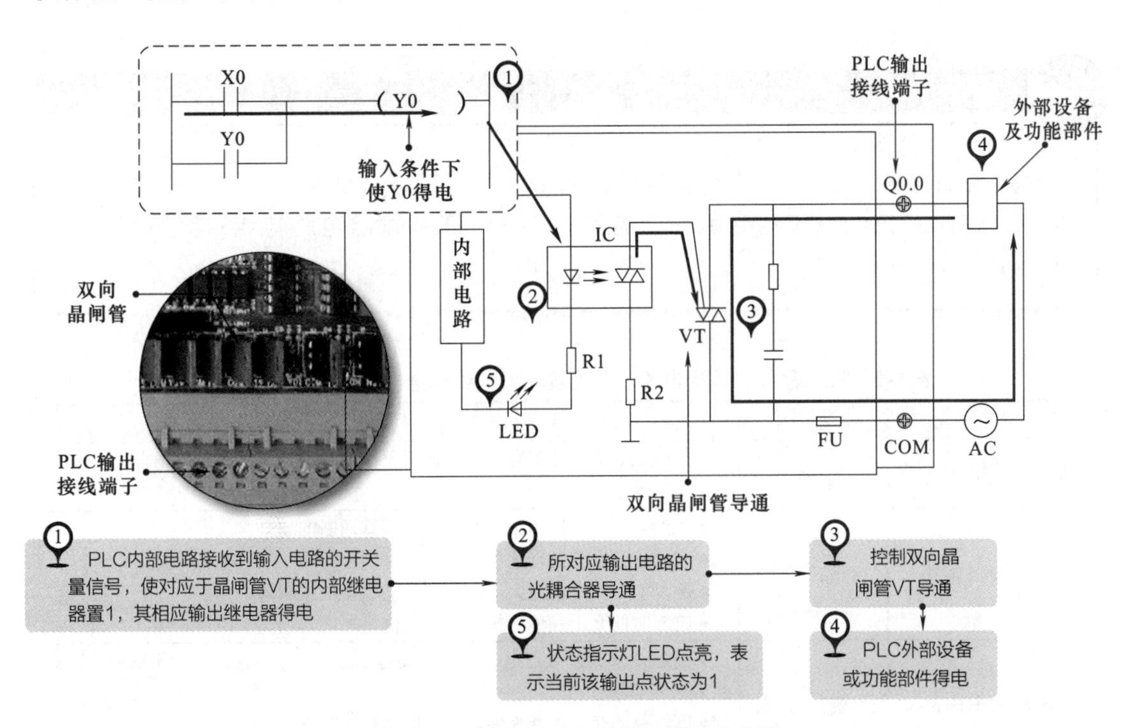

图 1-30 典型 PLC 中的晶闸管输出电路

c. 继电器输出电路　继电器输出电路是指 PLC 内部电路输出的控制信号，经由继电器构成的输出接口电路、PLC 输出接线端子，送至外接的执行部件，用以输出开关量信号，执行相应动作，如图 1-31 所示。

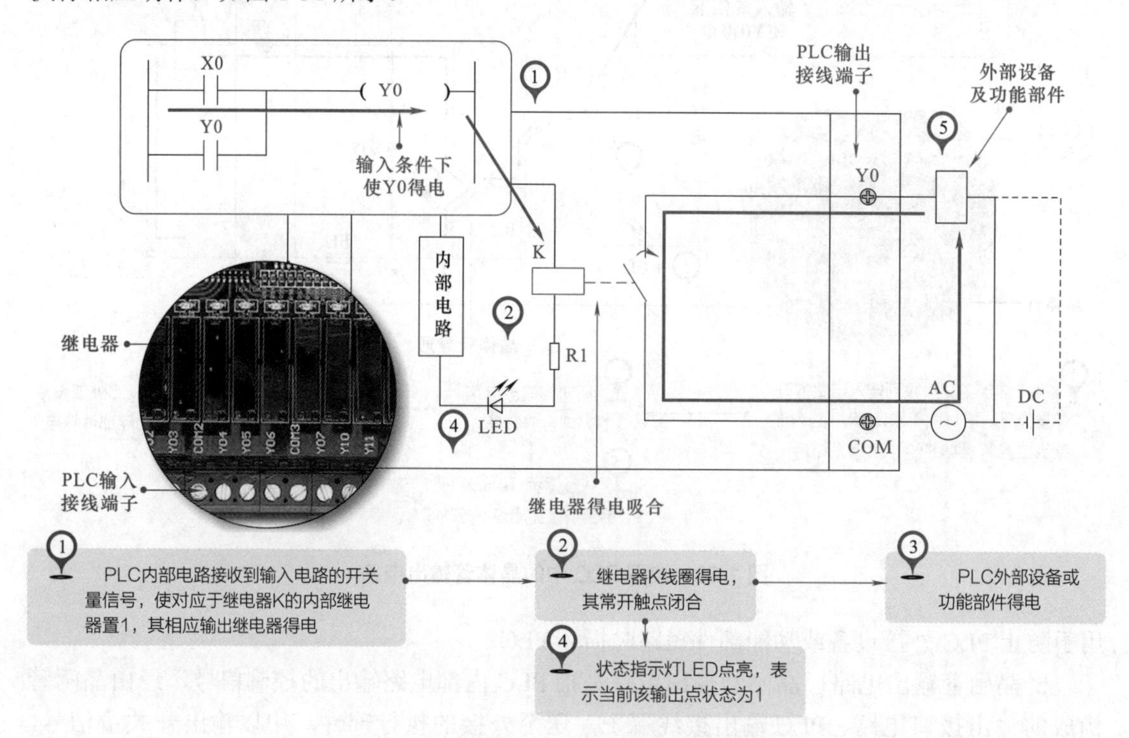

图 1-31　典型 PLC 中的继电器输出电路

提示说明

上述三种 PLC 输出电路都有各自的特点，可将其作为选用 PLC 时的重要参考因素，使 PLC 控制系统达到最佳控制状态。三种 PLC 输出电路特点对照如表 1-1 所列。

表 1-1　PLC 晶体管输出电路、晶闸管输出电路和继电器输出电路的特点对照

输出电路类型	电源类型	特点
晶体三极管输出电路	直流	● 无触点开关、使用寿命长，适用于需要输出点频繁通断的场合； ● 响应速度快
晶闸管输出电路	直流或交流	● 无触点开关，适用于需要输出点频繁通断的场合； ● 多用于驱动交流功能部件； ● 驱动能力比继电器大，可直接驱动小功率接触器； ● 响应时间介于晶体三极管和继电器型之间
继电器输出电路	直流或交流	● 有触点开关，触点电气寿命一般为 10 万～ 30 万次，不适于需要输出点频繁通断的场合； ● 既可驱动交流功能部件，也可驱动直流功能部件； ● 继电器型输出电路输出与输入存在时间延迟，滞后时间一般约为 10ms

（4）PLC 电源电路的供电过程

在 PLC 整个工作过程中，PLC 中的电源始终为各部分电路提供工作所需的电压，以确保 PLC 工作的顺利进行。

图 1-32 为 PLC 的电源供电电路，该电路主要是将外加的交流电压或直流电压转换成微处理器、存储器、I/O 电路等部分所需要的工作电压。

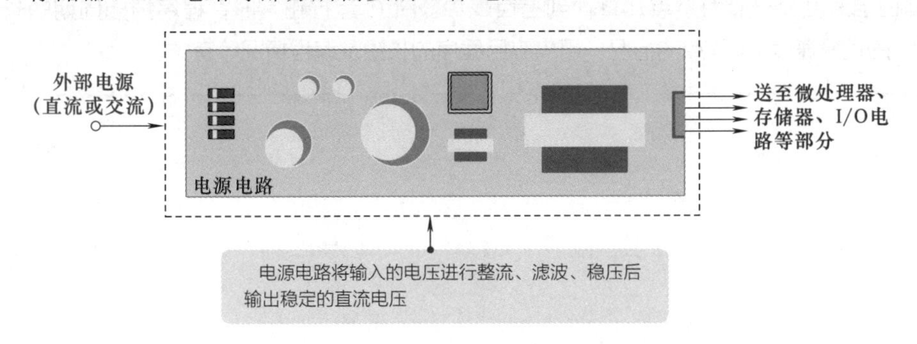

图 1-32 PLC 的电源供电电路

（5）PLC 的工作方式

PLC 的工作方式采用不断循环的顺序扫描工作方式（串行工作方式），如图 1-33 所示。CPU 从第一条指令开始执行程序，按顺序逐条地执行用户程序直到用户程序结束，然后返回第一条指令开始新的一轮扫描，如此周而复始不断循环。当然，整个过程是在系统软件控制下进行的，顺次扫描各输入点的状态，按用户程序进行运算处理（用户程序按先后顺序存放），然后顺序向输出点发出相应的控制信号。

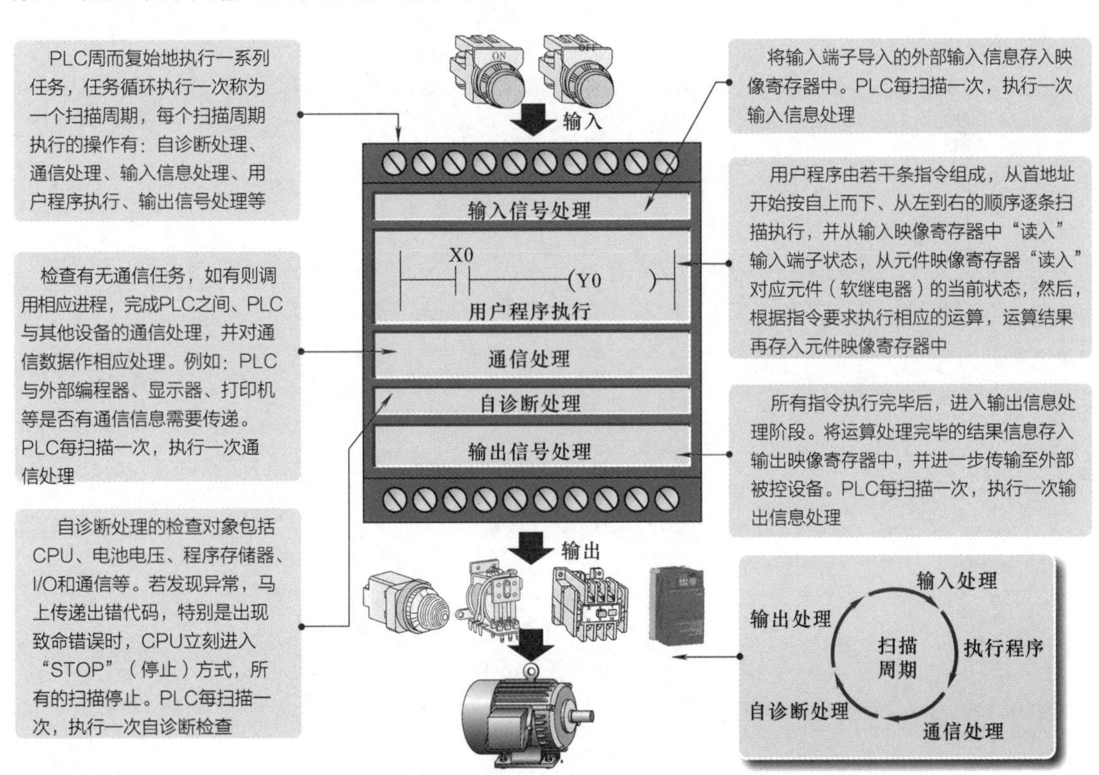

图 1-33 PLC 的工作方式示意图

提示说明

一个扫描过程完毕，整个工作周期称为扫描周期。为了确保控制能正确实时地进行，每个扫描周期的作业时间必须被控制在一定范围内。通常用 PLC 执行 1KB 指令所需时间来说明其扫描速度，一般为零点几毫秒到上百毫秒。PLC 运行正常时，程序扫描周期的长短与 CPU 的运算速度、I/O 点的情况、用户应用程序的长短及编程情况等有关。

第2章 西门子PLC硬件系统

2.1 西门子PLC的主机

西门子公司为了满足用户的不同要求，推出了多种PLC产品，每种PLC产品可构成的控制系统的硬件结构有所不同，这里主要以西门子常见的S7系列PLC（包括S7-200系列、S7-200 SMART系列、S7-300系列和S7-400系列）为例进行介绍。

西门子PLC的硬件系统主要包括PLC主机（CPU模块）、电源模块（PS）、信号模块（SM）、通信模块（CP）、功能模块（FM）、接口模块（IM）等部分，如图2-1所示。

PLC主机是构成西门子PLC硬件系统的核心单元，由于其包括了负责执行程序和存储数据的微处理器，所以也称为CPU（中央处理器）模块。

西门子各系列PLC主机的类型和功能各不相同，且每一系列的主机又都包含多种类型的中央处理器（CPU），以适应不同的应用要求。

2.1.1 S7-200 SMART系列PLC的主机（CPU模块）

S7-200 SMART是一款性价比高的小型PLC产品。该系列PLC具有结构紧凑、组态灵活、功能强大的指令集等特点和优势，可实现小型自动化应用控制。

S7-200 SMART系列PLC的主机（CPU模块）将微处理器、集成电源、输入电路和输出电路组合到一个结构紧凑的外壳中形成功能强大的Micro PLC。下载用户程序后，CPU将包含监控应用中的输入和输出设备所需的逻辑。

S7-200 SMART系列PLC的主机包括标准型和经济型两种。其中，标准型作为可扩展CPU模块，可满足对I/O规模有较大需求、逻辑控制较为复杂的应用；经济型CPU模块直接通过单机本体满足相对简单的控制需求。

标准型CPU主机型号主要有CPU SR20/SR30/SR40/SR60、CPU ST20/ST30/ST40/ST60，经济型CPU主机型号主要有CPU CR40/CR60，如图2-2所示。

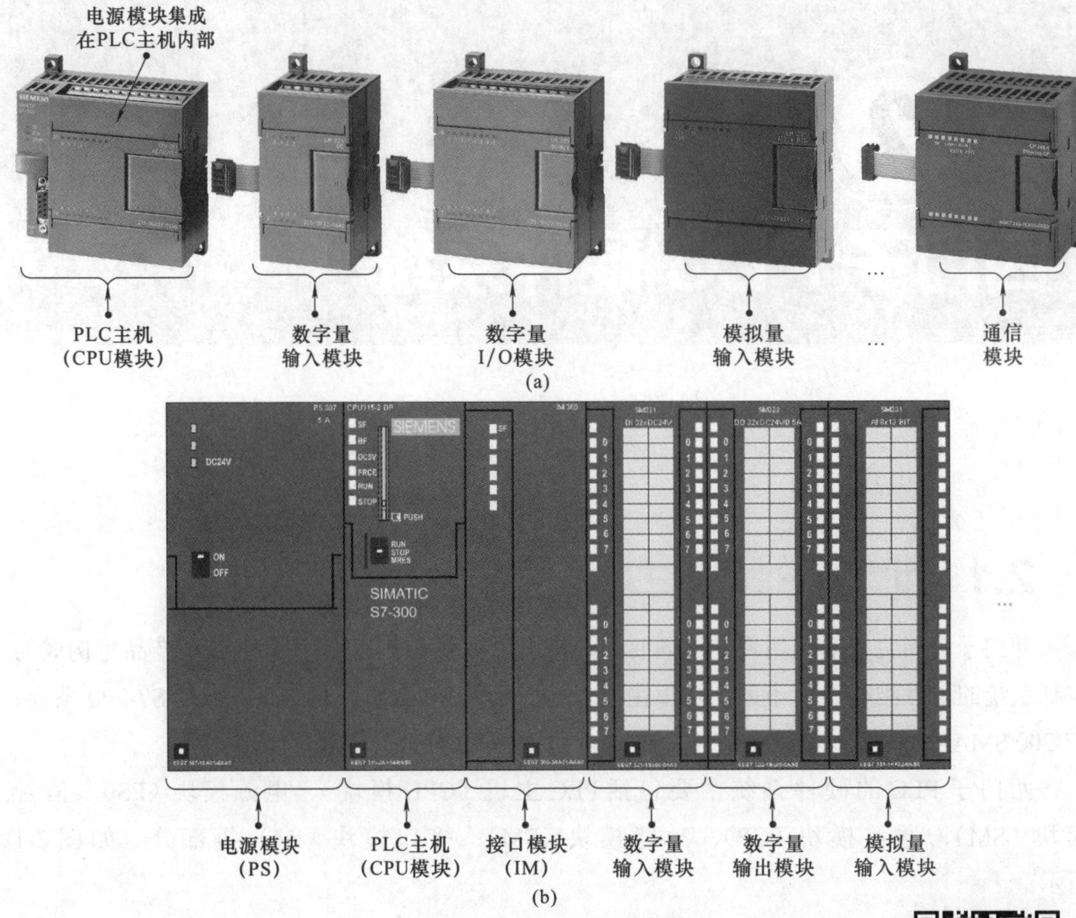

图 2-1 西门子 PLC 硬件系统中的产品组成

西门子 S7-200 SMART CPU ST20、SR20 的特性和接线

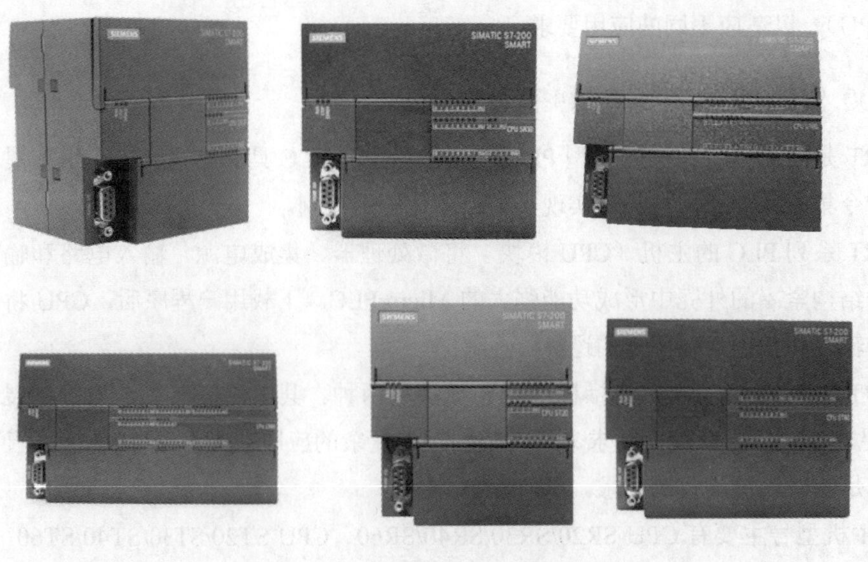

图 2-2 S7-200 SMART 系列 PLC 中不同型号的 CPU 主机

西门子 S7-200 SMART CPU ST30、SR30 的特性和接线

西门子 S7-200 SMART CPU ST40、SR40 和 CR40 的特性和接线

西门 S7-200 SMART 系列 PLC 中，不同型号的 CPU 具有不同的规格参数，如表 2-1 所列。

表 2-1　西门子 S7-200 SMART 系列 PLC 不同型号 CPU 的规格参数

紧促型不可扩展 CPU			
特性		CPU CR40	CPU CR60
尺寸（$W \times H \times D$）/mm×mm×mm		125×100×81	175×100×81
用户储存器	程序	12KB	12KB
	用户数据	8KB	8KB
	保持性	最大 10KB	最大 10KB
板载数字量 I/O	输入	24DI	36DI
	输出	16DQ 继电器	24DQ 继电器
扩展模块		无	无
信息板		无	无
高速计数器		100kHz 时 4 个，针对单相 或 500kHz 时 2 个，针对 A/B 相	100kHz 时 4 个，针对单相 或 500kHz 时 2 个，针对 A/B 相
PID 回路		8	8
实时时钟，备用时间 7 天		无	无

标准型可扩展 CPU					
特性		CPUSR20/ CPUST20	CPUSR30/ CPUST30	CPUSR40/ CPUST40	CPUSR60/ CPUST60
尺寸（$W \times H \times D$）/mm×mm×mm		90×100×81	110×100×81	125×100×81	175×100×81
用户存储器	程序	12KB	18KB	24KB	30KB
	用户数据	8KB	12KB	16KB	20KB
	保持性	最大 10KB[1]	最大 10KB[1]	最大 10KB[1]	最大 10KB[1]
板载数字量 I/O	输入	12DI	18DI	24DI	36DI
	输出	8DQ	12DQ	16DQ	24DQ
扩展模块		最多 6 个	最多 6 个	最多 6 个	最多 6 个
信号板		1	1	1	1
高速计数器		200kHz 时 4 个，针对单相或 100kHz 时 2 个，针对 A/B 相	200kHz 时 4 个，针对单相或 100kHz 时 2 个，针对 A/B 相	200kHz 时 4 个，针对单相或 100kHz 时 2 个，针对 A/B 相	200kHz 时 4 个，针对单相或 100kHz 时 2 个，针对 A/B 相
脉冲输出		2 个，100kHz	3 个，100kHz	3 个，100kHz	3 个，100kHz
PID 回路		8	8	8	8
实时时钟，备用时间 7 天		有	有	有	有

2.1.2　S7-200 系列 PLC 的主机（CPU 模块）

西门子 S7-200 系列 PLC 的主机将 CPU、基本输入 / 输出和电源等集成封装在一个独立、紧凑的设备中，从而构成了一个完整的微型 PLC 系统。因此，该系列的 PLC 主机可以单独构成一个独立的控制系统，并实现相应的控制功能。

西门子 S7-200 系列 PLC 主机的 CPU 包括多种型号，主要有 CPU221、CPU222、CPU224、CPU224XP/CPUXPsi 和 CPU226 等，如图 2-3 所示。

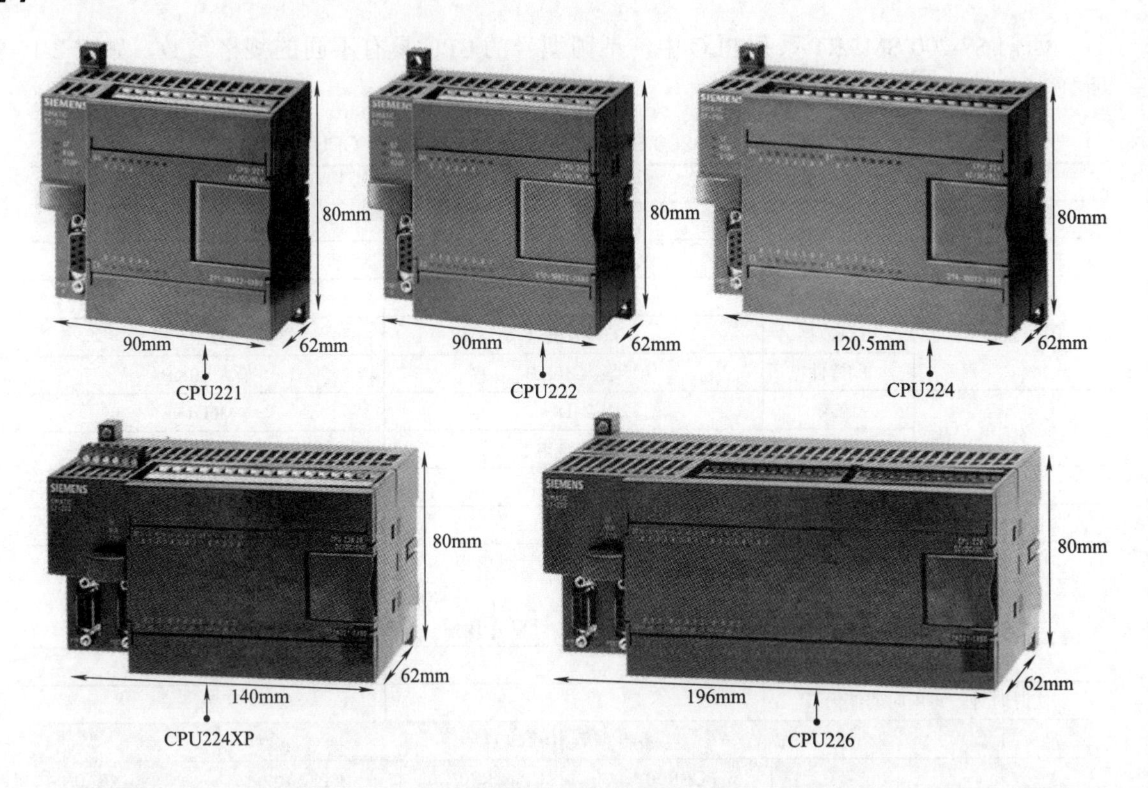

图2-3　西门子S7-200系列PLC中不同型号CPU主机

西门子S7-200系列PLC中，不同型号的CPU具有不同的规格参数，如表2-2所列。

表2-2　西门子S7-200系列PLC不同型号CPU的规格参数

规格参数		CPU221	CPU222	CPU224	CPU224XP/CPUXPsi	CPU226/CPU226XM
内置	数字量I/O	6 DI/4 DO	8 DI/6 DO	14 DI/10 DO	14 DI/10 DO	24 DI/16 DO
	模拟量I/O	—	—	—	2 AI/1 AO	—
	脉冲输出	2（20kHz）	2（20kHz）	2（20kHz）	2（100kHz）	2（20kHz）
	高速计数器	4（30kHz）	4（30kHz）	6（30kHz）	2（200kHz）+4（30kHz）	6（30kHz）
程序存储器容量		4KB	4KB	8/12KB	12/16KB	16/24KB
数据存储器容量		2KB	2KB	8KB	10KB	10KB
执行时间（位指令）		0.22μs				
通信接口RS-485		1	1	1	2	2
最大扩展模块数量		0	2	7	7	7
电源电压		24V DC	85～264V AC			
输入电压		24V DC				
输出电压		24V DC	24～230V AC			
输出电流		0.75A，晶体管；2A，继电器				
集成的24V负载电源（可直接链接到传感器和变送器）		最大180mA输出	最大180mA输出	最大280mA输出	最大280mA输出	最大480mA输出

续表

规格参数	CPU221	CPU222	CPU224	CPU224XP/CPUXPsi	CPU226/CPU226XM
集成8位模拟电位器（用于调试、改变值）	1个	1个	2个	2个	2个
应用	小型PLC，价格较低，能满足多种需要	S7-200系列中低成本的单元。通过可连接的扩展模块，即可处理模拟量	具有更多的输入、输出点及更大的存储器		功能最强的模块，可完全满足一些中大型复位控制系统的要求

2.1.3 S7-300系列PLC的主机（CPU模块）

西门子S7-300系列PLC采用模块式结构，有多种不同型号的中央处理器（CPU）模块，不同型号的CPU模块有不同的性能，如有些模块集成了数字量和模拟量的I/O端子，有些则集成了现场总线通信接口（PROFIBUS）。

西门子S7-300系列PLC常见CPU型号主要有CPU313、CPU314、CPU315/CPU315-2DP、CPU316-2DP、CPU312IFM、CPU312C、CPU313C和CPU315F等，如图2-4所示。

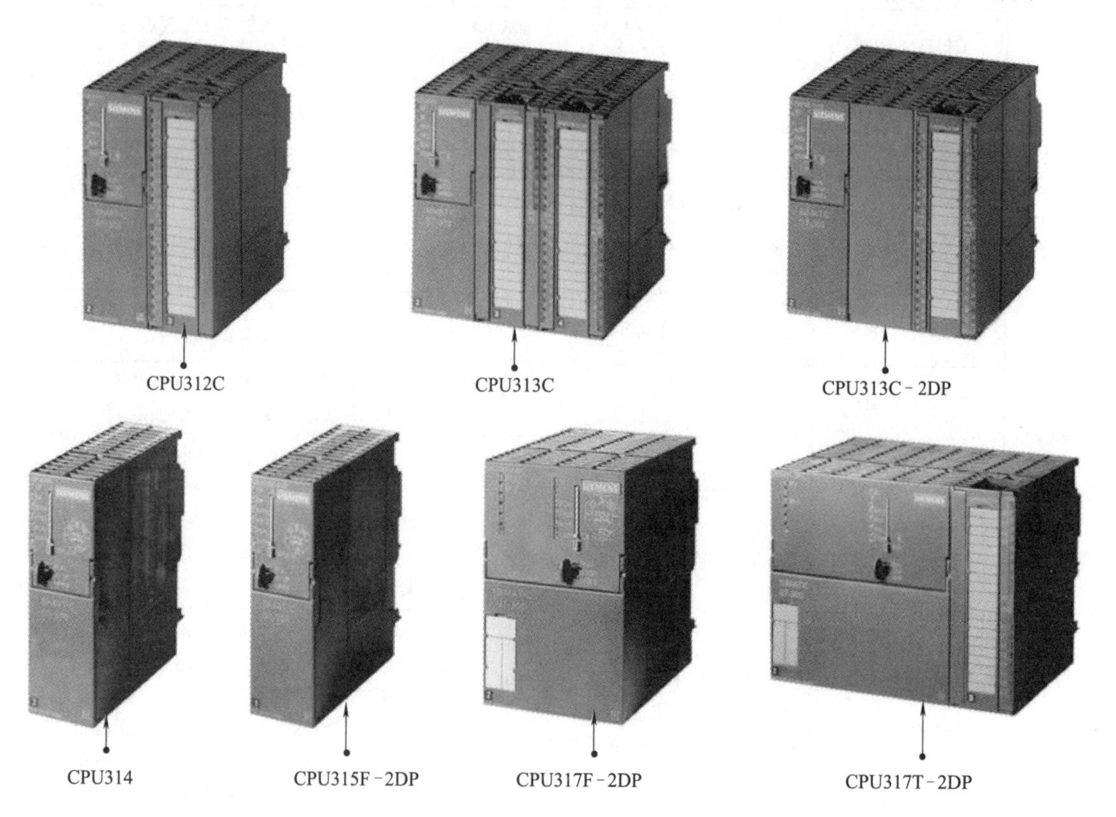

图2-4 西门子S7-300系列PLC中不同型号CPU主机

西门子S7-300系列PLC中，不同型号的CPU具有不同的规格及应用特点，如表2-3所列。

表 2-3　西门子 S7-300 系列 PLC 不同型号 CPU 的规格及特点

分类 / 型号		规格	特点
紧凑型（型号后缀带有字母 C）	CPU312C	带有集成的数字量 I/O	比较适用于具有较高要求的小型应用场合
	CPU313C	带有集成的数字量和模拟量 I/O	能够满足对处理能力和响应时间要求较高的场合
	CPU313C-2PtP	带有集成的数字量 I/O 及一个 RS-422/485 串口	能够满足处理量大、响应时间高的场合
	CPU313C-2DP	带有集成的数字量 I/O，以及 PROFIBUS DP 主 / 从接口	可以完成具有特殊功能的任务，可以连接标准 I/O 设备
	CPU314C-2PtP	带有集成的数字量和模拟量 I/O 及一个 RS-422/485 串口	能够满足对处理能力和响应时间要求较高的场合
	CPU314C-2DP	带有集成的数字和模拟量 I/O，以及 PROFIBUS DP 主 / 从接口	可以完成具有特殊功能的任务，可以连接单独的 I/O 设备
标准型	CPU313	内置 12KB RAM，可用存储卡扩展程序存储区，最大容量 256KB	适用于需要高速处理的小型设备
	CPU314	内置 24KB RAM，可扩展最大容量 512KB	适用于安装中等规模的程序以及中等指令执行速度的程序
	CPU315	具有 48KB、80KB 程序存储器，可扩展最大容量 512KB	比较适用于大规模的 I/O 配置
	CPU315-2DP	具有 64KB、96KB 程序存储器和 PROFIBUS DP 主 / 从接口	比较适用于大规模的 I/O 配置或建立分布式 I/O 系统
	CPU316-2DP	具有 128KB 程序存储器和 PROFIBUS DP 主 / 从接口	比较适用于具有分布式或集中式 I/O 配置的工厂应用
户外型	CPU312IFM	集成有 10 个数字量 I/O（4 个 /6 个），内置 6KB 的 RAM	适用于恶劣环境下的小系统，且只能装在一个机架上
	CPU314IFM	集成有 36 个数字量 I/O（20 个 /16 个），内置 32KB 的 RAM	适用于恶劣环境下且对响应时间和特殊功能有较高要求的系统
故障安全型	CPU315F	集成有 PROFIBUS DP 主 / 从接口	可以组成故障安全型系统，满足安全运行的需要，可实现与安全相关的通讯
	CPU315F-2DP	集成有一个 MPI 接口、一个 DP/MPI 接口	可组成故障安全型自动化系统，满足安全运行需要。可实现与安全无关的通讯
	CPU317F-2DP	一个 PROFIBUS DP 主 / 从接口、一个 DP 主 / 从 MPI 接口，两个接口可用于集成故障安全模块	可以与故障安全型 ET200M I/O 模块进行集中式和分布式连接；与故障安全型 ET200S PROFIsafe I/O 模块可进行分布式连接；标准模块的集中式和分布式使用，可满足与故障安全无关的应用
特种型	CPU317T-2DP	具有 CPU 317-2DP 的全部功能外，增加了智能技术 / 运动控制功能；增加了本机 I/O；增加了 PROFBUS DP（DRIVE）接口	能够满足系列化机床、特殊机床以及车间应用的多任务自动化系统。适用于同步运动序列（如与虚拟 / 实际主设备的耦合、减速器同步、凸轮盘或印刷点修正等）；可实现快速技术功能（如凸轮切换、参考点探测等）；可用作生产线中央控制器；在 PROFIBUS DP 上，可实现基于组件的自动化分布式智能系统
	CPU317-2PN/DP	具有大容量程序存储器，可用于要求很高的应用；对二进制和浮点数运算具有较高的处理能力	能够满足系列化机床、特殊机床以及车间应用的多任务自动化系统；可用作生产线上的中央控制器；可用于大规模的 I/O 配置、建立分布式 I/O 结构

2.1.4　S7-400 系列 PLC 的主机（CPU 模块）

西门子 S7-400 系列 PLC 采用大模块结构，一般适用于对可靠性要求极高的大型复杂的控制系统。

西门子 S7-400 系列 PLC 常见的 CPU 型号主要有 CPU412-1、CPU413-1/413-2、CPU414-1/414-2DP 和 CPU416-1 等，如图 2-5 所示。

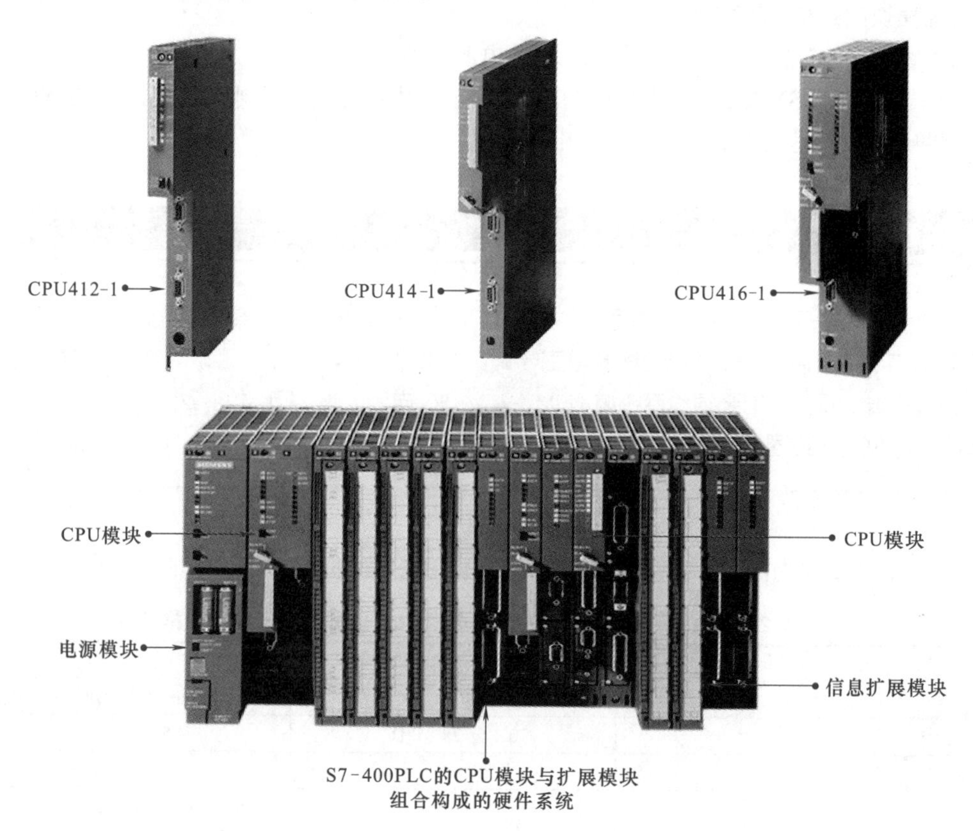

图 2-5　西门子 S7-400 系列 PLC 中不同型号 CPU 主机

西门子 S7-400 系列 PLC 中，不同型号的 CPU 具有不同的规格参数，如表 2-4 所列。

表 2-4　西门子 S7-400 系列 PLC 不同型号 CPU 的规格及特点

型号	特点	特性
CPU412-1	适用于中等性能的经济型中小项目	①CPU 模块均安装在中央机架上，可扩展 21 个扩展机架 ②多 CPU 处理时最多安装 4 个 CPU ③均可扩展功能模块和通信模块 ④具有定时器 / 计数器功能 ⑤实时时钟功能 ⑥CPU 模块内置两个通信接口功能
CPU413-1/ CPU413-2	适用于中等性能的较大系统	
CPU414-1/ CPU414-2DP	适用于中等性能，对程序规模、指令处理机通信要求较高的场合	
CPU416-1	适用于高性能要求的复杂场合	

2.2　西门子 PLC 扩展模块

在西门子 PLC 中，CPU 主机通常可与具有其他特定功能的模块配合构成完成的硬件控制系统，常见的扩展模块包括电源模块（PS）、信号扩展模块（SM）、通信模块（CP）、功能模块（FM）和接口模块（IM）等。

2.2.1 电源模块（PS）

电源模块是指由外部为 PLC 供电的功能单元。不同类型的 CPU 主机所需的供电电压不同，电源模块的规格也有所不同。

（1）西门子 S7-200 SMART 系列 PLC 的电源模块

西门子 S7-200 SMART 系列 PLC 的 CPU 有一个内部电源，用于为 CPU、扩展模块、信号板提供电源和满足其他 24V DC 用户电源需求。

提示说明

西门子 S7-200 SMART 系列 PLC 的 CPU 还提供 24V DC 传感器电源，该电源可以为输入点、扩展模块上的继电器线圈电源或其它需求提供 24V DC 电源。如果功率要求超出传感器电源的预算，则必须给系统增加外部 24V DC 电源。必须手动将 24V DC 电源连接到输入点或继电器线圈。

表 2-5、表 2-6 为西门子 S7-200 SMART 系列 PLC 内部电源模块的规格参数。

表 2-5 西门子 S7-200 SMART 系列 PLC 内部电源模块的规格参数

<table>
<tr><th colspan="4">电源</th></tr>
<tr><th colspan="2">技术数据</th><th>CPU ST20 DC/DC/DC</th><th>CPU SR20 AC/DC/ 继电器</th></tr>
<tr><td colspan="2">电压范围</td><td>20.4 ～ 28.8V DC</td><td>85 ～ 264V AC</td></tr>
<tr><td colspan="2">电源频率</td><td>—</td><td>47 ～ 63Hz</td></tr>
<tr><td rowspan="2">输入电流</td><td>最大负载时仅包括 CPU</td><td>24V DC 时 160mA（无 300mA 传感器驱动功率）
24V DC 时 430mA（带 300mA 传感器驱动功率）</td><td>120V AC 时 210mA（带 300mA 功率传感器输出）
120V AC 时 90mA（无 300mA 功率传感器输出）
240V AC 时 120mA（带 300mA 功率传感器输出）
240V AC 时 60mA（无 300mA 功率传感器输出）</td></tr>
<tr><td>最大负载时仅包括 CPU 和所有扩展附件</td><td>24V DC 时 720mA</td><td>120V AC 时 290mA
240V AC 时 170mA</td></tr>
<tr><td colspan="2">浪涌电流（最大）</td><td>28.8V DC 时 11.7A</td><td>264V AC 时 9.3A</td></tr>
<tr><td colspan="2">隔离（输入电源与逻辑侧）</td><td>—</td><td>1500V AC</td></tr>
<tr><td colspan="2">漏地电流，交流线路对功能地</td><td>—</td><td>最大 0.5mA</td></tr>
<tr><td colspan="2">保持时间（掉电）</td><td>24V DC 时 20ms</td><td>120V AC 时 30ms
240V AC 时 200ms</td></tr>
<tr><td colspan="2">内部熔断器，用户不可更换</td><td>3A，250V，慢速熔断</td><td>3A，250V，慢速熔断</td></tr>
<tr><th colspan="2">技术数据</th><th>CPU ST30 DC/DC/DC</th><th>CPU SR30 AC/DC/ 继电器</th></tr>
<tr><td colspan="2">电压范围</td><td>20.4 ～ 28.8V DC</td><td>85 ～ 264V AC</td></tr>
<tr><td colspan="2">电源频率</td><td>—</td><td>47 ～ 63Hz</td></tr>
</table>

续表

技术数据		CPU ST30 DC/DC/DC	CPU SR30 AC/DC/ 继电器
输入电流	最大负载时仅包括 CPU	24V DC 时 64mA（无 300mA 传感器驱动功率） 24V DC 时 365mA（带 300mA 传感器驱动功率）	120V AC 时 92mA（带功率传感器） 120V AC 时 40mA（无功率传感器） 240V AC 时 52mA（带功率传感器） 240V AC 时 27mA（无功率传感器）
	最大负载时仅包括 CPU 和所有扩展附件	24V DC 时 624mA	120V AC 时 136mA 240V AV 时 72mA
浪涌电流（最大）		28.8V DC 时 6A	264V AC 时 8.9A
隔离（输入电源与逻辑侧）		—	1500V AC
漏地电流，交流线路对功能地		—	最大 0.5mA
保持时间（掉电）		24V DC 时 20ms	120V AC 时 30ms 240V AC 时 200ms
内部熔断器，用户不可更换		3A，250A，慢速熔断	3A，250V，慢速熔断

技术数据		CPU ST40 DC/DC/DC	CPU SR40 AC/DC/ 继电器	CPU CR40 AC/DC/ 继电器
电压范围		20.4 ～ 28.8V DC	85 ～ 264V AC	85 ～ 264V AC
电源频率		—	47 ～ 63Hz	47 ～ 63Hz
输入电流（最大负载时）	仅 CPU	24V DC 时 190mA（无 300mA 传感器驱动功率） 24V DC 时 470mA（带 300mA 传感器驱动功率）	120V AC 时 130mA（无 300mA 传感器驱动功率） 120V 时 250mA（带 300mA 传感器驱动功率） 240V AC 时 80mA（无 300mA 传感器驱动功率） 240V 时 150mA（带 300mA 传感器驱动功率）	120V AC 时 130mA（无 300mA 传感器驱动功率） 120V 时 250mA（带 300mA 传感器驱动功率） 240V AC 时 80mA（无 300mA 传感器驱动功率） 240V 时 150mA（带 300mA 传感器驱动功率）
	具有所有扩展附件的 CPU	24V DC 时 680mA	120V AC 时 300mA 240V AC 时 190mA	—
浪涌电流（最大）		28.8V DC 时 11.7A	264V AC 时 16.3A	264V AC 时 7.3A
隔离（输入电源与逻辑侧）		—	1500V AC	1500V AC
漏地电流，交流线路对功能地		—	0.5mA	0.5mA
保持时间（掉电）		24V DC 时 20ms	120V AC 时 30ms 240V AC 时 200ms	120V AC 时 50ms 240V AC 时 400ms
内部熔断器，用户不可更换		3A，250V，慢速熔断	3A，250V，慢速熔断	3A，250V，慢速熔断

技术数据	CPU ST60 DC/DC/DC	CPU SR60 AC/DC/ 继电器	CPU CR60 AC/DC/ 继电器
电压范围	20.4 ～ 28.8V DC	85 ～ 264V AC	85 ～ 264V AC
电源频率	—	47 ～ 63Hz	47 ～ 63Hz

续表

技术数据		CPU ST60 DC/DC/DC	CPU SR60 AC/DC/ 继电器	CPU CR60 AC/DC/ 继电器
输入电流（最大负载时）	仅 CPU	24V DC 时 220mA（无 300mA 传感器驱动功率） 24V DC 时 500mA（带 300mA 传感器驱动功率）	120V AC 时 160mA（无 300mA 传感器驱动功率） 120V AC 时 280mA（带 300mA 传感器驱动功率） 240V AC 时 90mA（无 300mA 传感器驱动功率） 240V AC 时 160mA（带 300mA 传感器驱动功率）	120V AC 时 160mA（无 300mA 传感器驱动功率） 120V AC 时 280mA（带 300mA 传感器驱动功率） 240V AC 时 90mA（无 300mA 传感器驱动功率） 240V AC 时 160mA（带 300mA 传感器驱动功率）
	具有所有扩展附近的 CPU	24V DC 时 710mA	120V AC 时 370mA 240V AC 时 220mA	—
浪涌电流（最大）		28.8V DC 时 11.5A	264V DC 时 16.3A	264V AC 时 7.3A
隔离（输入电源与逻辑侧）		无	1500V AC	1500V AC
漏地电流，交流线路对功能地		无	无	无
保持时间（掉电）		24V DC 时 20ms	120V AC 时 30ms 240V AC 时 200ms	120V AC 时 50ms 240V AC 时 400ms
内部熔断器，用户不可更换		3A，250V，慢速熔断	3A，250V，慢速熔断	3A，250V，慢速熔断

表 2-6　西门子 S7-200 SMART 系列 PLC 传感器电源模块的规格参数

技术数据	CPU ST20 DC/DC/DC	CPU SR20 AC/DC/ 继电器
电压范围	20.4 ～ 28.8V DC	20.4 ～ 28.8V DC
额定输出电流	300mA（短路保护）	300mA（短路保护）
最大纹波噪声（＜ 10MHz）	＜ 1V 峰峰值	＜ 1V 峰峰值
隔离（CPU 逻辑侧与传感器电源）	未隔离	未隔离

技术数据	CPU ST30 DC/DC/DC	CPU SR30 AC/DC/ 继电器
电压范围	20.4 ～ 28.8V DC	20.4 ～ 28.8V DC
额定输出电流	300mA（短路保护）	300mA（短路保护）
最大纹波噪声（＜ 10MHz）	＜ 1V 峰峰值	＜ 1V 峰峰值
隔离（CPU 逻辑侧与传感器电源）	未隔离	未隔离

技术数据	CPU ST40 DC/DC/DC	CPU SR40 AC/DC/ 继电器	CPU CR40 AC/DC/ 继电器
电压范围	20.4 ～ 28.8V DC	20.4 ～ 28.8V DC	20.4 ～ 28.8V DC
额定输出电流（最大）	300mA	300mA	300mA
最大纹波噪声（＜ 10MHz）	＜ 1V 峰峰值	＜ 1V 峰峰值	＜ 1V 峰峰值
隔离（CPU 逻辑侧与传感器电源）	未隔离	未隔离	未隔离

技术数据	CPU ST60 DC/DC/DC	CPU SR60 AC/DC/ 继电器	CPU CR60 AC/DC/ 继电器
电压范围	20.4 ～ 28.8V DC	20.4 ～ 28.8V DC	20.4 ～ 28.8V DC
额定输出电流（最大）	300mA	300mA	300mA
最大纹波噪声（＜ 10MHz）	＜ 1V 峰峰值	＜ 1V 峰峰值	＜ 1V 峰峰值
隔离（CPU 逻辑侧与传感器电源）	未隔离	未隔离	未隔离

（2）西门子S7-200系列PLC的电源模块

西门子S7-200系列PLC作为一体化紧凑型PLC，其电源模块集成在PLC主机内部，与CPU模块封装在一起，并通过连接总线为CPU模块、扩展模块提供5V的直流电源，如图2-6所示。

西门子PLC产品介绍

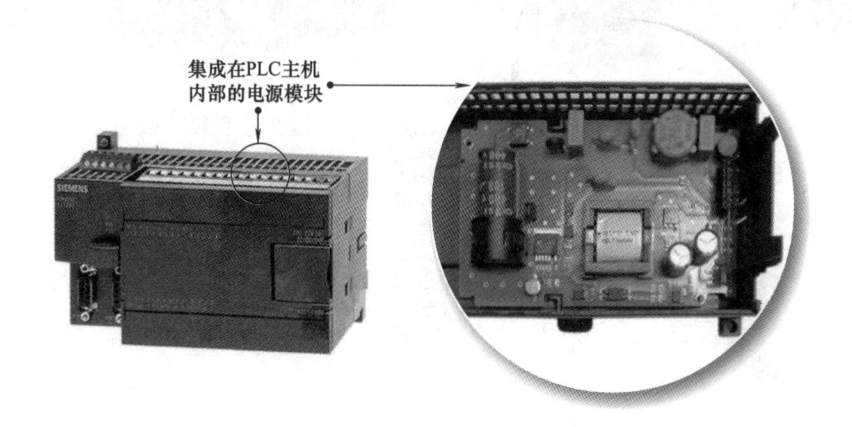

图2-6 西门子S7-200系列PLC内部的电源模块

西门子S7-200系列PLC内部的电源模块，在容量允许时，还可通过I/O接口提供给外部24V的直流电压，供本机输入点和扩展模块继电器线圈使用。

根据信号不同一般有DC24V和AC220V两种规格，相关参数信息如表2-7所列。

表2-7 西门子S7-200系列PLC内部电源模块的规格参数

电源类型	电压允许范围	冲击电流	内部熔断器
DC24V（直流）	20.4～28.8V	10A，28.8V	3A，250V
AC220V（交流）	85～264V，47～63Hz	20A，254V	2A，250V

提示说明

西门子S7-200系列PLC中，由于其内置电源的特点，若需连接扩展模块时需考虑扩展模块对5V直流供电电源的需求量，若此需求量过大（超过CPU的5V电源模块的容量）时，必须减少扩展模块的数量。另外，若内置电源输出的24V直流电源不能满足需求时，可增加一个外部24V直流电源，用于为扩展模块供电，但需注意的是，该外部电源不能与S7-200的传感器电源并联使用。

（3）西门子S7-300/400系列PLC的电源模块

西门子S7-300/400系列PLC均属于模块式结构，其电源供电部分均属于独立的模块单元。不同型号的PLC所采用的电源模块不相同，西门子S7-300系列PLC采用的电源模块主要有PS305和PS307两种，西门子S7-400系列PLC采用的电源模块主要有PS405和PS407两种，如图2-7所示。

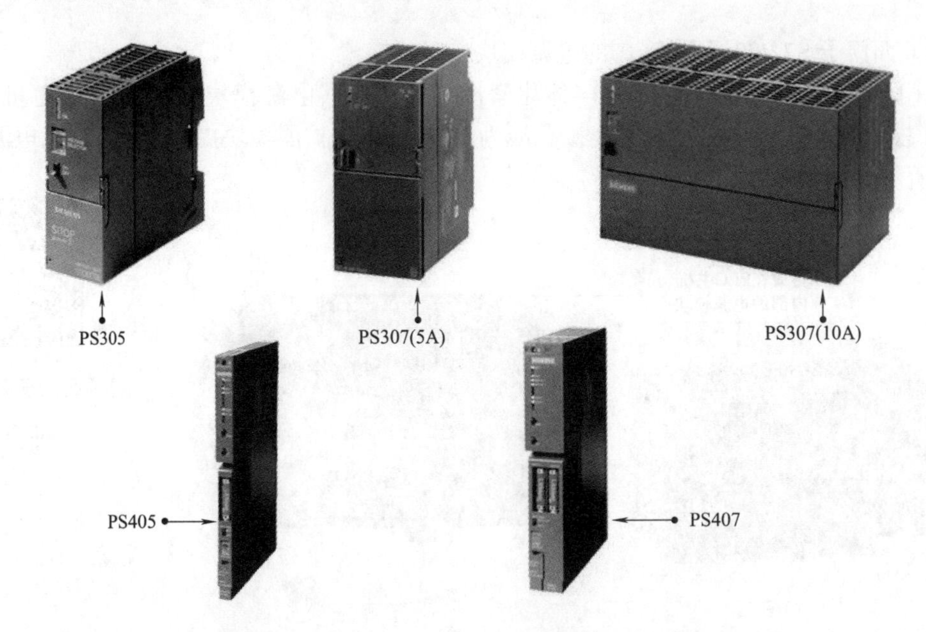

图 2-7　西门子 S7-300/400 系列 PLC 的电源模块

西门子 S7-300/400 系列 PLC 中，不同型号的电源模块具有不同的规格参数和应用场合，如表 2-8 所列。

表 2-8　西门子 S7-300/400 系列 PLC 内部电源模块的规格参数

电源模块类型		供电方式	输出电压	输出电流	应用
S7-300 电源模块	PS305	直流供电	直流 24V	2A	属于户外型电源模块
	PS307	交流 120/230V 供电	直流 24V	2A、5A 和 10A 三种规格	适用于大多数场合，即可提供给 PLC 使用，也可作为负载电源
S7-400 电源模块	PS405	直流供电	直流 24V 和 5V	4A、10A 和 20A 三种规格	不可为信号模块提供负载电压
	PS407	直流供电或交流供电	直流 24V 和 5V		

2.2.2　数字量扩展模块（DI/DO）

各类型的西门子 PLC 在实际应用中，为了实现更强的控制功能，可以采用扩展 I/O 点的方法扩展其系统配置和控制规模，其中各种扩展用的 I/O 模块统称为信号扩展模块（SM）。不同类型的 PLC 所采用的信号扩展模块不同，但基本都包含了数字量扩展模块和模拟量扩展模块两种。

西门子 PLC 除本机集成的数字量 I/O 端子外，可连接数字量扩展模块（DI/DO）用以扩展更多的数字量 I/O 端子。数字量扩展模块包括数字量输入模块和数字量输出模块。

其中，数字量输入模块的作用是将现场过程送来的数字高电平信号转换成 PLC 内部可识别的信号电平。通常情况下数字量输入模块可用于连接工业现场的机械触点或电子式数字传感器。

图 2-8 为西门子 S7 系列 PLC 中常见数字量输入模块。

EM DE08
S7-200 SMART系列PLC
数字量输入模块

EM221（AC）
S7-200系列PLC
数字量输入模块

EM221（DC）
S7-200系列PLC
数字量输入模块

SM321
S7-300系列PLC
数字量输入模块

SM421
S7-400系列PLC
数字量输入模块

图 2-8　西门子 S7 系列 PLC 中常见数字量输入模块

EM DE08 数字量输入模块的参数及接线

数字量输出模块的作用是将 PLC 内部信号电平转换成过程所要求的外部信号电平。通常情况下可用于直接驱动电磁阀、接触器、指示灯、变频器等外部设备和功能部件。

图 2-9 为西门子 S7 系列 PLC 中常见数字量输出模块。

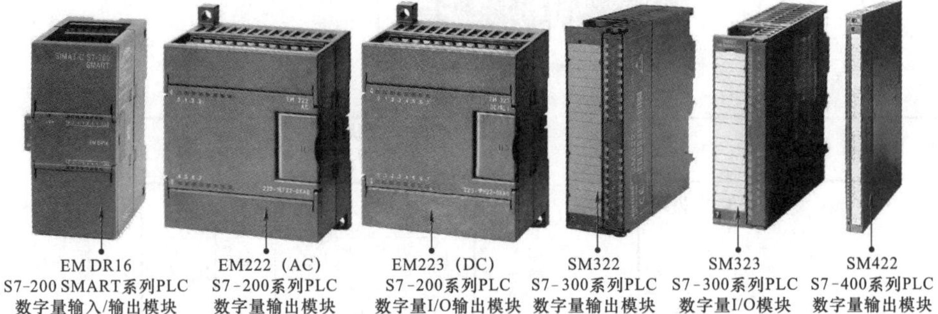

EM DT08 和 EM DR08 数字量输出模块的参数及接线

图 2-9　西门子 S7 系列 PLC 中常见数字量输出模块

提示说明

PLC 的数字量输入模块与现场输入元件连接后，输入信号进入模块一般首先经光电隔离和滤波缓冲后，再经数据接口和连接电缆或模块背板的总线接口与 CPU 连接，并等待 CPU 取样。PLC 数字量输出模块首先经背板的总线接口接收到 CPU 输出的开关量信号，经光电隔离及内部输出元件（晶闸管 VS）处理后输出。

图 2-10 为 PLC 的数字量输入模块、数字量输出模块工作过程示意图。

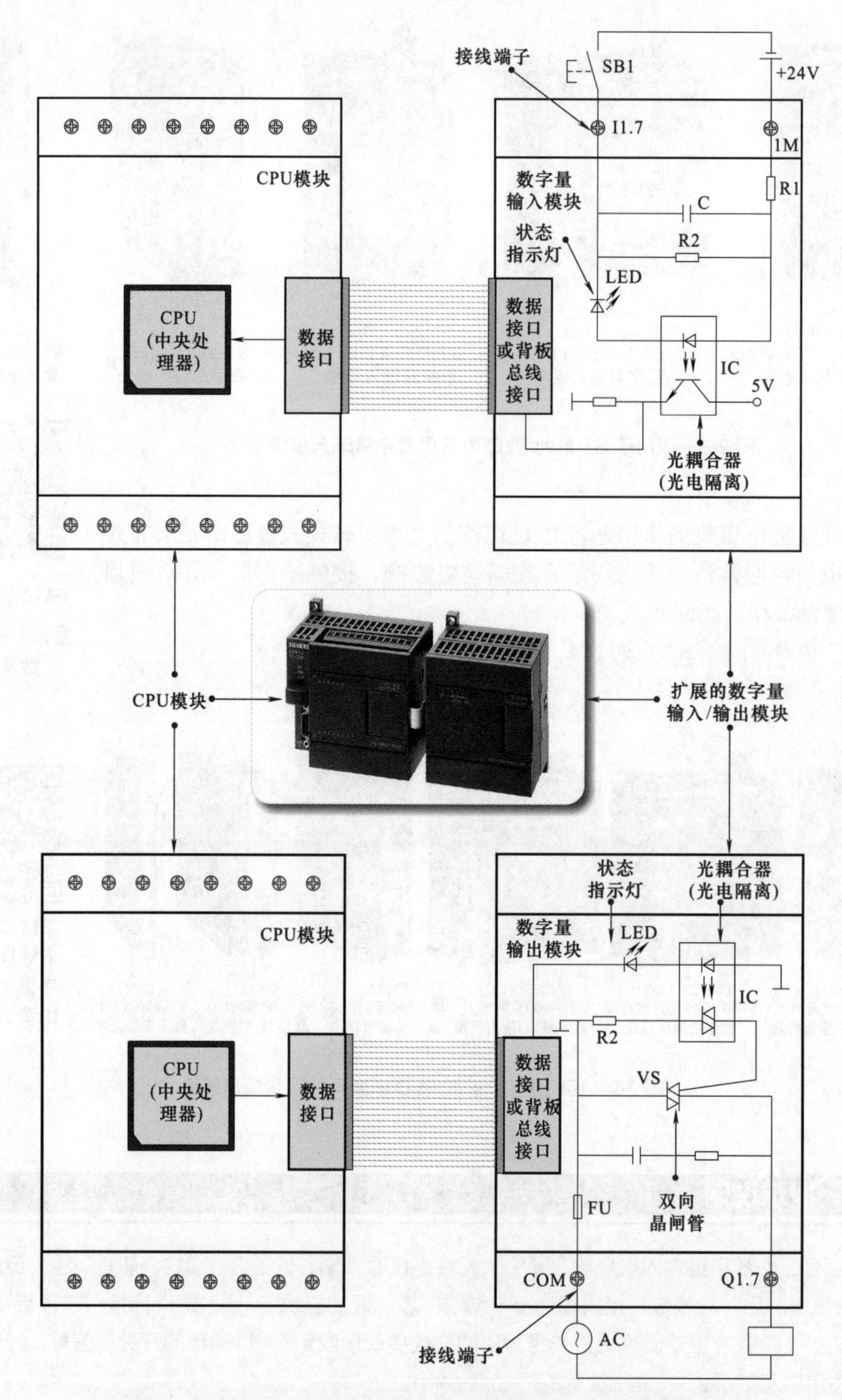

图 2-10 PLC 的数字量输入模块、数字量输出模块工作过程示意图

西门子 S7 各系列可匹配使用的数字量输入、输出模块类别及其相关参数、特性不同，具体根据模块的规格参数而定。

表 2-9 为西门子 S7 系列 PLC 常见数字量扩展模块的相关参数。

表 2-9　西门子 S7 系列 PLC 常见数字量扩展模块的相关参数

<table>
<tr><th colspan="2">PLC 系列及数字量扩展模块</th><th>供电电压</th><th>输入点数（DI）</th><th>输出点数（DO）</th><th>相关参数</th></tr>
<tr><td rowspan="10">S7-200 SMART</td><td>数字量输入扩展模块 EM DE08</td><td>24V DC 输入</td><td>8</td><td>无</td><td>功耗 1.5W</td></tr>
<tr><td>数字量输入扩展模块 EM DE16</td><td>24V DC 输入</td><td>16</td><td>无</td><td>功耗 2.3W</td></tr>
<tr><td>数字量输出扩展模块 EM DT08</td><td>20.4 ～ 28.8V DC</td><td>无</td><td>8</td><td>1.5W</td></tr>
<tr><td>数字量输出扩展模块 EM DR08（继电器型）</td><td>5 ～ 30V DC 或
5 ～ 250VAC</td><td>无</td><td>8</td><td>4.5W</td></tr>
<tr><td>数字量输出扩展模块 EM QR16（继电器型）</td><td>5 ～ 30V DC 或
5 ～ 250VAC</td><td>无</td><td>16</td><td>4.5W</td></tr>
<tr><td>数字量输出扩展模块 EM QT16（晶体管型）</td><td>20.4 ～ 28.8V DC</td><td>无</td><td>16</td><td>1.7W</td></tr>
<tr><td>数字量输入 / 输出扩展模块 EM DT16</td><td>24V DC 输入
20.4 ～ 28.8V DC 输出</td><td>8</td><td>8</td><td>2.5W</td></tr>
<tr><td>数字量输入 / 输出扩展模块 EM DR16</td><td>24V DC 输入
5 ～ 30V DC 或
5 ～ 250VAC 输出</td><td>8</td><td>8</td><td>5.5W</td></tr>
<tr><td>数字量输入 / 输出扩展模块 EM DT32</td><td>24V DC 输入
20.4 ～ 28.8V DC 输出</td><td>16</td><td>16</td><td>4.5W</td></tr>
<tr><td>数字量输入 / 输出扩展模块 EM DR32</td><td>24V DC 输入
5 ～ 30V DC 或
5 ～ 250V AC 输出</td><td>16</td><td>16</td><td>10W</td></tr>
<tr><td rowspan="11">S7-200</td><td rowspan="3">数字量输入扩展模块 EM221</td><td rowspan="2">24V DC 输入</td><td>8</td><td rowspan="2">无</td><td>功耗 2W</td></tr>
<tr><td>16</td><td>功耗 3W</td></tr>
<tr><td>230V AC 输入</td><td>8</td><td>无</td><td>功耗 3W</td></tr>
<tr><td rowspan="4">数字量输出扩展模块 EM222</td><td>24V DC 输出</td><td>无</td><td>8</td><td>功耗 2W</td></tr>
<tr><td rowspan="2">继电器输出</td><td rowspan="2">无</td><td>4</td><td>功耗 4W</td></tr>
<tr><td>8</td><td>功耗 2W</td></tr>
<tr><td>230V AC 双向晶闸管输出</td><td>无</td><td>8</td><td>功耗 4W</td></tr>
<tr><td rowspan="4">数字量输入 / 输出扩展模块 EM223</td><td rowspan="4">24V DC 输入 /24V DC 输出</td><td>4</td><td>4</td><td>功耗 2W</td></tr>
<tr><td>8</td><td>8</td><td>功耗 3W</td></tr>
<tr><td>16</td><td>16</td><td>功耗 6W</td></tr>
<tr><td>32</td><td>32</td><td>功耗 9W</td></tr>
</table>

续表

<table>
<tr><th colspan="2">PLC 系列及数字量扩展模块</th><th>供电电压</th><th>输入点数（DI）</th><th>输出点数（DO）</th><th>相关参数</th></tr>
<tr><td rowspan="4">S7-200</td><td rowspan="4">数字量输入 / 输出扩展模块 EM223</td><td rowspan="4">24V DC 输入 / 继电器输出</td><td>4</td><td>4</td><td>功耗 2W</td></tr>
<tr><td>8</td><td>8</td><td>功耗 3W</td></tr>
<tr><td>16</td><td>16</td><td>功耗 6W</td></tr>
<tr><td>32</td><td>32</td><td>功耗 13W</td></tr>
<tr><td rowspan="8">S7-300</td><td rowspan="3">数字量输入扩展模块 SM321</td><td>24V DC 输入</td><td>16、32</td><td>无</td><td rowspan="3">输入模块的输入点通常分成若干组，每组在模块内有电气公共端，选型时应考虑外部开关信号的电压等级和形式</td></tr>
<tr><td>120 VAC 输入</td><td>16</td><td rowspan="2">无</td></tr>
<tr><td>230 V AC 输入</td><td>8</td></tr>
<tr><td rowspan="3">数字量输出扩展模块 SM322</td><td>数字量晶体管输出</td><td rowspan="3">无</td><td>8、16、32</td><td rowspan="3">选择数字量输出扩展模块时，应注意负载电压的种类和大小、工作频率和负载类型</td></tr>
<tr><td>数字量晶闸管输出</td><td>8、16</td></tr>
<tr><td>数字量继电器输出</td><td>8、16</td></tr>
<tr><td rowspan="2">数字量输入 / 输出扩展模块 SM323/327</td><td rowspan="2">24V DC 输入 /24V DC 输出</td><td>8</td><td>8</td><td rowspan="2"></td></tr>
<tr><td>16</td><td>16</td></tr>
<tr><td rowspan="10">S7-400</td><td rowspan="5">数字量输入扩展模块 SM421</td><td>24V DC 输入</td><td>16、32</td><td rowspan="5">无</td><td>额定负载电压直流 24V</td></tr>
<tr><td>24/60V DC 输入</td><td>16</td><td>额定输入电压直流 24 ～ 60V</td></tr>
<tr><td>120V DC 输入</td><td>32</td><td>额定输入电压直流 120V</td></tr>
<tr><td>120/230V DC 输入</td><td>16</td><td>额定输入电压交流 120/230V</td></tr>
<tr><td>120 V AC 输入</td><td>16</td><td>额定输入电压交流 120V</td></tr>
<tr><td rowspan="5">数字量输出扩展模块 SM422</td><td>24V DC 晶体管输出</td><td rowspan="5">无</td><td>16、32</td><td>输出电流 2A、0.5 A</td></tr>
<tr><td>20 ～ 125VDC 晶体管输出</td><td>16</td><td>输出电流 1.5 A</td></tr>
<tr><td>20 ～ 120VAC 晶闸管输出</td><td>16</td><td>输出电流 2 A</td></tr>
<tr><td>120/230V AC 晶闸管输出</td><td>8、16</td><td>输出电流 5A、2 A</td></tr>
<tr><td>继电器输出</td><td></td><td>输出电流 5A</td></tr>
</table>

2.2.3 模拟量扩展模块（AI/AO）

在 PLC 的数字系统中，不能输入和处理连续的模拟量信号，但在很多自动控制系统所控制的量为模拟量，因此为使 PLC 的数字系统可以处理更多的模拟量，除本机集成的模拟量 I/O 端子外，可连接模拟量扩展模块（AI/AO）用以扩展更多的模拟量 I/O 端子。模拟量扩展模块包括模拟量输入模块和模拟量输出模块两种。

其中，模拟量输入模块用于将现场各种模拟量测量传感器输出的直流电压或电流信号转换为 PLC 内部处理用的数字信号（核心为 A-D 转换）。电压和电流传感器、热电偶、电阻或电阻式温度计均可作为传感器与之连接。

图 2-11 为西门子 S7 系列 PLC 中常见模拟量输入模块实物外形。

模拟量输出模块的作用是将 PLC 内部的数字信号转换为系统所需要的模拟量信号，用于控制模拟量执行器件（核心为 D-A 转换），如图 2-12 所示。

西门子 S7 各系列可匹配使用的模拟量输入、输出模块类别及其相关参数、特性不同，见表 2-10 所列。

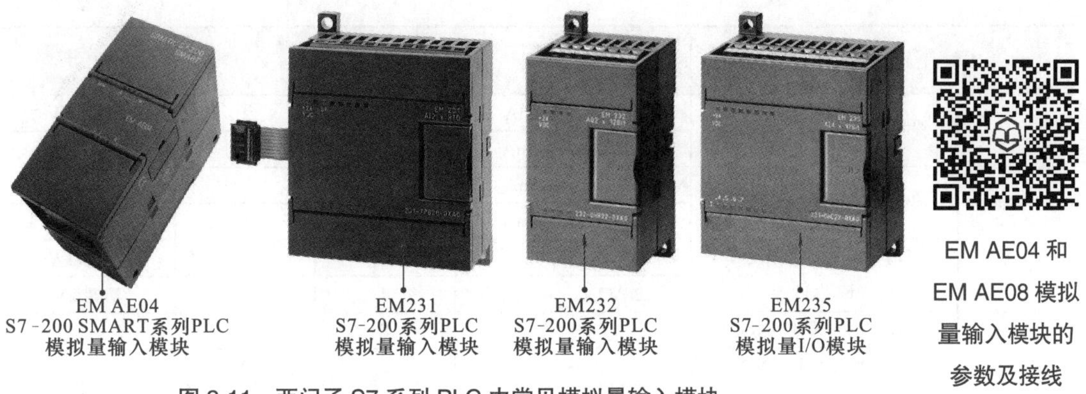

图 2-11　西门子 S7 系列 PLC 中常见模拟量输入模块

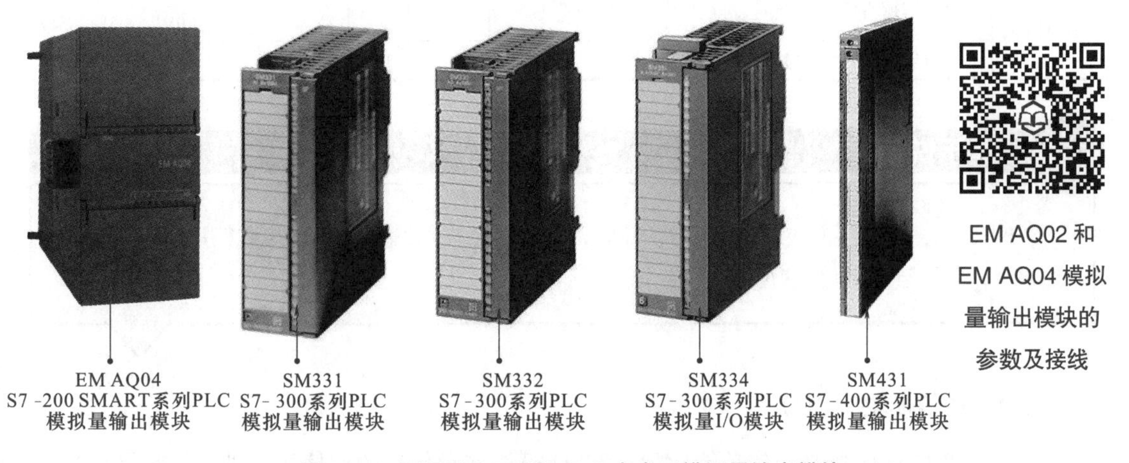

图 2-12　西门子 S7 系列 PLC 中常见模拟量输出模块

表 2-10　西门子 S7 系列 PLC 常见模拟量扩展模块的相关参数

PLC 系列及模拟量扩展模块		电源要求	输入点数（AI）	输出点数（AO）	相关参数
S7-200 SMART	模拟量输入模块 EM AE04	24V DC　40mA（无负载）	4	无	1.5W（无负载）
	模拟量输入模块 EM AE08	24V DC　70mA（无负载）	8	无	2.0W（无负载）
	模拟量输出模块 EM AQ02	24V DC　50mA（无负载）	无	2	1.5W（无负载）
	模拟量输出模块 EM AQ04	24V DC　75mA（无负载）	无	4	2.1W（无负载）
	模拟量 I/O 模块 EM AM03	24V DC　30mA（无负载）	2	1	1.1W（无负载）
	模拟量 I/O 模块 EM AM06	24V DC　60mA（无负载）	4	2	2.0W（无负载）

续表

PLC 系列及模拟量扩展模块		电源要求	输入点数（AI）	输出点数（AO）	相关参数
S7-200	模拟量输入模块 EM231	5V DC　20mA	4	无	功耗 2W
		24V DC　60mA	8	无	功耗 2W
	模拟量输出模块 EM232	5V DC　20mA	无	2	功耗 2W
		24V DC　70mA	无	4	功耗 2W
	模拟量输入 / 输出模块 EM235	5V DC　30mA	4	1	功耗 2W
		24V DC　60mA	4	1	功耗 2W
S7-300	模拟量输入模块 SM331	—	8	无	
	模拟量输出模块 SM332	—	无	4、2、8	
	模拟量 I/O 模块 SM334	—	4	2	
S7-400	模拟量输入模块 SM431	额定电压 24V DC	8、16	无	2W、1.8W、3.5W、4.9W、4.5W、5W
	模拟量输出模块 SM432	额定负载电压 24V DC	无	8	最大 9W

提示说明

PLC 的各种扩展模块均没有 CPU 部分，作为 CPU 模块输入 / 输出点数的扩充，不能单独使用，只可与 CPU 模块连接使用。

2.2.4 通信模块（CP）

西门子 PLC 有很强的通信功能，除其 CPU 模块本身集成的通信接口外，还扩展连接通信模块，用以实现 PLC 与 PLC、计算机、其他功能设备之间的通信。

不同型号的 PLC 可扩展不同类型或型号的通信模块，用以实现强大的通信功能，如图 2-13 所示。

通信模块型号不同，相应的规格参数及应用特点也不同。实际使用和连接时需要详细了解西门子各系列 PLC 可扩展的通信模块相关参数，如表 2-11 所列。

表 2-11　西门子各系列 PLC 可扩展的通信模块相关参数

PLC 系列及通信模块		特点
S7-200	PROFIBUS-DP 从站通信模块 EM277	可将 S7-200 作为现场总线 PROFIBUS-DP 从站的通信模块，带有一个 RS-485 接口
	调制解调器通信模块 EM241	支持 Tele-service（远程维护或远程诊断） Communication（CPU-TO-CPU，其他通信设备的通信） Message（发送短消息给手机或寻呼机）
	工业以太网通信模块 CP243-1、CP243-1 1T	带有一个标准的 RJ-45 接口，传输速率 10/100Mbit/s，支持以太网通信
	AS-i 接口模块 CP243-2	主站接口模块，最多可连接 31 个 AS-i 从站，可显著增加 S7-200 的数字量输入和输出端子数
S7-300/400	点对点通信模块	
	PROFIBUS-DP 从站通信模块	
	工业以太网通信模块 CP343/CP443	

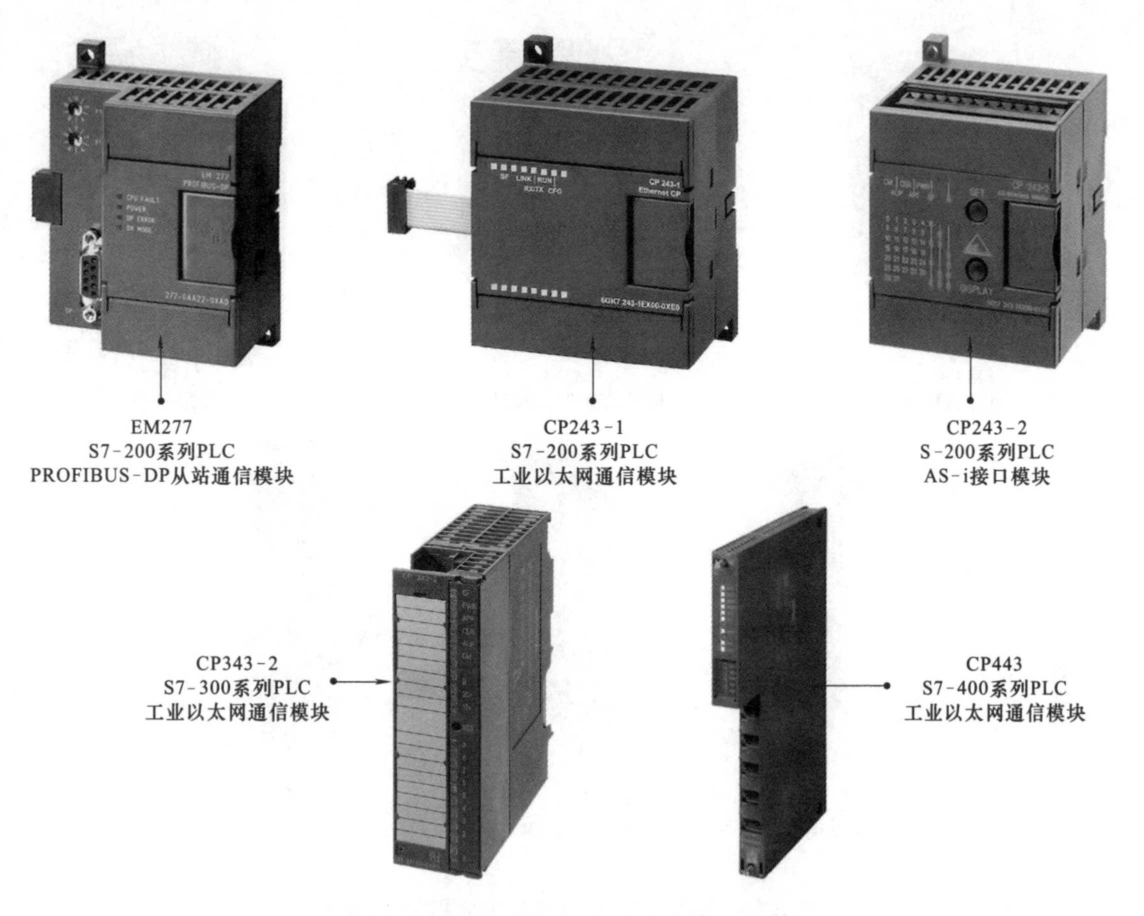

图 2-13　西门子 S7 系列 PLC 中常见通信模块

2.2.5　功能模块（FM）

功能模块（FM）主要用于要求较高的特殊控制任务，西门子 PLC 中常用的功能模块主要有计数器模块、进给驱动位置控制模块、步进电动机定位模块、伺服电动机定位模块、定位和连续路径控制模块、闭环控制模块、称重模块、位置输入模块和超声波位置解码器等。

图 2-14 为西门子 S7 系列 PLC 中常见的功能模块。

2.2.6　接口模块（IM）

接口模块（IM）用于组成多机架系统时连接主机架（CR）和扩展机架（ER），多应用于西门子 S7-300/400 系列 PLC 系统中。

图 2-15 为西门子 S7 系列 PLC 中常见的接口模块。

不同型号的接口模块，其规格参数及应用特点也不同，在选用接口模块时需要详细了解相应接口模块的特点及应用场合，如表 2-12 所列。

2.2.7　其他扩展模块

西门子 PLC 系统中，除上述的基本组成模块和扩展模块外，还有一些其他功能的扩展模块，该类模块一般作为一系列 PLC 专用的扩展模块。

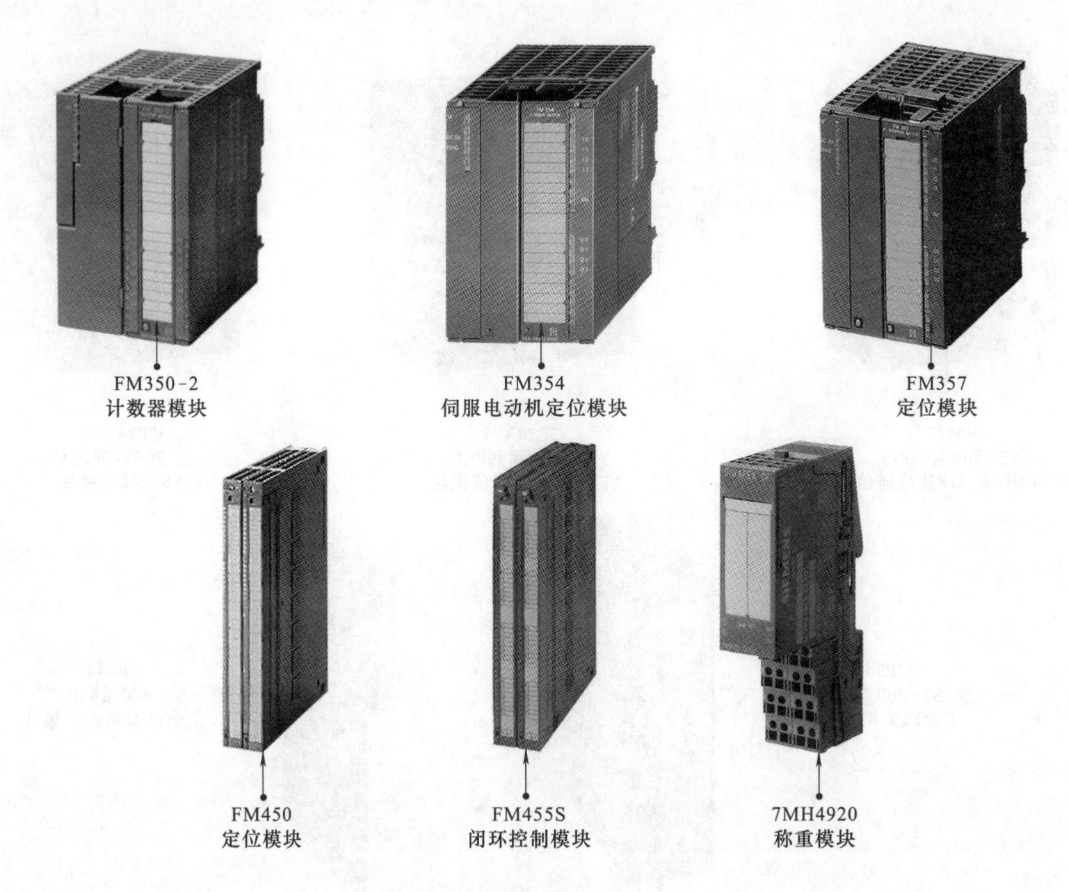

图 2-14　西门子 S7 系列 PLC 中常见的功能模块

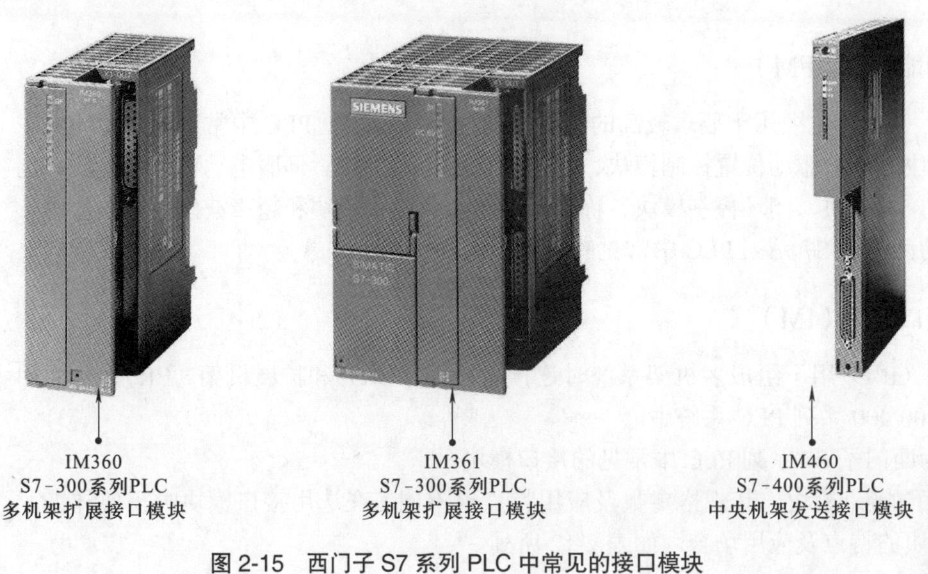

图 2-15　西门子 S7 系列 PLC 中常见的接口模块

EM AT04 热电偶块的参数及接线

例如，热电偶或热电阻扩展模块（EM231），该模块是专门与 S7-200（CPU224、CPU224XP、CPU226、CPU226XM）PLC 匹配使用的。它是一种特殊的模拟量扩展模块，可以直接连接热电偶（TC）或热电阻（RTD）

以测量温度，该温度值可通过模拟量通道直接被用户程序访问。

表2-12 西门子S7-300/400系列常用的接口模块的特点及应用

<table>
<tr><th colspan="2">PLC系列及接口模块</th><th colspan="2">特点及应用</th></tr>
<tr><td rowspan="2">S7-300</td><td>IM365</td><td colspan="2">专用于S7-300的双机架系统扩展，IM365发送接口模块安装在主机架中；IM365接收模块安装在扩展机架中，两个模块之间通过368连接电缆连接</td></tr>
<tr><td>IM360
IM361</td><td colspan="2">IM360和IM361接口模块必须配合使用，用于S7-300的多机架系统扩展。其中，IM360必须安装在主机架中；IM361安装在扩展机架中，通过368电缆连接</td></tr>
<tr><td rowspan="2">S7-400</td><td>IM460-X</td><td>用于中央机架的发送接口模块</td><td rowspan="2">IM460-0与IM461-0配合使用，属于集中式扩展，最大距离3m；
IM460-1与IM461-1配合使用，属于集中式扩展，最大距离1.5m；
IM460-3与IM461-3配合使用，属于分布式扩展，最大距离100m；
IM460-4与IM461-4配合使用，属于分布式扩展，最大距离605m</td></tr>
<tr><td>IM461-X</td><td>用于扩展机架的接收接口模块</td></tr>
</table>

另外较常见还有电子凸轮控制器FM352、高速布尔处理器FM352-5、超声波位置解码器模块FM338等，如图2-16所示。

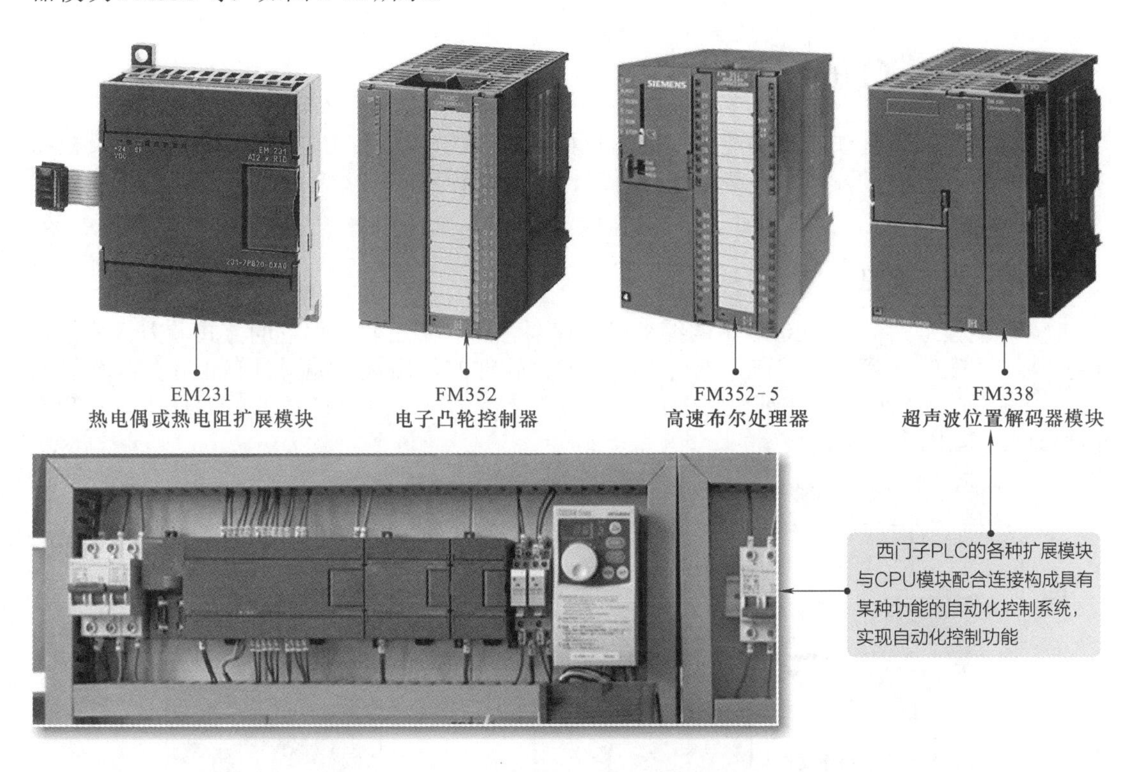

图2-16 西门子S7系列PLC中一些其他常用扩展模块

第3章 西门子 PLC 的编程方式与编程软件

3.1 PLC 的编程方式

PLC 所实现的各项控制功能是根据用户程序实现的，各种用户程序需要编程人员根据控制的具体要求进行编写。通常，PLC 用户程序的编程方式主要有软件编程和手持式编程器编程两种。

3.1.1 软件编程

软件编程是指借助 PLC 专用的编程软件编写程序。采用软件编程的方式，需将编程软件安装在匹配的计算机中，在计算机上根据编程软件的使用规则编写具有相应控制功能的 PLC 控制程序（梯形图程序或语句表程序），最后再借助通信电缆将编写好的程序写入 PLC 内部即可，如图 3-1 所示。

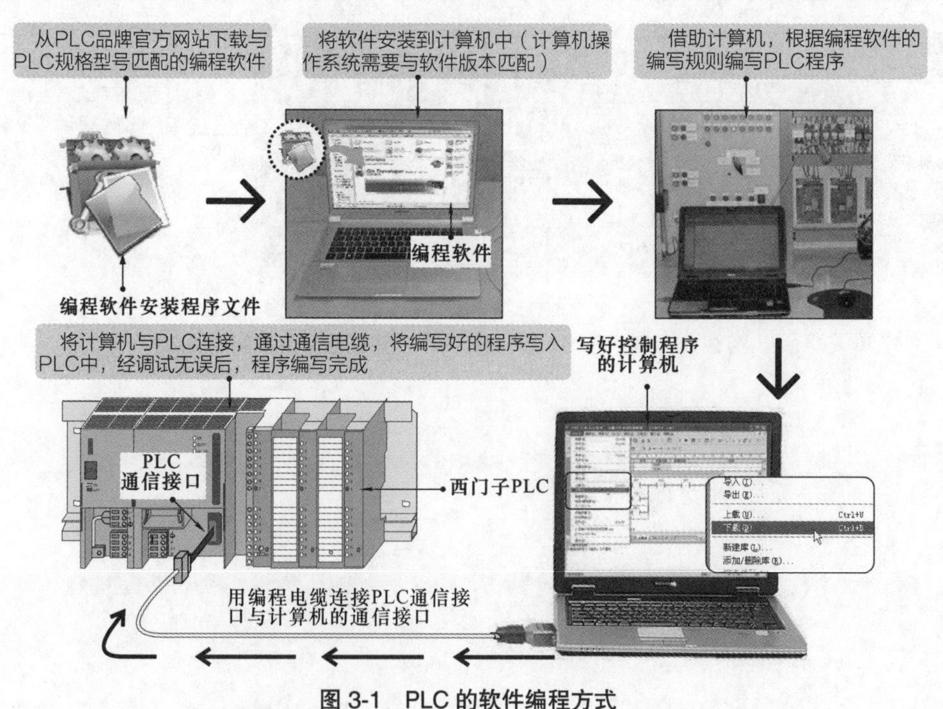

图 3-1　PLC 的软件编程方式

3.1.2　编程器编程

编程器编程是指借助 PLC 专用的编程器设备直接向 PLC 编写程序。在实际应用中编程器多为手持式编程器，具有体积小、重量轻、携带方便等特点，在一些小型 PLC 的用户程序编制、现场调试、监视等场合应用十分广泛。

编程器编程是一种基于指令语句表的编程方式。首先需要根据 PLC 的规格、型号选配匹配的编程器，然后借助通信电缆将编程器与 PLC 连接，通过操作编程器上的按键，直接向 PLC 中写入语句表指令。

图 3-2 为 PLC 采用编程器编程示意图。

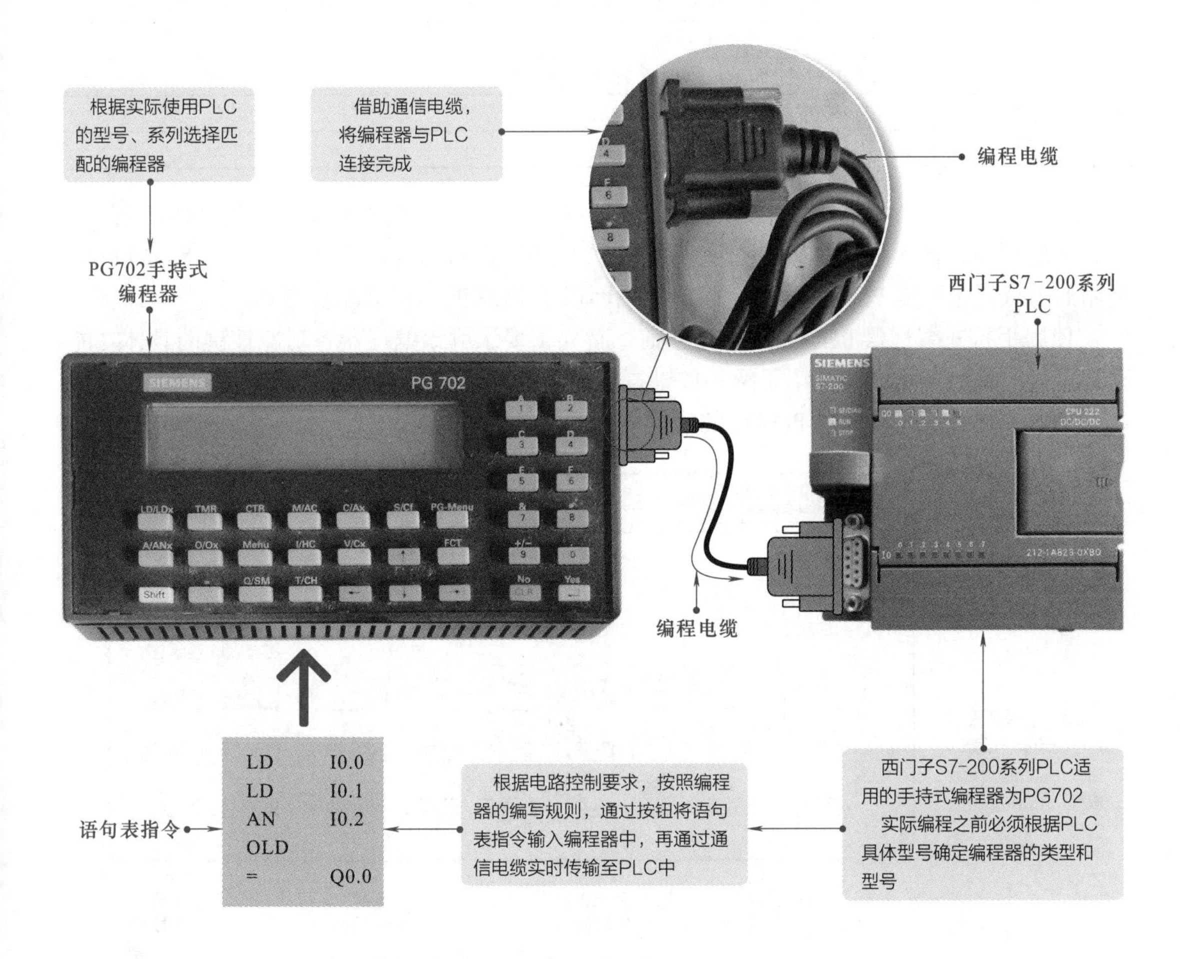

图 3-2　PLC 采用编程器编程示意图

提示说明

不同品牌或不同型号的 PLC 所采用的编程器类型也不相同，在将指令语句表程序写入 PLC 时，应注意选择合适的编程器。

表 3-1 为各种 PLC 对应匹配的手持式编程器型号汇总。

表 3-1 各种 PLC 对应匹配的编程器型号汇总

PLC 类型		手持式编程器型号
三菱（MITSUBISHI）	F/F1/F2 系列	F1-20P-E、GP-20F-E、GP-80F-2B-E
		F2-20P-E
	FX 系列	FX-20P-E
西门子（SIEMENS）	S7-200 系列	PG702
	S7-300/400 系列	一般采用编程软件进行编程
欧姆龙（OMRON）	C**P/C200H 系列	C120-PR015
	C**P/C200H/C1000H/C2000H 系列	C500-PR013、C500-PR023
	C**P 系列	PR027
	C**H/C200H/C200HS/C200Ha/CPM1/CQM1 系列	C 200H –PR 027
光洋（KOYO）	KOYO SU -5/SU-6/SU-6B 系列	S -01P-EX
	KOYO SR21 系列	A-21P

采用编程器编程时，编程器多为手持式编程器，通过与 PLC 连接可实现向 PLC 写入程序、读出程序、插入程序、删除程序、监视 PLC 的工作状态等，下面以西门子 S7-200 系列适用的手持式编程器 PG702 为例，简单介绍西门子 PLC 的编程器编程方式。

使用手持式编程器 PG702 进行编程前，首先需要了解该编程器各功能按键的具体功能，并根据使用说明书及相关介绍了解各按键符号输入的方法和要求等。

图 3-3 为手持式编程器 PG702 的操作面板。

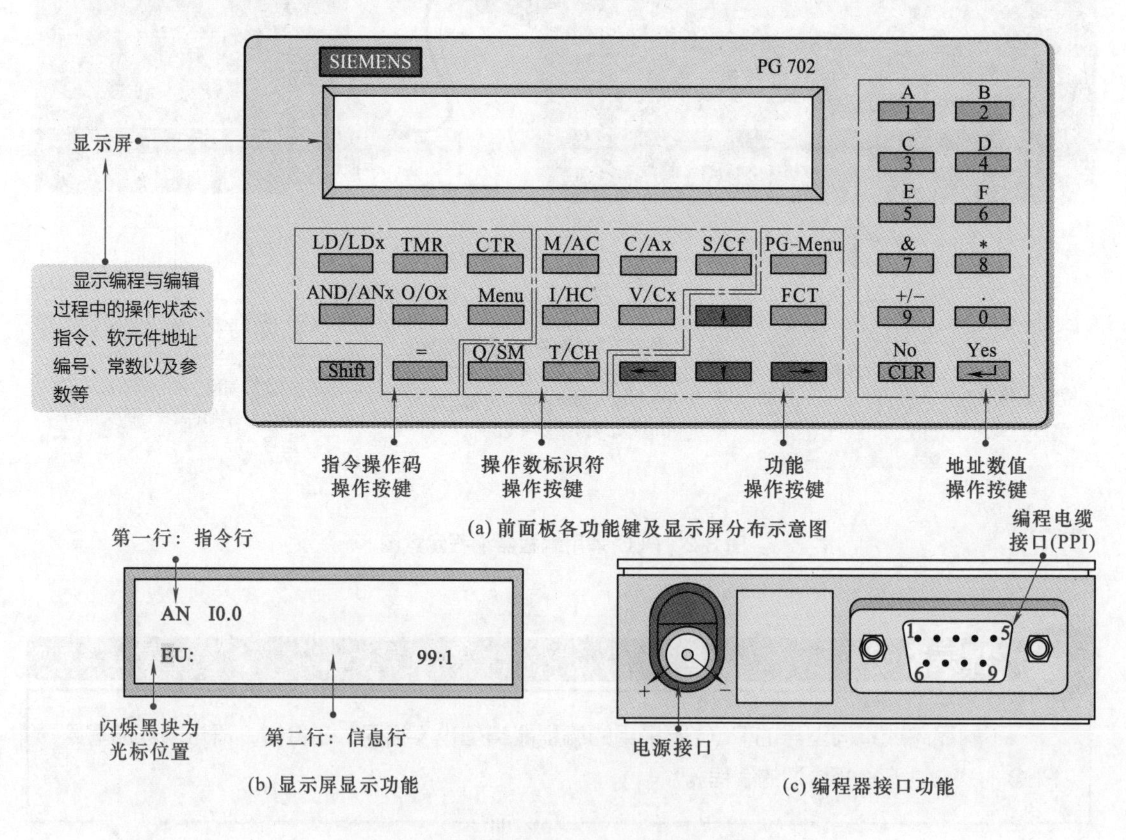

图 3-3 手持式编程器 PG702 的操作面板

提示说明

由于不同型号和品牌的手持式编程器具体操作方法有所不同，手持式编程器 PG702 各指令具体操作方法这里不再介绍，可根据编程器相应的用户使用手册中规定的要求、方法进行输入和使用。

目前，大多数新型西门子 PLC 不再采用手持式编程器进行编程，且随着笔记本式计算机的日益普遍，在一些需要现场编程和调试的场合，使用笔记本式计算机便可完成工作任务。

在实际应用中，一般使用专用的工业笔记本式计算机进行编程，西门子工业编程器 PG M3 为专用的工业笔记本式计算机，属于一种新型自动化工具，具有为工业使用所优化的硬件以及预安装的 SIMATIC 工程软件等特点，目前已被广泛应用。

3.2 PLC 的编程软件

3.2.1 西门子 PLC 的编程软件

编程软件是指专门用于对某品牌或某型号 PLC 进行程序编写的软件。不同品牌的 PLC 其可采用的编程软件不相同，甚至有些相同品牌不同系列的 PLC 其可用的编程软件也不相同。

西门子 PLC 的编程软件也根据型号不同有所区别，如西门子 S7-200 SMART PLC 采用的编程软件为 STEP 7-Micro/WIN SMART，西门子 S7-200 PLC 采用的编程软件为 STEP 7-Micro/WIN，西门子 S7-300/400PLC 采用的编程软件为 STEP7 V 系列。

表 3-2 所列为其他几种常用 PLC 品牌可用的编程软件汇总，但随着 PLC 的不断更新换代，其对应编程软件及版本都有不同的升级和更换，在实际选择编程软件时应首先对应其品牌和型号查找匹配的编程软件。

表 3-2　常用 PLC 可用的编程软件汇总

PLC 的品牌	编程软件	
三菱	GX-Developer	三菱通用
	FXGP-WIN-C	FX 系列
	GxWork2（PLC 综合编程软件）	Q、QnU、L、FX 等系列
松下	FPWIN-GR	
欧姆龙	CX-Programmer	
施耐德	unity pro XL	
台达	WPLSoft 或 ISPSoft	
AB	Logix5000	

以西门子 S7-200 SMART 系列 PLC 的编程软件为例介绍。西门子 S7-200 SMART 系列 PLC 采用 STEP7-Micro/WIN SMART 软件编程。该软件可在 Windows XP SP3（仅 32 位）、Windows7（支持 32 位和 64 位）操作系统中运行支持 LAD（梯形图）、STL（语句表）、FBD

（功能块图）编程语言，部分语言之间可自由转换。

（1）STEP7-Micro/WIN SMART 编程软件的下载

安装 STEP7-Micro/WIN SMART 编程软件，首先需要在西门子官方网站注册并授权下载该软件的安装程序，将下载的压缩包文件解压缩，如图 3-4 所示。

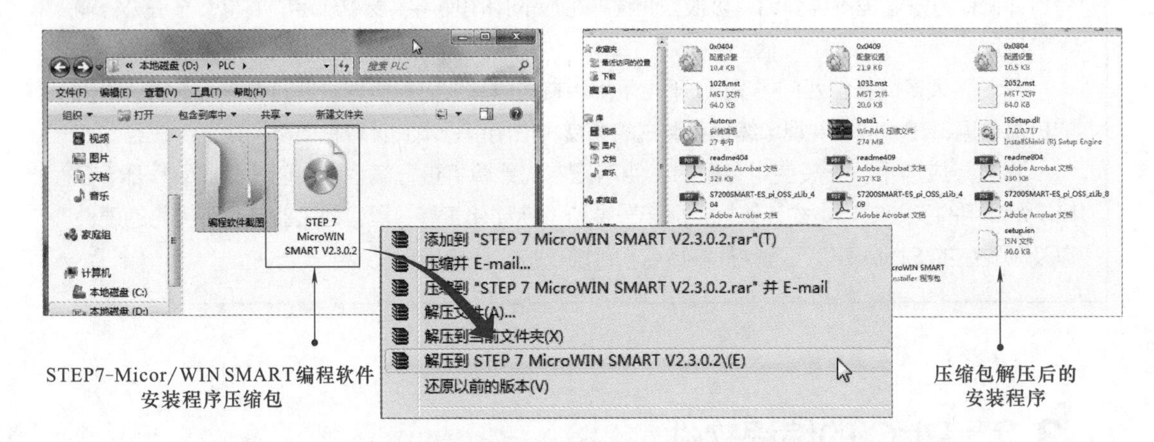

图 3-4 下载并解压 STEP7-Micro/WIN SMART 软件的安装程序压缩包文件

（2）STEP7-Micro/WIN SMART 编程软件的安装

在解压后的文件中，找到“setup”安装程序文件，鼠标左键双击该文件，即可进入软件安装界面，如图 3-5 所示。

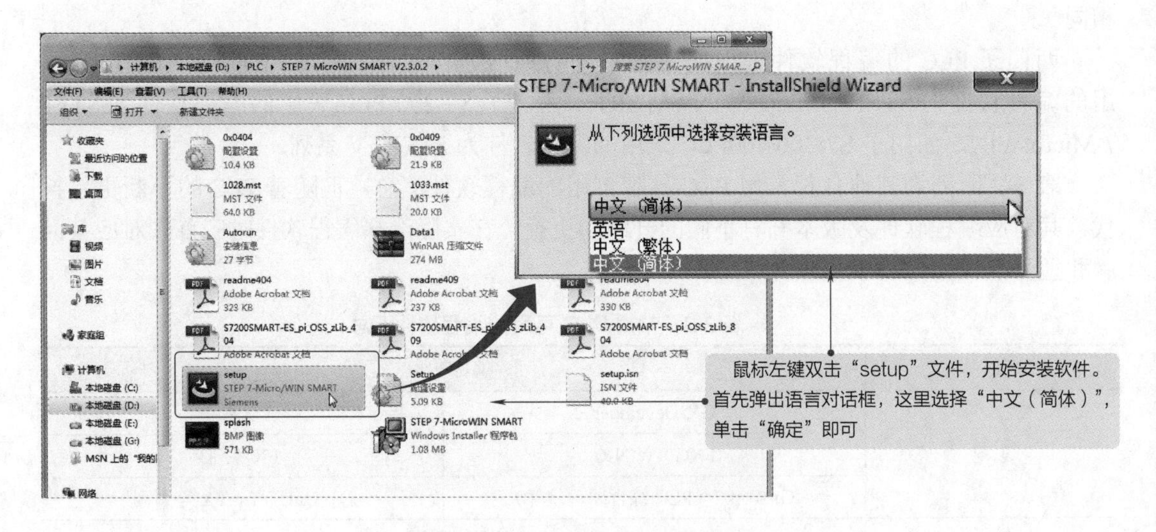

图 3-5 双击安装程序文件开始安装

根据安装向导，逐步操作，按照默认选项单击“下一步”按钮即可，如图 3-6 所示。

接下来，进入安装路径设置界面，根据安装需要，选择程序安装路径。一般，在没有特殊要求情况下，选择默认路径即可，如图 3-7 所示。

程序自动完成各项数据的解码和初始化，最后单击“完成”按钮，完成安装，如图 3-8 所示。

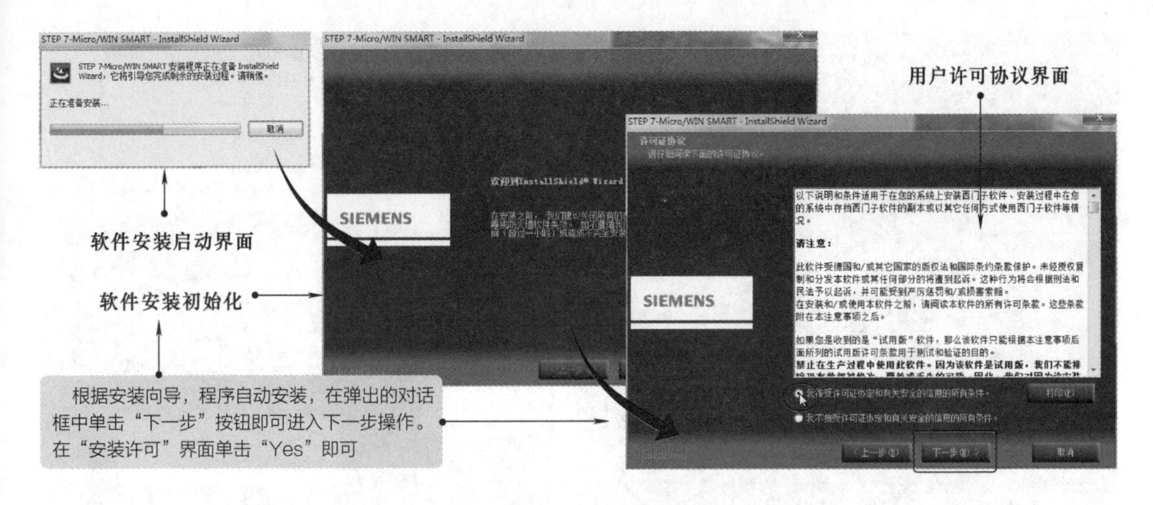

图 3-6 根据安装向导安装文件

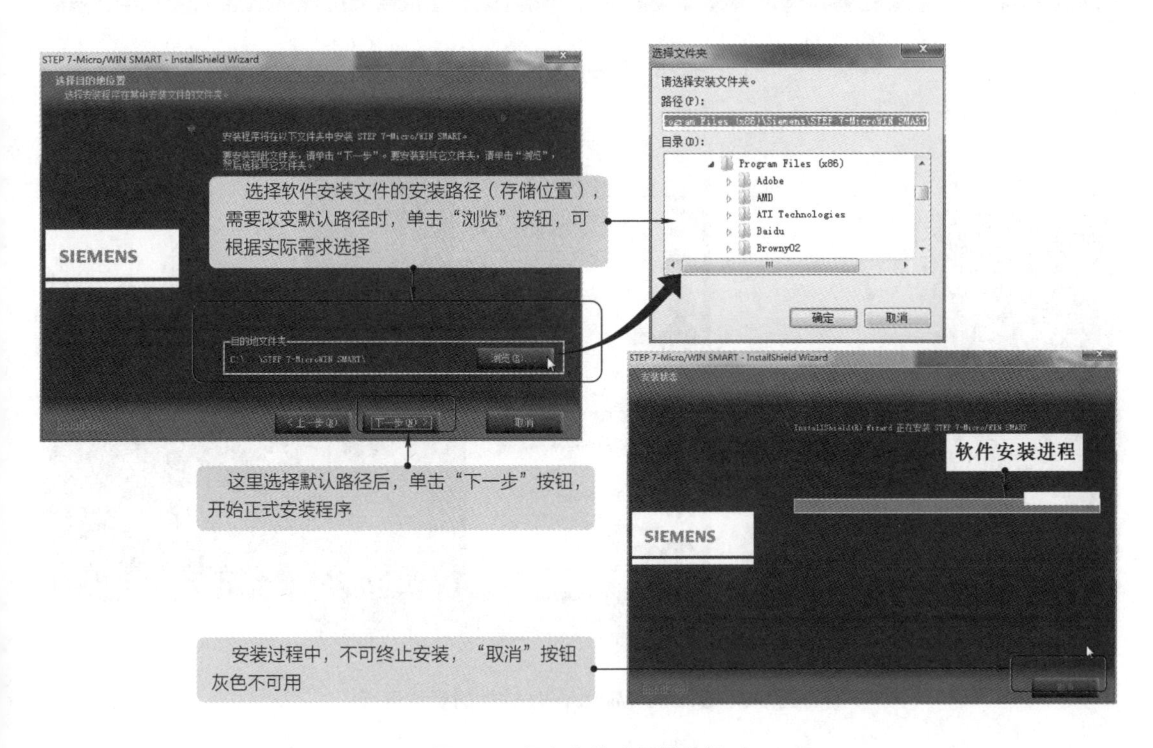

图 3-7 程序安装路径的选择

3.2.2 西门子 PLC 的编程软件的使用操作（STEP7-Micro/WIN SMART）

（1）STEP7-Micro/WIN SMART 编程软件的启动与运行

STEP7-Micro/WIN SMART 编程软件用于编写西门子 PLC 控制程序。使用时，先将已安装好编程软件启动运行。即在软件安装完成后，单击桌面图标或执行“开始”→“所有程序”→“STEP 7-MicroWIN SMART”，打开软件，进入编程环境，如图 3-9 所示。

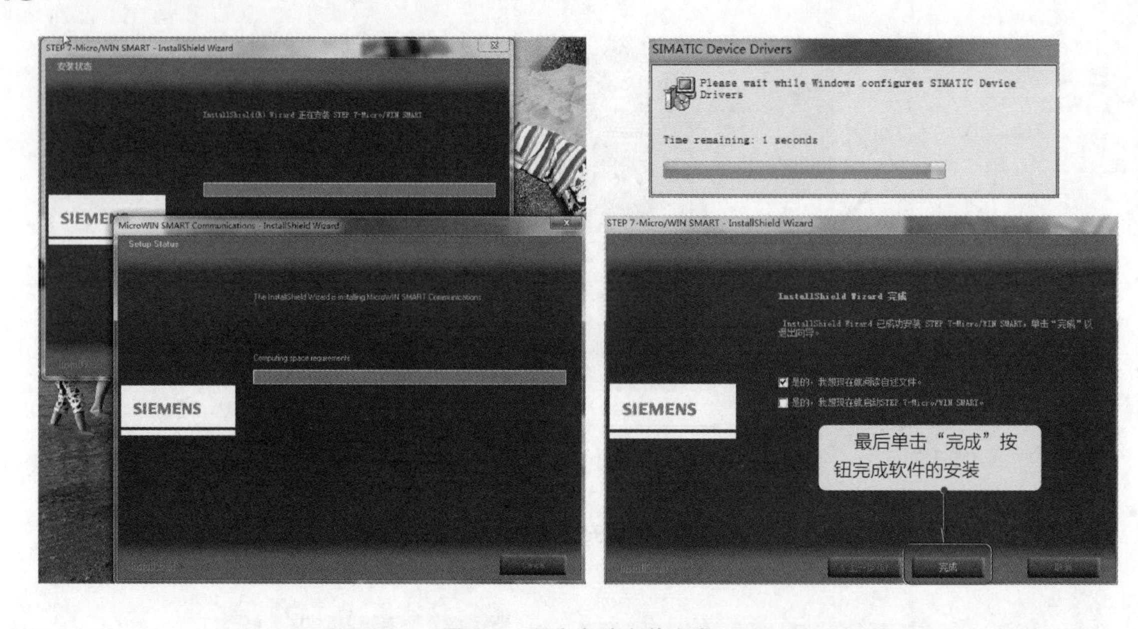

图 3-8　程序自动安装完成

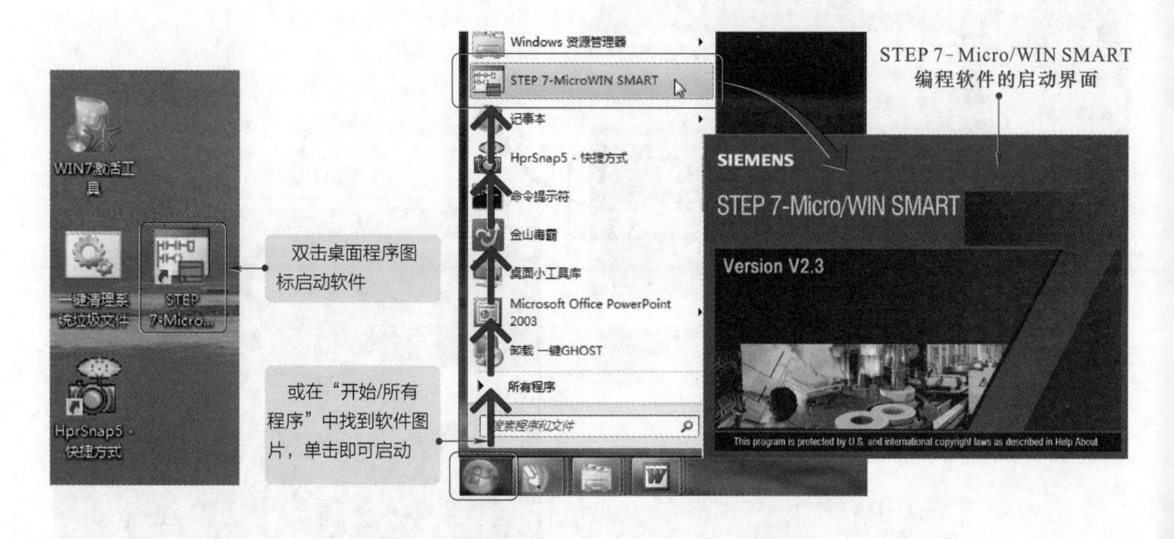

图 3-9　STEP7-Micro/WIN 软件的启动运行

打开 STEP7-Micro/WIN 编程软件后，即可看到该软件中的基本编程工具、工作界面等，如图 3-10 所示。

（2）建立编程设备（计算机）与 PLC 主机之间的硬件连接

使用 STEP7-Micro/WIN SMART 编程软件编写程序，首先将安装有 STEP7-Micro/WIN SMART 编程软件的计算机设备与 PLC 主机之间实现硬件连接。

计算机设备与 PLC 主机之间连接比较简单，借助普通网络线缆（以太网通信电缆）将计算机网络接口与 S7- 200 SMART PLC 主机上的通信接口连接即可，如图 3-11 所示。

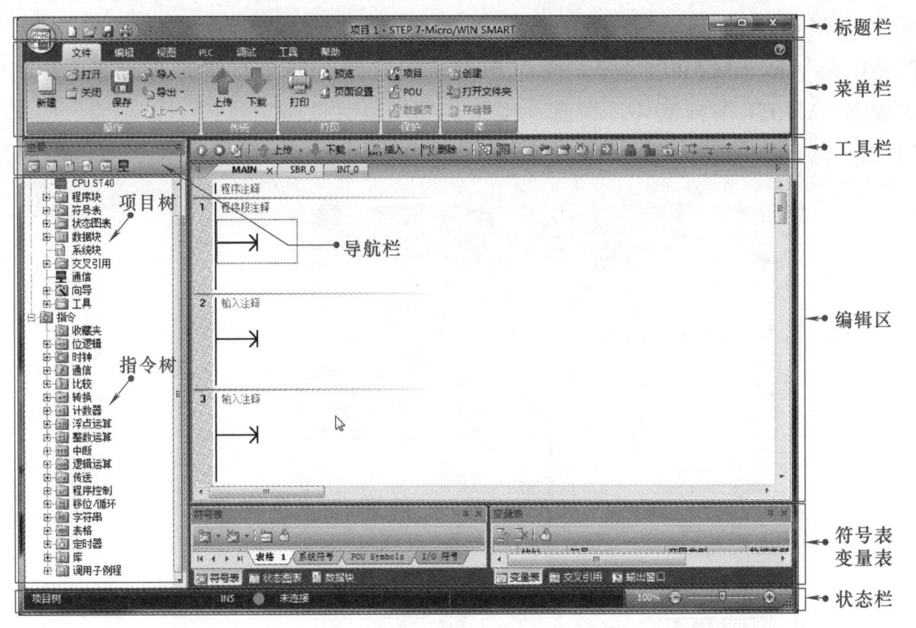

西门子 STEP7-Micro/WIN SMART 编程软件

图 3-10 STEP7-Micro/WIN 软件的工作界面

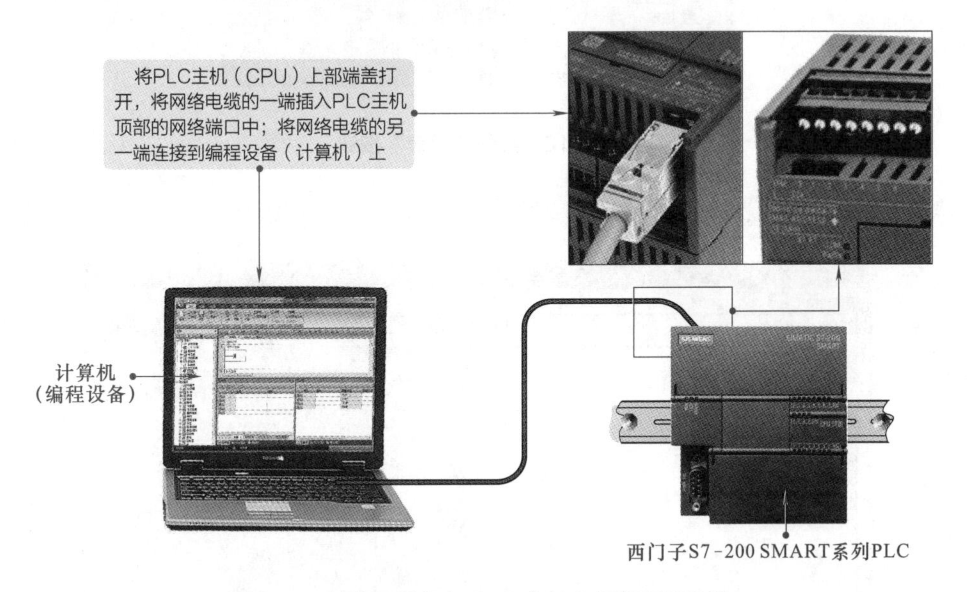

图 3-11 计算机设备与 PLC 主机之间的硬件连接

提示说明

在 PLC 主机（CPU）和编程设备之间建立通信时应注意：

• 组态 / 设置：单个 PLC 主机（CPU）不需要硬件配置。如果想要在同一个网络中安装多个 CPU，则必须将默认 IP 地址更改为新的唯一的 IP 地址。

• 一对一通信不需要以太网交换机；网络中有两个以上的设备时需要以太网交换机。

（3）建立 STEP7-Micro/WIN SMART 编程软件与 PLC 主机之间的通信

建立 STEP7-Micro/WIN SMART 编程软件与 PLC 主机之间的通信，首先在计算机中启动 STEP7-Micro/WIN SMART 编程软件，在软件操作界面用鼠标双击项目树下“通信”图标（或单击导航栏中的“通信”按钮），如图 3-12 所示。

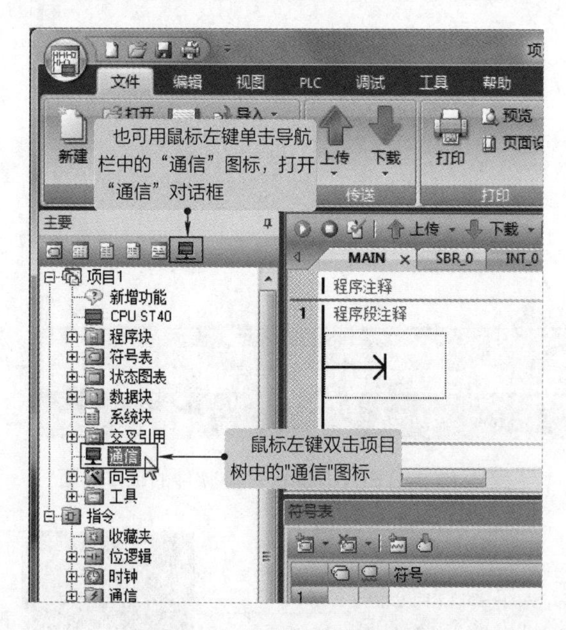

图 3-12　找到“通信”按钮

弹出“通信”设置对话框，如图 3-13 所示。

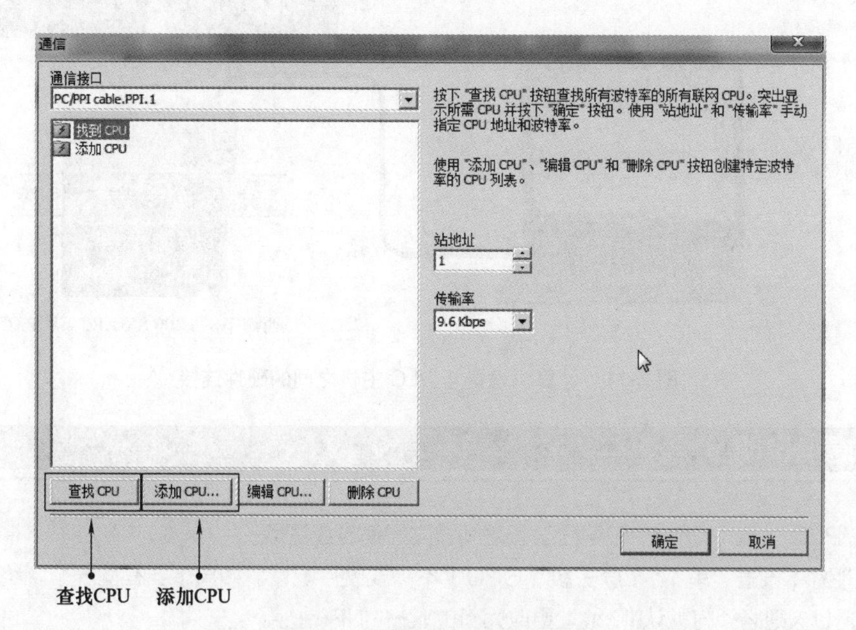

图 3-13　“通信”设置对话框

“通信（Communication）”对话框提供了两种方法来选择所要访问的 PLC 主机（CPU）：

・单击“查找 CPU”按钮以使 STEP 7-Micro/WIN SMART 在本地网络中搜索 CPU。在

网络上找到的各个CPU的IP地址将在“找到CPU”下列出。

• 单击“添加CPU”按钮以手动输入所要访问的CPU的访问信息（IP地址等）。通过此方法手动添加的各CPU的IP地址将在“添加CPU”中列出并保留，如图3-14所示。

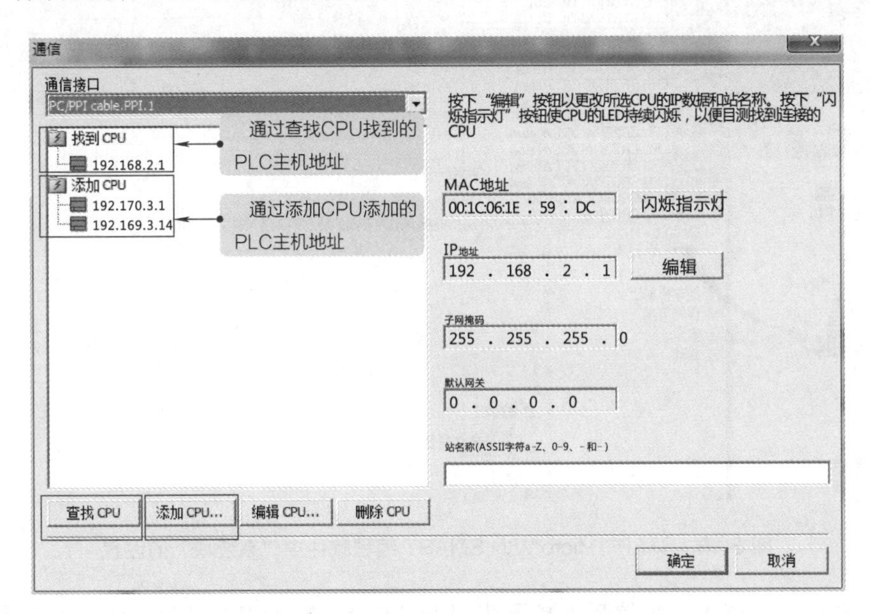

图3-14 “查找CPU”或“添加CPU”

在“通信”设置对话框，可通过右侧“设置”功能调整IP地址，设置完成后，点击面板右侧的“闪烁指示灯”按钮，观察PLC模块相应指示灯的状态来检测通讯是否成功建立，如图3-15所示。

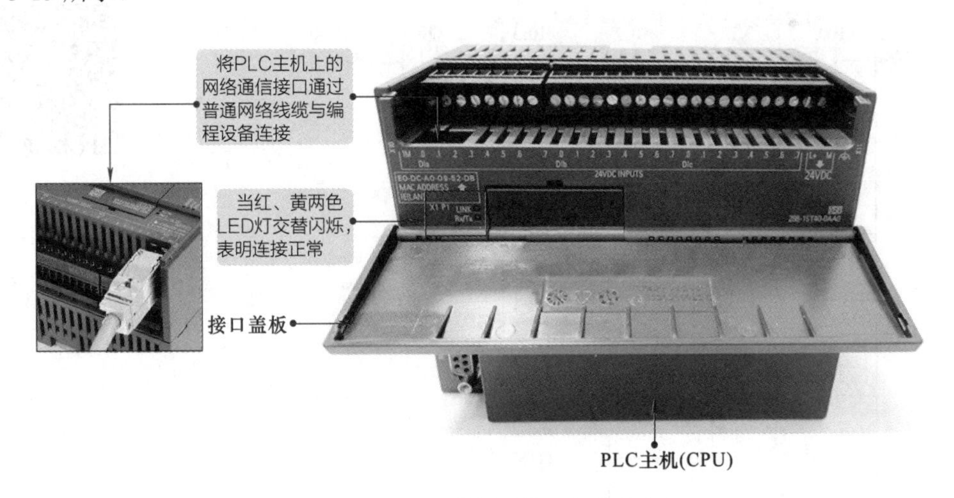

图3-15 PLC模块中指示灯的状态

若PLC模块上红、黄色LED灯交替闪烁，表明通信设置正常，STEP7-Micro/WIN SMART编程软件已经与PLC建立连接。

接下来，在STEP7-Micro/WIN SMART编程软件中，对“系统块”进行设置，以便Smart能够编译产生正确的代码文件用于下载，如图3-16所示。

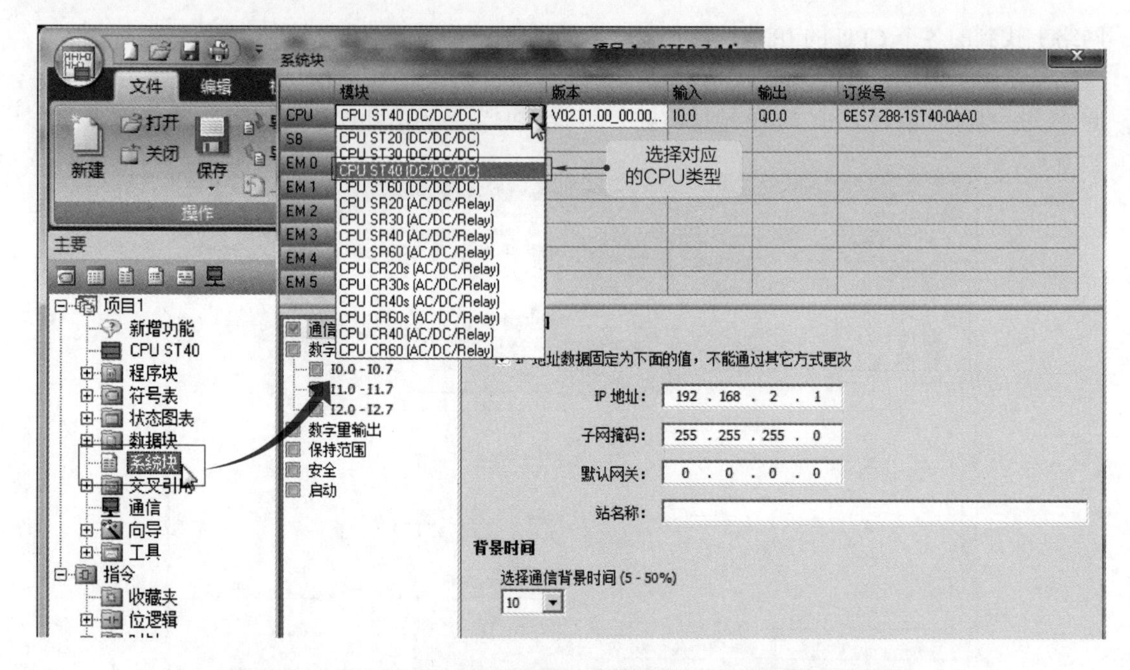

图 3-16　STEP7-Micro/WIN SMART 编程软件中“系统块”的设置

正确地完成系统块的配置后，接下来可在 STEP7-Micro/WIN SMART 编程软件中编写 PLC 程序，将程序编译下载到 PLC 模块可实现调试运行。

（4）在 STEP7-Micro/WIN SMART 编程软件中编写梯形图程序

以图 3-17 所示梯形图的编写为例，介绍使用 STEP7-Micro/WIN SMART 软件绘制梯形图的基本方法。

使用 STEP7-Micro/WIN SMART 软件绘制 PLC 梯形图

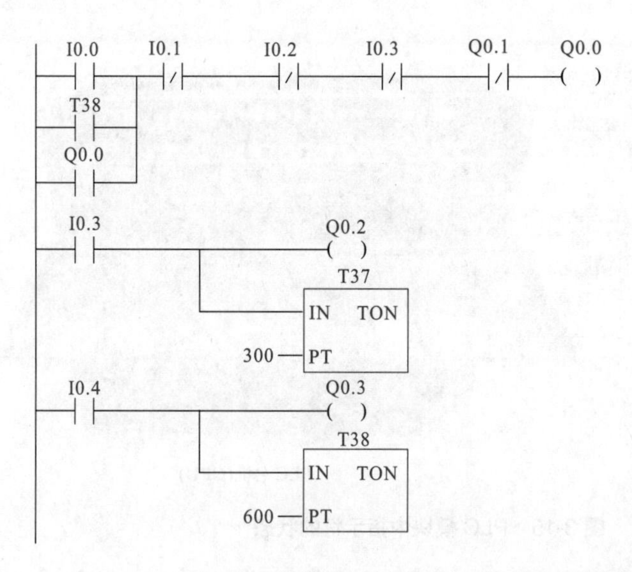

图 3-17　西门子 S7-200 SMART PLC 梯形图案例

① 绘制梯形图　首先，放置编程元件符号，输入编程元件地址。在软件的编辑区域中添加编程元件，根据要求绘制的梯形图案例，首先绘制表示常开触点的编程元件“I0.0”，如图 3-18 所示。

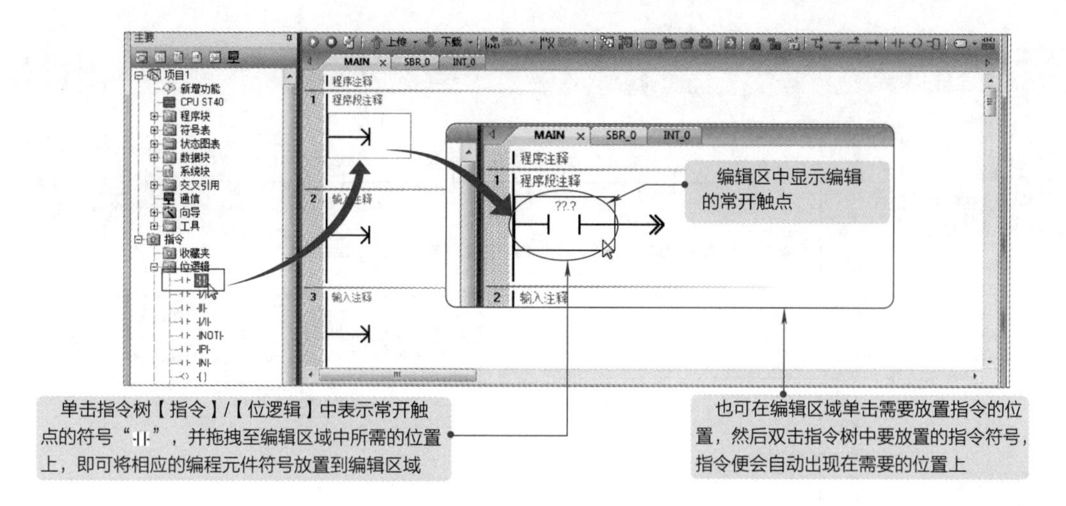

图 3-18　放置表示常开触点的编程元件 I0.0 符号

放好编程元件的符号后，单击编程元件符号上方的“??.?”，将光标定位在输入框内，即可以输入该常开触点的地址“I0.0”，然后按计算机键盘上的“Enter”键即可完成输入，如图 3-19 所示。

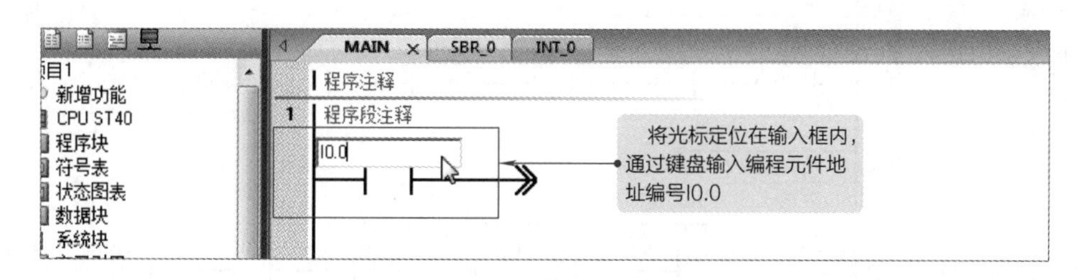

图 3-19　编程元件地址的输入

接着，可按照同样的操作步骤，分别输入第一条程序的其他元件，其过程如下：

单击指令树中的“-|/|-”指令，拖拽到编辑图相应位置上，在“??.?”中输入“I0.1”，然后按键盘上的“Enter”键。

单击指令树中的“-|/|-”指令，拖拽到编辑图相应位置上，在“??.?”中输入“I0.2”，然后按键盘上的“Enter”键。

单击指令树中的“-|/|-”指令，拖拽到编辑图相应位置上，在“??.?”中输入“I0.3”，然后按键盘上的“Enter”键。

单击指令树中的“-|/|-”指令，拖拽到编辑图相应位置上，在“??.?”中输入“Q0.1”，然后按键盘上的“Enter”键。

单击指令树中的“-( )”指令，拖拽到编辑图相应位置上，在“??.?”中输入“Q0.0”，然后按键盘上的“Enter”键，至此第一条程序绘制完成。

根据梯形图案例，接下来需要输入常开触点“I0.0”的并联元件“T38”和“Q0.0”，如图 3-20 所示。

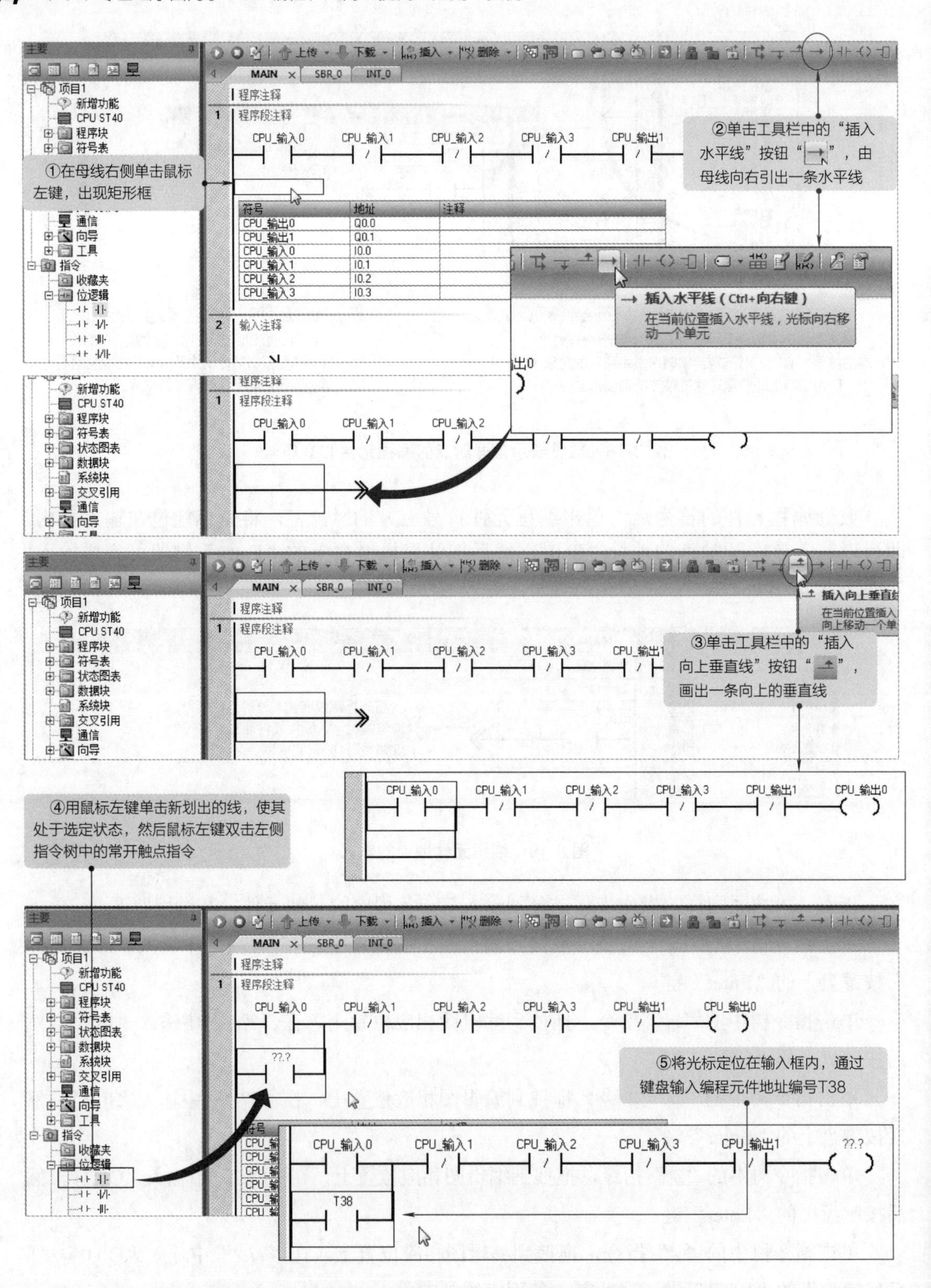

图 3-20　在 STEP7-Micro/WIN SMART 软件中绘制梯形图中的并联元件（一）

然后按照相同的操作方法并联常开触点 Q0.0，如图 3-21 所示。

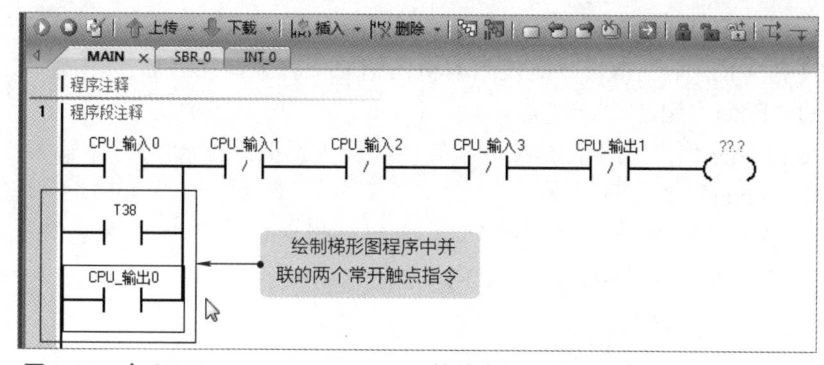

图3-21　在STEP7-Micro/WIN SMART软件中绘制梯形图中的并联元件（二）

接下来，绘制梯形图的第二条程序，其过程如下：

单击指令树中的“⊣⊢”指令，拖拽到编辑图相应位置上，在“??.?”中输入“I0.3”，然后按键盘上的“Enter”键。

单击指令树中的“-()”指令，拖拽到编辑图相应位置上，在“??.?”中输入“Q0.2”，然后按键盘上的“Enter”键。

按照PLC梯形图案例要求，接下来需要在编辑软件中放置指令框。根据控制要求，定时器应选择具有接通延时功能的定时器（TON），即需要在指令树中选择“定时器”/“TON”，拖拽到编辑区中，如图3-22所示。

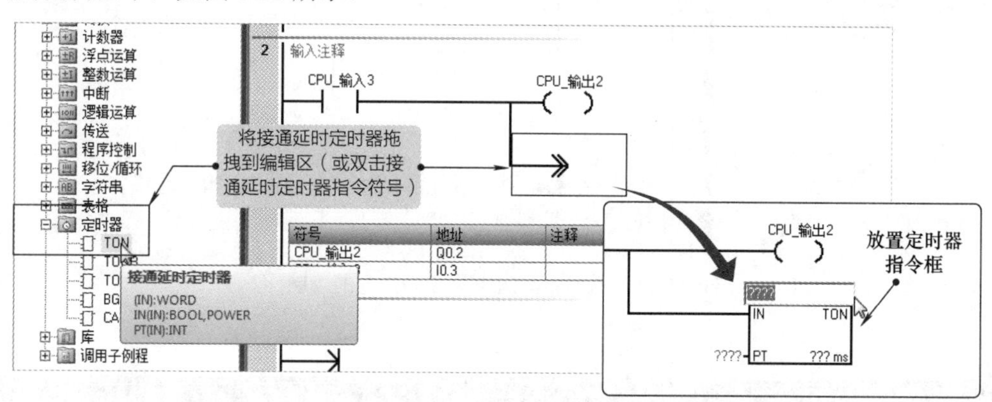

图3-22　放置指令框符号

在接通延时功能的定时器（TON）符号的“????”中分别输入“T37”“300”，完成定时器指令的输入，如图3-23所示。

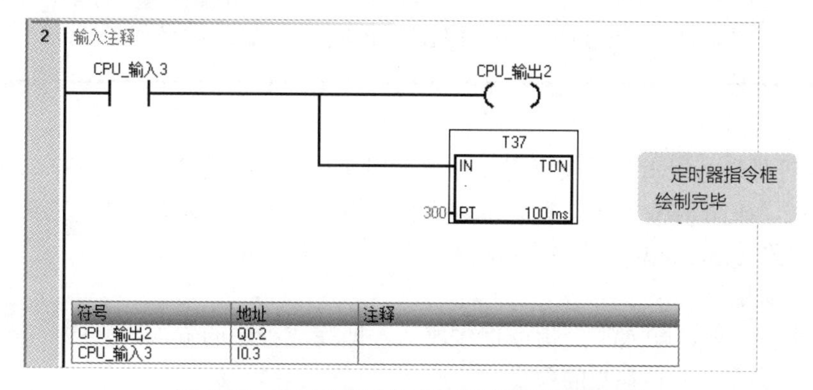

符号	地址	注释
CPU_输出2	Q0.2	
CPU_输入3	I0.3	

图3-23　定时器指令框名称和定时时间的设置

然后再用相同的方法绘制第 3 条梯形图：

单击指令树中的“┤├”指令，拖拽到编辑图相应位置上，在“??.?”中输入“I0.4”，然后按键盘上的“Enter”键。

单击指令树中的“-()”指令，拖拽到编辑图相应位置上，在“??.?”中输入“Q0.3”，然后按键盘上的“Enter”键。

单击指令树中“定时器”/“TON”，拖拽到编辑区中，在两个“????”中分别输入“T38”“600”，完成梯形图的绘制，如图 3-24 所示。

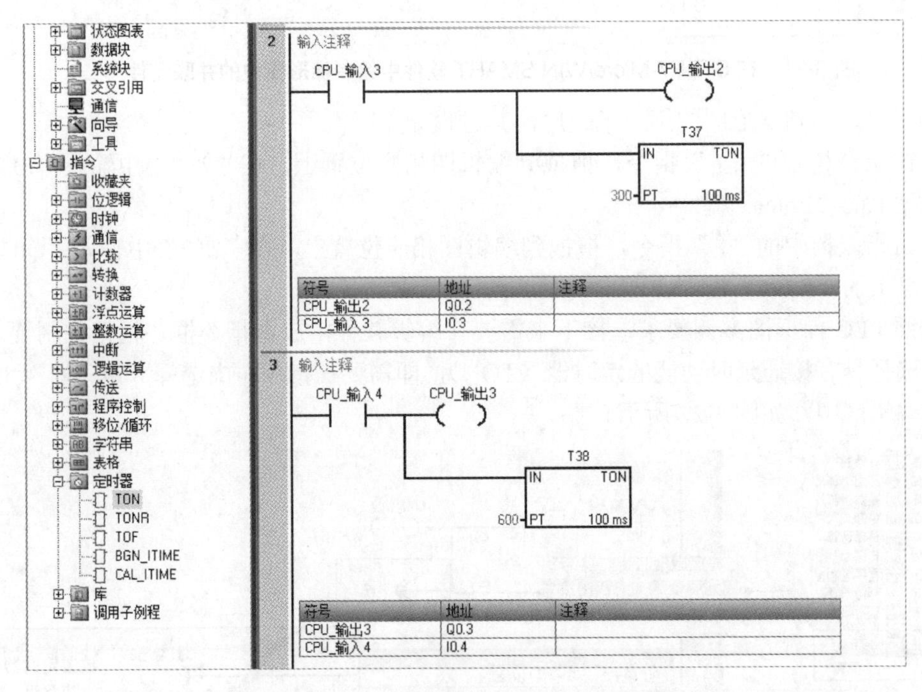

图 3-24　梯形图案例中第 3 条指令的绘制

提示说明

在编写程序过程中如需要对梯形图进行删除、插入等操作，可选择工具栏中的插入、删除等按钮进行相应操作，或在需要调整的位置，单击鼠标右键，即可显示【插入】/【列】或【行】、删除行、删除列等操作选项，选择相应的操作即可，如图 3-25 所示。

② 编辑符号表　编辑符号表可将元件地址用具有实际意义的符号代替，实现对程序相关信息的标注，如图 3-26 所示，有利于进行梯形图的识读，特别是一些较复杂和庞大的梯形图程序，相关的标注信息更十分重要。

（5）保存项目

根据梯形图示例，输入三个指令程序段后，即完成程序的输入。程序保存后，即创建了一个含 CPU 类型和其他参数的项目。

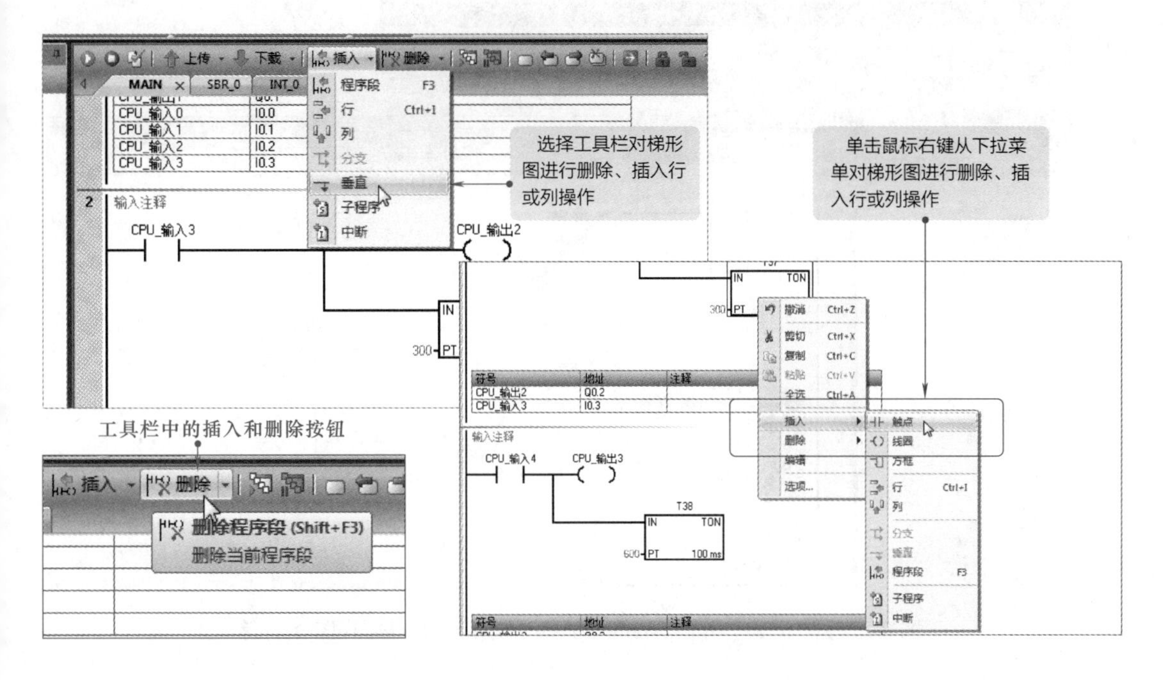

图 3-25　在 STEP7-Micro/WIN SMART 软件中插入或删除梯形图某行或某列程序

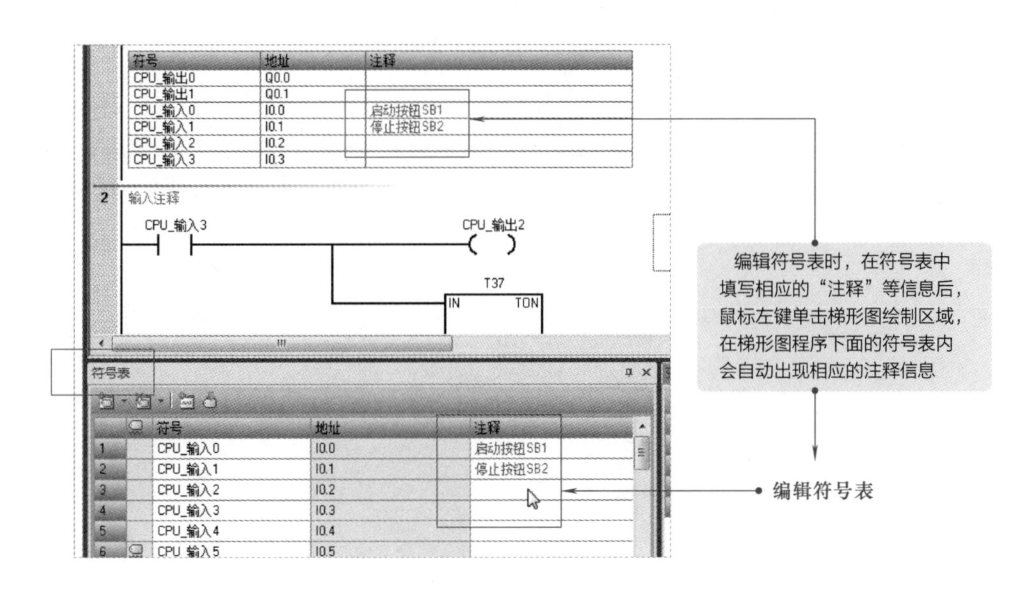

图 3-26　在 STEP7-Micro/WIN SMART 软件中编辑符号表

要以指定的文件名在指定的位置保存项目，如图 3-27 所示，即在“文件”菜单功能区的“操作”区域，单击“保存”按钮下的向下箭头以显示“另存为”按钮，单击“另存为”按钮，在“另存为”对话框中输入项目名称，浏览到想要保存项目的位置，点击“保存”保存项目。保存项目后，可下载程序到 PLC 主机（CPU）中。

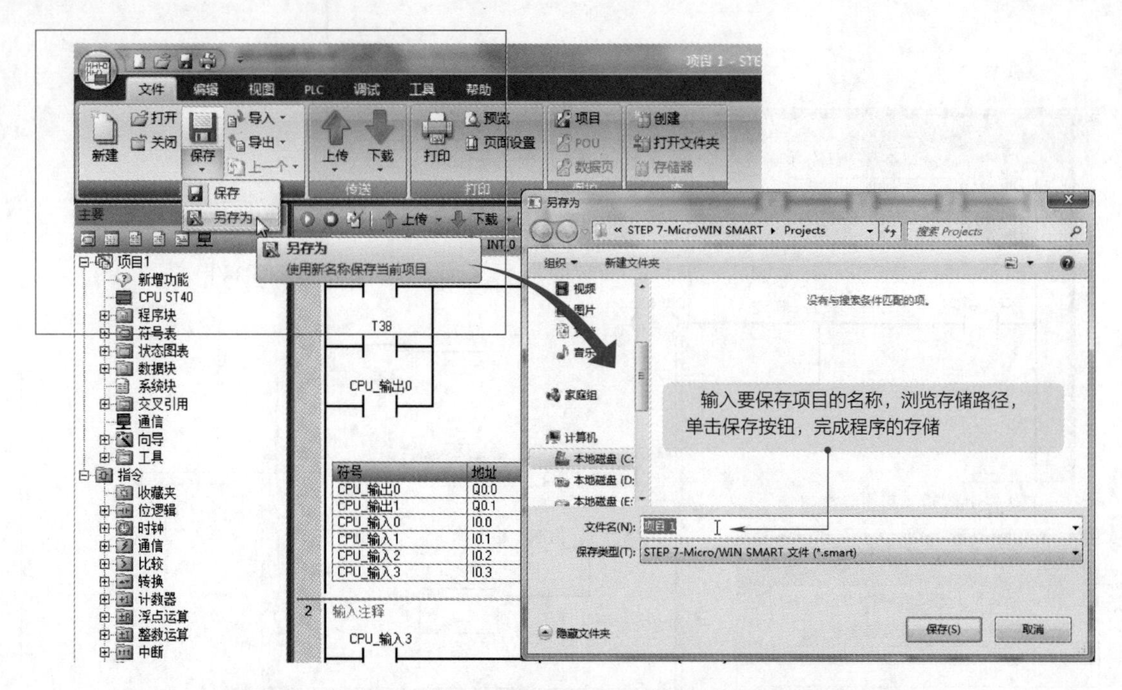

图 3-27　在 STEP7-Micro/WIN SMART 软件绘制梯形图程序的存储

第4章 西门子PLC系统的安装、调试与维护

4.1 西门子PLC系统的安装

4.1.1 西门子PLC系统的选购与安装原则

PLC系统以其通用性强、使用方便、适用范围广、可靠性高、编程简单、抗干扰能力强、易于扩展等特点，在建材、电力、机械制造、化工、交通运输等行业得到了广泛的应用。由于生产厂家的不断涌现，目前市场上的PLC种类多种多样，且都具有其各自的特性，因此在选购与安装PLC时，应遵循一定的原则。

（1）PLC系统的选购原则

目前市场上的PLC多种多样，用户可根据系统的控制要求，选择不同技术性能指标的PLC来满足系统的需求，从而保证系统运行可靠、使用维护方便。

① 根据安装环境选择PLC　不同厂家生产的不同系列和型号的PLC，在其外形结构和适用环境条件上有很大的差异，在选用PLC类型时，可首先根据PLC实际工作环境的特点，进行合理的选择。

例如：在一些使用环境比较固定和维修量较少、控制规模不大的场合，可以选择整体式的PLC；而在一些使用环境比较恶劣、维修较多、控制规模较大的场合，可以选择适应性更强的模块式的PLC，如图4-1所示。

② 根据机型统一的原则选择PLC　由于机型统一的PLC，其功能和编程方法也相同，因此使用统一机型组成的PLC系统，不仅仅便于设备的采购与管理，也有助于技术人员的培训以及对技术水平进行提高和开发。另外，由于统一机型PLC设备的通用性，其资源可以共享，使用一台计算机，就可以将多台PLC设备连接成一个控制系统，进行集中的管理。因此在进行PLC机型的选择时，应尽量选择同一机型的PLC，如图4-2所示。

③ 根据控制复杂程度选择PLC　不同类型的PLC其功能上也有很大的差异，选择PLC时应根据系统控制的复杂程度进行选择，对于控制较为简单、控制要求不高的系统中可选用小型PLC；而对于控制较为复杂、控制要求较高的系统中可选用中大型PLC。

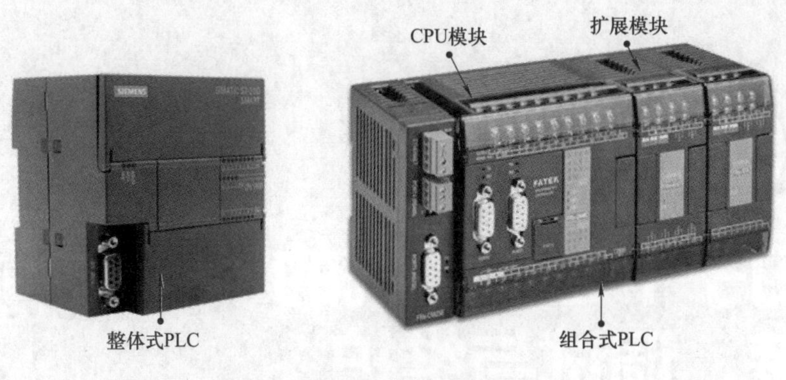

图 4-1　根据安装环境选择 PLC

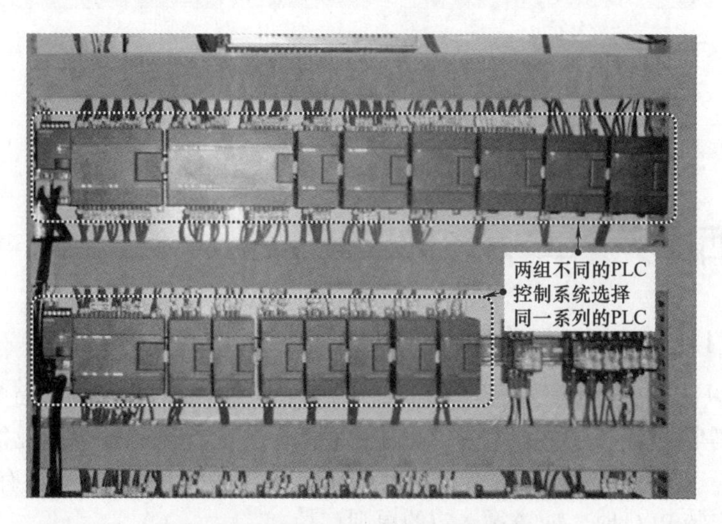

图 4-2　根据机型统一的原则选择 PLC

例如：对于控制要求不高，只需进行简单的逻辑运算、定时、数据传送、通信等基本控制和运算功能的系统，选用小型的 PLC 即可满足控制要求；对于控制较为复杂、控制要求较高的系统，需要进行复杂的函数、PID、矩阵、远程 I/O、通信联网等较强的控制和运算功能的系统，则应视其规模及复杂程度，选择指令功能强大、具有较高运算速度的中大型机进行控制，如图 4-3 所示。

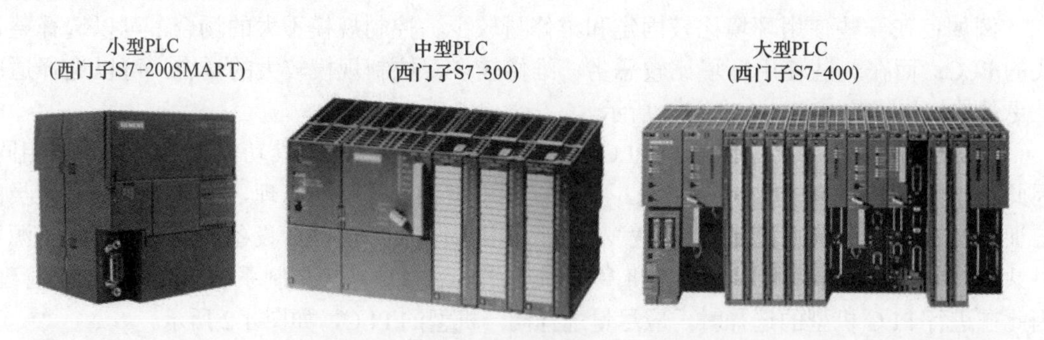

图 4-3　根据控制的复杂程度选择 PLC 类型

④ 根据扫描速度选择 PLC　PLC 的扫描速度是 PLC 选用的重要指标之一，PLC 的扫描

速度直接影响到系统控制的误差时间，因此在一些实时性要求较高的场合可选用高速 PLC。

PLC 在执行扫描程序时，是从第一条指令开始按顺序逐条地执行用户程序，直到程序结束，再返回第一条指令开始新的一轮扫描。PLC 完成一次扫描过程所需的时间称之为扫描时间。该扫描时间会随着程序的复杂程度而加长，会造成 PLC 输入和输出的延时。该延时时间越长对系统控制时间所造成的误差就越大。因此对于一些实时性要求较高的场合，不允许有较大的误差时间，此时应选择扫描速度较快的 PLC，如图 4-4 所示。

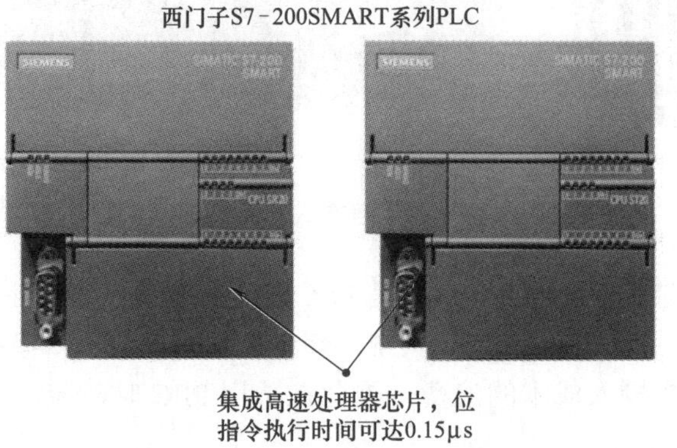

西门子S7-200SMART系列PLC
集成高速处理器芯片，位
指令执行时间可达0.15μs

图 4-4　根据控制速度选择 PLC

⑤ 根据编程方式选择 PLC　PLC 的编程方式主要可以分为离线编程和在线编程两种，PLC 的最大特点就是可以根据被控系统工艺的要求，只需对程序进行修改，便可以满足新的控制要求，给生产带来了极大的便利。因此可以根据被控制系统的要求，选用不同编程方式的 PLC。

离线编程是指 PLC 的主机和编程器共用一个微处理器（CPU），通过编程器上设置有“编程 / 运行”的开关或按钮，就可以对两种状态进行切换，如图 4-5 所示。切换到编程状态时，编程器对 CPU 进行控制，可以对 PLC 进行编程，此时 PLC 无法对系统进行控制。在程序编写完毕后，再选择运行状态，此时 CPU 按照所设定的程序，对需控制的对象进行控制。由于该类 PLC 中的编程器和主机共用一个 CPU，节省了硬件和软件设备，价格也比较便宜，因此适用于一些中小型 PLC 控制系统。

编程器
西门子PLC主机
PG 702
编程电缆

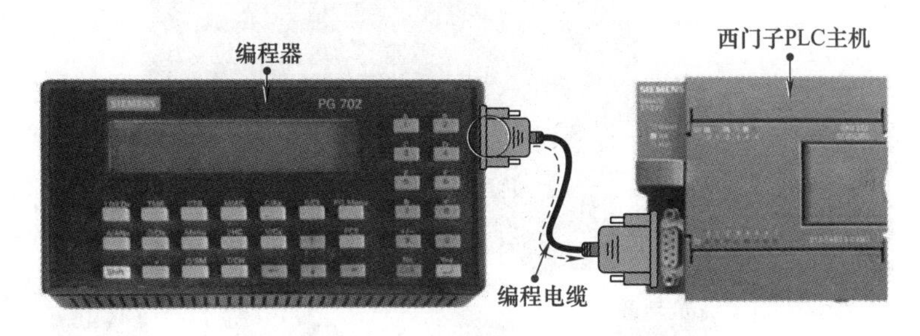

图 4-5　根据编程方式选择 PLC（一）

在线编程是指 PLC 的主机拥有一个 CPU，用来对系统进行控制。编程器拥有一个 CPU 可以随时对程序进行编写，输入各种指令信号。当主机 CPU 执行完成一个扫描周期后会与编程器进行通信，将编程器编写好的程序送入 PLC 的 CPU 中，在下一个扫描周期中便按照新的程序对其系统进行控制。该类 PLC 操作简便、应用领域广但价格较高，适用于一些大型的 PLC 控制系统，如图 4-6 所示。

图 4-6　根据编程方式选择 PLC（二）

⑥ 根据 I/O 点数选择 PLC　I/O 点数是 PLC 选用的重要指标，它是衡量 PLC 规模大小的标志，若不加以统计，一个小的控制系统，却选用中规模或大规模的 PLC 不仅会造成 I/O 点数的闲置，也会造成投入成本的浪费，因此在选用 PLC 时，应对其使用的 I/O 点数进行估算，合理地选用 PLC。

在明确控制对象的控制要求基础上，分析和统计所需的控制部件（输入元件，如按钮、转换开关、行程开关、继电器的触点、传感器等）的个数和执行元件（输出元件，如指示灯、继电器或接触器线圈、电磁铁、变频器等）的个数，根据这些元件的个数确定所需 PLC 的 I/O 点数，且一般选择 PLC 的 I/O 数应有 15%~20% 的预留，以满足生产规模的扩大和生产工艺的改进，如图 4-7 所示。

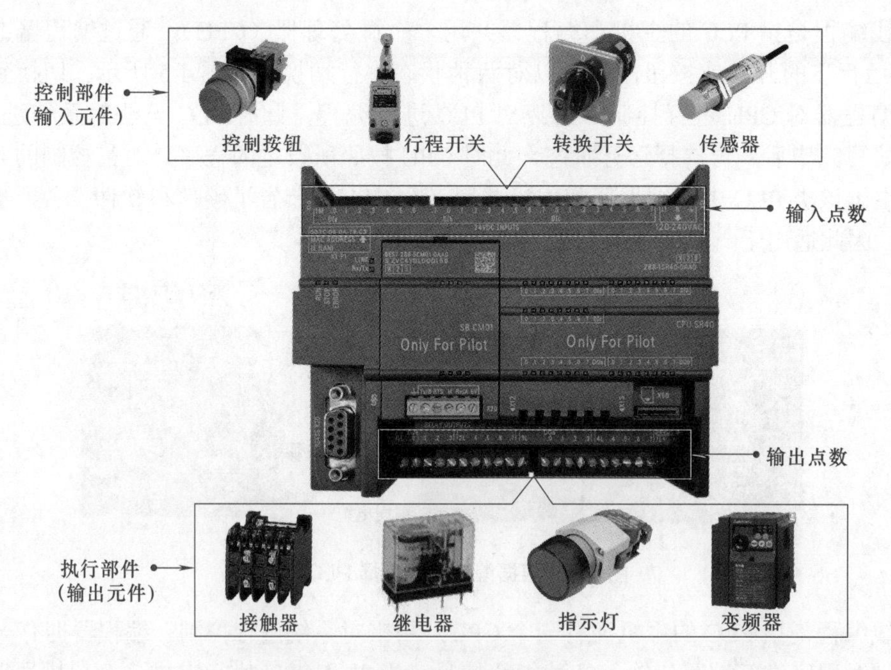

图 4-7　根据 I/O 点数选择 PLC

例如：一个 PLC 控制线路需要的控制按钮及行程开关有 4 个，过热保护继电器的保护触点 1 个，则其输入元件有 5 个，考虑 15%~20% 的预留，取整数，则需 6 个输入点；输出信号有接触器 2 个，占 2 个输出点，考虑 15%~20% 的预留，最多需要 3 个输出点。

⑦ 根据用户存储器容量选择 PLC　用户存储器用于存储开关量输入输出、模拟量的输入输出以及用户编写的程序等，在选用 PLC 时，应使选用的 PLC 的存储器容量满足用户存储需求。

选择 PLC 用户存储器容量时，应参考开关量 I/O 的点数以及模拟量 I/O 点数对其存储器容量进行估算，在估算的基础上留有 25% 的余量即为应选择的 PLC 用户存储器容量。用户存储器容量用字数体现，其估算公式如下：

存储器字数＝（开关量 I/O 点数 ×10）＋（模拟量 I/O 点数 ×150）

提示说明

用户存储器的容量除了和开关量 I/O 的点数、模拟量 I/O 点数有关外，还和用户编写的程序有关，不同的编程人员所编写程序的复杂程度会有所不同，使其占用的存储容量也不相同。

⑧ PLC 输入、输出以及特殊模块的选择　当单独的 PLC 主机不能满足系统要求时，可根据系统的需要选择一些扩展类模块，以增大系统规模和功能。

a. PLC 输入模块的选择　PLC 的输入模块用于将输入元件输入的信号转换为 PLC 内部所需的电信号，用以扩展主机的输入点数，如图 4-8 所示。选择 PLC 的输入模块时应根据系统输入信号与 PLC 输入模块的距离进行选择，通常距离较近的设备选择低电压的 PLC 输入模块，距离较远的设备选择高电压的 PLC 输入模块。

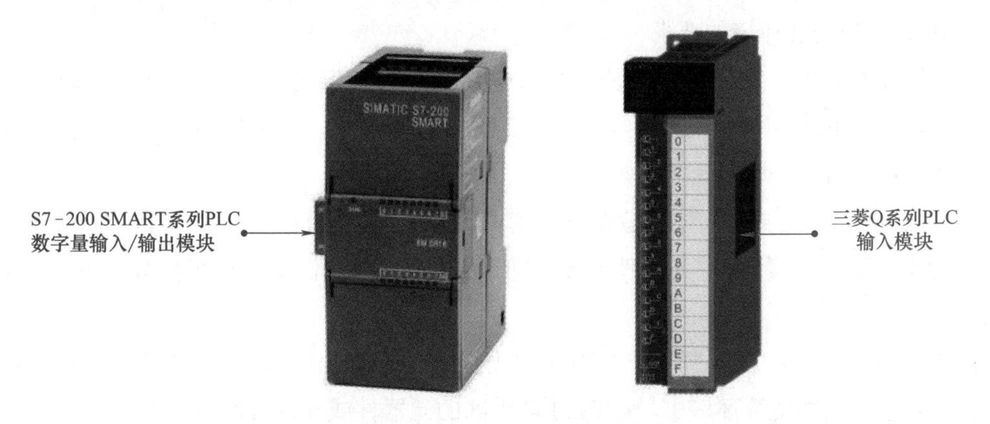

图 4-8　PLC 输入模块的选择

提示说明

选择 PLC 的输入模块除了要考虑距离外，还应注意其 PLC 输入模块允许同时接通的点数，通常允许同时接通的点数与输入电压、环境温度有关。

b. PLC 输出模块的选择　PLC 的输出模块用于将 PLC 内部的信号转换为外部所需的信号来驱动负载设备，用以扩展主机的输出点数。PLC 输出模块的输出方式主要有继电器输出方式、晶体管输出方式和晶闸管输出方式 3 种。选择 PLC 的输出模块时应根据输出模块的输出方式进行选择，且输出模块输出的电流应大于负载电流的额定值。

提示说明

选择 PLC 输出模块时也应注意模块允许同时接通的点数，通常输出模块同时接通的点数的累计电流不得大于公共端所允许通过的电流。

在一些开关频率较高、电感性和低功率因数的负载中，一般采用晶闸管输出和晶体管输出，这两种均属于无触点输出，但由于电感性负载在断电瞬间会产生较高电压，因此需要采取一些保护措施。继电器输出具有价格低，承受瞬时过电压、过电流的能力较强，使用电压广泛，导通压降小等优点，但其使用寿命较短，响应速度较慢。

c. PLC 特殊模块的选择　PLC 的特殊模块用于将温度、压力等过程变量转换为 PLC 所接收的数字信号，同时也可将其内部的数字信号转换成模拟信号输出。在选用 PLC 的特殊模块时，可根据系统的实际需要选择不同的 PLC 特殊模块。

（2）PLC 系统的安装和接线原则

PLC 属于新型自动化控制装置的一种，是由基本的元器件等组成的，为了保证 PLC 系统的稳定性，在 PLC 安装和接线时应遵循 PLC 的基本安装和接线原则进行操作。

① PLC 系统安装环境的要求

a. 环境温度要求　安装 PLC 时应充分考虑 PLC 的环境温度，使其不得超过 PLC 允许的温度范围，通常 PLC 环境温度范围在 0 ～ 55℃之间，当温度过高或过低时，均会导致内部的元器件工作失常。

b. 环境湿度要求　PLC 对环境湿度也有一定的要求，通常 PLC 的环境湿度范围应在 35% ～ 85% 之间，当湿度太大会使 PLC 内部元器件的导电性增强，可能导致元器件击穿损坏。

c. 环境要求　PLC 应尽量安装在避免阳光直射、无腐蚀性气体、无易燃易爆气体、无尘埃、无滴水、无冲击等环境中，以免 PLC 内部的元器件或部件被腐蚀。

d. 振动要求　PLC 不能安装在振动比较频繁的环境中（振动频率为 10 ～ 55Hz、幅度为 0.5mm），若振动过大则可能会导致 PLC 内部的固定螺钉或元器件脱落、焊点虚焊。

e. 控制柜的通风要求　PLC 硬件系统一般安装在专门的 PLC 控制柜内，用以防止灰尘、油污、水滴等进入 PLC 内部，造成电路短路，从而造成 PLC 损坏。

为了保证 PLC 工作时其温度保持在规定环境温度范围内，安装 PLC 的控制柜应有足够的通风空间，如果周围环境超过 55℃，要安装通风扇，强迫通风，如图 4-9 所示。

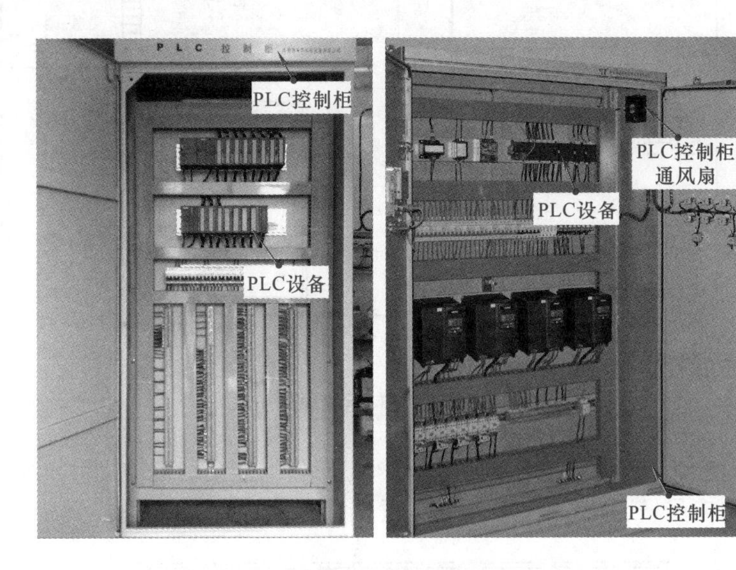

图 4-9　PLC 控制柜

提示说明

通常 PLC 控制柜的通风方式有自然冷却方式、强制冷却方式、强制循环方式和封闭整体式冷却方式 4 种，如图 4-10 所示。采用自然冷却方式的 PLC 控制柜通过进风口和出风口实现自然换气；采用强制冷却方式的 PLC 控制柜是指在控制柜中安装通风扇进行通风，将 PLC 内部产生的热量通过通风扇排出实现换气；强制循环方式的 PLC 控制柜是指在控制柜中安装冷却风扇，将 PLC 产生的热量进行循环冷却；封闭整体式冷却方式的 PLC 控制柜采用全封闭结构，通过外部进行整体冷却。

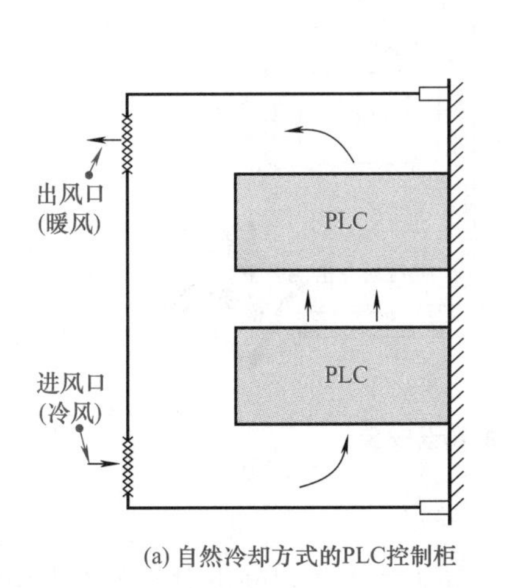

(a) 自然冷却方式的PLC控制柜

出风口
(暖风)
通风扇
PLC
PLC
进风口
(冷风)

(b) 强制冷却方式的PLC控制柜

图 4-10

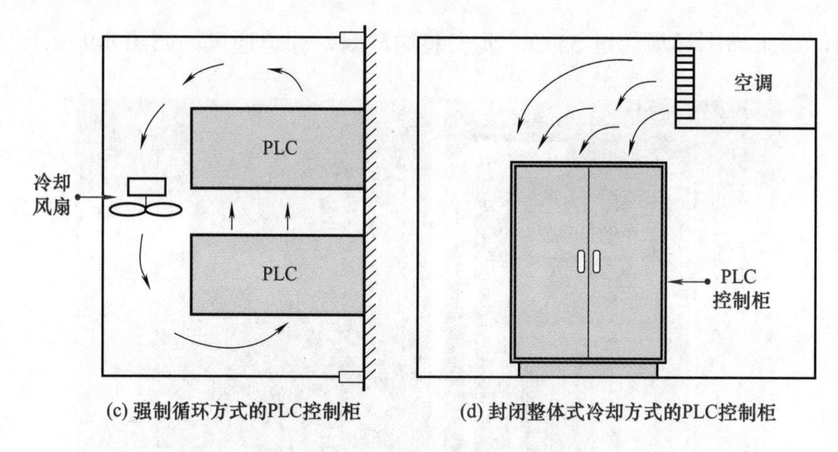

图 4-10　PLC 控制柜的通风方式

f. PLC 在控制柜中的安装要求　为了保证 PLC 工作的安全稳定以及日常维护的安全，安装 PLC 控制柜时，应尽量远离 600V 以上的高压设备或动力设备，分开设置，如图 4-11 所示。

图 4-11　PLC 在控制柜中的安装要求

如图 4-12 所示，将 PLC 安装在高压动力柜中，这种安装方法极易造成安全事故，因此不得在实际中这样安装。

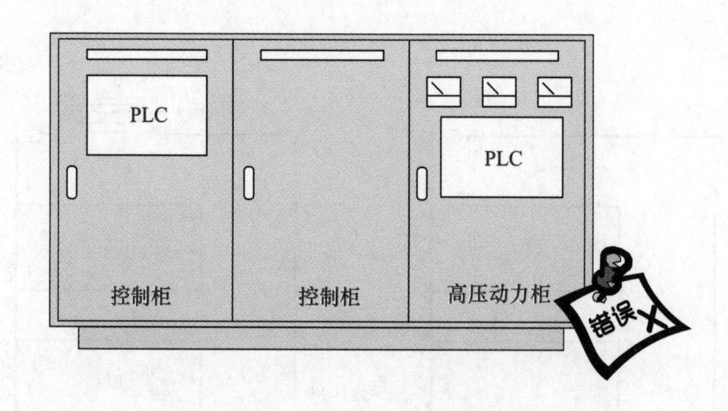

图 4-12　PLC 的错误安装

② PLC 系统的安装原则

a. 安装 PLC 时，应在断电情况下进行操作，同时为了防止静电对 PLC 的影响，应借助防静电设备或用手接触金属物体将人体的静电释放后，再对 PLC 进行安装。

b. PLC 的安装方式通常有底板安装和 DIN 导轨安装两种方式，用户在安装时可根据安装条件进行选择。

底板安装方式是指利用 PLC 底部外壳上的 4 个安装孔进行安装，如图 4-13 所示，根据安装孔的不同选择不同大小规格的螺钉进行固定。

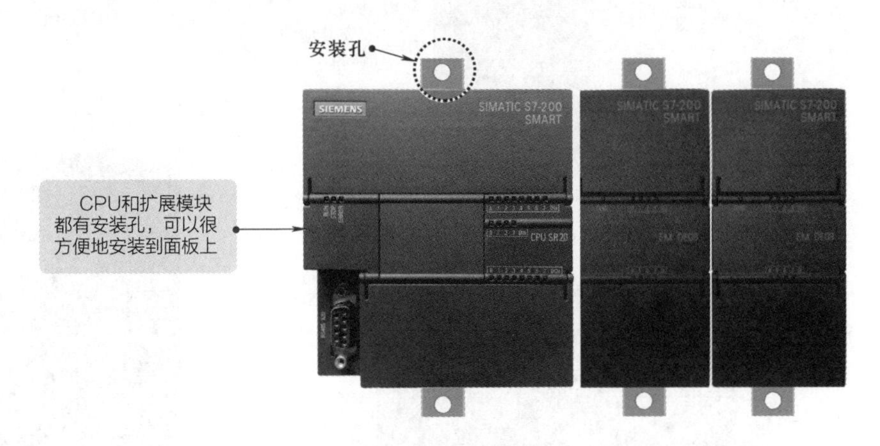

图 4-13　底板安装

DIN 导轨安装方式是指利用 PLC 底部外壳上的导轨安装槽及卡扣将 PLC 安装在 DIN 导轨上，如图 4-14 所示。

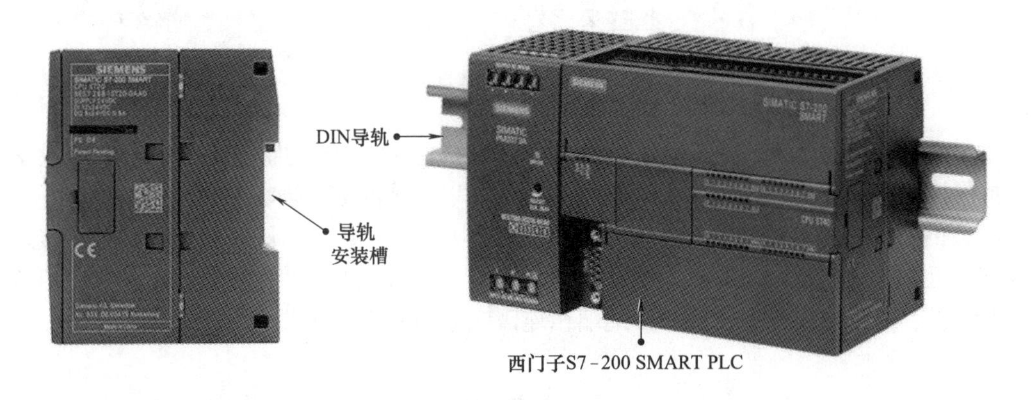

图 4-14　DIN 导轨安装

c. 安装 PLC 时，应防止杂物从 PLC 的通风窗掉入 PLC 的内部。

PLC 采用垂直安装时，应防止导线头、铁屑等从 PLC 的通风窗掉入 PLC 中，造成内部电路元件短路，如图 4-15 所示。

③ PLC 供电电源的安装原则　PLC 若要正常的工作，最重要的一点就是要保证其供电线路的正常。一般情况下 PLC 供电电源的要求为交流 220V/50Hz，三菱 FX 系列的 PLC 还有一路 24V 的直流输出引线，用来连接一些光电开关、接近开关等传感器件。

在电源突然断电的情况下，PLC 的工作应在小于 10ms 时不受影响，以免电源电压突然的波动影响 PLC 工作。在电源断开时间大于 10ms 时，PLC 应停止工作。

PLC 设备本身带有抗干扰能力，可以避免交流供电电源中的轻微的干扰波形，若供电电源中的干扰比较严重时，则需要安装一个 1 ∶ 1 的隔离变压器，以减少干扰。

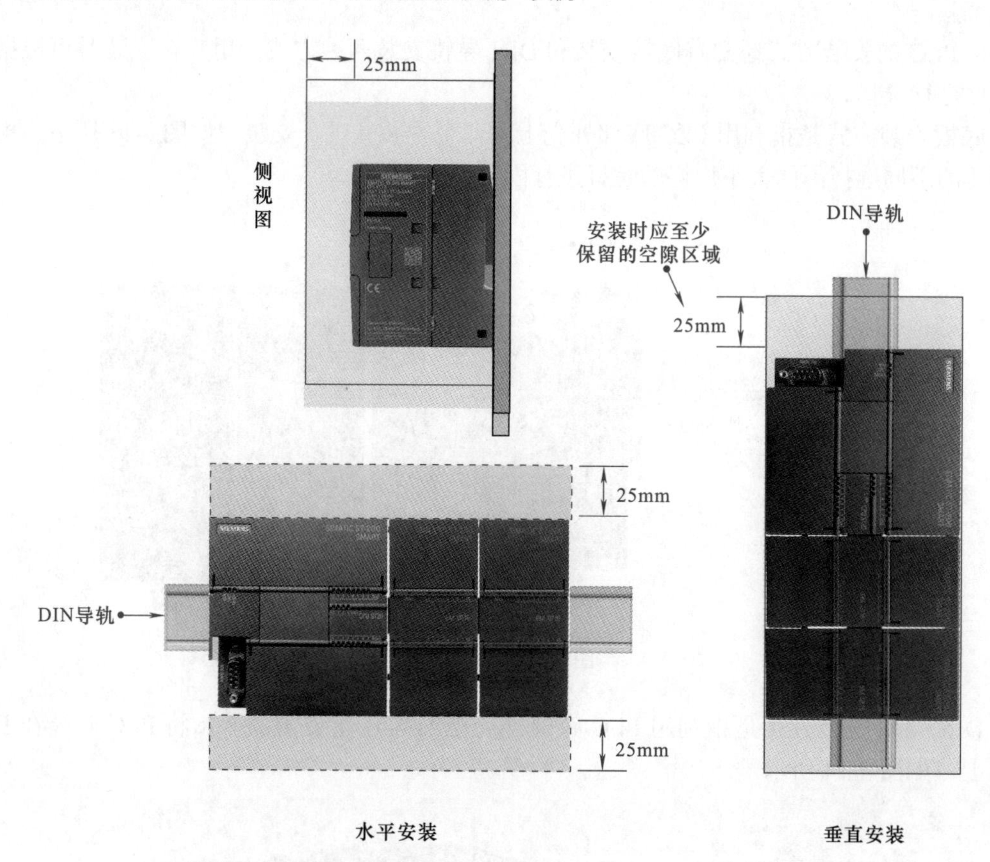

图 4-15　PLC 的垂直安装

④ PLC 接地原则　有效的接地可以避免脉冲信号的冲击干扰，因此在对 PLC 设备或 PLC 扩展模块进行安装时，应保证其良好的接地，以免脉冲信号损坏 PLC 设备。

PLC 的接地线应使用直径在 2mm 以上的专用接地线，且应尽量采用专用接地，接地极应尽量靠近 PLC，以缩短接地线，如图 4-16 所示。在连接 PLC 设备的接地端时，应尽量避免与电动机、变频器或其他设备的接地端相连，应分别进行接地。

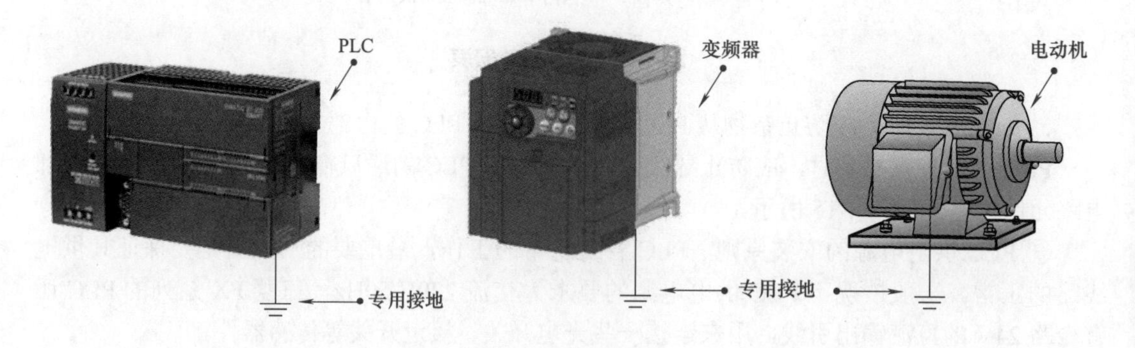

图 4-16　专用接地

若无法采用专用接地时，可将 PLC 的接地极与其他设备的接地极相连接，构成共用接地，如图 4-17 所示。

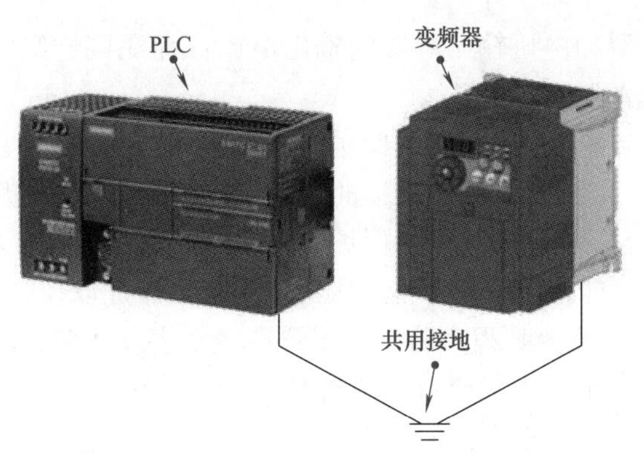

图 4-17　共用接地

提示说明

有些 PLC 安装人员在进行 PLC 的安装时，将 PLC 的接地线与其他设备的接地线连接，采用共用接地线的方法进行 PLC 的接线，如图 4-18 所示，这种方法在接地操作时不可采用。

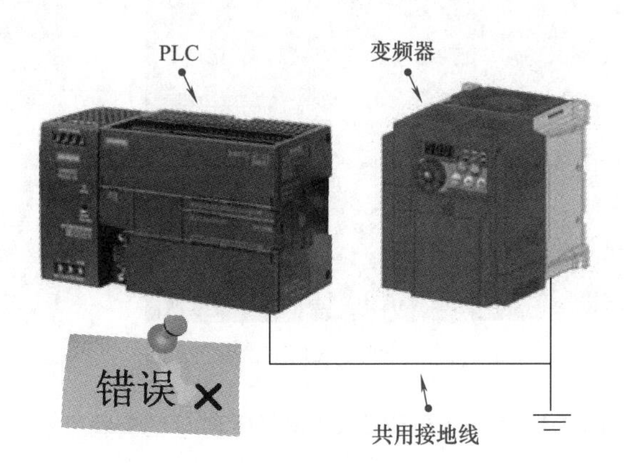

图 4-18　共用接地线接地

⑤ PLC 输入端的接线原则　PLC 一般使用限位开关、按钮开关等进行控制，且输入端还常与外部传感器进行连接，因此在对 PLC 输入端的接口进行接线时，应注意以下两点。

a. 输入端的连接线不能太长，应限制在 30m 以内，若连接线过长，则会使输入设备对 PLC 的控制能力下降，影响控制信号输入的精度。

b. PLC 的输入端引线和输出端引线不能使用同一根电缆，以免造成干扰，或引线绝缘层损坏时造成短路故障。

⑥ PLC 输出端的接线原则　PLC 设备的输出端一般用来连接控制设备，例如继电器、接触器、电磁阀、变频器、指示灯等，在对输出端的引线或设备进行连接时，需要注意以下几点。

a. 若 PLC 的输出端连接继电器设备时，应尽量选用工作寿命比较长（内部开关动作次数）的继电器，以免负载（电感性负载）影响到继电器的工作寿命。

b. 在连接 PLC 输出端的引线时，应将独立输出和公共输出分别进行分组连接。在不同的组中，可采用不同类型和电压输出等级的输出电压；而在同一组中，只能选择同一种类型、同一个电压等级的输出电源。

c. 输出元件端应安装熔断器进行保护，由于 PLC 的输出元件安装在印制电路板上，使用连接线连接到端子板，若错接而将输出端的负载短路，则可能会烧毁电路板。安装熔断器后，若出现短路故障则熔断器快速熔断，保护电路板。

d. PLC 的输出负载可能产生噪声干扰，因此要采取措施加以控制。

e. 除了使用 PLC 中设置控制程序防止对用户造成伤害，还应设计外部紧急停止工作电路，在 PLC 出现故障后，能够手动或自动切断电源，防止危险发生。

f. 直流输出引线和交流输出引线不应使用同一个电缆，且输出端的引线要尽量远离高压线和动力线，避免并行或干扰。

4.1.2 西门子 PLC 系统的安装规范

PLC 系统通常安装在 PLC 控制柜内，避免灰尘、污物等的侵入，为了增强 PLC 系统的工作性能，提高其使用寿命，安装时应严格按照 PLC 的安装要求进行安装。

下面以典型西门子 S7-200 SMART PLC 为例介绍安装接线方法。图 4-19 为西门子 S7-200 SMART PLC 的安装尺寸。

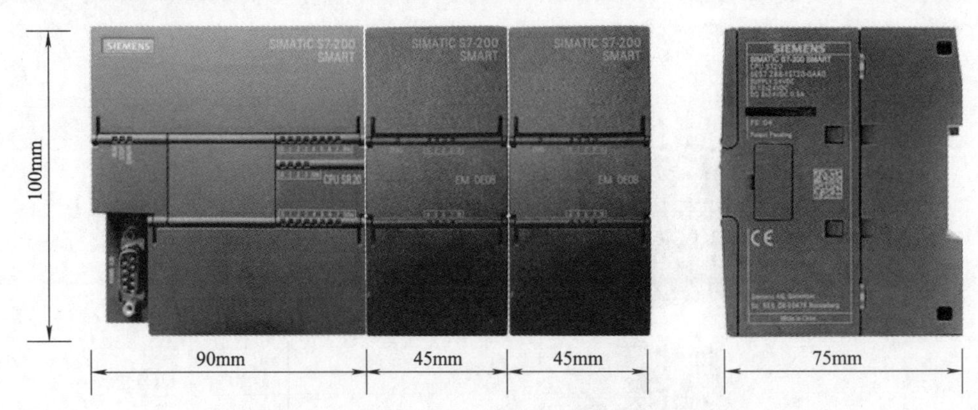

图 4-19 西门子 S7-200 SMART PLC 的安装尺寸

表 4-1 所列为西门子 S7-200 SMART PLC 不同型号设备的安装尺寸。

表 4-1 西门子 S7-200 SMART PLC 不同型号设备的安装尺寸

<table>
<tr><th colspan="2">S7-200 SMART 模块</th><th>宽度 A（mm）</th></tr>
<tr><td colspan="2">CPU SR20</td><td>90</td></tr>
<tr><td colspan="2">CPU CR40、CPU SR40 和 CPU ST40</td><td>125</td></tr>
<tr><td colspan="2">CPU SR60、CPU ST60</td><td>175</td></tr>
<tr><td rowspan="5">扩展模块</td><td>EM 4AI、EM 2AQ、EM 8DQ、EM 8DQRLY</td><td>45</td></tr>
<tr><td>EM 8DI/8DQ、EM 8DI/8DQRLY</td><td>45</td></tr>
<tr><td>EM 16DI/16DQ、EM 16DI/16DQRLY</td><td>70</td></tr>
<tr><td>EM 4AI/2AQ</td><td>45</td></tr>
<tr><td>EM 2RTD</td><td>45</td></tr>
</table>

（1）DIN 导轨的安装固定

图 4-20 为 DIN 导轨的安装固定，该 PLC 采用 DIN 导轨的安装方式时，应先将其 DIN

导轨安装固定在 PLC 控制柜的合适位置，并使用螺钉旋具将固定螺钉拧入 DIN 导轨和 PLC 控制柜的固定控制，将其 DIN 导轨固定在 PLC 控制柜上。

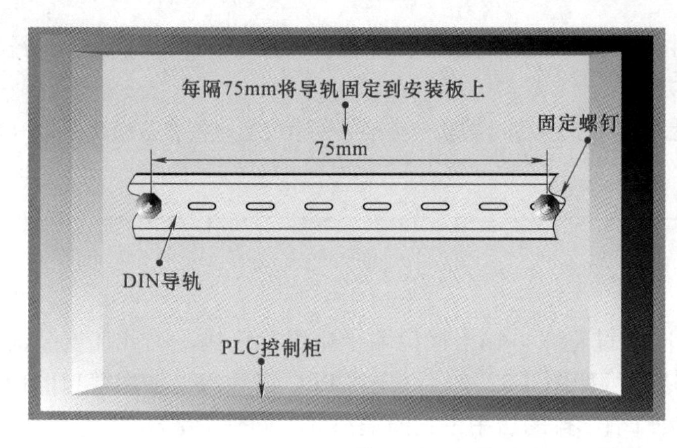

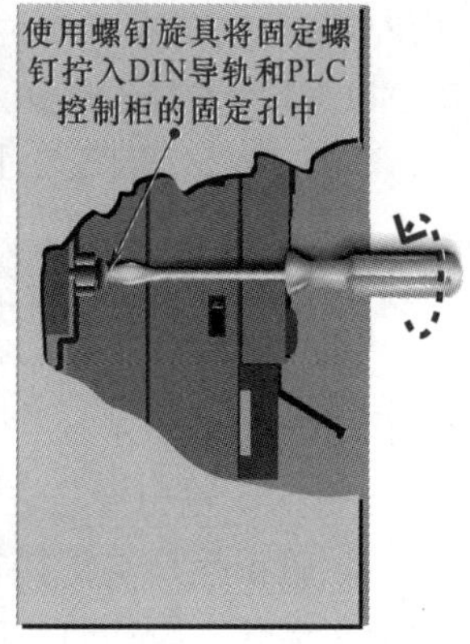

图 4-20　安装固定 DIN 导轨

提示说明

安装 PLC 时应注意，安装前必须采取合适的安全预防措施并确保切断该 PLC 的电源。

若安装或拆卸过程中未切断 PLC 和相关设备的所有电源，则可能导致触电死亡、重伤或设备损坏、设备错误运行。

（2）PLC 的安装固定

DIN 导轨固定完成后，接下来需要将 PLC 安装固定在 DIN 导轨上，如图 4-21 所示，将 PLC 底部的两个卡扣向下推使其 DIN 导轨能够安装在 PLC 安装槽内，然后将 PLC 安装槽对准固定好的 DIN 导轨，使其 PLC 背部上端的卡扣卡住 DIN 导轨，最后再将 PLC 背部的两个卡扣向上推使其卡住 DIN 导轨，至此便完成了 PLC 的安装固定工作。

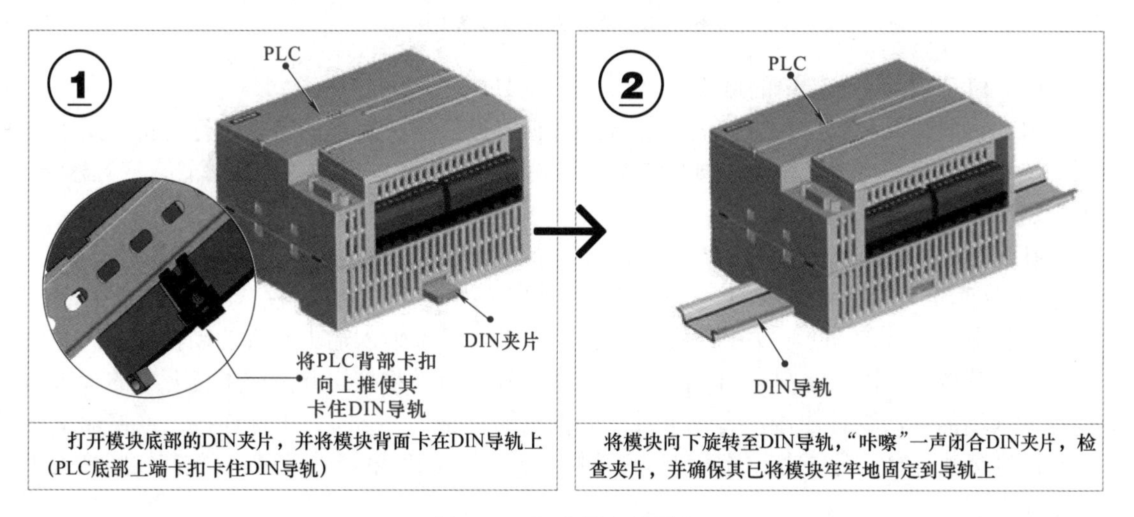

图 4-21　PLC 的安装固定

提示说明

在 DIN 导轨安装 PLC 时，应确保 CPU 的上部 DIN 导轨卡夹处于锁紧（内部）位置而下部 DIN 导轨卡夹处于伸出位置。

将设备安装到 DIN 导轨上后，将下部 DIN 导轨卡夹推到锁紧位置以将设备锁定在 DIN 导轨上。

（3）撬开接口端子排

PLC 与输入、输出设备之间通过输入、输出接口端子排进行连接，因此在安装前，首先应将输入、输出接口端子排撬开，如图 4-22 所示，先将 PLC 的输入、输出接口的护盖打开，使用一字槽螺钉旋具插入接口端子排的居中位置的缺口处，向外侧撬动。

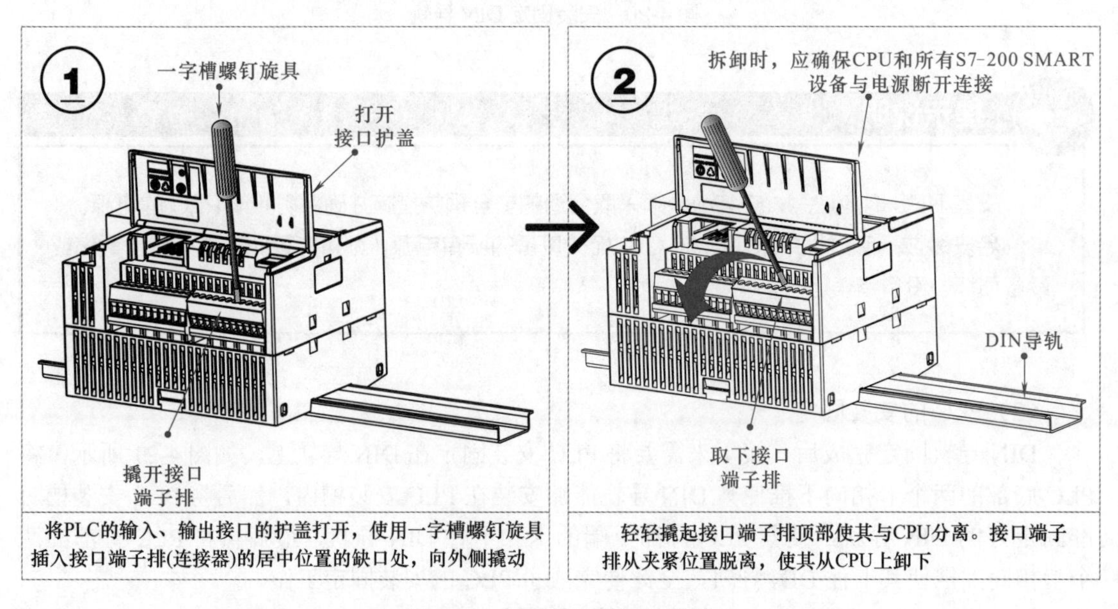

图 4-22 撬开输入接口端子排

（4）PLC 输入输出接口的接线

PLC 的输入接口常与输入设备（如控制按钮、过热保护继电器等）进行连接，用于控制 PLC 的工作状态；PLC 的输出接口常与输出设备（接触器、继电器、晶体管、变频器等）进行连接，用来控制其工作。

在进行 PLC 输入输出接口的连接时，首先了解所选用 PLC 输入、输出端口的接线特点。图 4-23 为西门子 S7-200 SMART（CPU SR40）的接线特点。

根据预先设计的 I/O 分配图，便可以进行 PLC 与外部输入输出设备的硬件连接，连接时应保证其接线牢固，如图 4-24 所示。连接输入设备时，将按钮开关或限位开关的一个触点与输入端的接口进行连接，另一个触点与供电端 L ＋（＋ 24V）进行连接；连接输出设备时，将接触器的一端与输出端接口进行连接。另一端与相线端进行连接，使其线圈接入交流 220V 电压中。

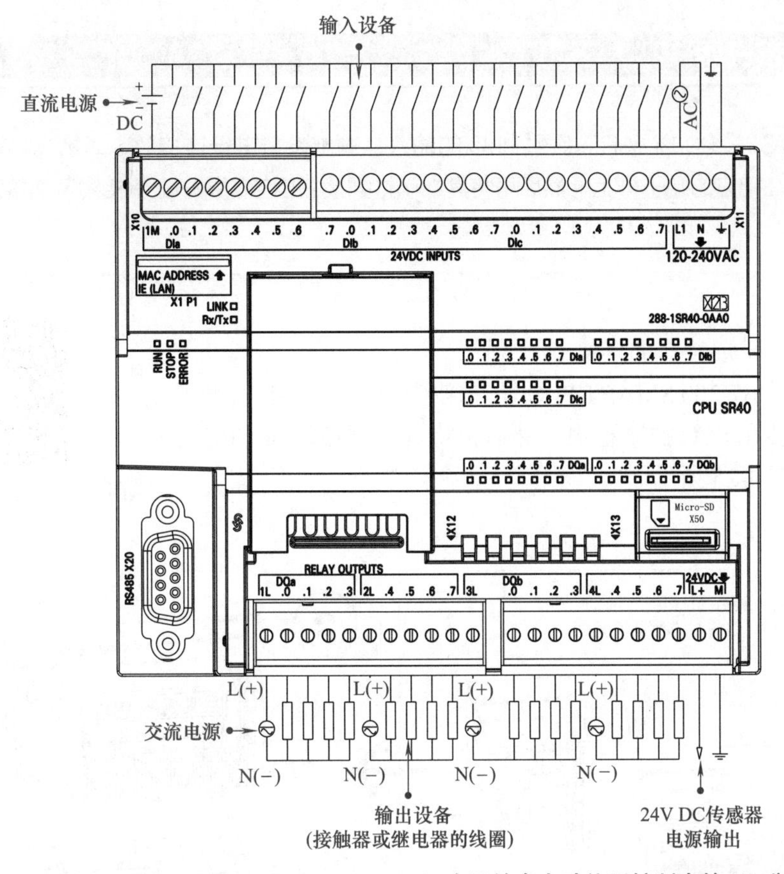

图 4-23　西门子 S7-200 SMART（CPU SR440）在运输车自动往返控制中的 I/O 分配图

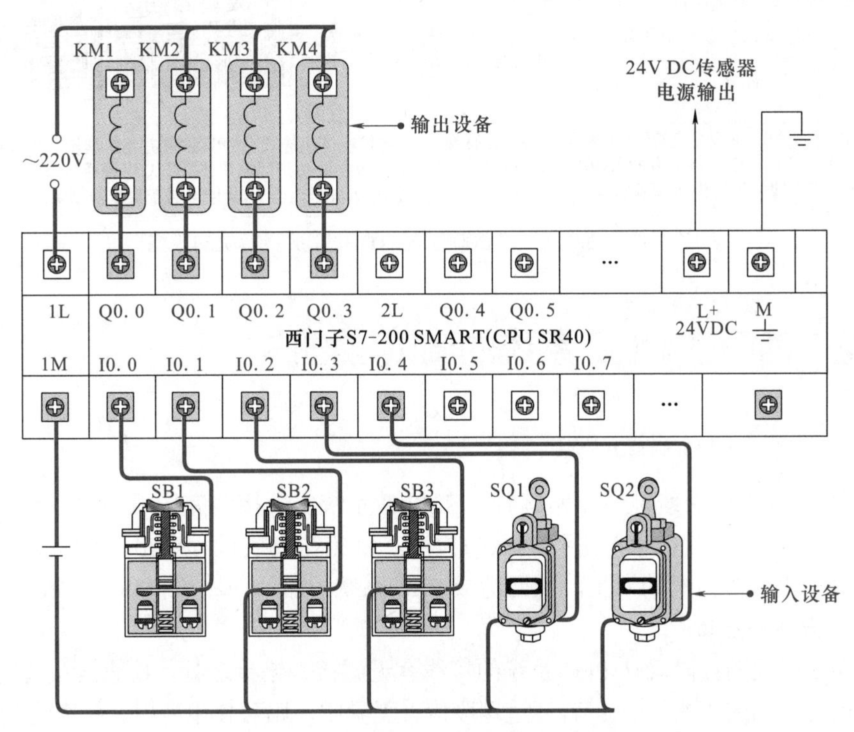

图 4-24　PLC 输入、输出接口的接线

提示说明

在对 S7-200 SMART 系列 PLC 的输入、输出设备进行连接时，通常先将输入、输出设备连接在相应的端子排上，然后再将其端子排插接在相应的端子上，接线及插接时应保证其牢固。

西门子 PLC 主机（CPU 模块）和信号板接线

（5）PLC 扩展接口的连接

当西门子 S7-200 SMART PLC 需连接扩展模块时，应先将其扩展模块安装在 PLC 控制柜内，然后再将其扩展模块与 CPU 模块连接，如图 4-25 所示。

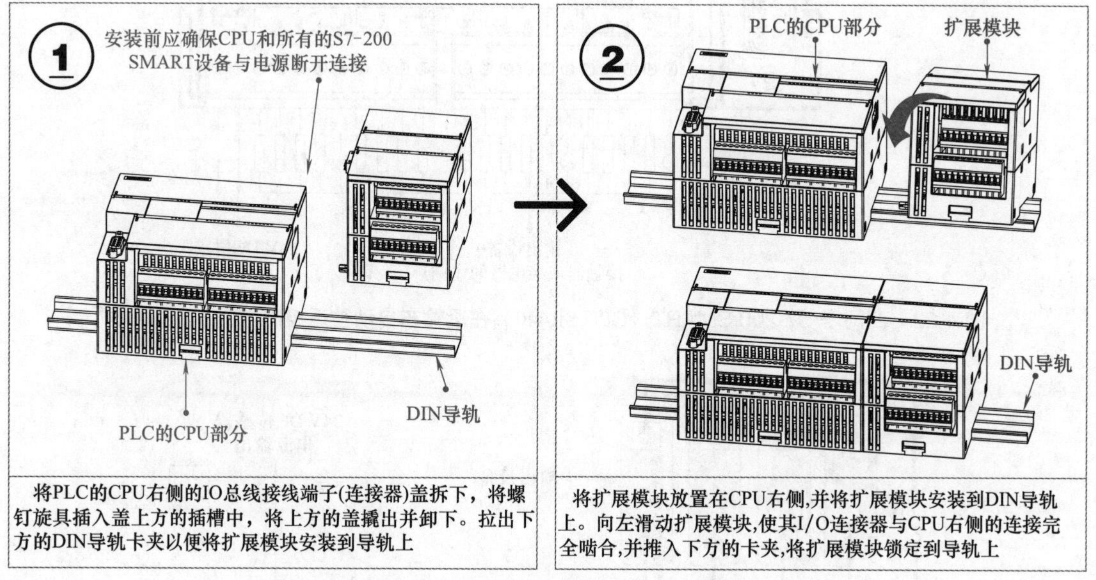

图 4-25　西门子 S7-200 SMART PLC 扩展模块的连接

4.2 西门子 PLC 系统的调试与维护

4.2.1 西门子 PLC 系统的调试

为了保障 PLC 的系统能够正常运行，在 PLC 系统安装接线完毕后，并不能立即投入使用，还要对安装后的 PLC 系统进行调试与检测，以免在安装过程中出现线路连接不良、连接错误、设备损坏等情况的发生，从而造成 PLC 系统短路、断路或损坏元件等。

（1）检查线路连接

根据 I/O 原理图逐段确认 PLC 系统的接线有无漏接、错接之处，检查连接线的接点是否符合工艺标准，如图 4-26 所示。若通过逐段检查无异常，则可使用万用表检查连接的 PLC 系统线路有无短路、断路以及接地不良等现象，若出现连接故障应及时对其进行连接或调整。

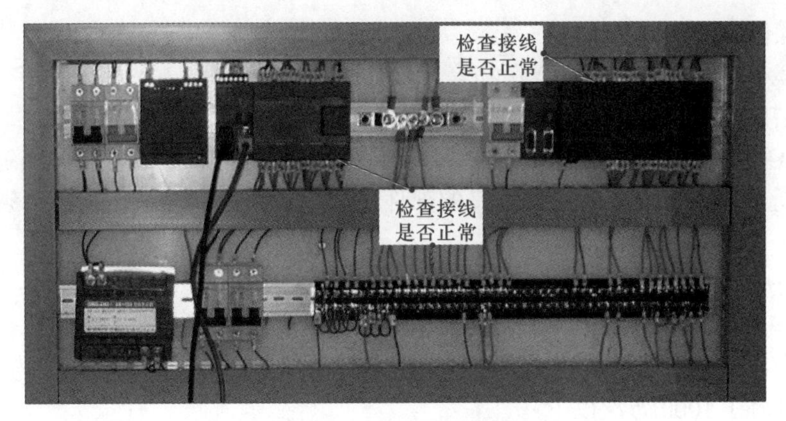

图 4-26　线路连接的检查

（2）检查电源电压

在 PLC 系统通电前，检查系统供电电源与预先设计的 PLC 系统图中的电源是否一致，检查时，可合上电源总开关进行检测。

（3）检查 PLC 程序

将 PLC 程序、触摸屏程序、显示文本程序等输入到相应的系统内，若系统出现报警情况，应对其系统的接线、设定参数、外部条件以及 PLC 程序等进行检查，并对其产生报警的部位进行重新连接或调整。

（4）局部调试

了解设备的工艺流程后，进行手动空载调试，检查手动控制的输出点是否有相应的输出，若有问题，应立即进行解决，若手动空载正常再进行手动带负载调试，手动带负载调试中对其调试电流、电压等参数进行记录。

（5）联机调试

完成局部调试后，再将局部设备连接进行联机调试，调试无误后可对其进行上电运行一段时间，观察其系统工作是否稳定，若均正常，则该系统可投入使用。

4.2.2　西门子 PLC 系统的维护

西门子 PLC
错误代码

PLC 是一种工业中使用的控制设备，在出厂时尽管在可靠性方面采取了许多的防护措施，但由于其工作环境的影响，可能会造成 PLC 的寿命缩短或出现故障，所以应定期对 PLC 做检查及维护，看 PLC 的工作环境是否符合标准。

（1）电源的检查

首先对 PLC 电源上的电压进行检测，看是否为额定值或有无频繁波动的现象，电源电压必须工作在额定范围之内，且波动不能大于 10%，若有异常则应检查供电线路。

（2）输入、输出电压的检查

检查输入、输出端子处的电压变化是否在规定的标准范围内，若有异常则应对其异常处进行检查。

（3）环境的检查

对 PLC 的使用环境进行检查，看环境温度、湿度是否在允许范围之内（温度在 0 ～ 55℃之间，湿度在 35% ～ 85% 之间），若超过允许范围，则应降低或升高温度，以及加湿或除湿操作。

安装环境不能有大量的灰尘、污物等，若有则应及时清理。

（4）安装的检查

检查 PLC 设备各单元的连接是否良好，连接线有无松动、断裂以及破损等现象，控制柜的密封性是否良好等。若有安装不良的部件，则应重新进行连接，更换断裂或破损的连接线。

（5）元件使用寿命的检查

对于一些有使用寿命的元件，例如锂电池、输出继电器等，则应定期检查，以保证锂电池的电压在额定范围之内，输出继电器的使用寿命在允许范围之内（电气寿命在 30 万次以下，机械寿命在 1000 万次以下）。

若锂电池的电压下降到一定程度时，应对锂电池进行更换。更换时，应首先让 PLC 通电 15s 以上，再断开 PLC 的交流电源，将旧电池拆下，装上新电池即可。在更换电池时，一般不允许超过 3min，若等待时间过长，则存储器中的程序将消失，还需重新进行写入。

第5章 西门子PLC的梯形图

5.1 西门子PLC梯形图（LAD）的结构

在PLC梯形图中，特定的符号和文字标识标注了控制线路各电气部件及其工作状态。整个控制过程由多个梯级来描述，也就是说每一个梯级通过能流线上连接的图形、符号或文字标识反映了控制过程中的一个控制关系。在梯级中，控制条件表示在左面，然后沿能流线逐渐表现出控制结果，这就是PLC梯形图。这种编程设计习惯非常直观、形象，与电气线路图十分对应，控制关系一目了然。

图5-1为西门子PLC的梯形图。

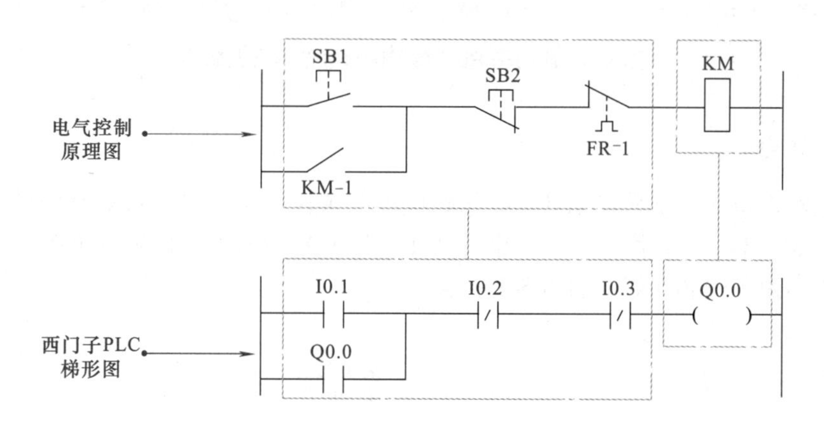

图5-1　西门子PLC梯形图

西门子PLC梯形图主要由母线、触点、线圈、指令框构成，如图5-2所示。

5.1.1　母线

西门子PLC梯形图编程时，习惯性地只画出左母线，省略右侧母线，但其所表达梯形图程序中的能流仍是由左侧母线经程序中触点、线圈等至右侧的，如图5-3所示。

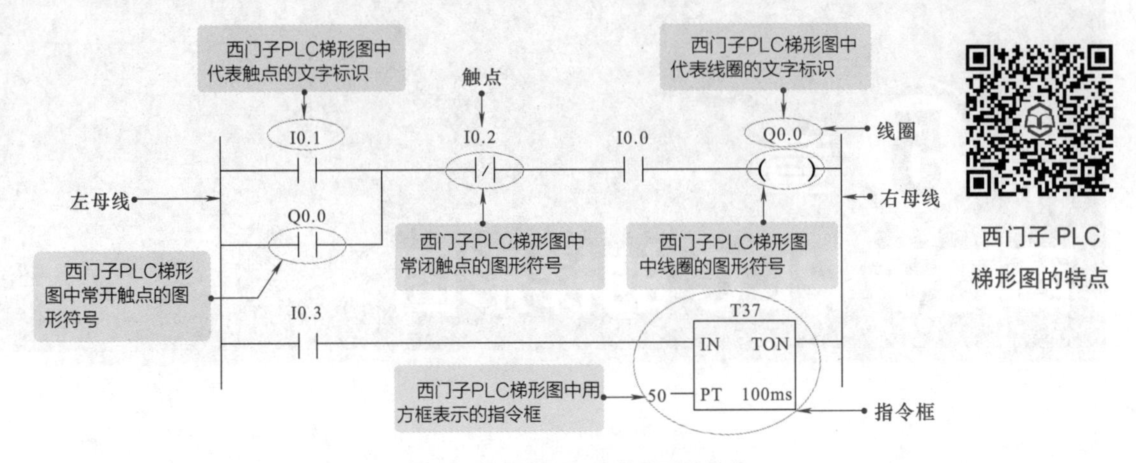

图 5-2　西门子 PLC 梯形图的结构

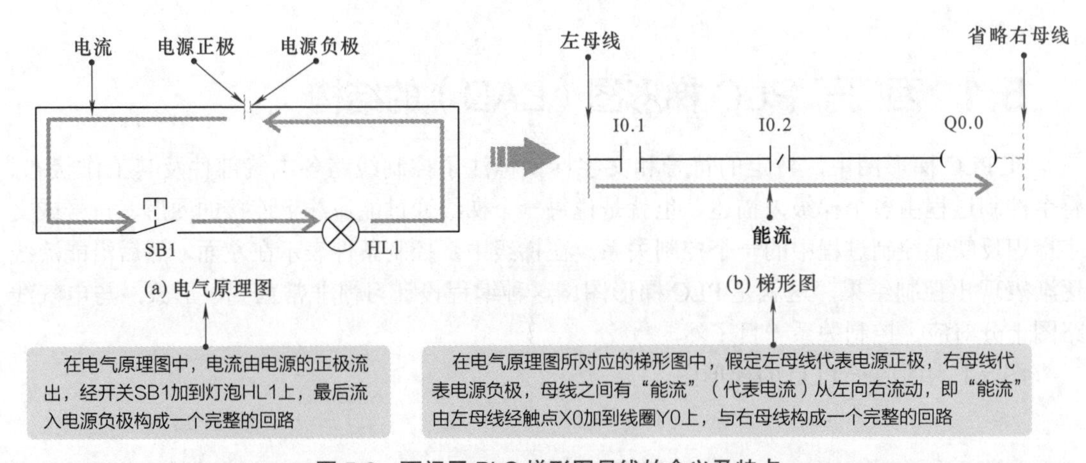

图 5-3　西门子 PLC 梯形图母线的含义及特点

5.1.2　触点

触点表示逻辑输入条件，如开关、按钮或内部条件。在西门子 PLC 梯形图中，触点地址用 I、Q、M、T、C 等字母表示，格式为 IX.X、QX.X…，如常见的 I0.0、I0.1、I1.1…，Q0.0、Q0.1、Q0.2…M0.0 等，如图 5-4 所示。

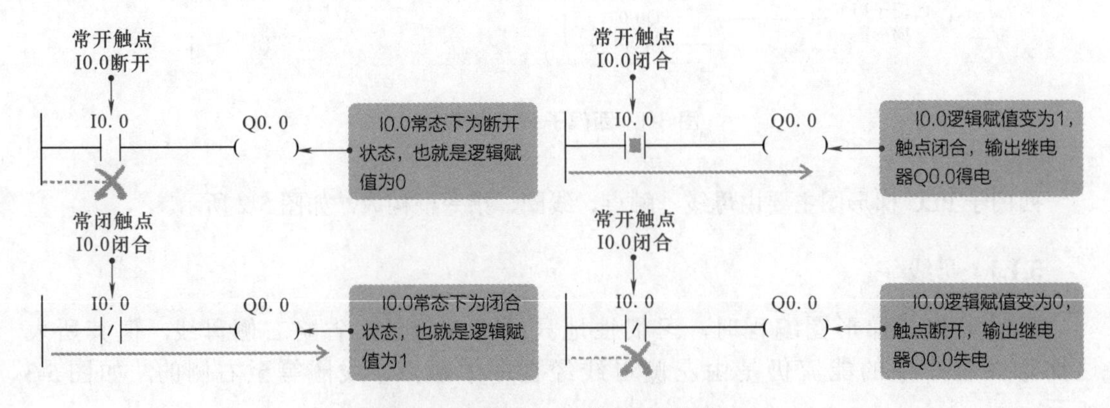

图 5-4　西门子 PLC 梯形图中的触点

提示说明

在 PLC 梯形图上的连线代表各“触点”的逻辑关系，在 PLC 内部不存在这种连线，而采用逻辑运算来表征逻辑关系。某些“触点”或支路接通，并不存在电流流动，而是代表支路的逻辑运算取值或结果为 1。

5.1.3　线圈

线圈通常表示逻辑输出结果。西门子 PLC 梯形图中的线圈种类有很多，如输出继电器线圈、辅助继电器线圈等，线圈的得、失电情况与线圈的逻辑赋值有关，如图 5-5 所示。

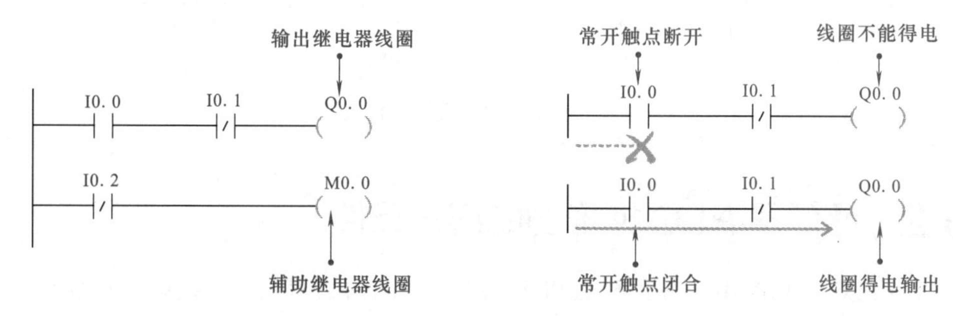

图 5-5　线圈的含义及特点

提示说明

在西门子 PLC 梯形图中，表示触点和线圈名称的文字标识（字母 + 数字）信息一般均写在图形符号的正上方如图 5-6 所示，用以表示该触点所分配的编程地址编号，且习惯性地将数字编号起始数设为 0.0，如 I0.0、Q0.0、M0.0 等，然后依次以 0.1 间隔递增，以 8 位为一组，如 I0.0、I0.1、I0.2、I0.3、I0.4、I0.5、I0.6、I0.7，I1.0、I1.1、…、I1.7，I2.0、I2.1、…、I2.7；Q0.0、Q0.1、Q0.2、…、Q0.7，Q1.0、Q1.1…。

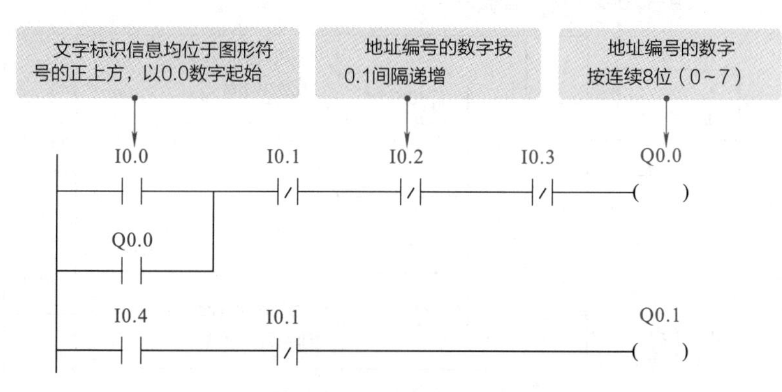

图 5-6　西门子 PLC 梯形图中触点和线圈文字（地址）标识方法

5.1.4 指令框

在西门子 PLC 梯形图中，除上述的母线、触点、线圈等基本组成元素外，还通常使用一些指令框（也称为功能块）用来表示定时器、计数器或数学运算、逻辑运算等附加指令，如图 5-7 所示，不同指令框的具体含义将在后面章节中介绍。

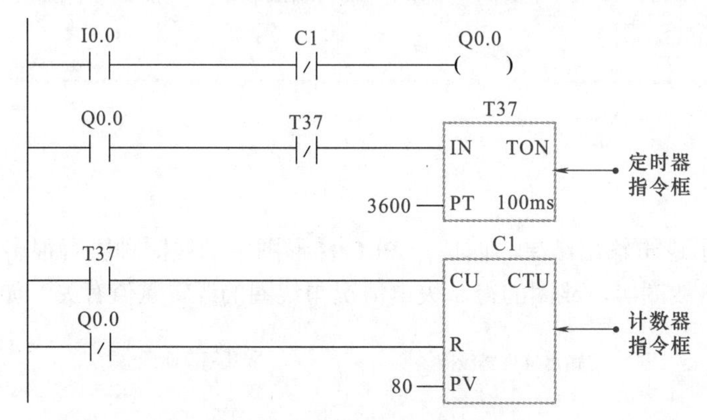

图 5-7 指令框的含义及特点

5.2 西门子 PLC 梯形图的编程元件

西门子 PLC 梯形图中，各种触点和线圈代表不同的编程元件，这些编程元件构成了 PLC 输入 / 输出端子所对应的存储区，以及内部的存储单元、寄存器等。

根据编程元件的功能，其主要有输入继电器、输出继电器、辅助继电器、定时器、计数器、变量存储器、局部变量存储器、顺序控制继电器等，但它们都不是真实的物理继电器，而是一些存储单元（或称为缓冲区、软继电器等）。

5.2.1 输入继电器（I）

输入继电器又称为输入过程映像寄存器。在西门子 PLC 梯形图中，输入继电器用“字母 I+ 数字”进行标识，每一个输入继电器均与 PLC 的一个输入端子对应，用于接收外部开关信号，如图 5-8 所示。

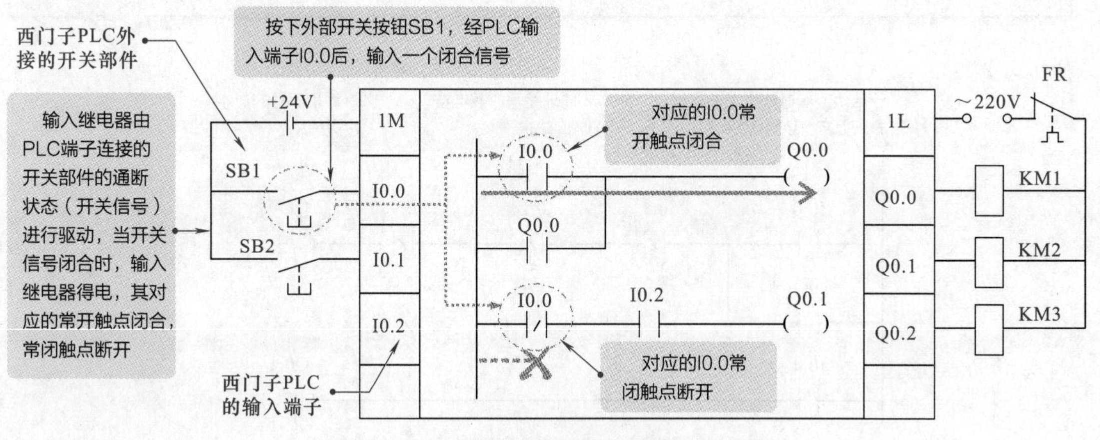

图 5-8 西门子 PLC 梯形图中的输入继电器

表 5-1 为西门子 S7-200 SMART 系列 PLC 中，一些常用型号 PLC 的输入继电器地址。

表 5-1　一些常用型号 PLC 的输入继电器地址

型号	SR20 （12 入 /8 出）	SR30 （18 入 /12 出）	SR40 （24 入 /16 出）	SR60 （36 入 /24 出）
输入继电器	I0.0、I0.1、I0.2、I0.3、I0.4、I0.5、I0.6、I0.7 I1.0、I1.1、I1.2、I1.3	I0.0、I0.1、I0.2、I0.3、I0.4、I0.5、I0.6、I0.7 I1.0、I1.1、I1.2、I1.3、I1.4、I1.5、I1.6、I1.7 I2.0、I2.1	I0.0、I0.1、I0.2、I0.3、I0.4、I0.5、I0.6、I0.7 I1.0、I1.1、I1.2、I1.3、I1.4、I1.5、I1.6、I1.7 I2.0、I2.1、I2.2、I2.3、I2.4、I2.5、I2.6、I2.7	I0.0、I0.1、I0.2、I0.3、I0.4、I0.5、I0.6、I0.7 I1.0、I1.1、I1.2、I1.3、I1.4、I1.5、I1.6、I1.7 I2.0、I2.1、I2.2、I2.3、I2.4、I2.5、I2.6、I2.7 I3.0、I3.1、I3.2、I3.3、I3.4、I3.5、I3.6、I3.7 I4.0、I4.1、I4.2、I4.3
型号	ST20 （12 入 /8 出）	ST30 （18 入 /12 出）	ST40 （24 入 /16 出）	ST60 （36 入 /24 出）
输入继电器	I0.0、I0.1、I0.2、I0.3、I0.4、I0.5、I0.6、I0.7、I1.0、I1.1、I1.2、I1.3	I0.0、I0.1、I0.2、I0.3、I0.4、I0.5、I0.6、I0.7 I1.0、I1.1、I1.2、I1.3、I1.4、I1.5、I1.6、I1.7 I2.0、I2.1	I0.0、I0.1、I0.2、I0.3、I0.4、I0.5、I0.6、I0.7 I1.0、I1.1、I1.2、I1.3、I1.4、I1.5、I1.6、I1.7 I2.0、I2.1、I2.2、I2.3、I2.4、I2.5、I2.6、I2.7	I0.0、I0.1、I0.2、I0.3、I0.4、I0.5、I0.6、I0.7 I1.0、I1.1、I1.2、I1.3、I1.4、I1.5、I1.6、I1.7 I2.0、I2.1、I2.2、I2.3、I2.4、I2.5、I2.6、I2.7 I3.0、I3.1、I3.2、I3.3、I3.4、I3.5、I3.6、I3.7 I4.0、I4.1、I4.2、I4.3
型号	—	—	CR40 （24 入 /16 出）	CR60 （36 入 /24 出）
输入继电器	—	—	I0.0、I0.1、I0.2、I0.3、I0.4、I0.5、I0.6、I0.7 I1.0、I1.1、I1.2、I1.3、I1.4、I1.5、I1.6、I1.7 I2.0、I2.1、I2.2、I2.3、I2.4、I2.5、I2.6、I2.7	I0.0、I0.1、I0.2、I0.3、I0.4、I0.5、I0.6、I0.7 I1.0、I1.1、I1.2、I1.3、I1.4、I1.5、I1.6、I1.7 I2.0、I2.1、I2.2、I2.3、I2.4、I2.5、I2.6、I2.7 I3.0、I3.1、I3.2、I3.3、I3.4、I3.5、I3.6、I3.7 I4.0、I4.1、I4.2、I4.3

5.2.2　输出继电器（Q）

输出继电器又称为输出过程映像寄存器。西门子 PLC 梯形图中的输出继电器用“字母 Q+ 数字”进行标识，每一个输出继电器均与 PLC 的一个输出端子对应，用于控制 PLC 外接的负载，如图 5-9 所示。

表 5-2 为西门子 S7-200 SMART 系列 PLC 中，一些常用型号 PLC 的输入继电器地址。

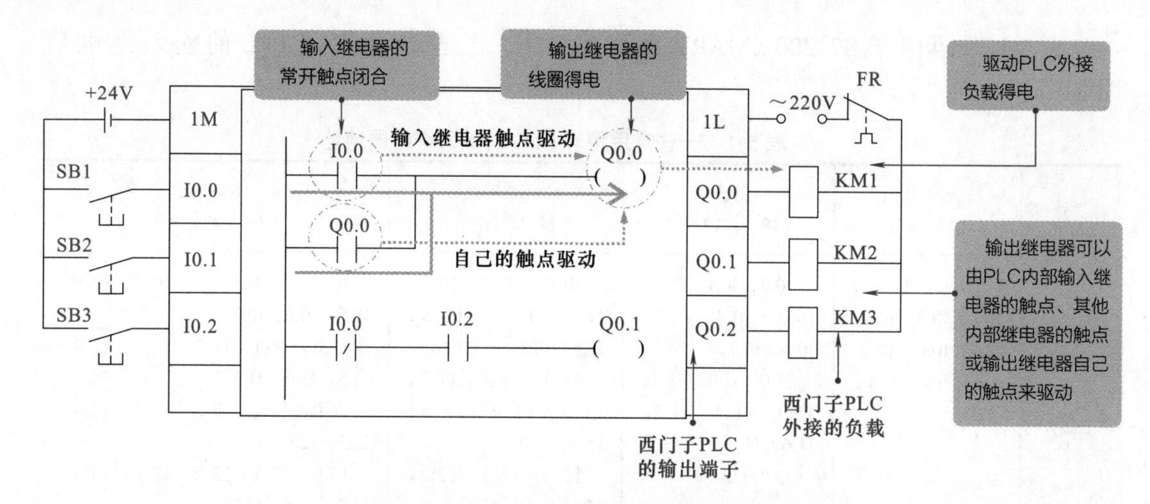

图 5-9　西门子 PLC 梯形图中的输出继电器

表 5-2　一些常用型号 PLC 的输入继电器地址

型号	SR20（12 入 /8 出）	SR30（18 入 /12 出）	SR40（24 入 /16 出）	SR60（36 入 /24 出）
输出继电器	Q0.0、Q0.1、Q0.2、Q0.3、Q0.4、Q0.5、Q0.6、Q0.7 Q1.0	Q0.0、Q0.1、Q0.2、Q0.3、Q0.4、Q0.5、Q0.6、Q0.7 Q1.0、Q1.1、Q1.2、Q1.3、Q1.4	Q0.0、Q0.1、Q0.2、Q0.3、Q0.4、Q0.5、Q0.6、Q0.7 Q1.0、Q1.1、Q1.2、Q1.3、Q1.4、Q1.5、Q1.6、Q1.7 Q2.0、Q2.1	Q0.0、Q0.1、Q0.2、Q0.3、Q0.4、Q0.5、Q0.6、Q0.7 Q1.0、Q1.1、Q1.2、Q1.3、Q1.4、Q1.5、Q1.6、Q1.7 Q2.0、Q2.1、Q2.2、Q2.3、Q2.4、Q2.5、Q2.6、Q2.7
型号	ST20（12 入 /8 出）	ST30（18 入 /12 出）	ST40（24 入 /16 出）	ST60（36 入 /24 出）
输出继电器	Q0.0、Q0.1、Q0.2、Q0.3、Q0.4、Q0.5、Q0.6、Q0.7、Q1.0、Q1.1、Q1.2、Q1.3	Q0.0、Q0.1、Q0.2、Q0.3、Q0.4、Q0.5、Q0.6、Q0.7 Q1.0、Q1.1、Q1.2、Q1.3、Q1.4、Q1.5、Q1.6、Q1.7 Q2.0、Q2.1	Q0.0、Q0.1、Q0.2、Q0.3、Q0.4、Q0.5、Q0.6、Q0.7 Q1.0、Q1.1、Q1.2、Q1.3、Q1.4、Q1.5、Q1.6、Q1.7 Q2.0、Q2.1	Q0.0、Q0.1、Q0.2、Q0.3、Q0.4、Q0.5、Q0.6、Q0.7 Q1.0、Q1.1、Q1.2、Q1.3、Q1.4、Q1.5、Q1.6、Q1.7 Q2.0、Q2.1、Q2.2、Q2.3、Q2.4、Q2.5、Q2.6、Q2.7
型号	—	—	CR40（24 入 /16 出）	CR60（36 入 /24 出）
输出继电器	—	—	Q0.0、Q0.1、Q0.2、Q0.3、Q0.4、Q0.5、Q0.6、Q0.7 Q1.0、Q1.1、Q1.2、Q1.3、Q1.4、Q1.5、Q1.6、Q1.7 Q2.0、Q2.1	Q0.0、Q0.1、Q0.2、Q0.3、Q0.4、Q0.5、Q0.6、Q0.7 Q1.0、Q1.1、Q1.2、Q1.3、Q1.4、Q1.5、Q1.6、Q1.7 Q2.0、Q2.1、Q2.2、Q2.3、Q2.4、Q2.5、Q2.6、Q2.7

提示说明

编程元件都不是真实的物理继电器，而是一些存储单元也称为缓冲区，如图 5-10 所示。

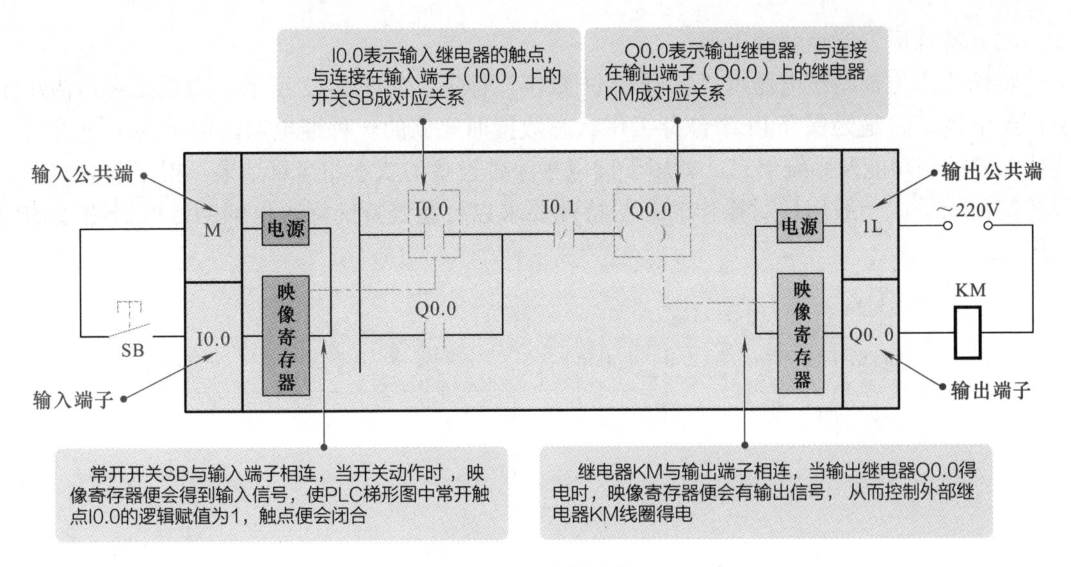

图 5-10　编程元件

5.2.3　辅助继电器（M、SM）

在西门子 PLC 梯形图中，辅助继电器有两种，一种为通用辅助继电器，另一种为特殊标志位辅助继电器。

（1）通用辅助继电器

通用辅助继电器，也称为内部标志位存储器，如同传统继电器控制系统中的中间继电器，用于存放中间操作状态，或存储其他相关数字，用“字母 M+ 数字”进行标识，如图 5-11 所示。

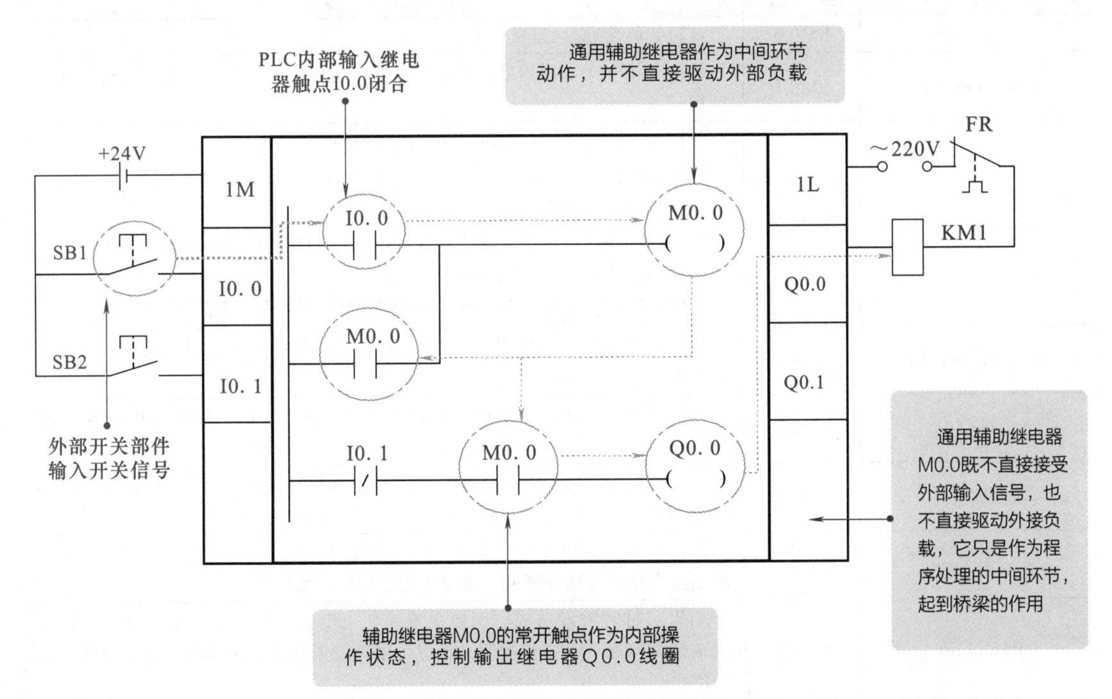

图 5-11　西门子 PLC 梯形图中的通用辅助继电器

（2）特殊标志位辅助继电器

特殊标志位辅助继电器用“字母 SM+ 数字”标识，如图 5-12 所示，通常简称为特殊标志位继电器。它是为保存 PLC 自身工作状态数据而建立的一种继电器，用于为用户提供一些特殊的控制功能及系统信息。如用于读取程序中设备的状态和运算结果，根据读取信息实现控制需求等。一般用户对操作的一些特殊要求也可通过特殊标志位辅助继电器通知 CPU 系统。

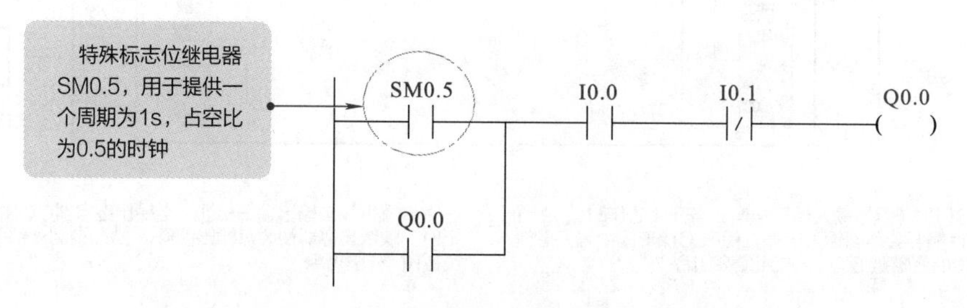

图 5-12　西门子 PLC 梯形图中的特殊标志位辅助继电器

提示说明

常用的特殊标志位继电器 SM 的功能见表 5-3。

表 5-3　常用的特殊标志位继电器 SM 的功能

S7-200 SMART 符号名	SM 地址	说明
Always_On	SM0.0	该位始终接通。(设置为 1)
First_Scan_On	SM0.1	该位在第一个扫描周期接通，然后断开。该位的一个用途是调用初始化子例程
Retentive_Lost	SM0.2	在以下操作后，该位会接通一个扫描周期： 重置为出厂通信命令； 重置为出厂存储卡评估； 评估程序传送卡（在此评估过程中，会从程序传送卡中加载新系统块）； NAND 闪存上保留的记录出现问题。 该位可用作错误存储器位或用作调用特殊启动顺序的机制
RUN_Power_Up	SM0.3	从上电或暖启动条件进入 RUN 模式时，该位接通一个扫描周期。该位可用于在开始操作之前给机器提供预热时间
Clock_60s	SM0.4	该位提供时钟脉冲，该脉冲的周期时间为 1min，OFF（断开）30s，ON（接通）30s。该位可简单轻松地实现延时或 1min 时钟脉冲
Clock_1s	SM0.5	该位提供时钟脉冲，该脉冲的周期时间为 1s，OFF（断开）0.5s，然后 ON（接通）0.5s。该位可简单轻松地实现延时或 1s 时钟脉冲
Clock_Scan	SM0.6	该位是扫描周期时钟，接通一个扫描周期，然后断开一个扫描周期，在后续扫描中交替接通和断开。该位可用作扫描计数器输入
RTC_Lost	SM0.7	如果实时时钟设备的时间被重置或在上电时丢失（导致系统时间丢失），则该位将接通一个扫描周期。该位可用作错误存储器位或用来调用特殊启动顺序
Result_0	SM1.0	执行某些指令时，如果运算结果为零，该位将接通

续表

S7-200 SMART 符号名	SM 地址	说明
Overflow_Illegal	SM1.1	执行某些指令时，如果结果溢出或检测到非法数字值，该位将接通
Neg_Result	SM1.2	数学运算得到负结果时，该位接通
Divide_By_0	SM1.3	尝试除以零时，该位接通
Table_Overflow	SM1.4	执行添表（ATT）指令时，如果参考数据表已满，该位将接通
Table_Empty	SM1.5	LIFO 或 FIFO 指令尝试从空表读取时，该位接通
Not_BCD	SM1.6	将 BCD 值转换为二进制值期间，如果值非法（非 BCD），该位将接通
Not_Hex	SM1.7	将 ASCII 码转换十六进制（ATH）值期间，如果值非法（非十六进制 ASCII 数），该位将接通
Receive_Char	SM2.0	该字节包含在自由端口通信过程中从端口 0 或端口 1 接收的各字符
Parity_Err	SM3.0	该位指示端口 0 或端口 1 上收到奇偶校验、帧、中断或超限错误。（0= 无错误；1= 有错误）
Comm_Int_Ovr	SM4.0①	1= 通信中断队列已溢出
Input_Int_Ovr	SM4.1①	1= 输入中断队列已溢出
Timed_Int_Ovr	SM4.2①	1= 定时中断队列已溢出
RUN_Err	SM4.3	1= 检测到运行时间编程非致命错误
Int_Enable	SM4.4	1= 中断已启用
Xmit0_Idle	SM4.5	1= 端口 0 发送器空闲（0= 正在传输）
Xmit1_Idle	SM4.6	1= 端口 1 发送器空闲（0= 正在传输）
Force_On	SM4.7	1= 存储器位置被强制
IO_Err	SM5.0	如果存在任何 I/O 错误，该位将接通

① 只能在中断例程中使用状态位 4.0、4.1 和 4.2。队列变空时这些状态位复位，控制权返回到主程序。

5.2.4　定时器（T）

在西门子 PLC 梯形图中，定时器是一个非常重要的编程元件，图形符号用指令框形式表示；文字标识用“字母 T+ 数字”表示，其中，数字从 0 ～ 255，共 256 个。

在西门子 S7-200 SMART 系列 PLC 中，定时器分为 3 种类型，即接通延时定时器（TON）、保留性接通延时定时器（TONR）、关断延时定时器（TOF）、捕获开始时间间隔（BGN-ITIME）、捕获间隔时间（CAL-ITIME），具体含义将在下一节定时器指令中具体介绍。

5.2.5　计数器（C）

在西门子 PLC 梯形图中，计数器的结构和使用与定时器基本相似，也用指令框形式标识，用来累计输入脉冲的次数，经常用来对产品进行计数。用“字母 C+ 数字”进行标识，数字从 0 ～ 255，共 256 个。

在西门子 S7-200 SMART 系列 PLC 中，计数器常用类型主要有加计数器（CTU）、减计数器（CTD）和加 / 减计数器（CTUD）。一般情况下，计数器与定时器配合使用。具体含义将在下一节定时器指令中具体介绍。

5.2.6　其他编程元件（V、L、S、AI、AQ、HC、AC）

西门子 PLC 梯形图中，除上述 5 种常用编程元件外，还包含一些其他基本编程元件。如变量存储器（V）、局部变量存储器（L）、顺序控制继电器（S）、模拟量输入、输出映像寄存器（AI、AQ）、高速计数器（HC）、累加器（AC）。这些编程元件的具体用法和含义将在后面相应指令中具体介绍。

提示说明

西门子 PLC 梯形图中，各种继电器中除输入继电器只包含触点外，其他继电器都可包含触点和线圈，不同的继电器有着不同的文字标识，但在同一个梯形图程序中，表示同一个继电器的触点和线圈的文字标识相同，如图 5-13 所示。

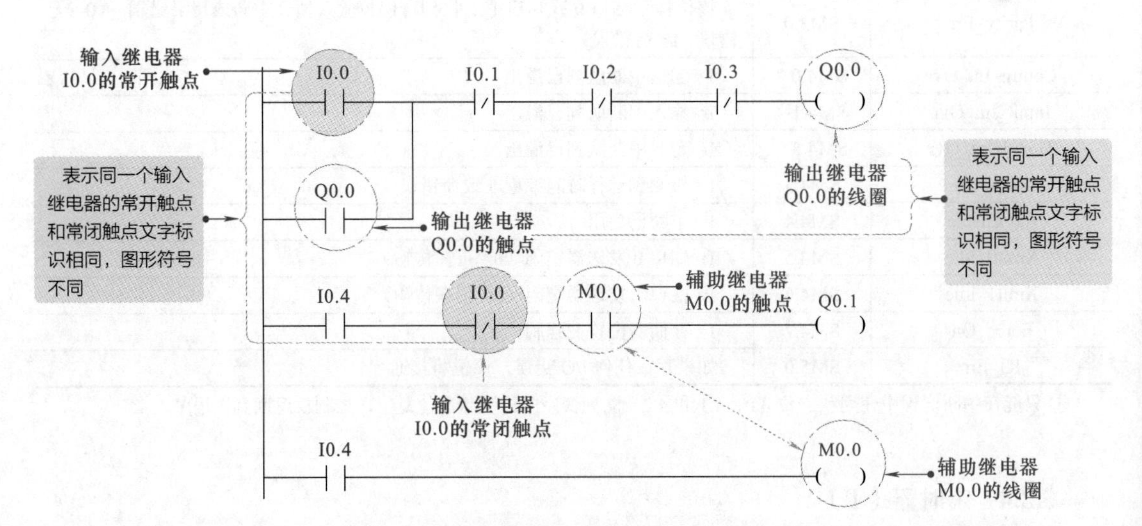

图 5-13　继电器的触点和线圈标识（编址）

第6章 西门子PLC语句表

6.1 西门子PLC语句表（STL）的结构

语句表（STL）是一种与汇编语言类似的助记符编程表达式，也称为指令表，是由一系列操作指令（助记符）组成的控制流程。

西门子PLC语句表也是电气技术人员普遍采用的编程方式，这种编程方式适用于需要使用编程器进行工业现场调试和编程的场合。

在西门子PLC中，语句表主要由操作码和操作数构成，如图6-1所示。

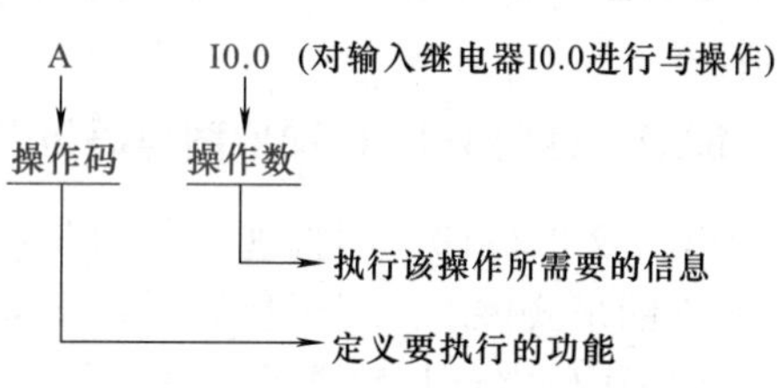

图6-1　西门子PLC语句表的结构

6.1.1　操作码

操作码又称为编程指令，由各种指令助记符（指令的字母标识）表示，用于表明PLC要完成的操作功能，如图6-2所示。

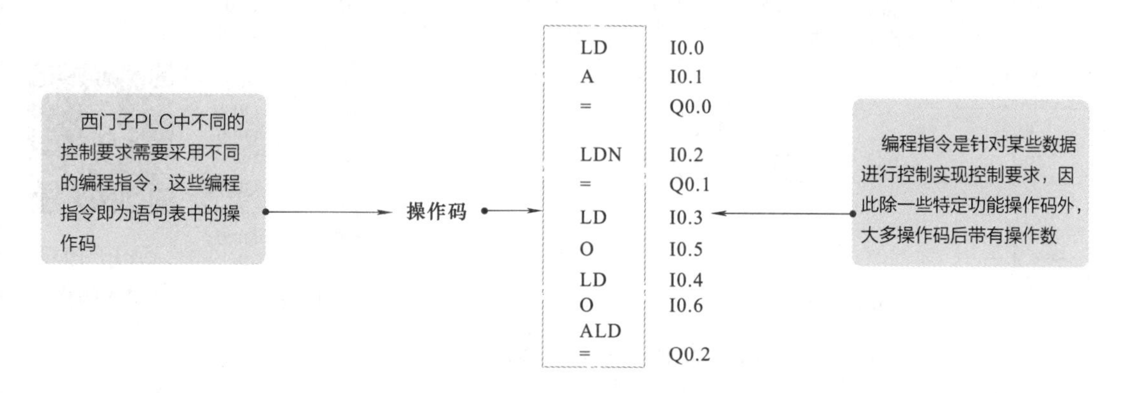

图6-2　西门子PLC语句表中的操作码

西门子PLC的编程指令主要包括基本逻辑指令、运算指令、程序控制指令、数据处理指令、数据转换指令和其他常用功能指令等。

6.1.2 操作数

操作数则用于标识执行操作的地址编码，即表明执行此操作的数据是什么，用于指示 PLC 操作数据的地址，相当于梯形图中软继电器的文字标识。

不同厂家生产的 PLC 其语句表使用的操作数也有所差异。表 6-1 所列为西门子 S7-200 SMART 系列 PLC 中常用的操作数。

表 6-1 西门子 S7-200 SMART 系列 PLC 中常用的操作数

西门子 S7-200 系列（操作数）	
名称	地址编号
输入继电器	I
输出继电器	Q
定时器	T
计数器	C
通用辅助继电器	M
特殊标志继电器	SM
变量存储器	V
顺序控制继电器	S

6.2 西门子 PLC 语句表的特点

6.2.1 西门子 PLC 梯形图与语句表的关系

相比较 PLC 梯形图直观形象的图示化特点，PLC 语句表则正好相反，它的编程最终以“文本”的形式体现，对于控制过程全部依托指令语句表来表达。仅仅是各种表示指令的字母以及操作码字母与数字的组合，如果不了解指令的含义以及该语言的一些语法规则，几乎无法了解到程序所表达的任何内容和信息，也因此使一些初学者在学习和掌握该语言编程时，遇到了一定的困难。

图 6-3 为西门子 PLC 梯形图和语句表的特点。

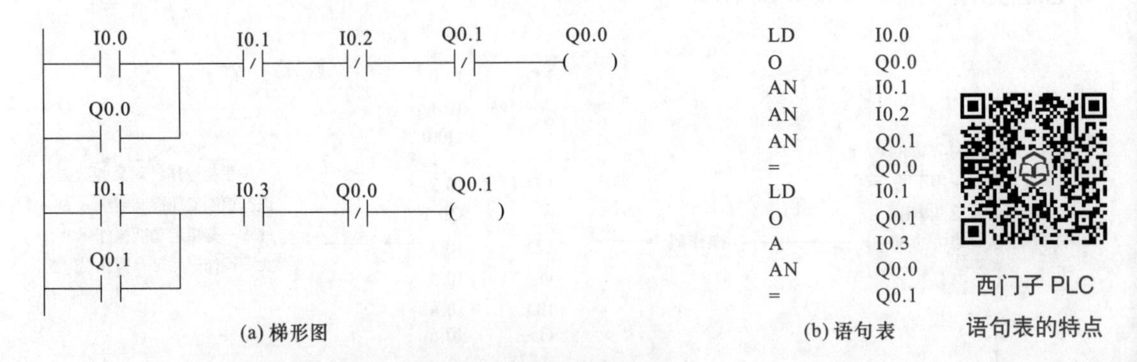

图 6-3 西门子 PLC 梯形图和语句表的特点

PLC 梯形图中的每一条程序都与语句表中若干条语句相对应，且每条程序中的每一个触点、线圈都与 PLC 语句表中的操作码和操作数相对应。除此之外，梯形图中的重要分支点，如并联电路块串联、串联电路块并联、进栈、读栈、出栈触点处等，在语句表中也会通过相应指令指示出来，如图 6-4 所示。

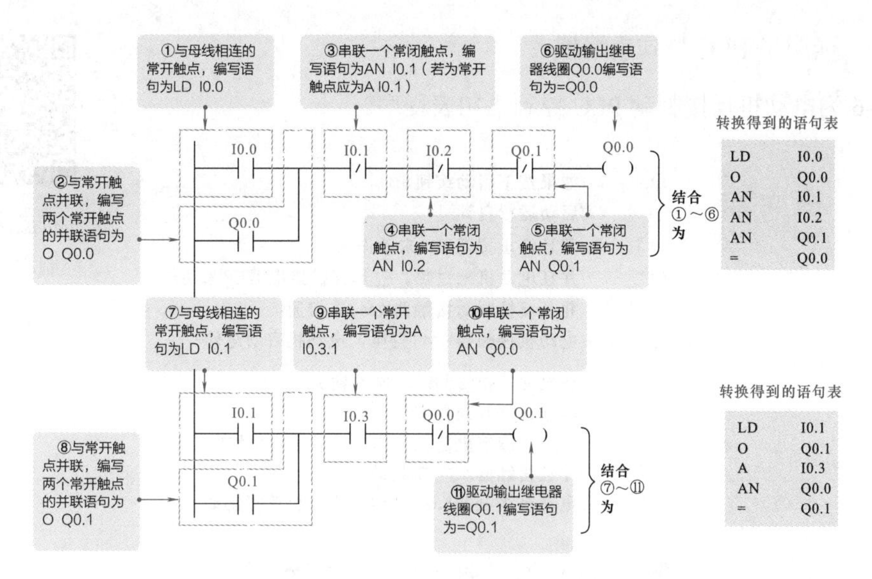

图 6-4　西门子 PLC 梯形图和语句表的对应关系

提示说明

大部分编程软件中都能够实现梯形图和语句表的自动转换，因此可在编程软件中绘制好梯形图，然后通过软件进行“梯形图 / 语句表”转换，如图 6-5 所示。

值得注意的是，在编程软件中，梯形图和指令语句表之间可以相互转换，基本所有的梯形图都可直接转换为对应的指令语句表；但指令语句表不一定全部可以直接转换为对应的梯形图，需要注意相应的格式及指令的使用。

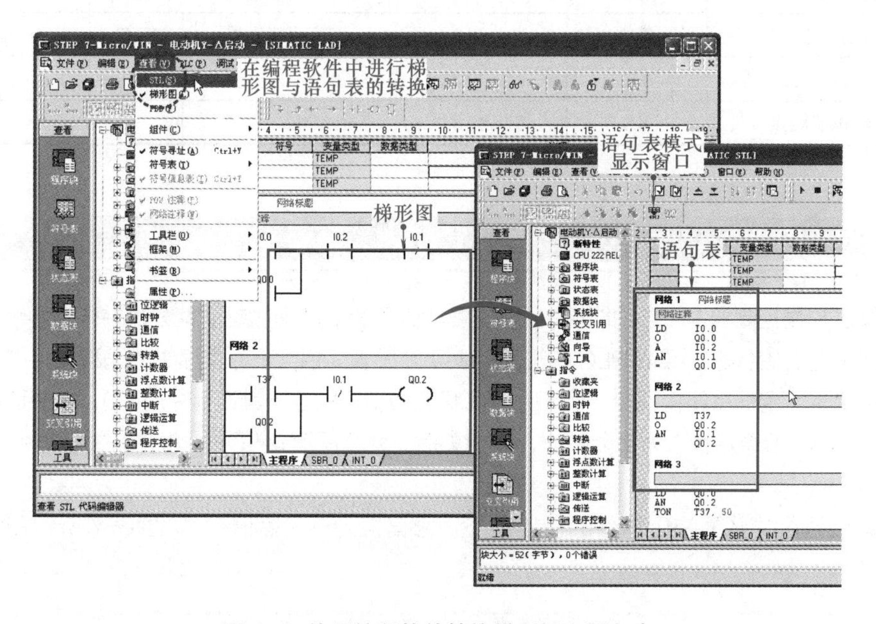

图 6-5　使用编程软件转换梯形图和语句表

6.2.2 西门子 PLC 语句表编程

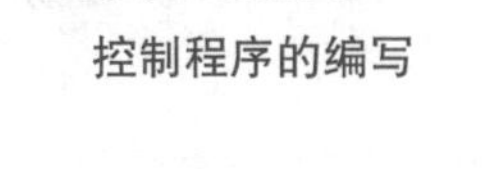

电动机反接制动 PLC 控制程序的编写

图 6-6 为电动机反接制动 PLC 控制语句表程序。

```
LD    I0.0    //如果按下启动按钮SB1
O     Q0.0    //启动运行自锁
AN    I0.1    //并且停止按钮SB2未动作
AN    I0.2    //并且电动机未过热，过热保护继电器FR未动作
AN    Q0.1    //并且反接制动接触器KM2未接通
=     Q0.0    //电动机接触器KM1得电，电动机启动运转
LD    I0.1    //如果按下反接制动控制按钮SB2
O     Q0.1    //启动反接制动自锁
A     I0.3    //并且速度继电器已动作（启动运行中控制）
AN    Q0.0    //并且接触器KM1未接通
=     Q0.1    //电动机接触器KM2得电，电动机反接制动
```

图 6-6 电动机反接制动 PLC 控制语句表程序

在编写语句程序时，根据上述控制要求可知，输入设备主要包括启动按钮 SB1、制动按钮 SB2、过热保护继电器热元件 FR 和速度继电器触点，因此，应有 4 个输入信号。

输出设备主要包括 2 个交流接触器，即控制电动机 M 启动交流接触器 KM1 和反接制动的交流接触器 KM2，因此，应有 2 个输出信号。

将输入设备和输出设备的元件编号与三菱 PLC 语句表中的操作数（编程元件的地址编号）进行对应，填写西门子 PLC 语句表的 I/O 分配表，如表 6-2 所列。

表 6-2 电动机反接制动控制的西门子 PLC 语句表的 I/O 分配表

输入信号及地址编号			输出信号及地址编号		
名称	代号	输入点地址编号	名称	代号	输出点地址编号
启动按钮	SB1	I0.0	交流接触器	KM1	Q0.0
制动按钮	SB2	I0.1	交流接触器	KM2	Q0.1
过热保护继电器热元件	FR	I0.2			
速度继电器触点	KS	I0.3			

提示说明

除了根据控制要求划分功能模块，并分配 I/O 表外，还可根据功能分析并确定两个功能模块中器件的初始状态，类似 PLC 梯形图的 I/O 分配表，相当于为程序中的编程元件“赋值”，以此来确定使用什么编程指令。例如，原始状态为常开触点，其读指令用 LD，串并联关系指令用 A、O；若原始状态为常闭触点，其相关指令为读反指令 LDN，串并联关系指令为 AN、ON 等。

确定两个功能模块中器件的初始状态，为编程元件“赋值”，如图 6-7 所示和表 6-3 所列。

控制模块一（电动机的启动控制线路）	•电动机启动按钮SB1 •电动机制动控制按钮SB2 •过热保护继电器触点FR •交流接触器KM1的自锁触点KM1-2 •交流接触器KM2的互锁触点KM2-3 •交流接触器KM1的线圈
控制模块二（电动机的反接制动控制线路）	•电动机制动控制按钮SB2 •速度继电器触点KS •过热保护继电器触点FR •交流接触器KM2的自锁触点KM2-2 •交流接触器KM1的互锁触点KM1-3 •交流接触器KM2的线圈

图 6-7　分析功能模块中器件的初始状态

表 6-3　各功能部件对应编程元件的“赋值”表

功能部件	地址分配	初始状态
启动按钮 SB1	I0.0	常开触点
制动控制按钮（复合按钮）SB2-1	I0.1	常闭触点
过热保护继电器触点 FR	I0.2	常闭触点
KM1 的自锁触点 KM1-2	Q0.0	常开触点
KM1 的互锁触点 KM1-3	Q0.0	常闭触点
KM1 的线圈	Q0.0	输出继电器
制动控制按钮（复合按钮）SB2-2	I0.1	常开触点
速度继电器触点 KS	I0.3	常开触点
KM2 的自锁触点 KM2-2	Q0.1	常开触点
KM2 的互锁触点 KM2-3	Q0.1	常闭触点
KM2 的线圈	Q0.1	输出继电器

电动机反接制动控制模块划分和 I/O 分配表绘制完成后，便可根据各模块的控制要求进行语句表的编写，最后将各模块语句表进行组合。

根据上述分析分别编写电动机启动控制和反接制动控制两个模块的语句表。

（1）电动机启动控制模块语句表的编程

控制要求：按下启动按钮 SB1，控制交流接触器 KM1 得电，电动机 M 启动运转，且当松开启动按钮 SB1 后，仍保持连续运转；按下反接制动按钮 SB2，交流接触器 KM1 失电，电动机失电；交流接触器 KM1、KM2 不能同时得电。

电动机启动控制模块语句表的编程过程，如图 6-8 所示。

（2）电动机反接制动控制模块语句表的编程

控制要求：按下反接制动按钮 SB2，交流接触器 KM2 得电，KM1 失电，且松开 SB2 后，仍保持 KM2 得电；且要求电动机速度达到一定转速后，才可能实现反接制动控制；另外，交流接触器 KM1、KM2 不能同时得电。

电动机反接制动控制模块语句表的编程如图 6-9 所示。

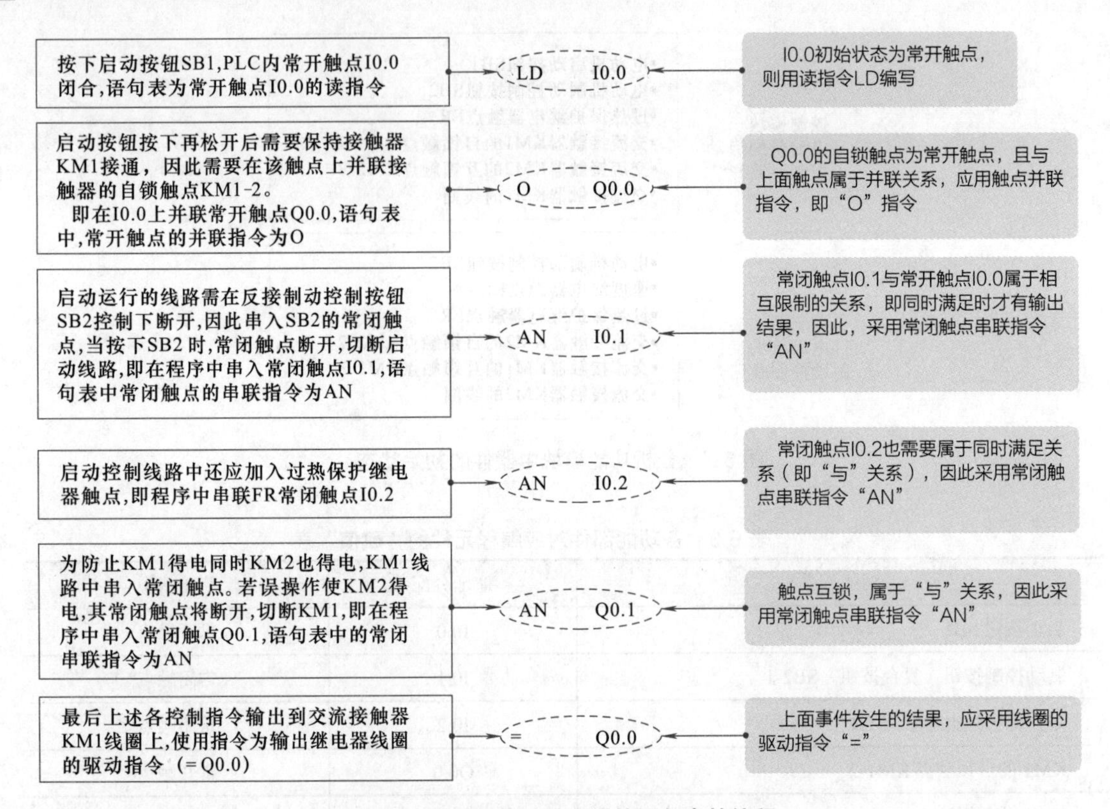

图 6-8　电动机启动控制模块语句表的编程

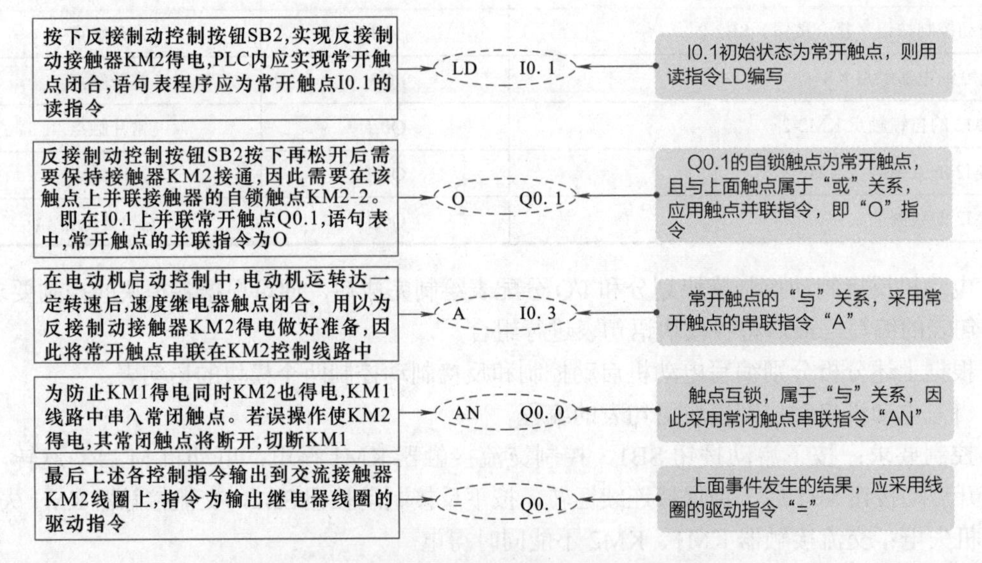

图 6-9　电动机反接制动模块语句表的编程

将两个模块的语句表组合，整理后即可得到电动机反接制动 PLC 控制的语句表程序。

第7章 西门子PLC（S7-200 SMART）的基本逻辑指令

7.1 西门子PLC（S7-200 SMART）的位逻辑指令

打开西门子S7-200 SMART PLC的编程软件STEP7-Micro/WIN SMART主界面，在主界面左侧的指令树区域，鼠标左键单击“位逻辑”指令，可以在其展开部分看到所有的位逻辑指令，如图7-1所示。

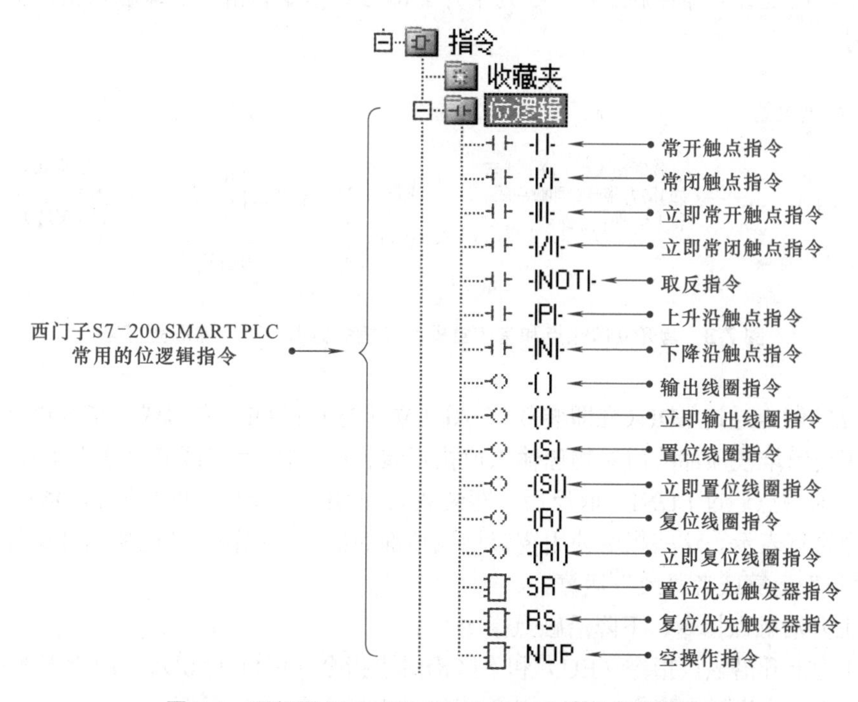

图7-1 西门子PLC（S7-200 SMART）的位逻辑指令

可以看到，西门子 PLC（S7-200 SMART）的位逻辑指令有 16 条，可分为触点指令、线圈指令、置位 / 复位指令、立即指令和空操作指令。

7.1.1 触点指令

触点指令包括常开触点指令、常闭触点指令、常开立即触点指令、常闭立即触点指令、上升沿触点指令、下降沿触点指令等。

（1）常开触点指令和常闭触点指令

常开触点指令和常闭触点指令称为标准输入指令。图 7-2 为常开触点和常闭触点指令标识及对应梯形图符号。

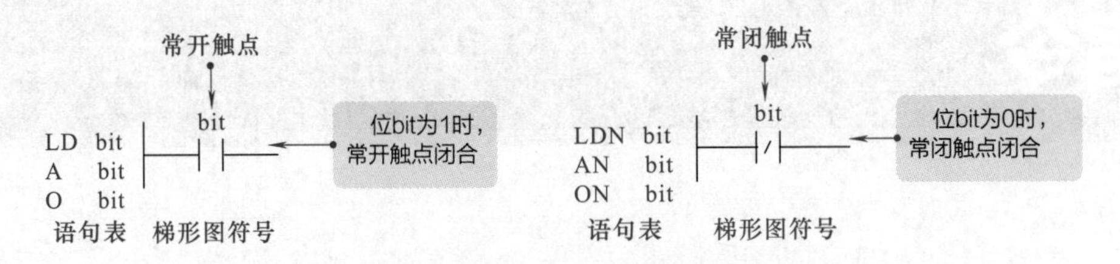

图 7-2 常开触点和常闭触点指令标识及对应梯形图符号

在梯形图中，常开和常闭开关通过触点符号表示。当常开触点位值为 1（即图中 bit 位为 1）时，梯形图中常开触点闭合；当常闭触点位值为 0（即图中 bit 位为 0）时，梯形图中触点闭合。

（2）常开立即触点指令和常闭立即触点指令

立即指令读取物理输入值，但不更新过程映像寄存器。立即触点不会等待 PLC 扫描周期进行更新，而是会立即更新。图 7-3 为常开立即触点指令和常闭立即触点指令标识及对应梯形图符号。

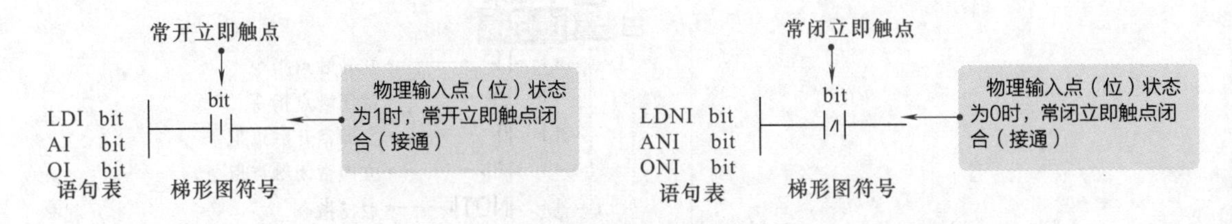

图 7-3 常开立即触点和常闭立即触点指令标识及对应梯形图符号

常开立即触点通过 LDI（立即装载）、AI（立即与）和 OI（立即或）指令进行表示。这些指令使用逻辑堆栈顶部的值对物理输入值执行装载、“与”运算或者“或”运算。

常闭立即触点通过 LDNI（取反后立即装载）、ANI（取反后立即与）和 ONI（取反后立即或）指令进行表示。这些指令使用逻辑堆栈顶部的值对物理输入值的逻辑非运算值执行立即装载、“与”运算或者“或”运算。

（3）上升沿触点指令、下降沿触点指令

图 7-4 为上升沿触点指令（EU）和下降沿触点指令（ED）标识及对应梯形图符号。

图 7-5 为上升沿触点指令（EU）和下降沿触点指令（ED）示例。

图 7-4　上升沿触点指令和下降沿触点指令标识及对应梯形图符号

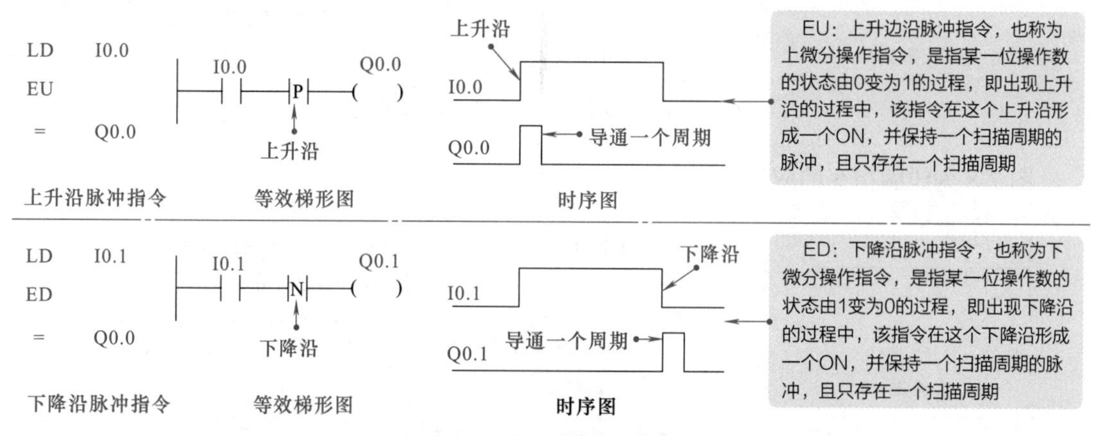

图 7-5　上升沿触点指令（EU）和下降沿触点指令（ED）示例

提示说明

在图 7-5 中，“LD”“=”为西门子 PLC 中语句表的基本逻辑指令。逻辑读、逻辑读反和驱动指令包括 LD、LDN 和 = 三个基本指令，指令用法如图 7-6 所示。

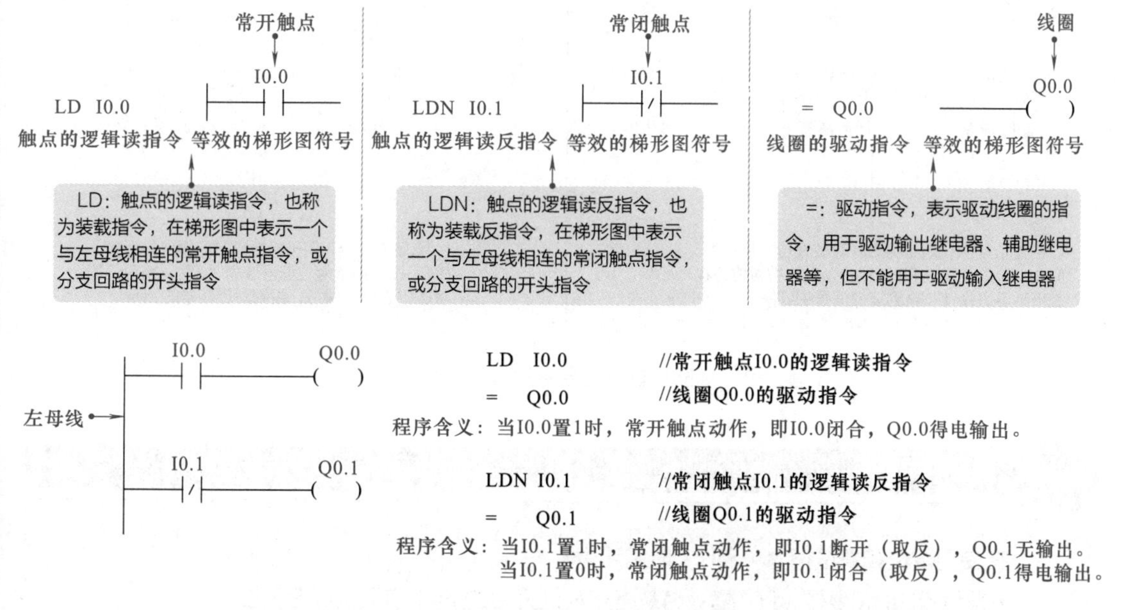

图 7-6　西门子 PLC 语句表中的基本逻辑指令

7.1.2 线圈指令

线圈指令也称为输出指令，用于将输出位的新值写入过程映像寄存器。图 7-7 为线圈指令标识及对应梯形图符号。

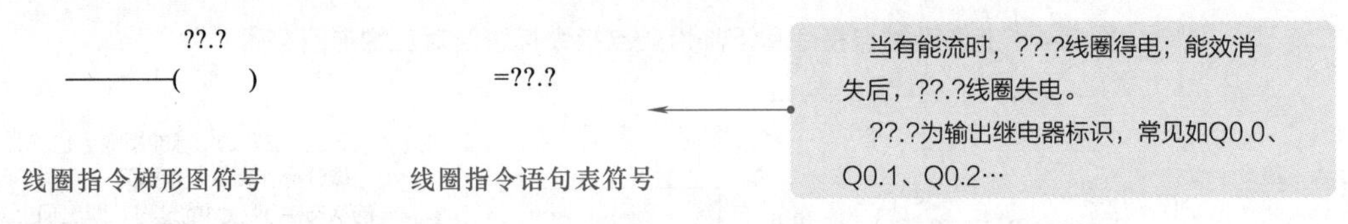

图 7-7 线圈指令标识及对应梯形图符号

图 7-8 为线圈指令的应用示例。

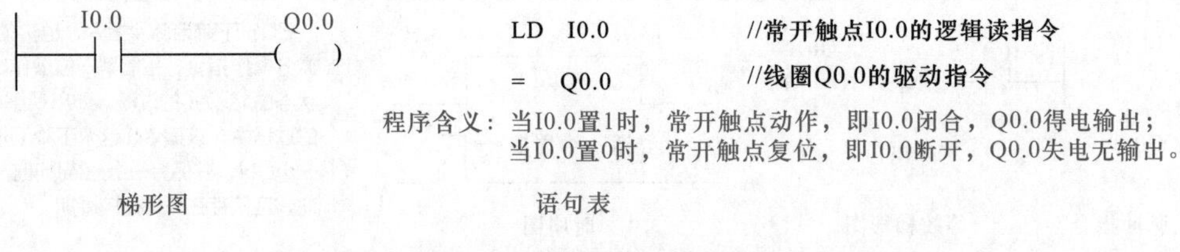

图 7-8 线圈指令的应用示例

7.1.3 置位、复位指令

置位和复位指令包括 S（Set）置位指令和 R（Reset）复位指令。置位和复位指令可以将位存储区某一位（bit）开始的一个或多个（n）同类存储器置 1 或置 0。如果复位指令指定定时器位（T 地址）或计数器位（C 地址），则该指令将对定时器或计数器位进行复位并清零定时器或计数器的当前值。

图 7-9 为置位和复位指令标识及对应梯形图符号。

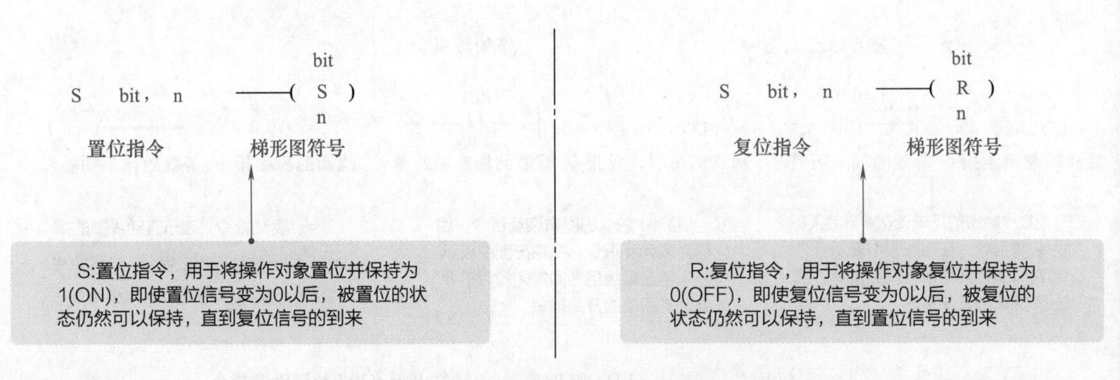

图 7-9 置位和复位指令标识及对应梯形图符号

提示说明

在使用置位和复位指令（S/R）时需注意：

・置位（S）和复位（R）指令将从指定地址开始的 N 个点置位或者复位。

- 可以一次置位或者复位 1 ~ 255 个点。
- 当操作数被置 1 后，必须通过 R 指令清零。
- 对定时器或计数器复位，则定时器（C）和计数器（T）当前值被清零。
- S 和 R 指令可以互换次序使用。由于 PLC 采用循环扫描的工作方式，当同时满足置位或复位指令条件时，当前状态为写在靠后的指令状态，即后面的指令具有优先权。
- S 和 R 指令中位的数量（N）一般为常数。

图 7-10 为置位和复位指令应用示例。

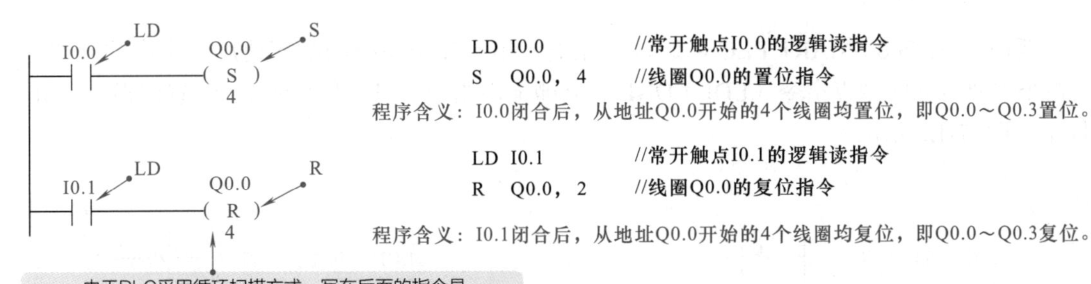

图 7-10　置位和复位指令应用示例

提示说明

S 置位指令可对 I、Q、M、SM、T、C、V、S 和 L 进行置位操作。在上面应用案例中，当 I0.0 闭合时，S 置位指令将线圈 Q0.0 及其开始的 4 个线圈（Q0.0 ~ Q0.3）均置位，即线圈 Q0.0 ~ Q0.3 得电，即使当 I0.0 断开时，线圈 Q0.0 ~ Q0.3 仍保持得电。

R 复位指令可对 I、Q、M、SM、T、C、V、S 和 L 进行复位操作。在上面应用案例中，当 I0.1 闭合时，R 复位指令将线圈 Q0.0 及其开始的 4 个线圈均复位，即线圈 Q0.0 ~ Q0.3 被复位（线圈失电），并保持为 0，即使当 I0.1 断开时，线圈 Q0.0 ~ Q0.3 仍保持失电状态。

STEP7-Micro/WIN SMART 编程软件中，还包含置位和复位优先触发器指令，如图 7-11 所示。

SR（置位优先触发器）是一种置位优先锁存器。如果置位（SI）和复位（R）信号均为真，则输出（OUT）为真。

RS（复位优先触发器）是一种复位优先锁存器。如果置位（S）和复位（RI）信号均为真，则输出（OUT）为假。

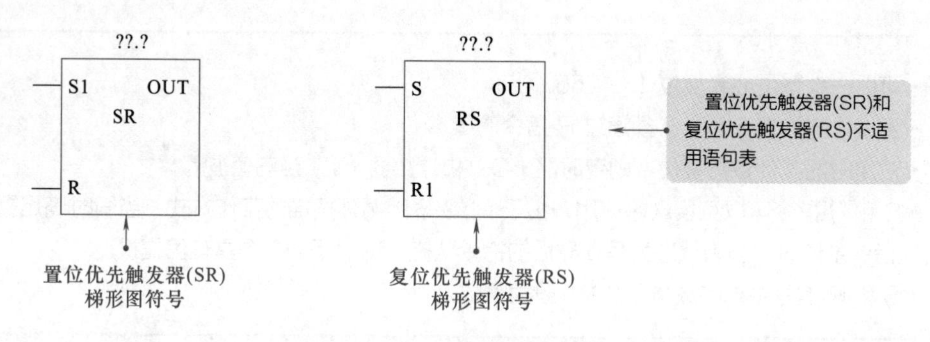

图 7-11　置位和复位优先触发器指令

7.1.4　立即指令

西门子 S7-200 SMART PLC 可通过立即输入指令加快系统的响应速度，常用的立即存取指令主要有立即触点指令（LDI、LDNI）、立即输出指令（=I）和立即复位 / 置位指令（SI、RI），如图 7-12 所示。

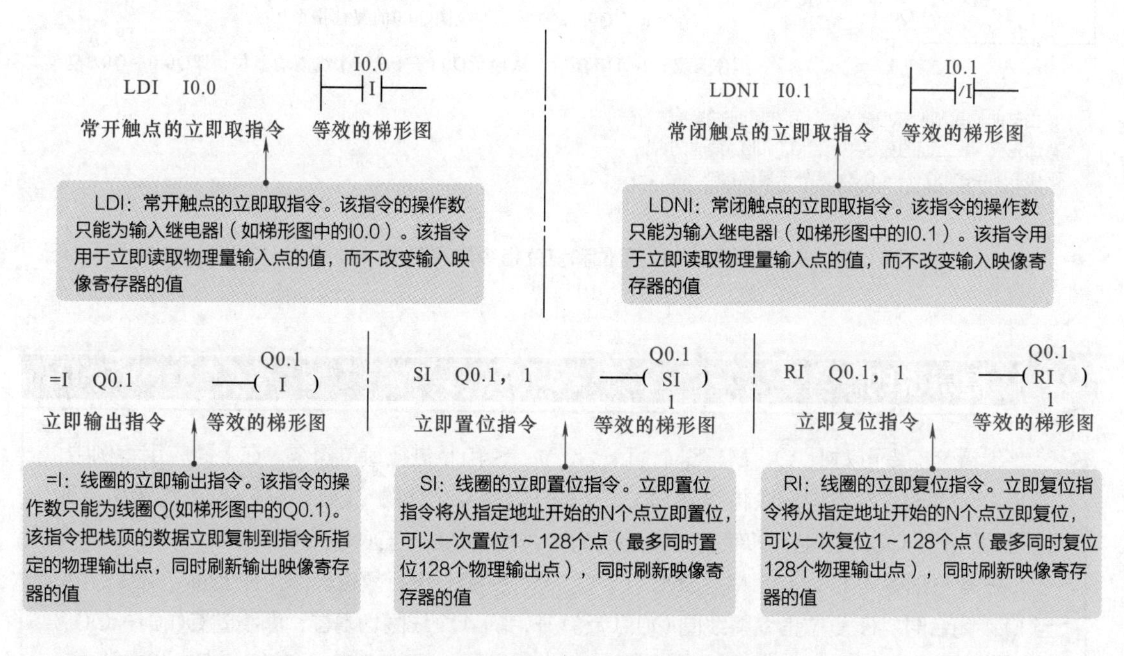

图 7-12　立即指令的标识及对应梯形图符号

提示说明

触点的立即存取指令除前述的几种基本立即指令外，还包括立即与（AI）、立即与反（ANI）、立即或（OI）、立即或反（ONI）四个指令，如图 7-13 所示。

图 7-14 为立即指令的应用示例。

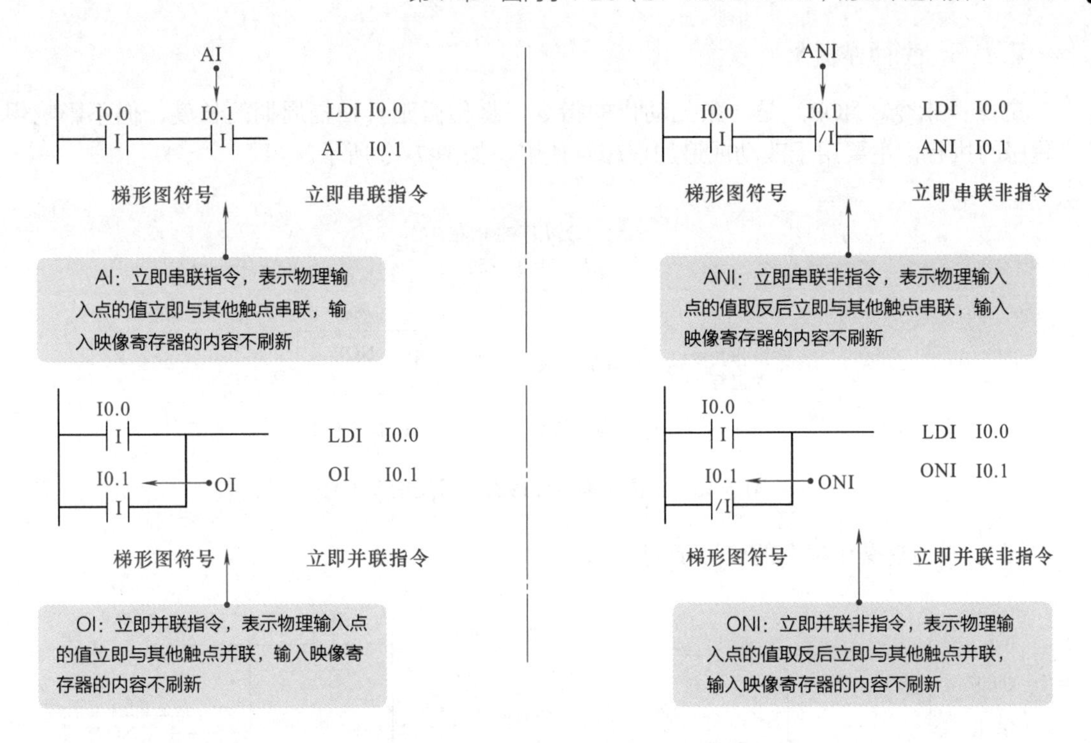

图 7-13　触点的立即存取指令

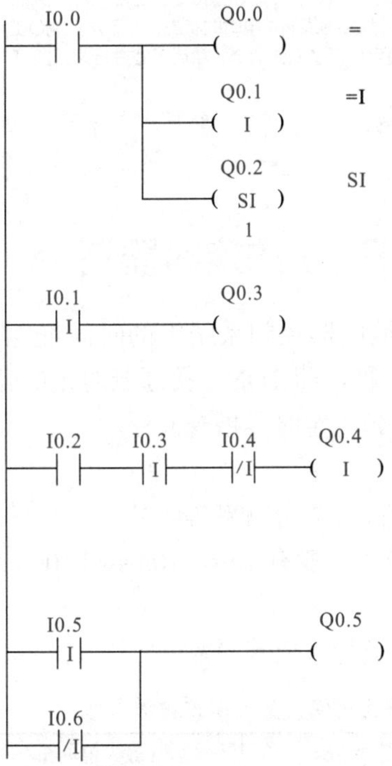

LD I0.0	//常开触点I0.0的逻辑读指令
= Q0.0	//线圈Q0.0的输出指令
=I Q0.1	//线圈Q0.1的立即输出指令
SI Q0.2，1	//线圈Q0.2的立即置位指令

程序含义：I0.0闭合后，Q0.0得电，Q0.1立即得电，Q0.2立即置位。

LDI I0.1	//常闭触点I0.1的逻辑读指令
= Q0.3	//线圈Q0.3的输出指令

程序含义：I0.1立即读取物理量数值，Q0.3得电输出。

LD I0.2	//常开触点I0.2的逻辑读指令
AI I0.3	//常开触点I0.3立即串联指令
ANI I0.4	//常闭触点I0.4立即串联指令
=I Q0.4	//线圈Q0.4立即输出指令

程序含义：常开触点I0.2读取物理量数值闭合，且I0.3立即闭合、I0.4立即取反闭合时，Q0.4立即得电输出。

LDI I0.5	//常开触点I0.5的立即取指令
ONI I0.6	//常闭触点I0.6立即并联指令
= Q0.5	//线圈Q0.5的输出指令

程序含义：I0.5立即读取物理量数值闭合或I0.6立即取反闭合时，Q0.5得电输出。

图 7-14　立即指令的应用示例

7.1.5 空操作指令

空操作指令（NOP）是一条无动作的指令，将稍微延长扫描周期的长度，但不影响用户程序的执行，主要用于改动或追加程序时使用，如图 7-15 所示。

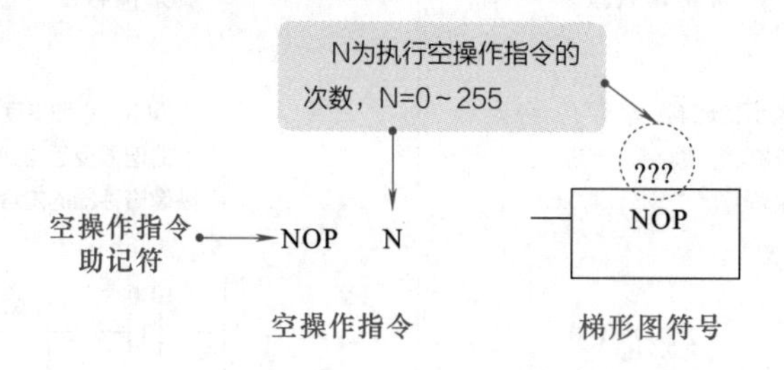

图 7-15 空操作指令梯形图符号及指令含义

图 7-16 为空操作指令的应用示例。

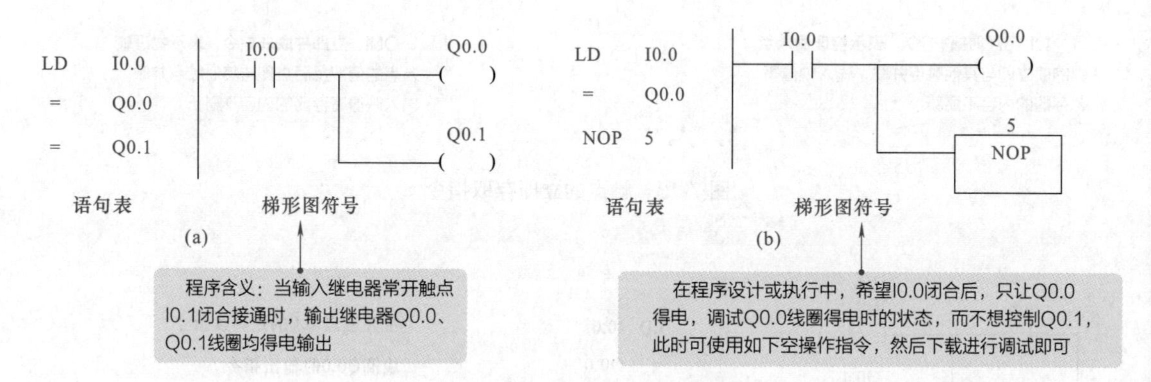

图 7-16 空操作指令的应用示例

7.2 西门子 PLC（S7-200 SMART）的定时器指令

定时器是一种根据设定时间动作的继电器，相当于继电器控制系统中的时间继电器。西门子 S7-200 SMART 系列 PLC 中的定时器指令主要有三种，即 TON（接通延时定时器指令）、TONR（有记忆接通延时定时器指令）和 TOF（断开延时定时器指令）。

三种定时器定时时间的计算公式相同：

T=PT×s （T 为定时时间，PT 为预设值，s 为分辨率等级）

其中，PT 预设值根据编程需要输入设定值，分辨率等级一般有 1ms、10ms 和 100ms 三种，由定时器类型和编号决定。

表 7-1 为西门子 S7-200 定时器号码对应的分辨率等级及最大值等参数。

表 7-1 西门子 S7-200 定时器号码对应的分辨率等级及最大值等参数

定时器类型	定时器编号	分辨率等级 /ms	最大值 /s
接通延迟定时器（TON） 断开延时定时器（TOF）	T32、T96	1	32.767
	T33 ～ T36，T97 ～ T100	10	327.67
	T37 ～ T63，T101 ～ T255	100	3277.7

续表

定时器类型	定时器编号	分辨率等级 /ms	最大值 /s
记忆接通延时定时器（TONR）	T0，T64	1	32.767
	T1 ～ T4，T65 ～ T68	10	327.67
	T5 ～ T31，T69 ～ T95	100	3277.7

7.2.1　接通延时定时器指令（TON）

接通延时定时器指令 TON 是指定时器得电后，延时一段时间（由设定值决定）后其对应的常开或常闭触点才执行闭合或断开动作；当定时器失电后，触点立即复位。

图 7-17 为接通延时定时器指令的含义。

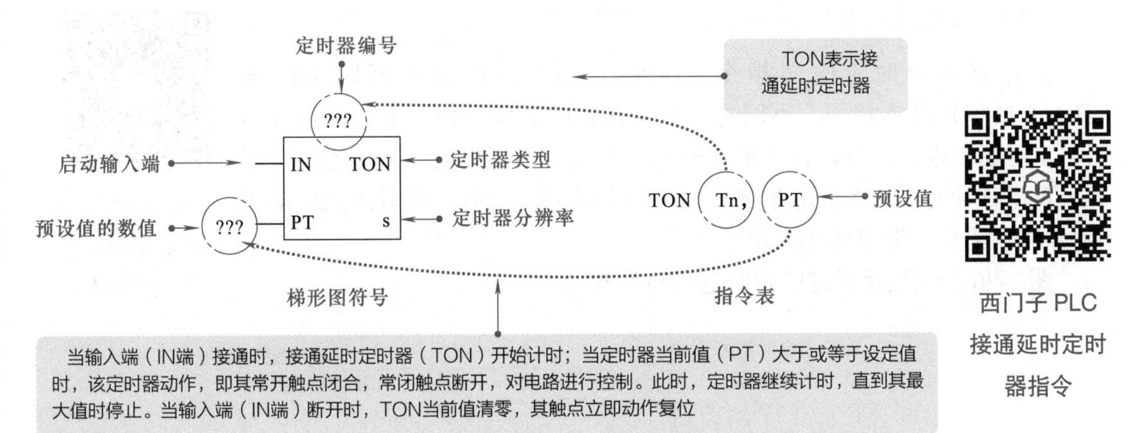

图 7-17　接通延时定时器指令的含义

图 7-18 为接通延时定时器指令的应用示例。

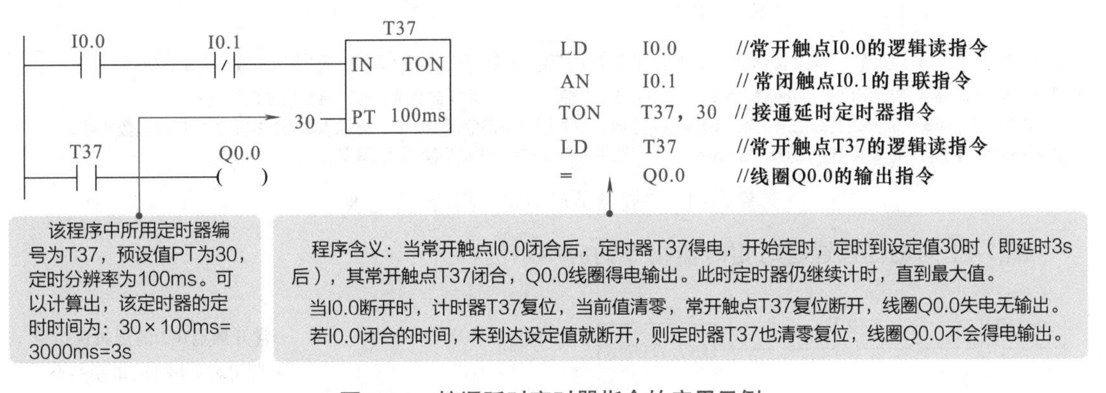

图 7-18　接通延时定时器指令的应用示例

提示说明

图 7-19 为接通延时定时器 TON 应用案例中的时序图。

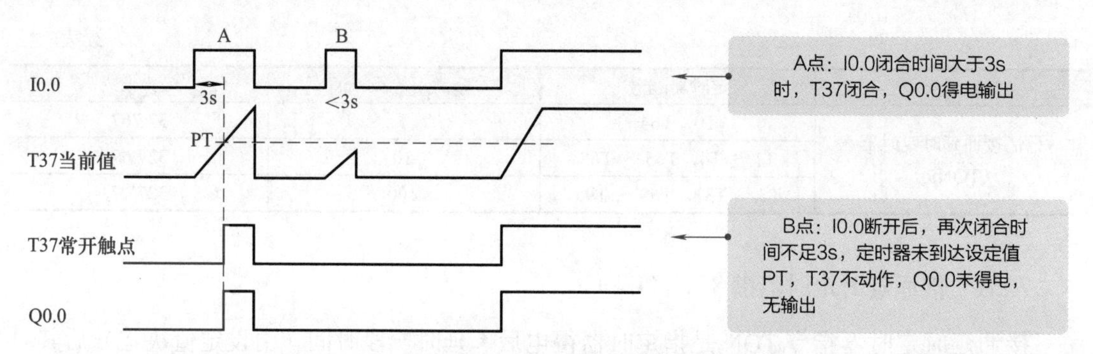

图 7-19 接通延时定时器 TON 应用案例中的时序图

7.2.2 记忆接通延时定时器指令（TONR）

记忆接通延时定时器指令（TONR）与上述的接通延时定时器（TON）的原理基本相同，不同之处在于在计时时间段内，未达到预设值前，定时器断电后，可保持当前计时值，当定时器得电后，从保留值的基础上再进行计时，可多间隔累加计时，当到达预设值时，其触点相应动作（常开触点闭合，常闭触点断开）。

图 7-20 为记忆接通延时定时器指令的含义。

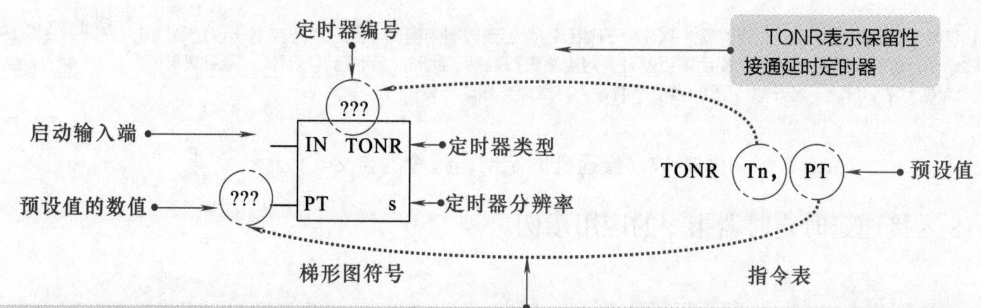

当输入端（IN端）接通时，记忆接通延时定时器（TONR）开始计时；当定时器当前值（PT）大于或等于设定值时，该定时器动作，即其常开触点闭合，常闭触点断开，对电路进行控制。此时，定时器继续计时，直到其最大值时停止。

当输入端（IN端）断开时，即使未达到计时器的设定值，TONR的当前值保持不变。当输入端再次接通时，在保留数值基础上累计计时，直到到达设定值，定时器触点动作。可借助复位指令对定时器TONR复位清零

图 7-20 记忆接通延时定时器指令的含义

图 7-21 为记忆接通延时定时器指令的应用示例。

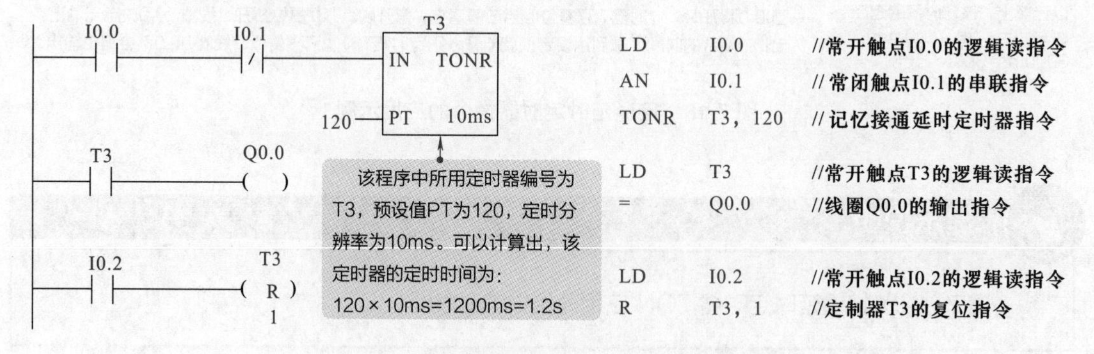

图 7-21 记忆接通延时定时器指令的应用示例

提示说明

图 7-21 程序含义：当常开触点 I0.0 闭合后，定时器 T3 得电，其当前值从 0 开始增加。若未达到设定值 120，I0.0 断开，此时定时器当前值保留在当前数值上。直到 I0.0 再次闭合时，定时器在当前保留数值基础上开始累计定时，定时到设定值 120 时（即延时 1.2s 后），其常开触点 T3 闭合，Q0.0 线圈得电输出。

当定时器 T3 得电后，即使 I0.0 断开，T3 不会复位。

当 I0.2 闭合时，向定制器 R3 发送复位指令，此时定时器 T3 才可复位清零，同时，其常开触点 T3 也复位断开，Q0.0 失电。

图 7-22 为接通延时定时器 TON 应用案例中的时序图。

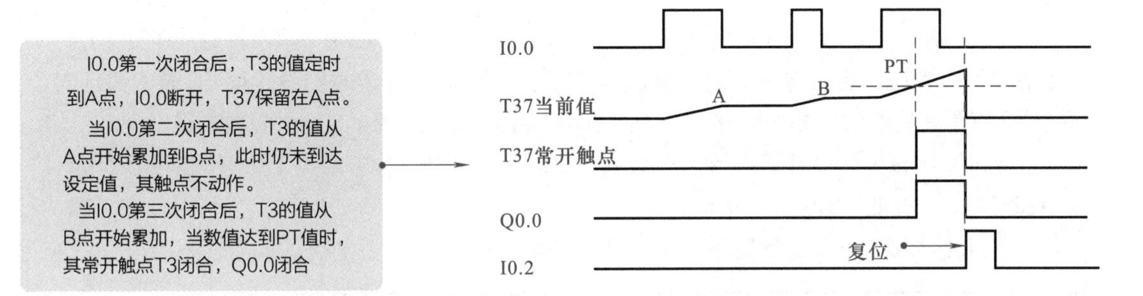

图 7-22　接通延时定时器 TON 应用案例中的时序图

7.2.3　断开延时定时器指令（TOF）

断开延时定时器指令（TOF）是指定时器得电后，其相应常开或常闭触点立即执行闭合或断开动作；当定时器失电后，需延时一段时间（由设定值决定），其对应的常开或常闭触点才执行复位动作。

图 7-23 为断开延时定时器指令的含义。

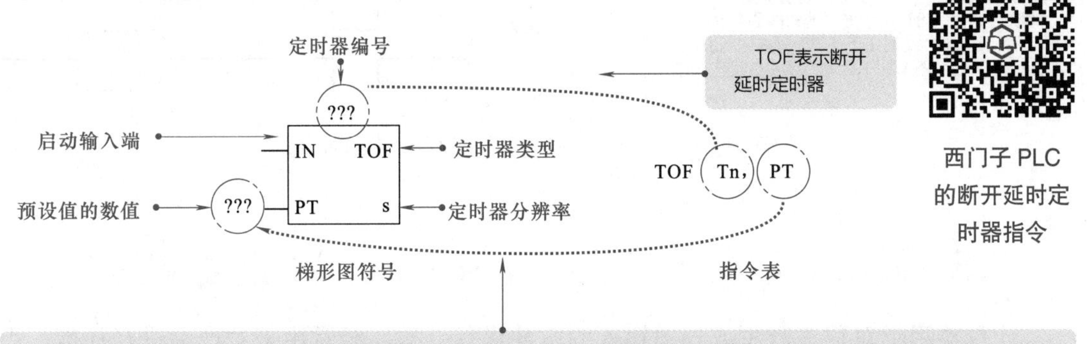

西门子 PLC 的断开延时定时器指令

当输入端（IN端）接通时，断开延时定时器（TOF）立即得电，其常开触点闭合，常闭触点断开，对电路进行控制。
当输入端（IN端）断开时，计时器开始计时，当断开延时定时器TOF的计时时间到达设定值时，计时器触点复位，起到断电延时的作用

图 7-23　断开延时定时器指令的含义

图 7-24 为断开延时定时器指令的应用示例。

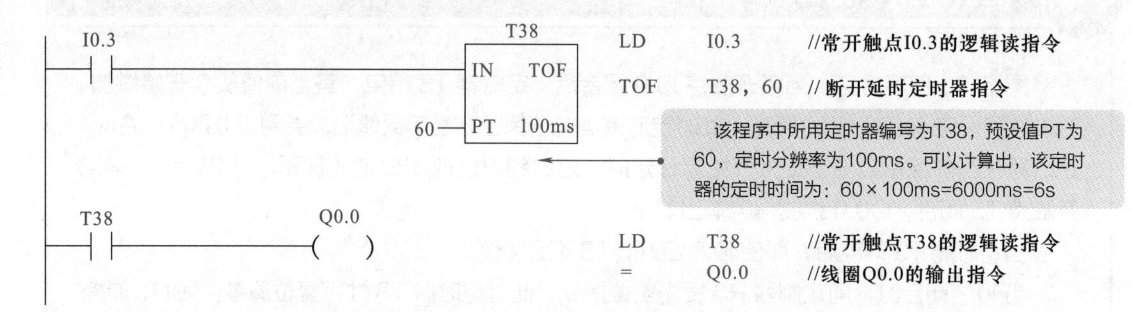

图 7-24 断开延时定时器指令的应用示例

提示说明

图 7-24 程序含义：当常开触点 I0.3 闭合后，定时器 T38 得电，其常开触点 T38 闭合，线圈 Q0.0 得电。当 I0.3 断开时，定时器 T38 开始定时，当定时到设定值 60 时（即延时 6s），其常开触点 T38 复位断开，即当 I0.3 断开后，延时 6s 后，T38 才复位断开。

若 I0.3 断开时间小于 6s，然后又闭合，此时 T38 得电，常开触点 T38 还未断开又闭合，因此 Q0.0 一直处于得电输出状态。

当 I0.3 再次断开时，定时器 T38 又从 0 开始计时。

图 7-25 为断开延时定时器 TOF 应用案例中的时序图。

在I0.3第一个上升沿,T38线圈得电,其触点T38立即闭合。(即也出现上升沿)。I0.3断开,即在其第一个下降沿,定时器T38开始计时,计时时间为6s,6s后,其常开触点T38断开。
在I0.3第二个上升沿,T38线圈得电,其触点T38立即闭合。I0.3再次断开,即在其第二个下降沿,定时器T38开始计时,计时时间到4.8s时,I0.3第三次闭合,此时由于计时时间未达到设定值,T38触点还未断开,因此持续闭合状态

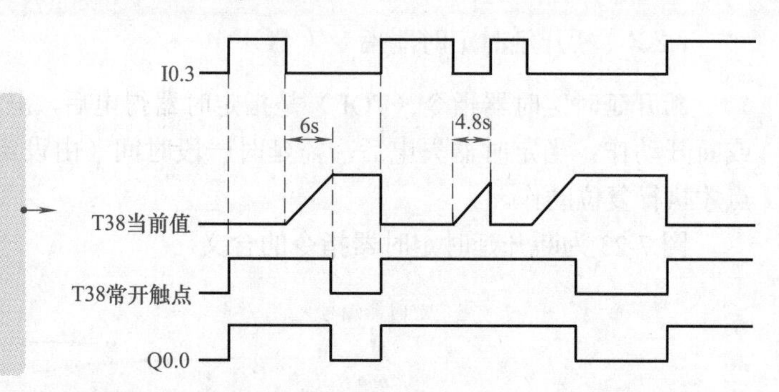

图 7-25 断开延时定时器 TOF 应用案例中的时序图

7.3 西门子 PLC（S7-200 SMART）的计数器指令

计数器用于对程序产生或外部输入的脉冲进行计数，经常用来对产品进行计数。用“字母 C+ 数字”进行标识，数字从 0 ～ 255，共 256 个。西门子 S7-200 SMART 系列 PLC 中的计数器主要有三种：加计数器指令（CTU）、减计数器指令（CTD）和加 / 减计数器指令（CTUD），一般情况下，计数器与定时器配合使用。

7.3.1　加计数器指令（CTU）

加计数器指令（CTU）是指在计数过程中，当计数端输入一个脉冲式时，当前值加 1，当脉冲数累加到大于或等于计数器的预设值时，计数器相应触点动作（常开触点闭合，常闭触点断开）。

图 7-26 为加计数器指令的含义。

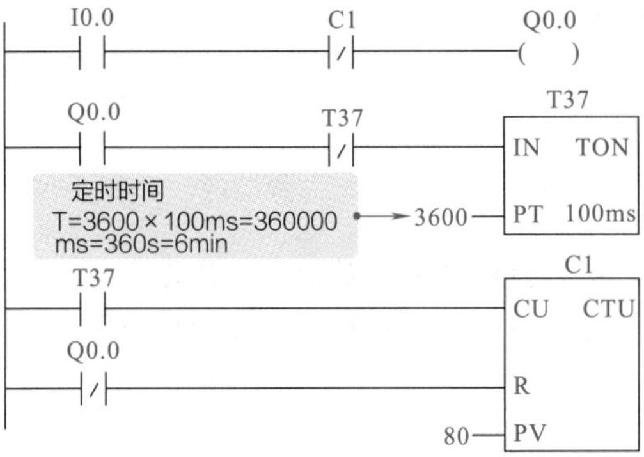

定时时间
T=3600×100ms=360000ms=360s=6min

```
LD    I0.0         //常开触点I0.0的逻辑读指令
AN    C1           //常闭触点C1的串联指令
=     Q0.0         //线圈Q0.0的输出指令

LD    Q0.0         //常开触点Q0.0的逻辑读指令
AN    T37          //常闭触点T37的串联指令
TON   T37, 3600    //通电延时定时器指令

LD    T37          //常开触点T37的逻辑读指令
LDI   Q0.0         //常闭触点Q0.0的逻辑读反指令
CTU   C1,80        //增计数器指令
```

图 7-26　加计数器指令的含义

图 7-27 为加计数器指令应用示例。

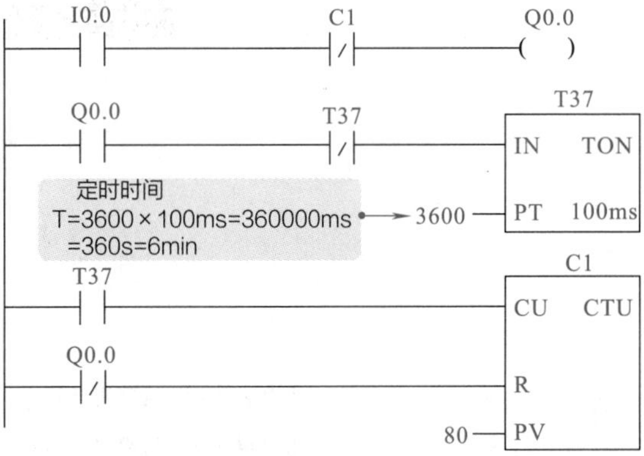

定时时间
T=3600×100ms=360000ms=360s=6min

```
LD    I0.0         //常开触点I0.0的逻辑读指令
AN    C1           //常闭触点C1的串联指令
=     Q0.0         //线圈Q0.0的输出指令

LD    Q0.0         //常开触点Q0.0的逻辑读指令
AN    T37          //常闭触点T37的串联指令
TON   T37, 3600    //通电延时定时器指令

LD    T37          //常开触点T37的逻辑读指令
LDI   Q0.0         //常闭触点Q0.0的逻辑读反指令
CTU   C1, 80       //增计数器指令
```

图 7-27　加计数器指令应用示例

提示说明

程序含义：初始状态下，输出继电器 Q0.0 的常闭触点闭合，即计数器复位端为 1，计数器不工作；当 PLC 外部输入开关信号使输入继电器 I0.0 闭合后，输出继电器 Q0.0 线圈得电，其常闭触点 Q0.0 断开，计数器复位端信号为 0，计数器开始工作；同时输出继电器 Q0.0 的常开触点闭合，定时器 T37 得电。

在定时器 T37 控制下，其常开触点 T37 每 6min 闭合一次，即每 6min 向计数器 C1 脉冲输入端输入一个脉冲信号，计数器当前值加 1，当计数器当前值等于 80 时（历时时间为 8h），计数器触点动作，即控制输出继电器 Q0.0 的常闭触点在接通 8h 后自动断开。

提示说明

与定时器相似，计数器的累加脉冲数也一般用 16 位符号整数来表示，最大计数值为 32767、最小值为 -32767。加计数器在进行脉冲累加过程中，当累加数与预设值相等时，计数器的相应触点动作，这时再送入脉冲时，计数器的当前值仍不断累加，直到 32767 时，停止计数，直到复位端 R 再次变为 1，计数器被复位。

7.3.2 减计数器指令（CTD）

减计数器指令（CTD）是指在计数过程中，将预设值装入计数器当前值寄存器，当计数端输入一个脉冲式时，当前值减 1，当计数器的当前值等于 0 时，计数器相应触点动作（常开触点闭合、常闭触点断开），并停止计数。

图 7-28 为减计数器指令（CTD）含义。

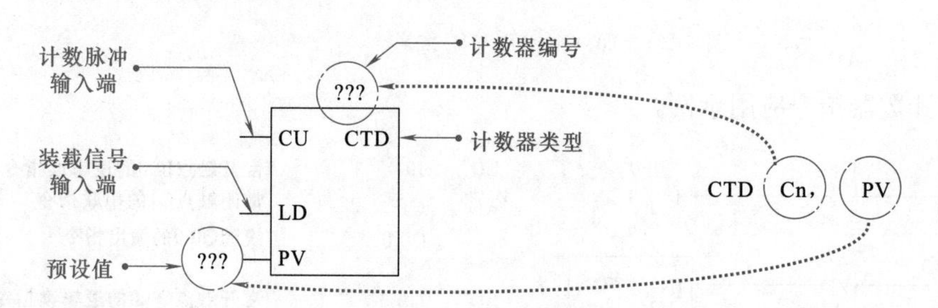

西门子 PLC
减计数器指令

图 7-28 减计数器指令（CTD）含义

图 7-29 为减计数器指令的应用示例。

I0.0 C1 CU CTD
I0.1 LD
3 PV
C1 Q0.0 ( )

```
LD    I0.0     //常开触点I0.0的逻辑读指令
LD    I0.1     //常开触点I0.1的逻辑读指令
CTD   C1,3     //减计数器指令

LD    C1       //常开触点C1的逻辑读指令
=     Q0.0     //线圈Q0.0的输出指令
```

图 7-29 减计数器指令的应用示例

提示说明

图 7-29 程序含义：该程序中，由输入继电器常开触点 I0.1 控制计数器 C1 的装载信号输入端；输入继电器常开触点 I0.0 控制计数器 C1 的脉冲信号，I0.1 闭合，将计数器的预设

值 3 装载到当前值寄存器中，此时计数器当前值为 3；当 I0.0 闭合一次，计数器脉冲信号输入端输入一个脉冲，计数器当前值减 1；当计数器当前值减为 0 时，计数器常开触点 C1 闭合，控制输出继电器 Q0.0 线圈得电。

7.3.3　加 / 减计数器指令（CTUD）

加 / 减计数器（CTUD）有两个脉冲信号输入端，其在计数过程中，可进行计数加 1，也可进行计数减 1。

图 7-30 为加 / 减计数器指令的含义。

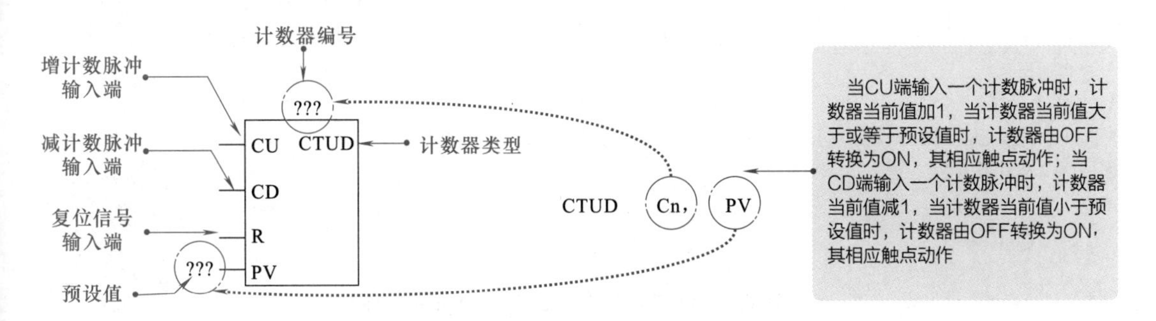

图 7-30　加 / 减计数器指令的含义

图 7-31 为加 / 减计数器指令应用示例。

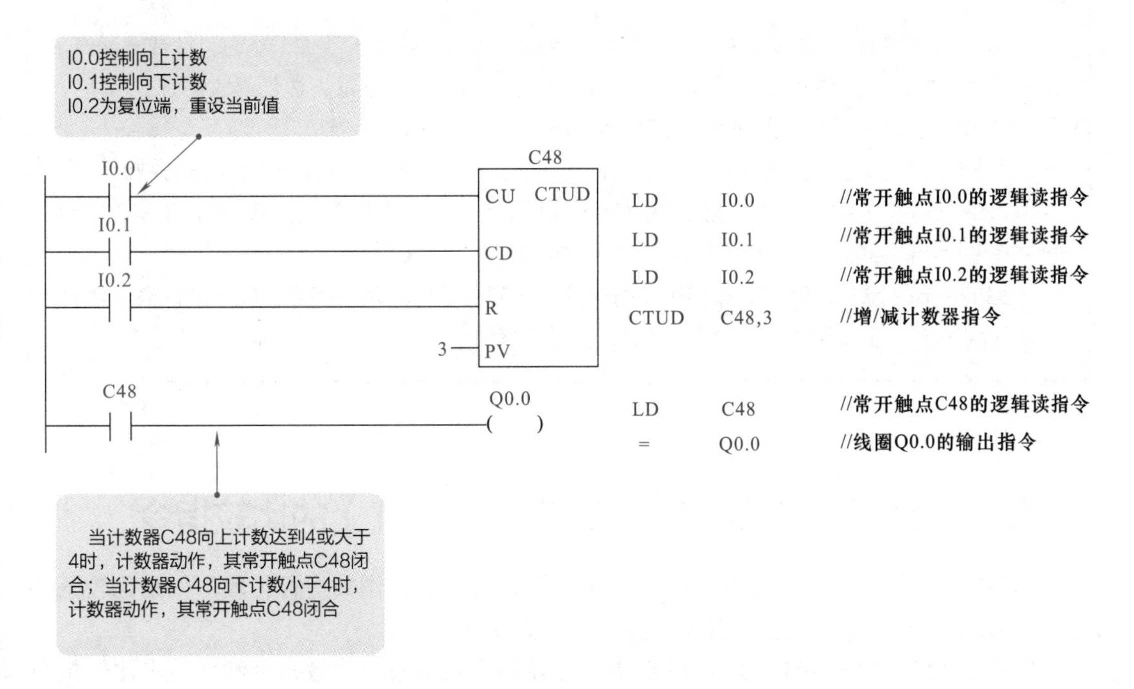

图 7-31　加 / 减计数器指令应用示例

图 7-32 为加 / 减计数器指令应用案例的时序图，根据时序图比较容易理解该指令的控制过程。

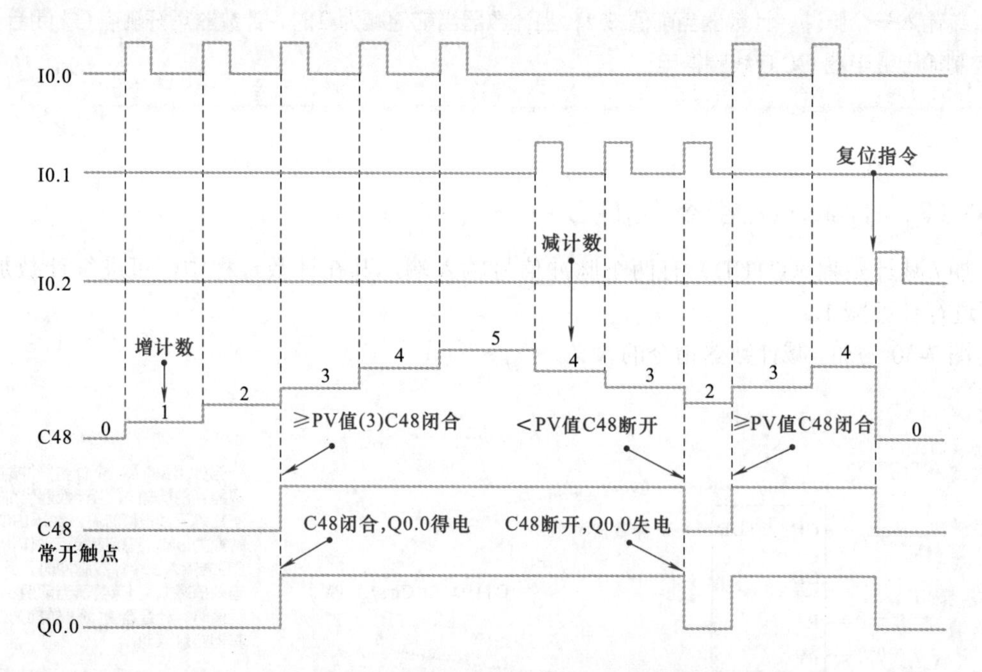

图 7-32 加 / 减计数器指令应用案例的时序图

提示说明

增 / 减计数器在计数过程中，当计数器的当前值大于或等于设定值 PV 时，计数器动作，这时增计数脉冲输入端再输入脉冲时，计数器的当前值仍不断累加，达到最大值 32767 后，下一个 CU 脉冲将使计数器当前值跳变为最小值 -32767 并停止计数。

同样，当计数器进行减 1 操作，当前值小于设定值 PV 时，计数器动作，这时减计数脉冲输入端再输入脉冲时，计数器的当前值仍不断递减，达到最大值 -32767 后，下一个 CD 脉冲将使计数器当前值跳变为最大值 32767 并停止计数。

另外需要注意，在使用计数器指令时应注意，在一个语句表程序中，同一个计数器号码只能使用一次；可以用复位指令对 3 种计数器进行复位。

7.4 西门子 PLC（S7-200 SMART）的比较指令

比较指令也称为触点比较指令，其主要功能是将两个操作数进行比较，如果比较条件满足，则触点闭合；如果比较条件不满足，则触点断开。

在西门子 S7-200 SMART 系列 PLC 中，比较指令包括数值比较指令和字符串比较指令两种，如图 7-33 所示。

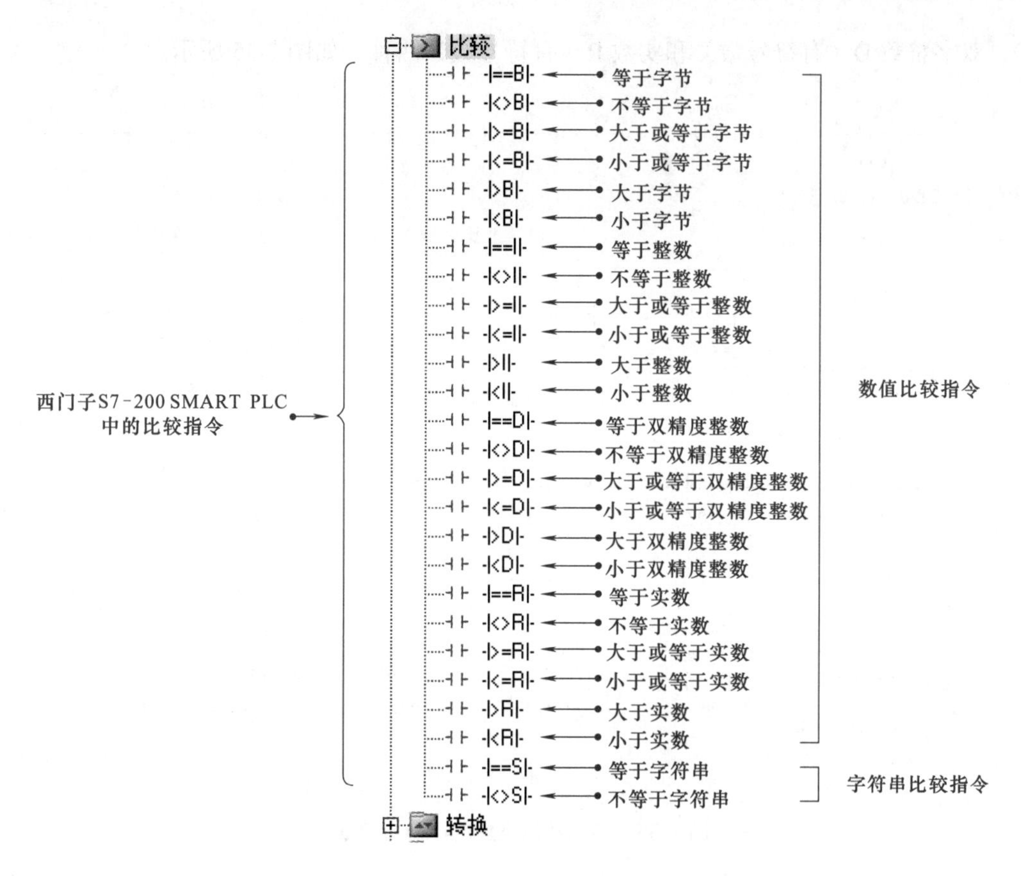

图 7-33　西门子 PLC（S7-200 SMART）的比较指令

7.4.1　数值比较指令

数值比较指令用于比较两个相同数据类型的有符号数或无符号数（即两个操作数）。若比较条件满足，则触点闭合；如果比较条件不满足，则触点断开。

如图 7-34 所示为数值比较指令的含义。

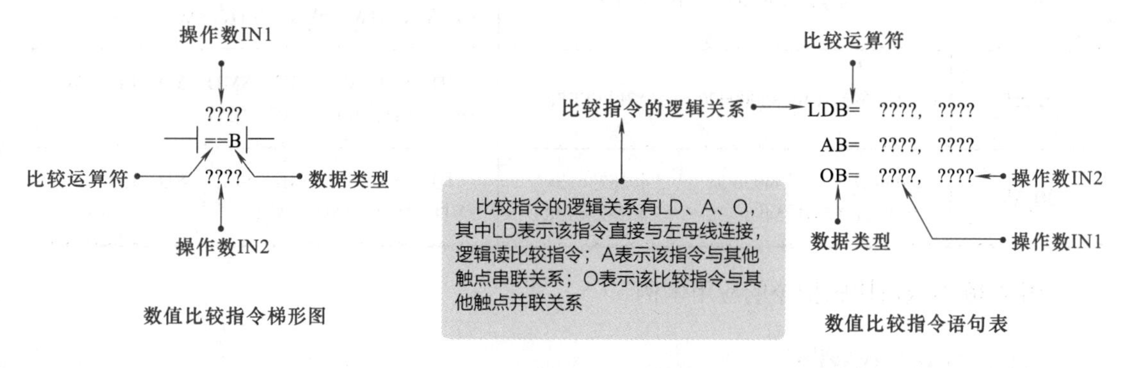

图 7-34　数值比较指令的含义

数值比较运算符有 =（等于）、> =（大于或等于）、< =（小于或等于）、>（大于）、<（小于）和<>（不等于）。用于比较的数据类型有字节 B（无符号数）、整数 I（有符号数）、双字整数 D（有符号数）和实数 R（有符号数）四种，如图 7-35 所示。

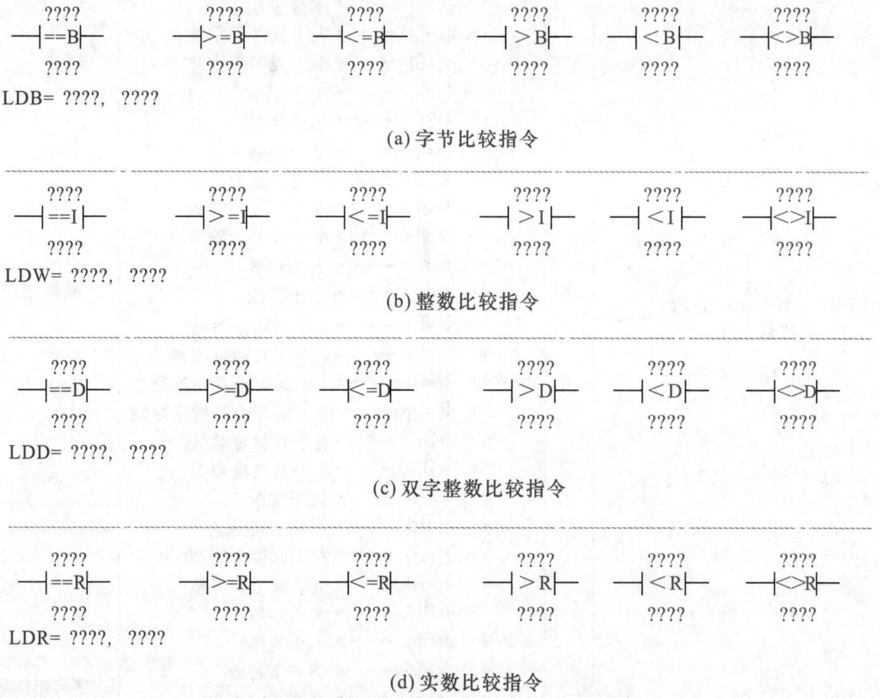

????　????　????　????　????　????
—|==B|—　—|>=B|—　—|<=B|—　—|>B|—　—|<B|—　—|<>B|—
????　????　????　????　????　????

LDB= ????, ????

(a) 字节比较指令

????　????　????　????　????　????
—|==I|—　—|>=I|—　—|<=I|—　—|>I|—　—|<I|—　—|<>I|—
????　????　????　????　????　????

LDW= ????, ????

(b) 整数比较指令

????　????　????　????　????　????
—|==D|—　—|>=D|—　—|<=D|—　—|>D|—　—|<D|—　—|<>D|—
????　????　????　????　????　????

LDD= ????, ????

(c) 双字整数比较指令

????　????　????　????　????　????
—|==R|—　—|>=R|—　—|<=R|—　—|>R|—　—|<R|—　—|<>R|—
????　????　????　????　????　????

LDR= ????, ????

(d) 实数比较指令

图 7-35　不同数据类型的不同比较指令

数值比较指令中的有效操作数如表 7-2 所列。

表 7-2　数值比较指令中的有效操作数

类型	说明	操作数
BYTE	字节（无符号数）	IB、QB、VB、MB、SMB、SB、LB、AC、*VD、*LD、*AC、常数
INT	整数（16#8000 ～ 16#7FFF）	IW、QW、VW、MW、SMW、SW、LW、T、C、AC、AIW、*VD、*LD、*AC、常数
DINT	双字整数（16#80000000 ～ 16#7FFFFFFF）	ID、QD、VD、MD、SMD、SD、LD、AC、HC、*VD、*LD、*AC、常数
REAL	负实数（-1.175495e-38 ～ -3.402823e+38） 正实数（+1.175495e-38 ～ +3.402823e+38）	ID、QD、VD、MD、SMD、SD、LD、AC、*VD、*LD、*AC、常数

图 7-36 为数值比较指令的应用示例。

7.4.2　字符串比较指令

字符串比较指令是用于比较两个 ASCII 字符的字符串的指令。该指令运算符包括 =（相等）和<>（不相等）两种。当比较结果为真时，触点（梯形图）或输出（功能块图）接通。图 7-37 为字符串比较指令的含义。

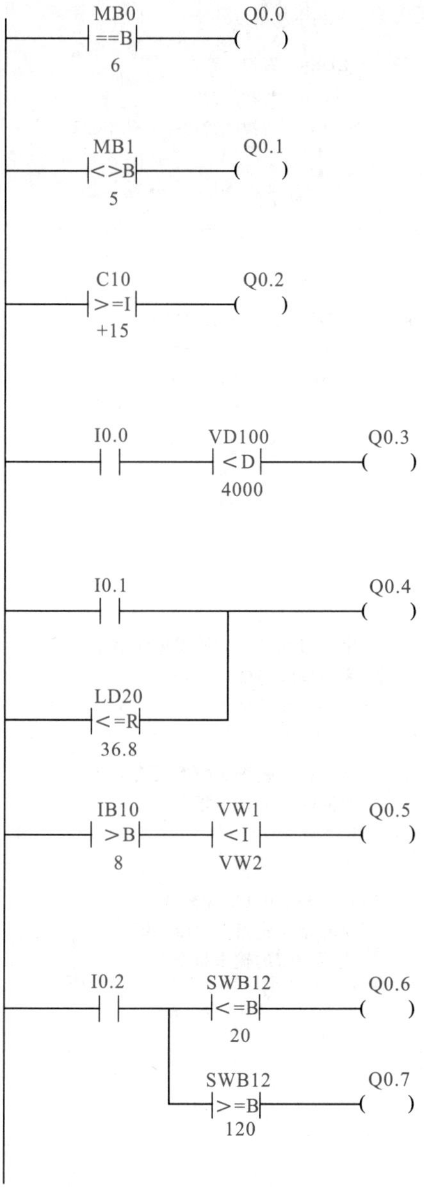

```
LDB=    MB0,6         //字节比较指令的逻辑读指令
=       Q0.0          //线圈Q0.0的输出指令
```

程序含义：当内部标志位寄存器MB0中的数据与常数6相等时，触点闭合，线圈Q0.0得电输出。

```
LDB<>   MB1,5         //字节比较指令的逻辑读指令
=       Q0.1          //线圈Q0.1的输出指令
```

程序含义：当内部标志位寄存器MB1中的数据与常数5不相等时，触点闭合，线圈Q0.1得电输出。

```
LDW>=   C10,+15       //整数比较指令的逻辑读指令
=       Q0.2          //线圈Q0.2的输出指令
```

程序含义：当计数器C10中的当前值大于或等于15时，触点闭合，线圈Q0.2得电输出。

```
LD      I0.0          //常开触点I0.0的逻辑读指令
AD<     VD100，4000   //双字整数比较指令与I0.0串联
=       Q0.3          //线圈Q0.3的输出指令
```

程序含义：当I0.0闭合，且VD100中的当前值小于常数4000时，触点闭合，线圈Q0.3得电输出。

```
LD      I0.1          //常开触点I0.1的逻辑读指令
OR<=    LD20，36.8    //实数比较指令与I0.1并联
=       Q0.4          //线圈Q0.4的输出指令
```

程序含义：当I0.1闭合，或LD20中的当前值小于或等于常数36.8时，触点闭合，线圈Q0.4得电输出。

```
LDB>    IB10,8        //字节比较指令的逻辑读指令
AW<     VW1,VW2       //整数比较指令与字节比较指令串联
=       Q0.5          //线圈Q0.5的输出指令
```

程序含义：当IB10中的当前值大于常数8，且VW1中的当前值小于VW2中的当前值时，触点闭合，线圈Q0.4得电输出。

```
LD      I0.2          //常开触点I0.2的逻辑读指令
LPS                   //逻辑入栈指令
AB<=    SWB12,20      //字节比较指令与常开I0.2串联
=       Q0.6          //线圈Q0.6的输出指令
LPP                   //逻辑出栈指令
AB>=    SWB12,120     //字节比较指令与常开I0.2串联
=       Q0.7          //线圈Q0.7的输出指令
```

程序含义：当I0.2闭合时，若SMB12中的当前值小于或等于20，则Q0.6得电输出；若SMB12中的当前值大于或等于120，则Q0.7得电输出。

图 7-36 数值比较指令的应用示例

字符串比较指令中的有效操作数如表 7-3 所列。

表 7-3 字符串比较指令中的有效操作数

类型	说明	操作数
INT1	STRING（字符串）	VB、LB、*VD、*LD、*AC、常数
INT2	STRING（字符串）	VB、LB、*VD、*LD、*AC

图 7-38 为字符串比较指令应用示例。

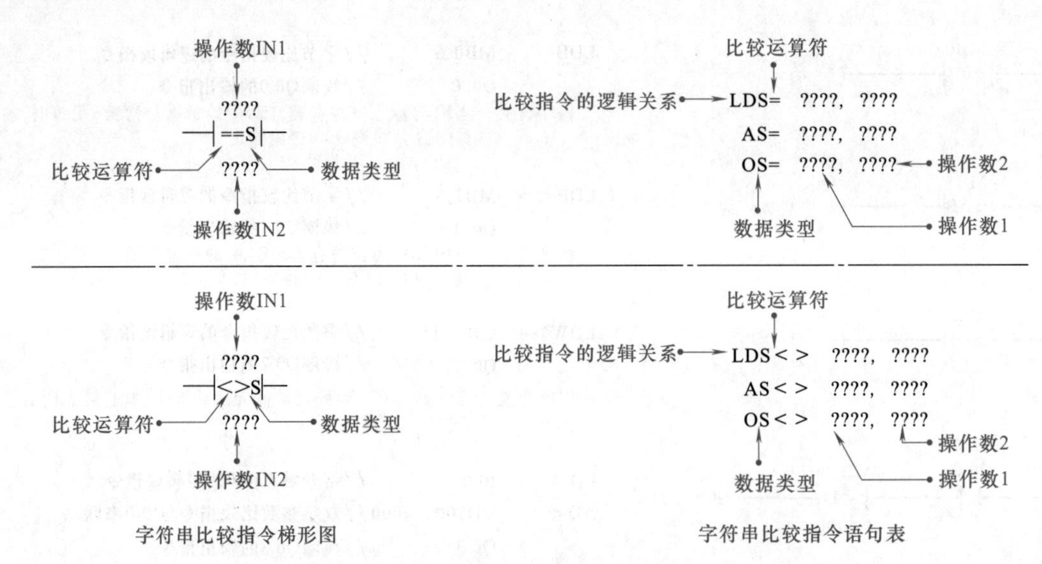

图 7-37 字符串比较指令的含义

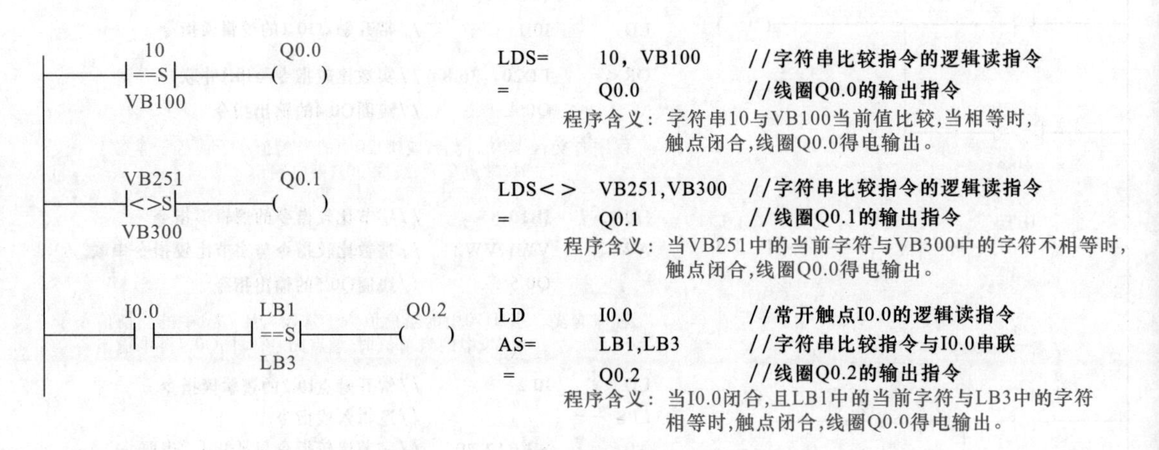

图 7-38 字符串比较指令应用示例

第8章 西门子PLC（S7-200 SMART）的运算指令

8.1 西门子PLC（S7-200 SMART）的浮点运算和整数运算指令

浮点运算和整数运算指令是指PLC中用于实现运算功能的一系列指令，这些指令使PLC具有很强的运算指令，而不再仅仅局限于位操作。

西门子PLC（S7-200 SMART）的浮点运算和整数运算指令如图8-1所示。

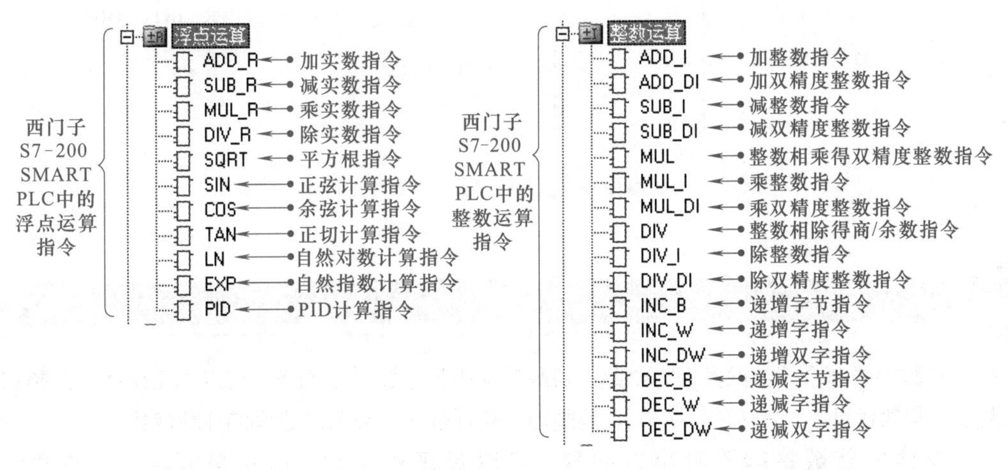

图8-1 西门子PLC（S7-200 SMART）的浮点运算和整数运算指令

常用运算指令主要有加法指令、减法指令、乘法指令、除法指令、递增指令、递减指令等。

8.1.1 加法指令（ADD_I、ADD_DI、ADD_R）

加法指令是对两个有符号数相加的指令。根据数据类型不同，加法指令分为整数加法指令（ADD_I）、双整数加法指令（ADD_DI）和实数加法指令（ADD_R），如图 8-2 所示。

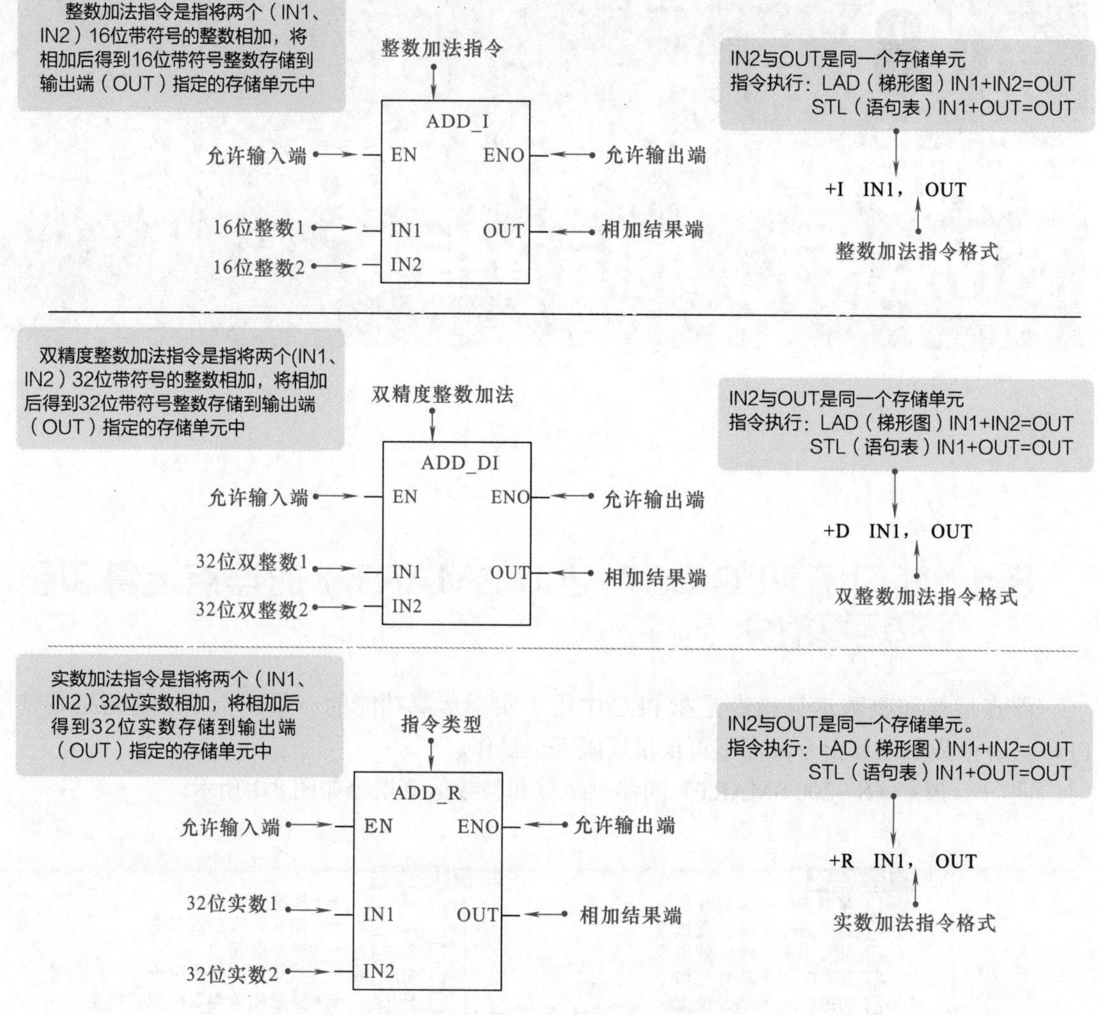

图 8-2 加法指令（ADD_I、ADD_DI、ADD_R）含义

提示说明

整数加法适合的数据类型为整数。整数是指不带小数部分的数，可以为正整数、负整数和零。整数就是 1 个字（2 个字节），范围为 -32768 ~ +32768 之间的任意整数。

双精度整数是指不带小数的数，可以是正双整数、负双整数和零，与整数不同的是，它占用 2 个字（4 个字节）的空间，可表示的数值范围较大，一般为 -2147483648 ~ +2147483648 之间的任意整数。

实数同样占用 2 个字（4 个字节）的空间，包括整数、分数和无限不循环小数。

图 8-3 为加法指令的应用示例。

I0.0　ADD_I　EN　ENO　IW1 — IN1　OUT — IW0　IW0 — IN2

```
LD    I0.0        //常开触点I0.0的逻辑读指令
+I    IW1, IW0    //整数加法指令
```

程序含义：当常开触点I0.0闭合时，IW1和IW0中的数据相加，并将结果存入IW0中。

IW1 + IW0 = IW0
200 + 6000 = 6200

I0.0　ADD_DI　EN　ENO　AC1 — IN1　OUT — AC0　AC0 — IN2

```
LD    I0.0        //常开触点I0.0的逻辑读指令
+D    AC1, AC0    //双整数加法指令
```

程序含义：当常开触点I0.0闭合时，AC1和AC0中的数据相加，并将结果存入AC0中。

AC1 + AC0 = AC0
400000 + 600000 = 1000000

I0.0　ADD_R　EN　ENO　操作数 → MD1 — IN1　OUT — MD0　MD0 — IN2

```
LD    I0.0        //常开触点I0.0的逻辑读指令
+R    MD1, MD0    //实数加法指令
```

程序含义：当常开触点I0.0闭合时，MD1和MD0中的数据相加，并将结果存入MD0中。

MD1 + MD0 = AC0
4000.2 + 6000.4 = 10000.6

图 8-3　加法指令的应用示例

提示说明

在加法指令，包括后面的减法指令、乘法指令、触发指令中，输入和输出端操作数的寻址范围（如上面三种加法指令中的操作数 IW、AC、MD）见表 8-1。

表 8-1　输入和输出端操作数的寻址范围

输入 / 输出	数据类型	操作数
IN1、IN2	INT（整数）	IW、QW、VW、MW、SMW、SW、T、C、LW、AC、AIW、*VD、*AC、*LD、常数
	DINT（双整数）	ID、QD、VD、MD、SMD、SD、LD、AC、HC、*VD、*LD、*AC、常数
	REAL（实数）	ID、QD、VD、MD、SMD、SD、LD、AC、*VD、*LD、*AC、常数
OUT	INT（整数）	IW、QW、VW、MW、SMW、SW、LW、T、C、AC、*VD、*AC、*LD
	DINT（双整数）	ID、QD、VD、MD、SMD、SD、LD、AC、*VD、*LD、*AC
	REAL（实数）	ID、QD、VD、MD、SMD、SD、LD、AC、*VD、*LD、*AC

当 IN1、IN2 和 OUT 操作数的地址不同时，在 STL 指令中，首先用数据传送指令将 IN1 中的数值送入 OUT，然后再执行加法运算。为了节省内存，在加法的梯形图指令中，可以指

定 IN1 或 IN2=OUT（即 IN1 或 IN2 与 OUT 使用相同的存储单元）。这样，可以不用数据传送指令，如图 8-4 所示。

如指定 IN1=OUT，则语句表指令为：+I　IN2，OUT。

如指定 IN2=OUT，则语句表指令为：+I　IN1，OUT。

在减法的梯形图指令中，可以指定 IN1=OUT，则语句表指令为：-I　IN2，OUT。

这个原则适用于所有的四则算术运算指令，且乘法与加法对应，减法与除法对应。

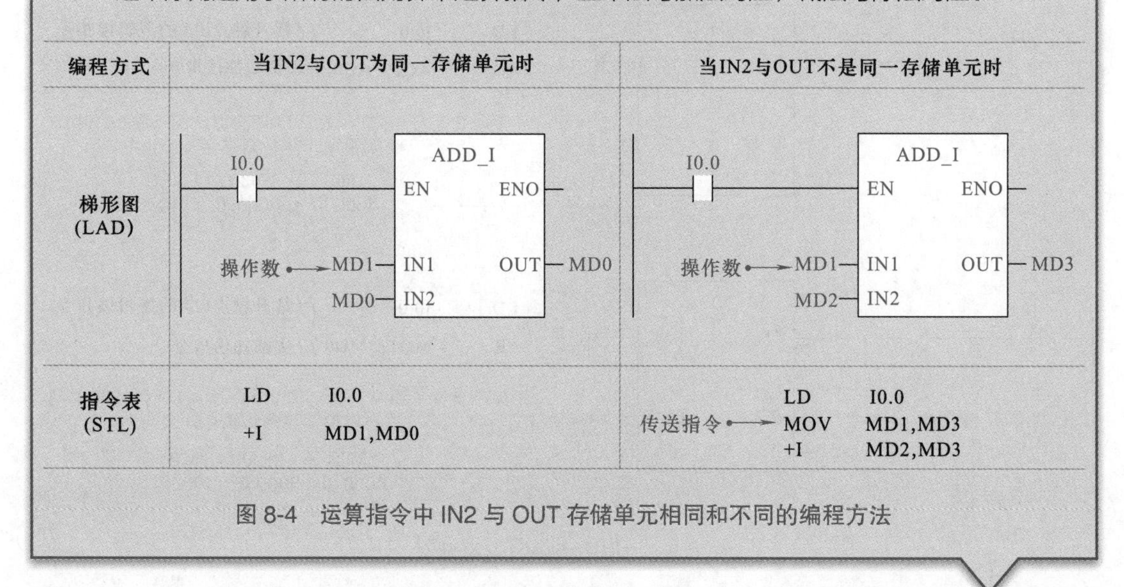

图 8-4　运算指令中 IN2 与 OUT 存储单元相同和不同的编程方法

PLC 内部有很多存储单元，例如 I、Q、V、M、SM、L、AI、AC、HC 等。为了方便编程使用，各存储单元有不同的功能，如图 8-5 所示。

“L”：局部变量存储器　▸▸该类型存储器用来存储局部变量，同一个存储器只和特定的程序相关联。属于局部有效，即只能在某一程序分区中使用

类型	有效地址范围	地址书写格式
位(bit)	L(0.0～63.7)	L【字节地址】.【位地址】 ➡ 书写案例：L0.0
字节(BYTE)	LB(0 ～63)	L【数据长度】【起始字节地址】➡ 书写案例：LB23
字(WORD)	LW(0～62)	L【数据长度】【起始字节地址】➡ 书写案例：LW5
双字(DWORD)	LD(1～60)	L【数据长度】【起始字节地址】➡ 书写案例：LD46

“S”：顺序控制继电器存储器　▸▸ 该类型存储器用于顺序控制或步进控制，是一种特殊继电器存储器(顺序控制继电器指令SCR是基于顺序功能图SFC的编程方式)

类型	有效地址范围	地址书写格式
位(bit)	S(0.0～31.7)	S【字节地址】.【位地址】 ➡ 书写案例：S0.0
字节(BYTE)	SB(0～31)	S【数据长度】【起始字节地址】➡ 书写案例：SB12
字(WORD)	SW(0～30)	S【数据长度】【起始字节地址】➡ 书写案例：SW3
双字(DWORD)	SD(1～28)	S【数据长度】【起始字节地址】➡ 书写案例：SD18

"T"：定时器存储器

▶▶ 该类型存储器模拟继电器控制系统中的时间继电器，有三种分辨率：1ms、10ms和100ms

名称	有效地址范围	地址书写格式
T	T(0～255)	T【定时器号】 ➡ 书写案例：T37

"C"：计数器存储器

▶▶ 该类型存储器用来累计输入端脉冲的次数，包括增计数器、减计数器和增减计数器三种

名称	有效地址范围	地址书写格式
C	C(0～255)	C【计数器号】 ➡ 书写案例：C2

"AI"：模拟量输入映像寄存器

▶▶ 该类型寄存器用于存储模拟量输入信号，并实现模拟量的A-D转换。即外部输入的模拟信号通过模拟信号输入模块转成1个字长的数字量存放在模拟量输入寄存器中

名称	有效地址范围	地址书写格式
AI	AIW(0～62)	AIW【起始字节地址】 ➡ 书写案例：AIW6 （注：地址必须为偶数）

"AQ"：模拟量输出映像寄存器

▶▶ 该类型寄存器用于模拟量输出信号的存储区，用于实现模拟量的D-A转换。即CPU运算的结果转换为模拟信号存放在模拟量输出寄存器中，驱动外部模拟量控制的设备

名称	有效地址范围	地址书写格式
AQ	AQW(0～62)	AQW【起始字节地址】 ➡ 书写案例：AQW12（注：地址必须为偶数）

"AC"：累加器

▶▶ 累加器是一种暂存数据的寄存器，可用来存放运算数据、中间数据或结果数据，也可用于向子程序传递或返回参数等

名称	有效地址范围	地址书写格式
AC	AC(0～3)	AC【累加器号】 ➡ 书写案例：AC1

"HC"：高速计数器

▶▶ 高速计数器与普通计数器基本相同，其用于累计高速脉冲信号。HC的当前寄存器为32位，则读取高速计数器的当前值，应以32位(双字)来寻址

名称	有效地址范围	地址书写格式
HC	HC(0～5)	HC【高速计数器号】 ➡ 书写案例：HC2

"I"：输入过程映像寄存器

▶▶ 该类型寄存器主要用于存放输入点的状态，即每一个输入端口(接口)与I的相应位相对应

类型	有效地址范围	地址书写格式
位(bit)	I(0.0～15.7)	I【字节地址】.【位地址】 ➡ 书写案例：I1.0
字节(BYTE)	IB(0～15)	I【数据长度】【起始字节地址】 ➡ 书写案例：IB5
字(WORD)	IW(0～14)	I【数据长度】【起始字节地址】 ➡ 书写案例：IW10
双字(DWORD)	ID(1～12)	I【数据长度】【起始字节地址】 ➡ 书写案例：ID11

图 8-5

"Q"：输出过程映像寄存器

▸▸ 该类型寄存器主要用于存放CPU执行程序运行结果，即每一个输出端口(接口)与Q的相应位相对应

类型	有效地址范围	地址书写格式
位(bit)	Q(0.0～15.7)	Q【字节地址】.【位地址】 ➡ 书写案例：Q1.7
字节(BYTE)	QB(0～15)	Q【数据长度】【起始字节地址】➡ 书写案例：QB10
字(WORD)	QW(0～14)	Q【数据长度】【起始字节地址】➡ 书写案例：QW0
双字(DWORD)	QD(1～12)	Q【数据长度】【起始字节地址】➡ 书写案例：QD1

"M"：内部标志位存储器

▸▸ 该类型存储器用于存放中间操作状态或相关数据，类似继电器控制系统中的中间继电器，也称为通用辅助继电器

类型	有效地址范围	地址书写格式
位(bit)	M(0.0～31.7)	M【字节地址】.【位地址】 ➡ 书写案例：M21.3
字节(BYTE)	MB(0～31)	M【数据长度】【起始字节地址】➡ 书写案例：MB12
字(WORD)	MW(0～30)	M【数据长度】【起始字节地址】➡ 书写案例：MW1
双字(DWORD)	MD(1～28)	M【数据长度】【起始字节地址】➡ 书写案例：MD26

"SM"：特殊标志位存储器

▸▸ 该类型存储器为用户提供一些特殊的控制功能及系统信息，如用于读取程序中设备的状态和运算结果，根据读取信息实现控制需求等

类型	有效地址范围	地址书写格式
位(bit)	SM(0.0～549.7)	SM【字节地址】.【位地址】 ➡ 书写案例：SM13.7
字节(BYTE)	SMB(0～549)	SM【数据长度】【起始字节地址】➡ 书写案例：SMB32
字(WORD)	SMW(0～548)	SM【数据长度】【起始字节地址】➡ 书写案例：SMW102
双字(DWORD)	SMD(1～546)	SM【数据长度】【起始字节地址】➡ 书写案例：SMD100

"V"：变量存储器

▸▸ 该类型存储器可用于存放程序执行过程中控制逻辑操作的中间结果等。同一个存储器可以在任意程序分区被访问

类型	有效地址范围	地址书写格式
位(bit)	V(0.0～5119.7)	V【字节地址】.【位地址】 ➡ 书写案例：V11.4
字节(BYTE)	VB(0～5119)	V【数据长度】【起始字节地址】➡ 书写案例：VB100
字(WORD)	VW(0～5118)	V【数据长度】【起始字节地址】➡ 书写案例：VW20
双字(DWORD)	VD(1～5116)	V【数据长度】【起始字节地址】➡ 书写案例：VD5

图8-5 存储单元的不同功能

8.1.2 减法指令（SUB_I、SUB_DI、SUB_R）

减法指令是对两个有符号数相减的指令，即将两个输入端（IN1、IN2）指定的数据相减，把得到的结果送到输出端指定的存储单元中。根据数据类型不同，减法指令分为整数加法指令（SUB_I）（16位数）、双精度整数减法指令（SUB_DI）（32位数）和实数减法指令（SUB_R）（32位数）。减法指令的含义与加法指令含义相似。

图8-6为减法指令的含义。

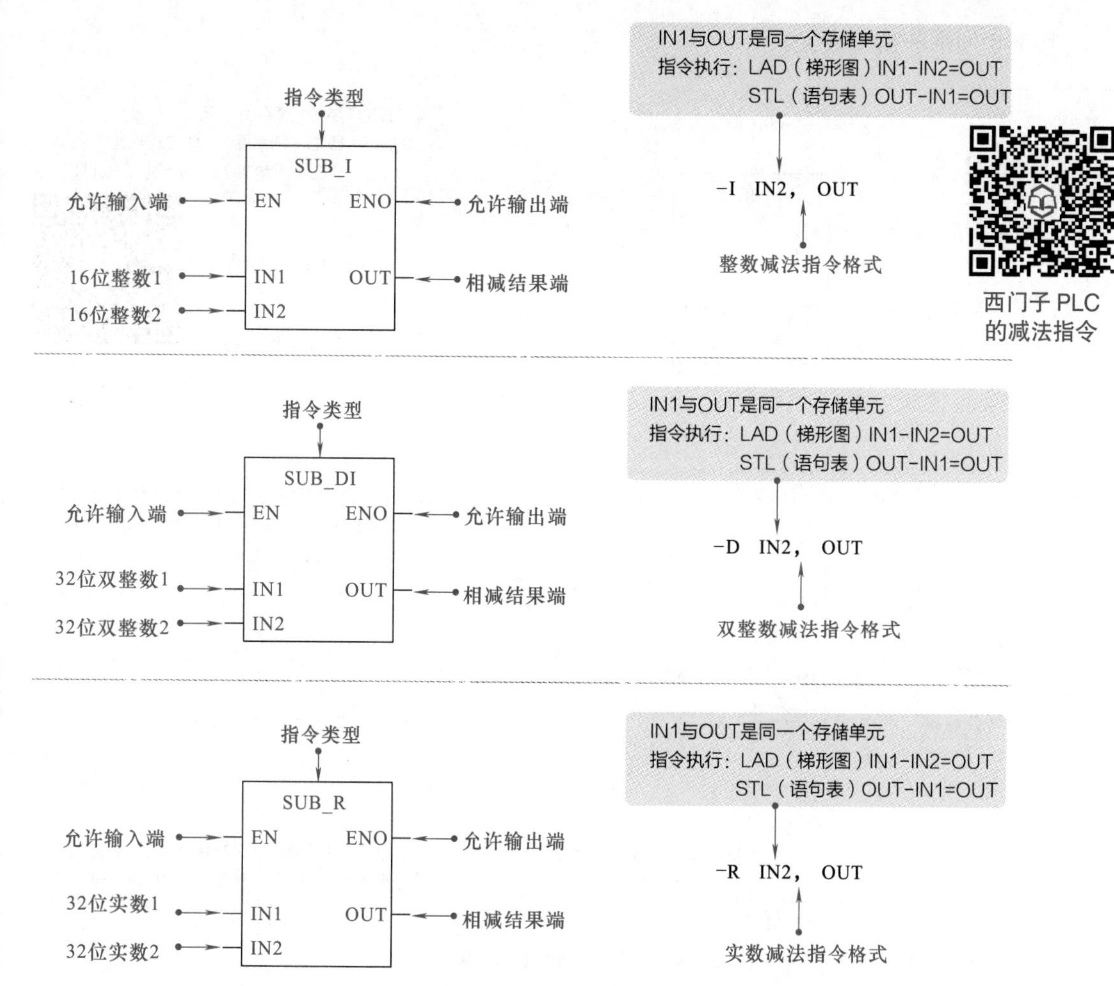

图 8-6　减法指令的含义

图 8-7 为减法指令应用示例。

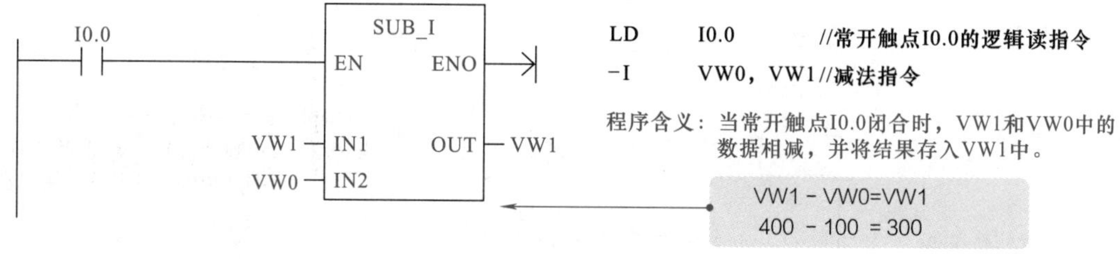

图 8-7　减法指令应用示例

8.1.3　乘法指令（MUL_I、MUL、MUL_DI、MUL_R）

乘法指令是将两个输入端（IN1、IN2）指定的数据相乘，把得到的结果送到输出端指定的存储单元中。

根据数据类型不同，乘法指令分为整数乘法指令（MUL_I）（16 位数）、整数相乘得双精度整数指令（MUL）（将两个 16 位整数相乘，得到 32 位结果，也称为完全整数乘法指令）、双精度整数乘法指令（MUL_DI）（32 位数）和实数乘法指令（MUL_R）（32 位数）。

图 8-8 为乘法指令含义。

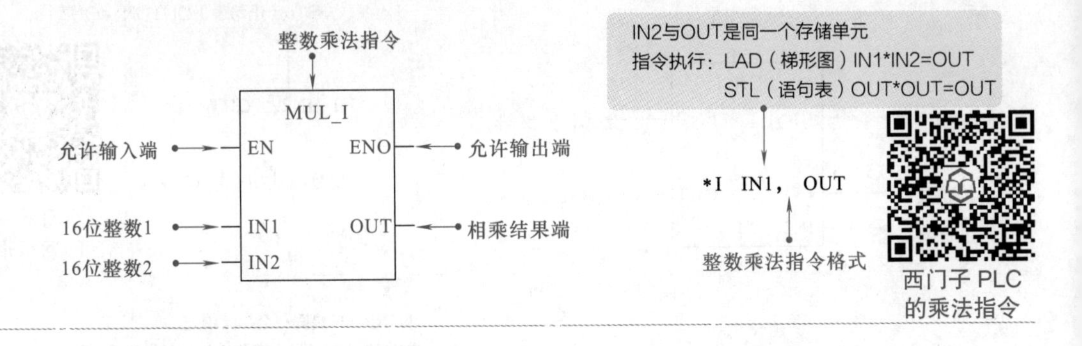

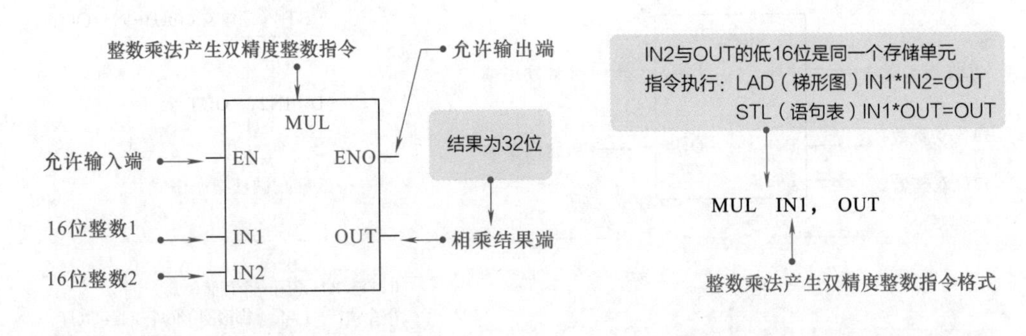

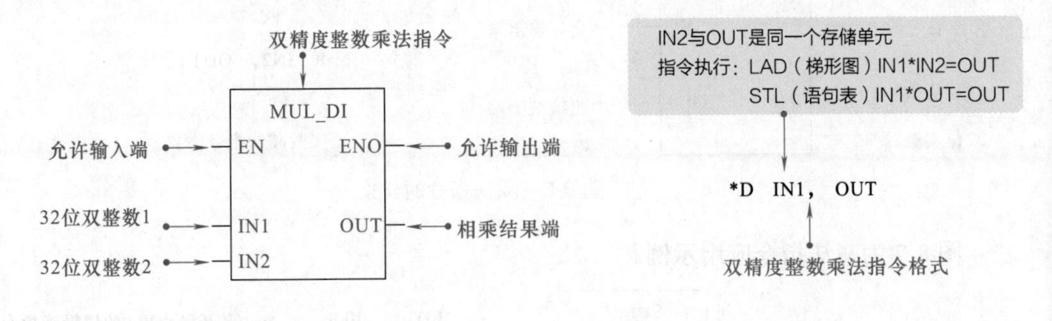

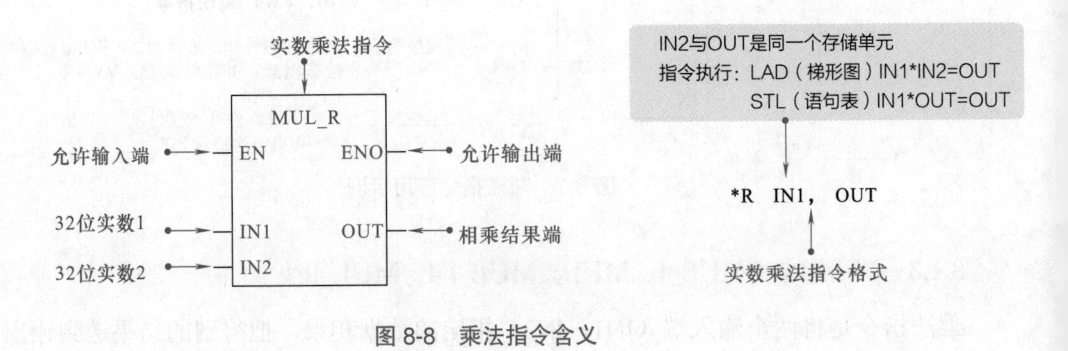

图 8-8 乘法指令含义

8.1.4 除法指令（DIV_I、DIV、DIV_DI、DIV_R）

除法指令是将两个输入端（IN1、IN2）指定的数据相除，把得到的结果送到输出端指定的存储单元中。

根据数据类型不同，除法指令分为整数除法指令（DIV_I）（16 位数，余数不被保留）、整数相除得商 / 余数指令（DIV）（带余数的整数除法，也称为完全整数除法指令）、双精度整数除法指令（DIV_DI）（32 位数，余数不被保留）和实数除法指令（DIV_R）（32 位数）。

西门子 PLC 的除法指令

图 8-9 为除法指令含义。

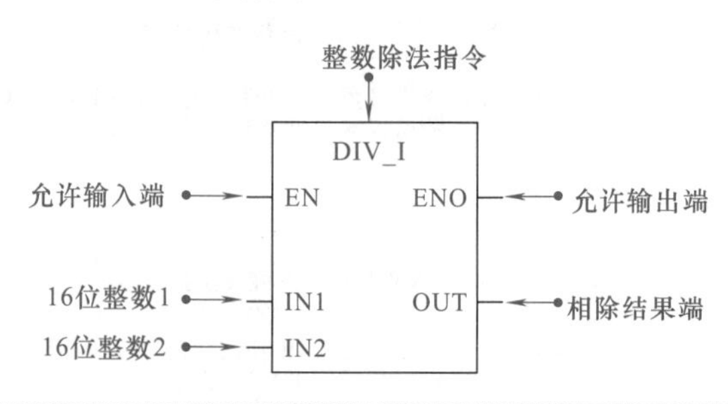

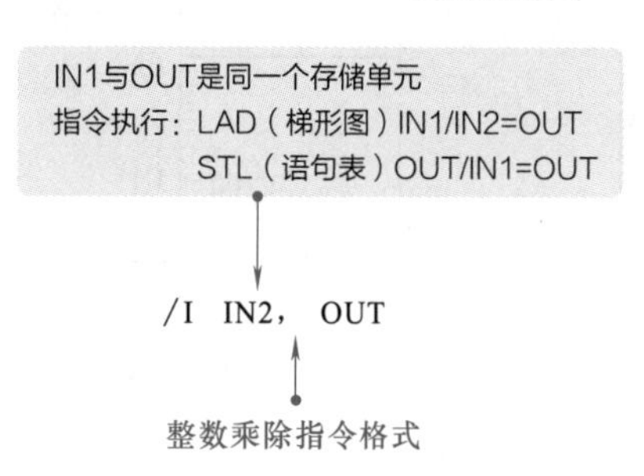

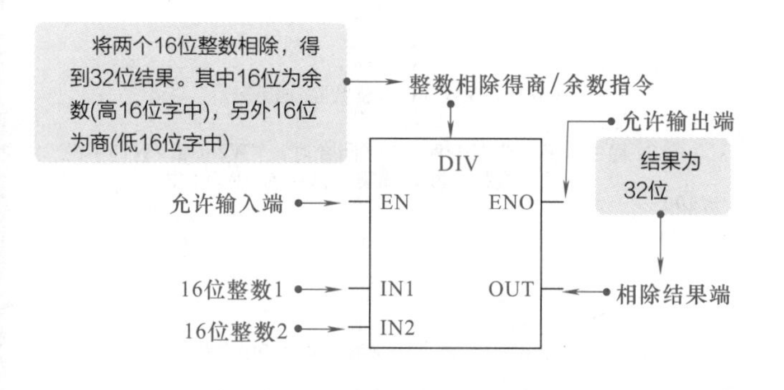

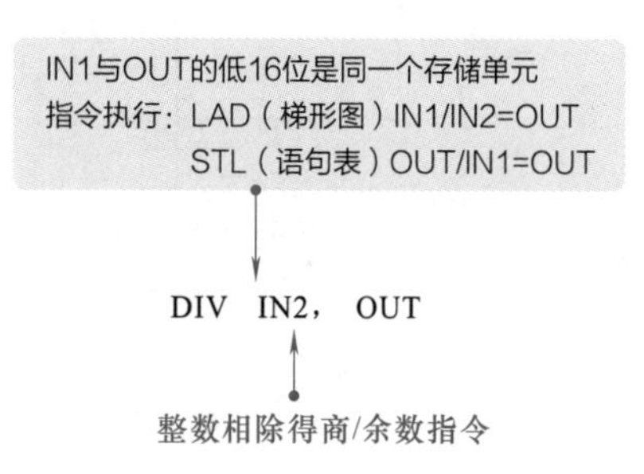

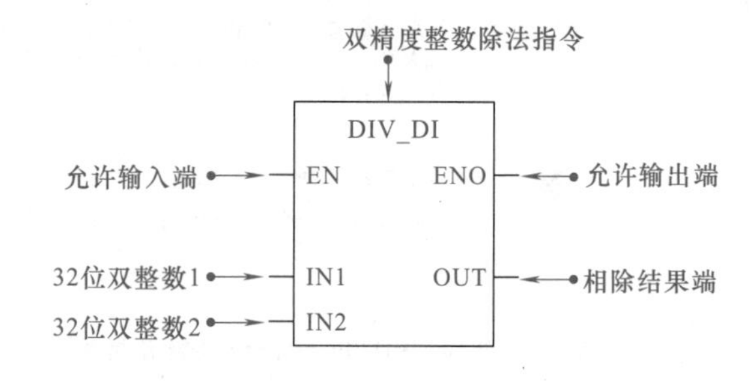

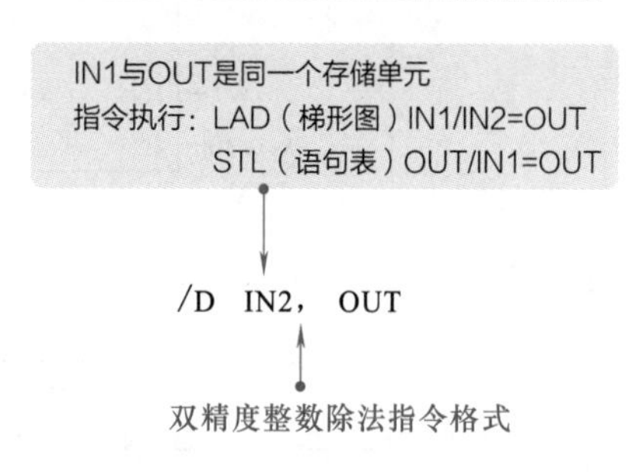

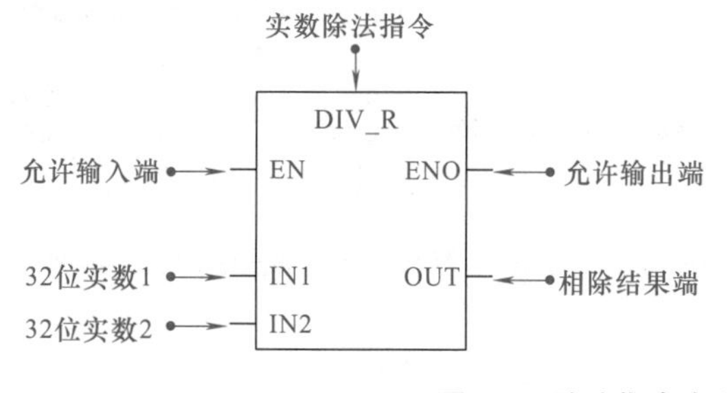

图 8-9　除法指令含义

图 8-10 为西门子 PLC（S7-200 SMART）浮点运算和整数运算指令的应用示例。

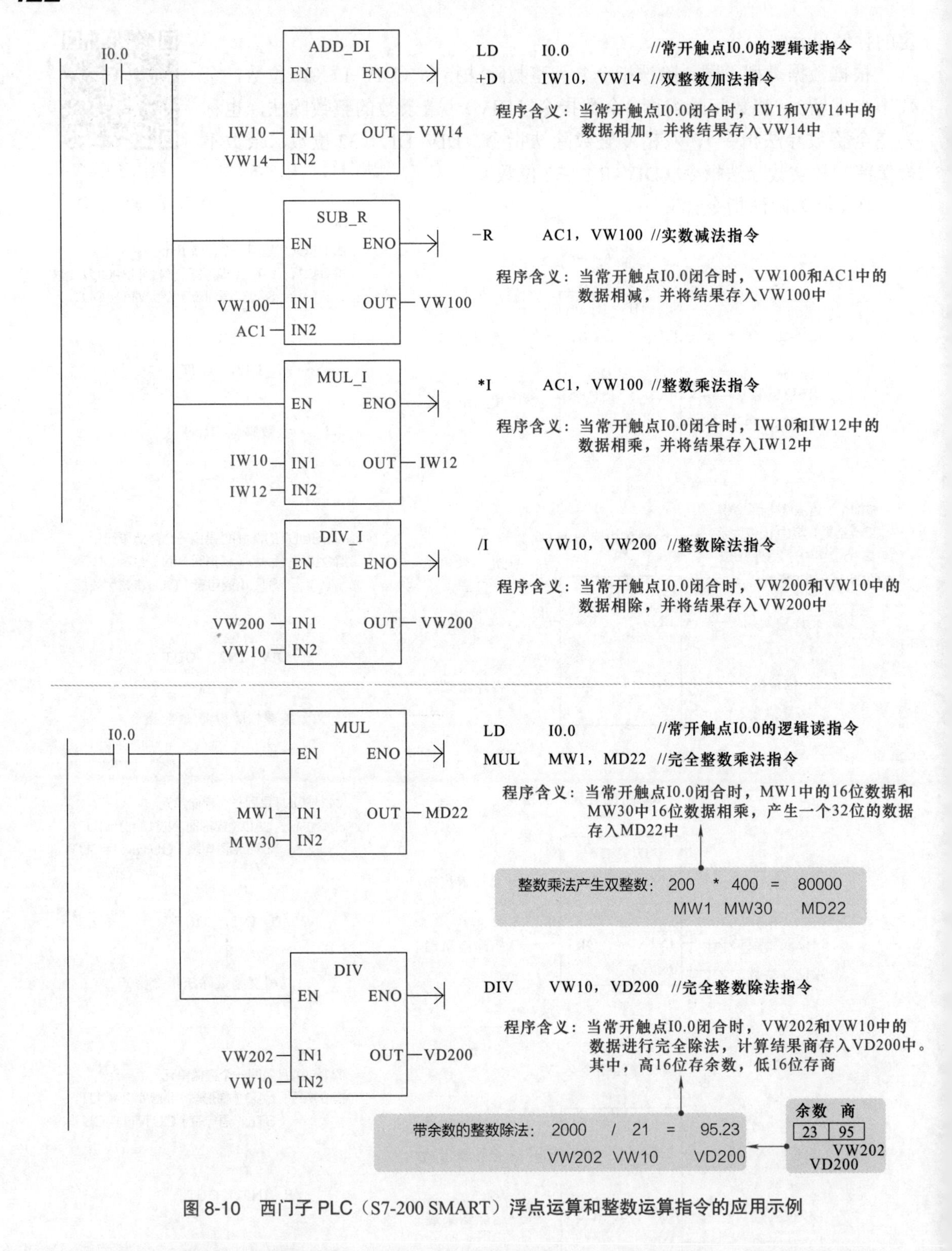

图 8-10　西门子 PLC（S7-200 SMART）浮点运算和整数运算指令的应用示例

8.1.5　递增、递减指令

递增、递减指令的功能是将输入端（IN）的数据加 1 或者减 1，并将结果存放在输出端

（OUT）指定的存储单元中。

（1）递增指令（INCB、INCW、INCD）

递增指令根据数据长度不同包括字节递增指令（INCB）、字递增指令（INCW）和双字递增指令（INCD），如图 8-11 所示。

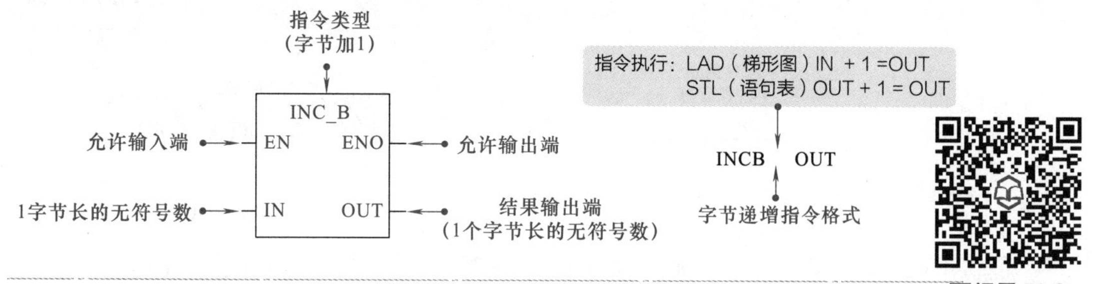

西门子 PLC
的递增指令

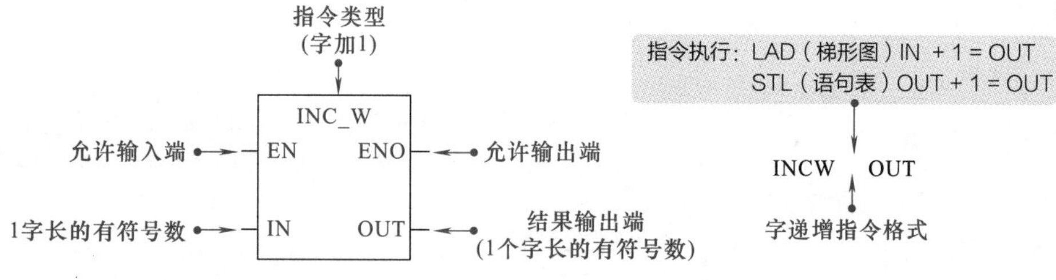

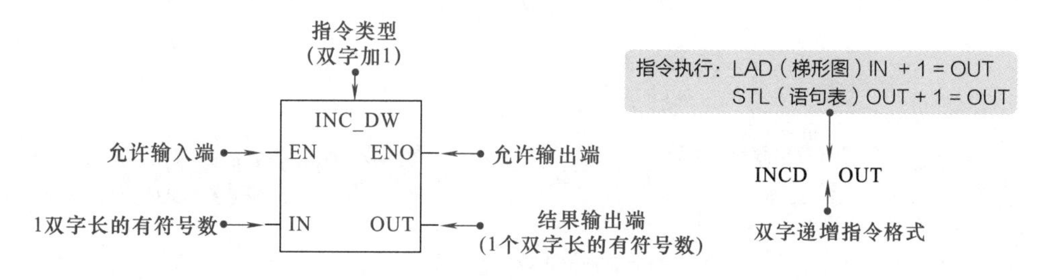

图 8-11　递增指令的含义

提示说明

位（BIT）、字节（BYTE）、字（WORD）和双字的基本含义：

① 位（BIT），表示二进制位。位是计算机内部数据储存的最小单位，11010100 是一个 8 位二进制数。

② 字节（BYTE）字节是计算机中数据处理的基本单位。计算机中以字节为单位存储和解释信息，规定 1 个字节由 8 个二进制位构成，即 1 个字节等于 8 个比特（1BYTE=8BIT）。

③ 字（WORD）是微机原理、汇编语言课程中进行汇编语言程序设计中采用的数据位数，为 16 位，2 个字节（1 字 =2BYTE=16BIT）。

④ 双字（DWORD）=2 字 =4 个字节 =32 位。

（2）递减指令（DECB、DECW、DECD）

递减指令也可根据数据长度不同分为字节递减指令（DECB）、字递减指令（DECW）和双字递减指令（DECD），如图 8-12 所示。

西门子 PLC 的递减指令

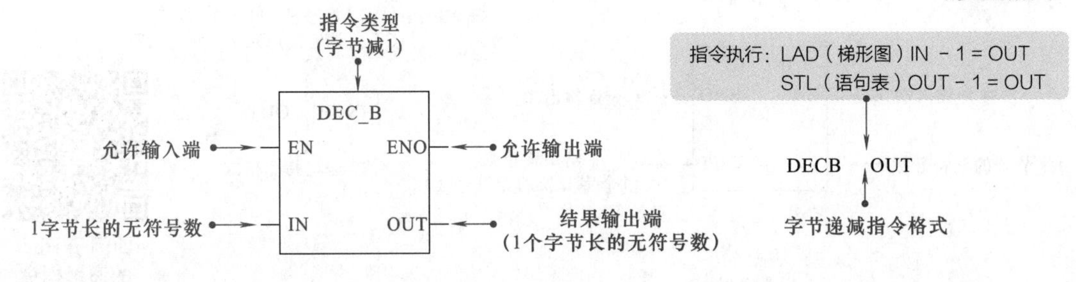

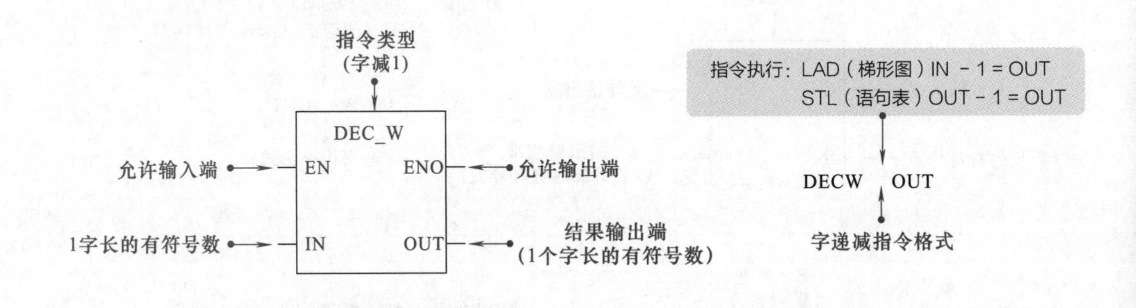

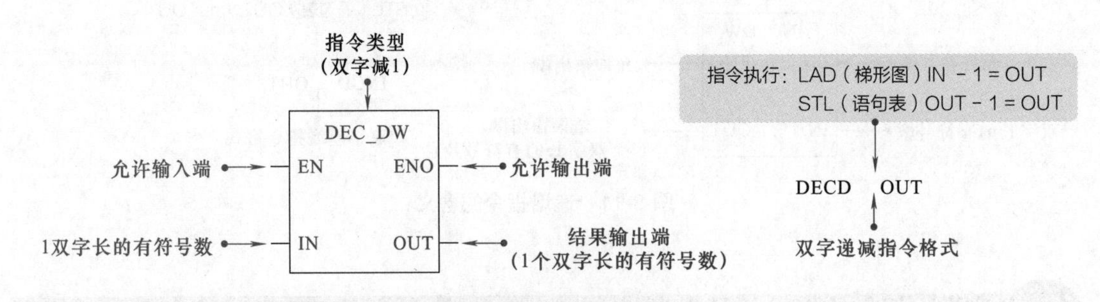

图 8-12 递减指令的含义

递增、递减指令中 IN 和 OUT 的寻址范围见表 8-2。

表 8-2 递增、递减指令中 IN 和 OUT 的寻址范围

输入 / 输出	数据类型	操作数
IN	BYTE（字节）	IB、QB、VB、MB、SMB、SB、LB、AC、*VD、*LD、*AC、常数
	WORD（字）	IW、QW、VW、MW、SMW、SW、LW、T、C、AC、AIW、*VD、*LD、*AC、常数
	DWORD（双字）	ID、QD、VD、MD、SMD、SD、LD、AC、HC、*VD、*LD、*AC、常数
OUT	BYTE（字节）	IB、QB、VB、MB、SMB、SB、LB、AC、*VD、*AC、*LD
	WORD（字）	IW、QW、VW、MW、SMW、SW、T、C、LW、AC、*VD、*LD、*AC
	DWORD（双字）	ID、QD、VD、MD、SMD、SD、LD、AC、*VD、*LD、*AC

图 8-13 为递增、递减指令应用示例。

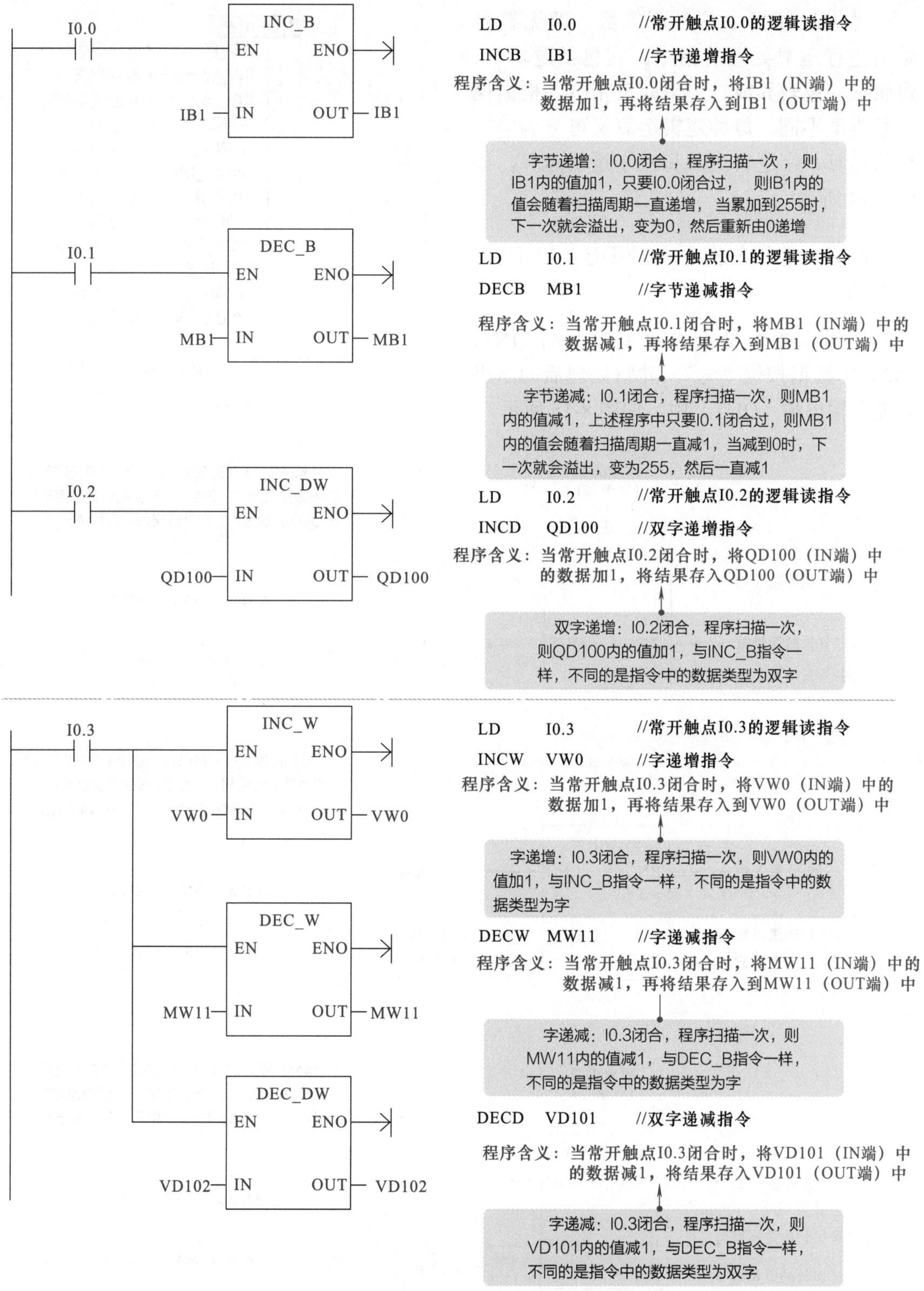

图 8-13　递增、递减指令应用示例

8.2 西门子 PLC（S7-200 SMART）的逻辑运算指令

逻辑运算指令是对逻辑数（即无符号数）进行运算处理的指令。它包括逻辑与、逻辑或、逻辑异或、逻辑取反指令。根据操作数类型不同，每种逻辑运算又可分为字节逻辑运算、字逻辑运算和双字逻辑运算，如图 8-14 所示。

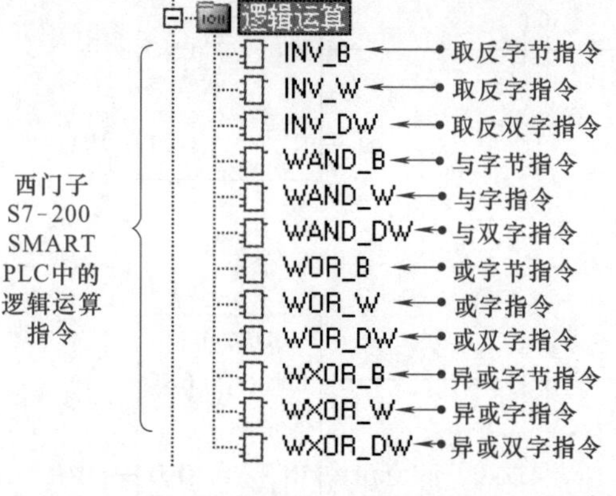

图 8-14 西门子 PLC（S7-200 SMART）中的逻辑运算指令

8.2.1 逻辑与指令（ANDB、ANDW、ANDD）

逻辑与指令是指将两个输入端（IN1、IN2）的数据按位“与”，并将处理后的结果存储在输出端（OUT）中，如图 8-15 所示。

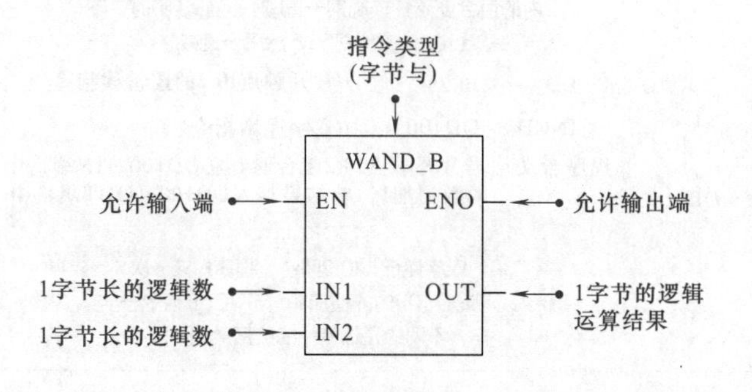

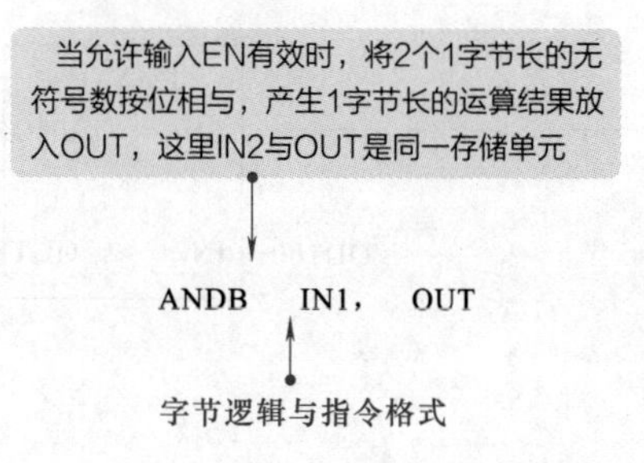

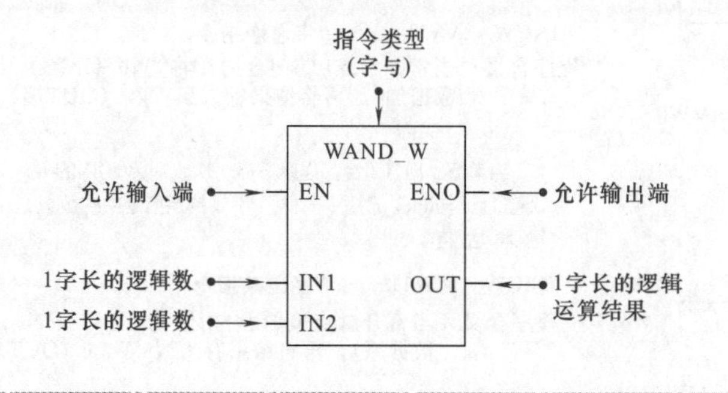

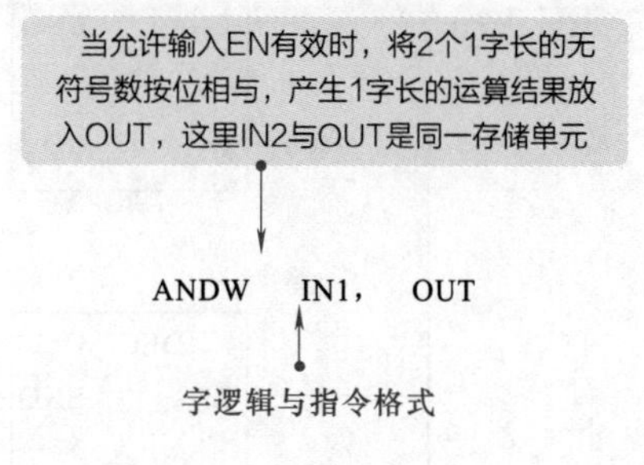

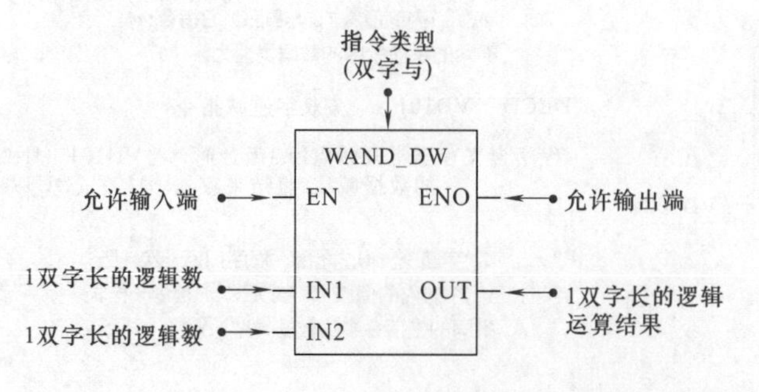

当允许输入EN有效时，将2个双字长的无符号数按位相与，产生双字长的运算结果放入OUT，这里IN2与OUT是同一存储单元

ANDD IN1, OUT

双字逻辑与指令格式

图 8-15 逻辑与指令含义

提示说明

按位逻辑与操作是指当两个条件均为真时，输出结果才为真。
例如：0&0=0；0&1=0；1&0=0；1&1=1。
多位逻辑与：0010&0110=0010。

8.2.2　逻辑或指令（ORB、ORW、ORD）

逻辑或指令是指将两个输入端（IN1、IN2）的数据按位“或”，并将处理后的结果存储在输出端（OUT）中，如图 8-16 所示。

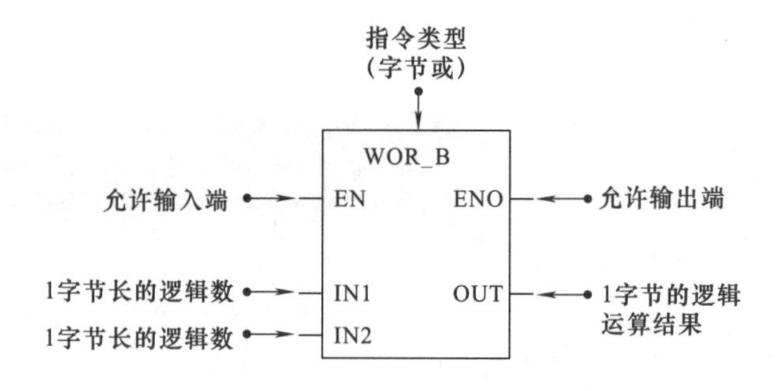

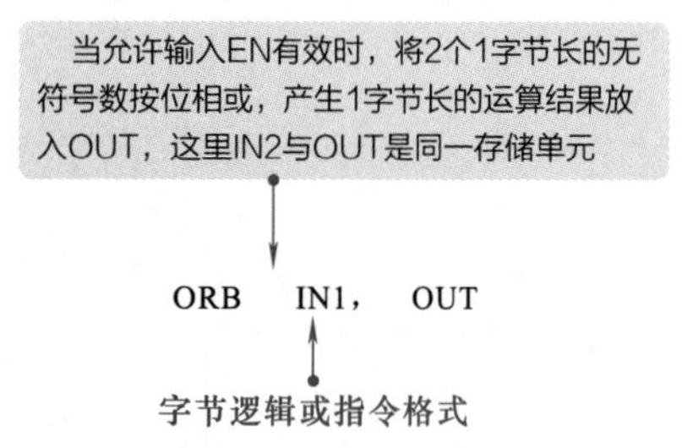

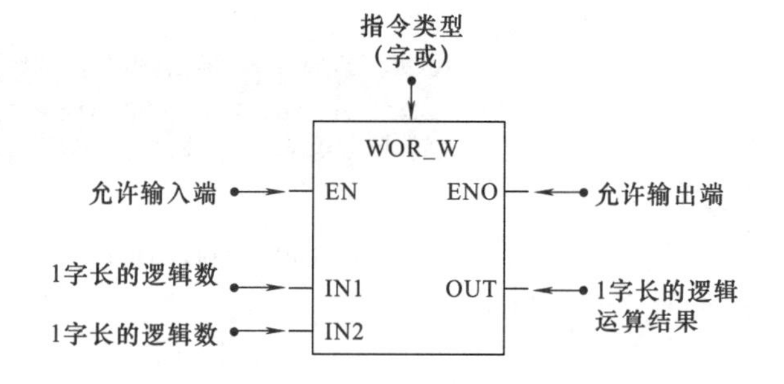

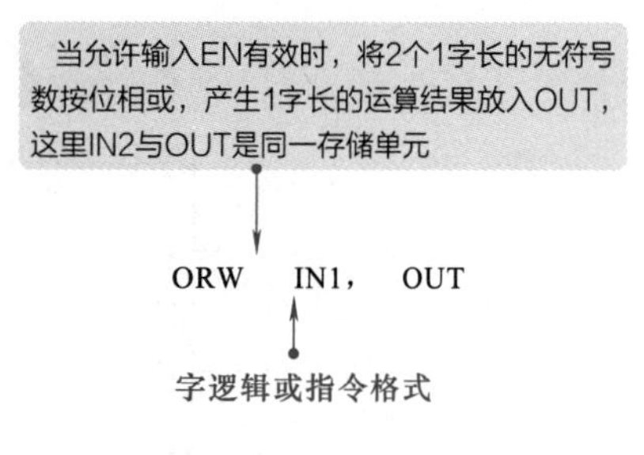

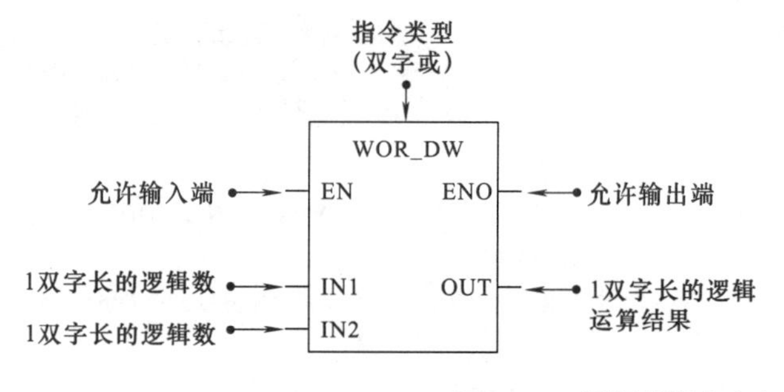

当允许输入EN有效时，将2个双字长的无符号数按位相或，产生1个双字长的运算结果放入OUT，这里IN2与OUT是同一存储单元

ORD　IN1，　OUT

双字逻辑或指令格式

图 8-16　逻辑或指令含义

提示说明

按位逻辑或操作是指当两个条件其中有一个为真时，输出结果即为真；只有两个条件均为假，输出结果才为假。

例如：0|0=0；0|1=1；1|0=1；1|1=1。

多位逻辑或：0110|1100=1110。

8.2.3 逻辑异或指令（XORB、XORW、XORD）

逻辑异或指令是指将两个输入端（IN1、IN2）的数据按位“异或”，并将处理后的结果存储在输出端（OUT）中，如图 8-17 所示。

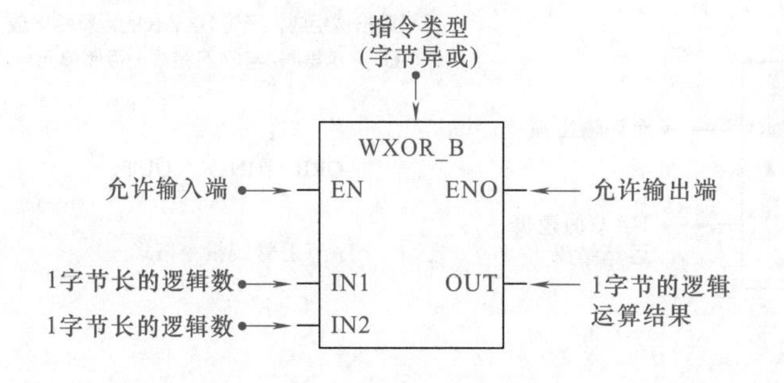

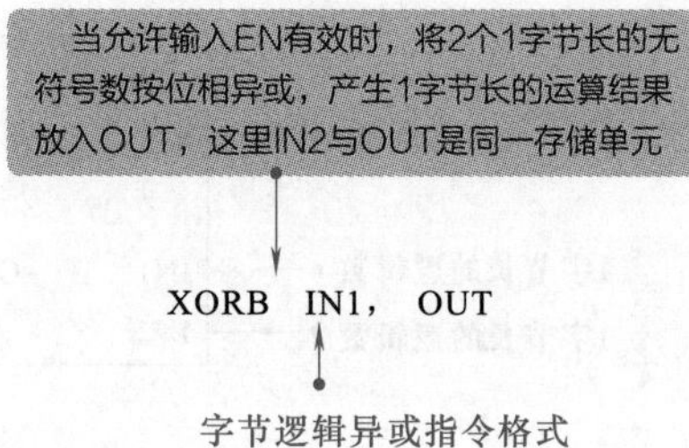

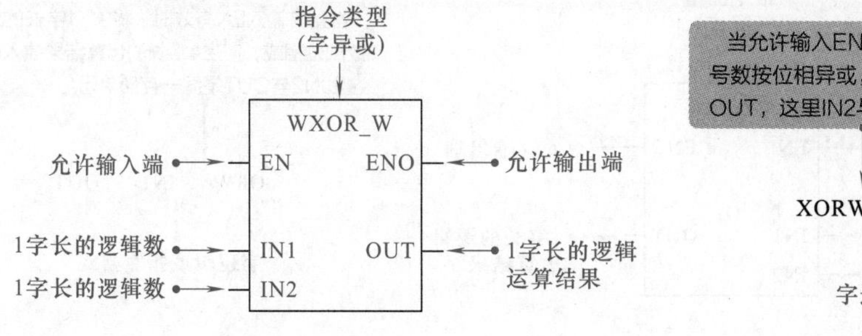

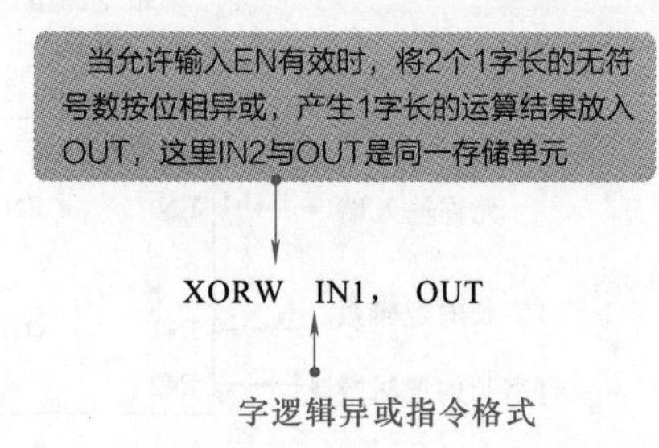

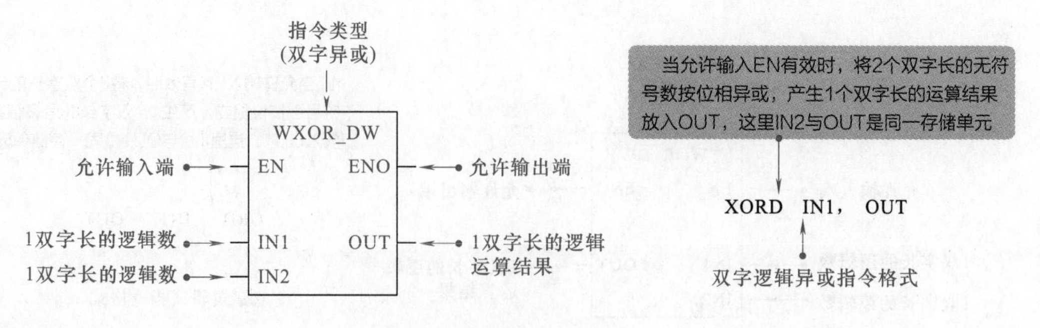

图 8-17 逻辑异或指令含义

提示说明

按位逻辑异或是指当两个条件不同时，异或结果为真；两个条件相同时，异或结果为假。

例如：0^0=0；0^1=1；　　1^0=1；1^1=0。

多位逻辑异或：0011^　0101=　0110。

提示说明

在逻辑与、逻辑或、逻辑异或运算指令应用时，为了节省内存，在梯形图指令中，当 IN2 与 OUT 是同一个存储单元时，可直接使用逻辑运算指令实现按位与、或、异或；当 IN2 与 OUT 不是同一个存储单元时，在 STL（语句表）指令中，首先用数据传送指令将 IN1 中的数值送入 OUT，然后再执行逻辑运算，如图 8-18 所示。

编程方式	当IN2与OUT为同一存储单元时	当IN2与OUT不是同一存储单元时
梯形图 (LAD)	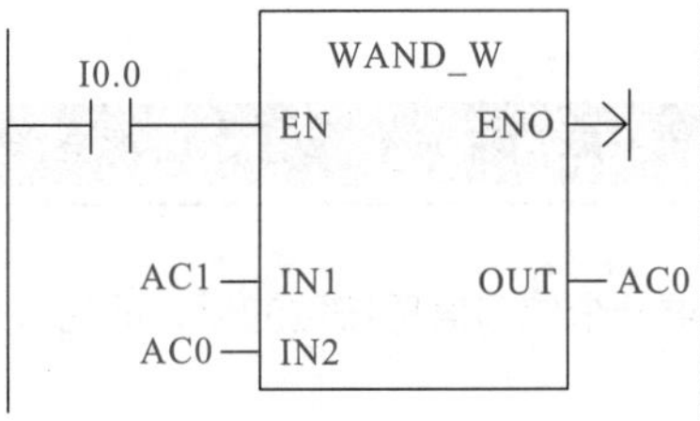 I0.0 WAND_W EN　ENO AC1 — IN1　OUT — AC0 AC0 — IN2	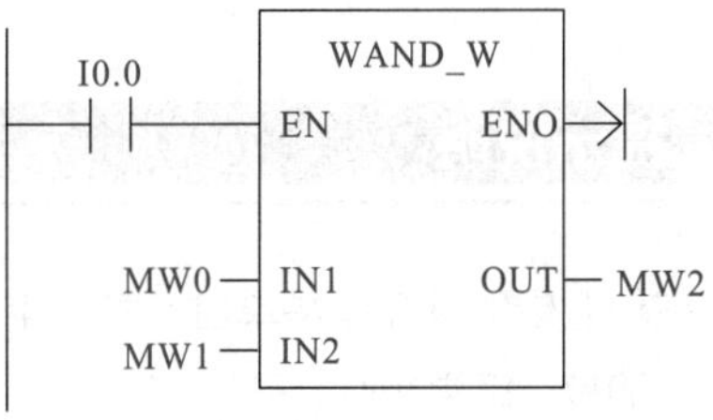 I0.0 WAND_W EN　ENO MW0 — IN1　OUT — MW2 MW1 — IN2
指令表 (STL)	LD　I0.0 ANDW　AC1，AC 0	LD　I0.0 传送指令→MOVW　MW0，MW2 ANDW　MW1，MW2

图 8-18　逻辑与、逻辑或、逻辑异或运算指令的应用

8.2.4　逻辑取反指令（INVB、INVW、INVD）

逻辑取反指令是指将输入端（IN）的数据按位“取反”，并将处理后的结果存储在输出端（OUT）中，如图 8-19 所示。

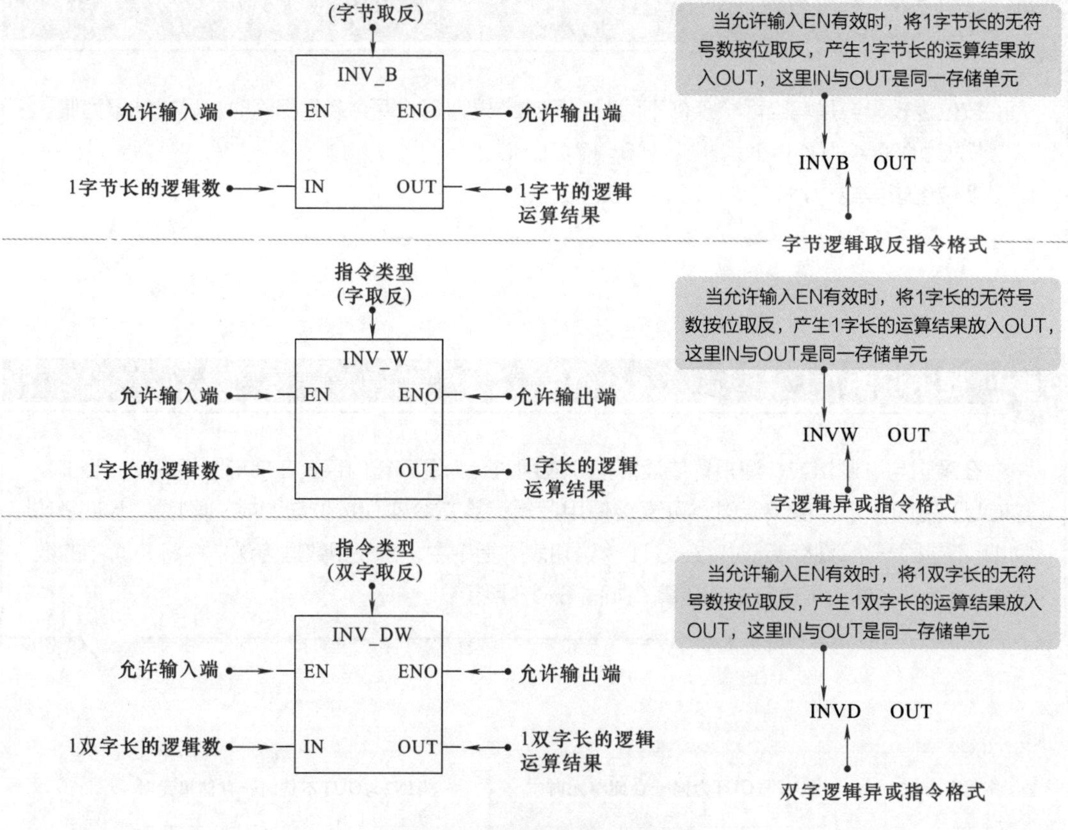

图 8-19 逻辑取反指令的含义

提示说明

按位逻辑取反操作是单目运算，用来求一个位串信息按位的反，即为 0 的位，结果是 1；而为 1 的位，结果是 0。

例如：~ 0=1；~ 1=0；　　　　多位逻辑取反：~ 0011=1100。

逻辑运算指令中 IN 和 OUT 的寻址范围如表 8-3 所列。

表 8-3 逻辑运算指令中 IN 和 OUT 的寻址范围

输入 / 输出	数据类型	操作数
IN	BYTE（字节）	IB、QB、VB、MB、SMB、SB、LB、AC、*VD、*LD、*AC、常数
	WORD（字）	IW、QW、VW、MW、SMW、SW、LW、T、C、AC、AIW、*VD、*LD、*AC、常数
	DWORD（双字）	ID、QD、VD、MD、SMD、SD、LD、AC、HC、*VD、*LD、*AC、常数
OUT	BYTE（字节）	IB、QB、VB、MB、SMB、SB、LB、AC、*VD、*AC、*LD
	WORD（字）	IW、QW、VW、MW、SMW、SW、T、C、LW、AC、*VD、*LD、*AC
	DWORD（双字）	ID、QD、VD、MD、SMD、SD、LD、AC、*VD、*LD、*AC

图8-20为逻辑运算指令的应用示例。

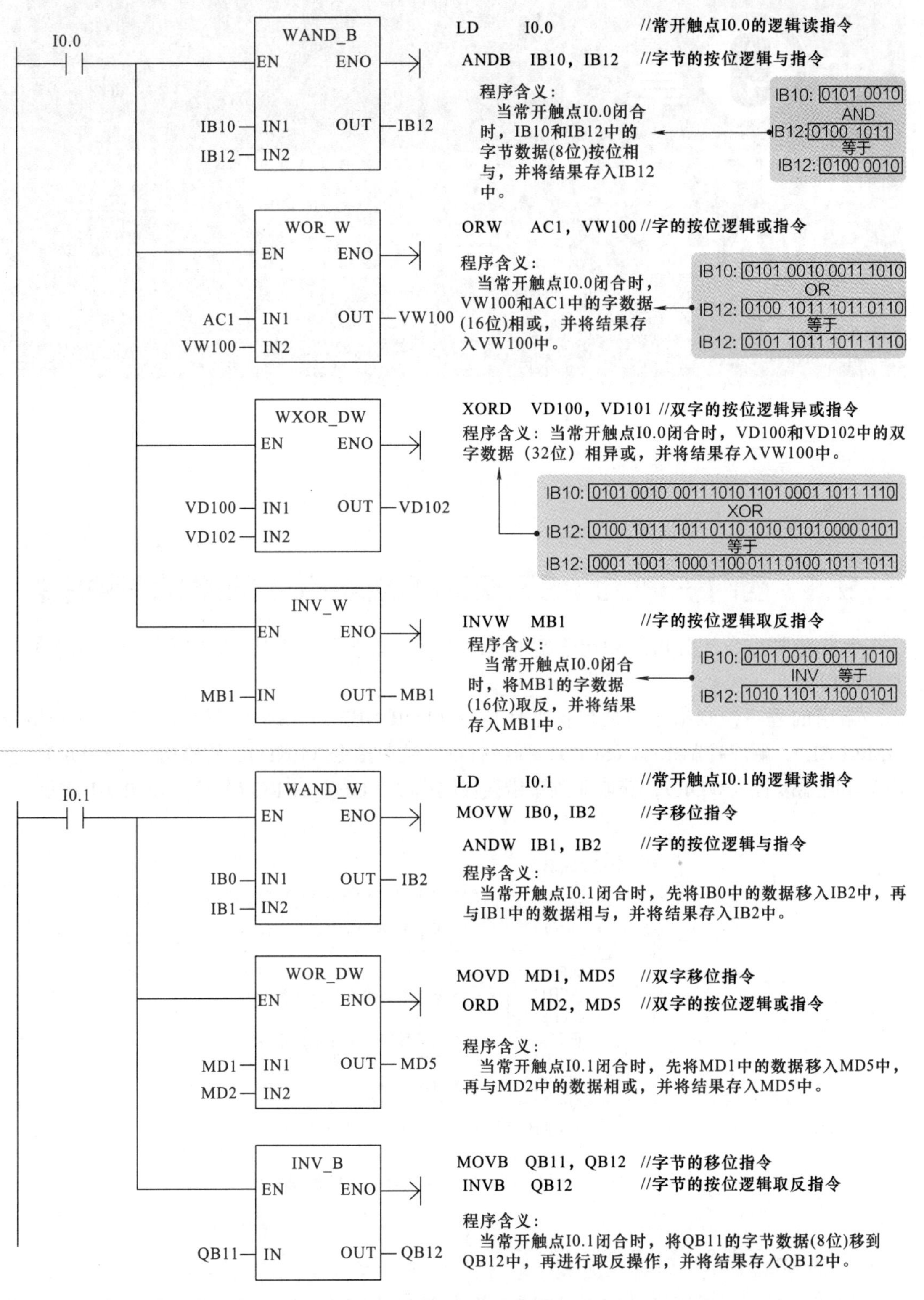

图8-20 逻辑运算指令的应用示例

第9章 西门子PLC（S7-200 SMART）的程序控制指令

9.1 西门子PLC（S7-200 SMART）的控制程序指令

程序控制指令是指PLC中用于实现程序优化、增强程序功能、促使程序更加灵活的一类控制指令。

常用的程序控制指令主要包括循环指令（FOR-NEXT）、跳转至标号指令和标号指令（JMP-LBL）、顺序控制指令（SCR）、程序有条件结束指令（END）、暂停指令（STOP）、看门狗定时器复位（WDR）、获取非致命错误代码指令（GET_ERROR）等，如图9-1所示。

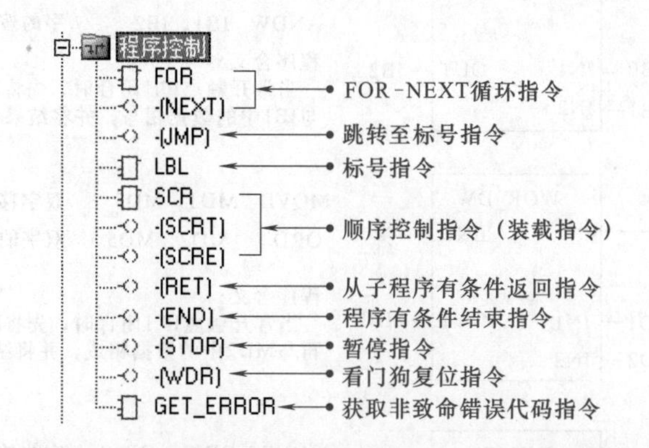

图9-1 西门子PLC（S7-200 SMART）中的控制程序指令

9.1.1 循环指令（FOR-NEXT）

循环指令包括循环开始指令（FOR）和循环结束指令（NEXT）两个基本指令，如图9-2所示。

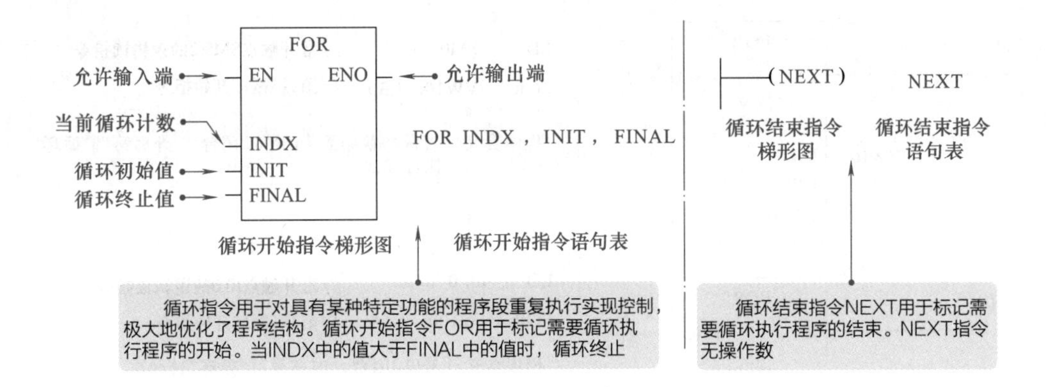

图 9-2　FOR-NEXT（循环指令）的含义

提示说明

在使用循环指令（FOR、NEXT）时需要注意：

• 当某项功能程序段需要重复执行时，可使用循环指令；

• 循环开始指令 FOR 与循环结束指令 NEXT 必须配合使用；

• 循环指令 FOR 与 NEXT 之间的程序称为循环体；

• 循环指令可以嵌套使用，嵌套层数不超过 8 层；

• 循环程序执行时，假设循环初始值 INIT 为 1，循环终止值 FINAL 为 5，表示循环体要循环 5 次，且每循环一次 INDX（循环计数）值加 1，当 INDX 的值大于 FINAL 时，循环结束。

另外，循环指令操作数的选址范围如表 9-1 所列。

表 9-1　循环指令操作数的选址范围

输入 / 输出	数据类型	操作数
INDX	INT	IW、QW、VW、MW、SMW、SW、T、C、LW、AIW、AC、*VD、*LD、*AC
INIT，FINAL	INT	VW、IW、QW、MW、SMW、SW、T、C、LW、AC、AIW、*VD、*AC、常数

图 9-3 为循环指令的应用示例。

9.1.2　跳转至标号指令（JMP）和标号指令（LBL）

跳转指令（JMP）与标号指令（LBL）是一对配合使用的指令，必须成对使用，缺一不可，如图 9-4 所示。

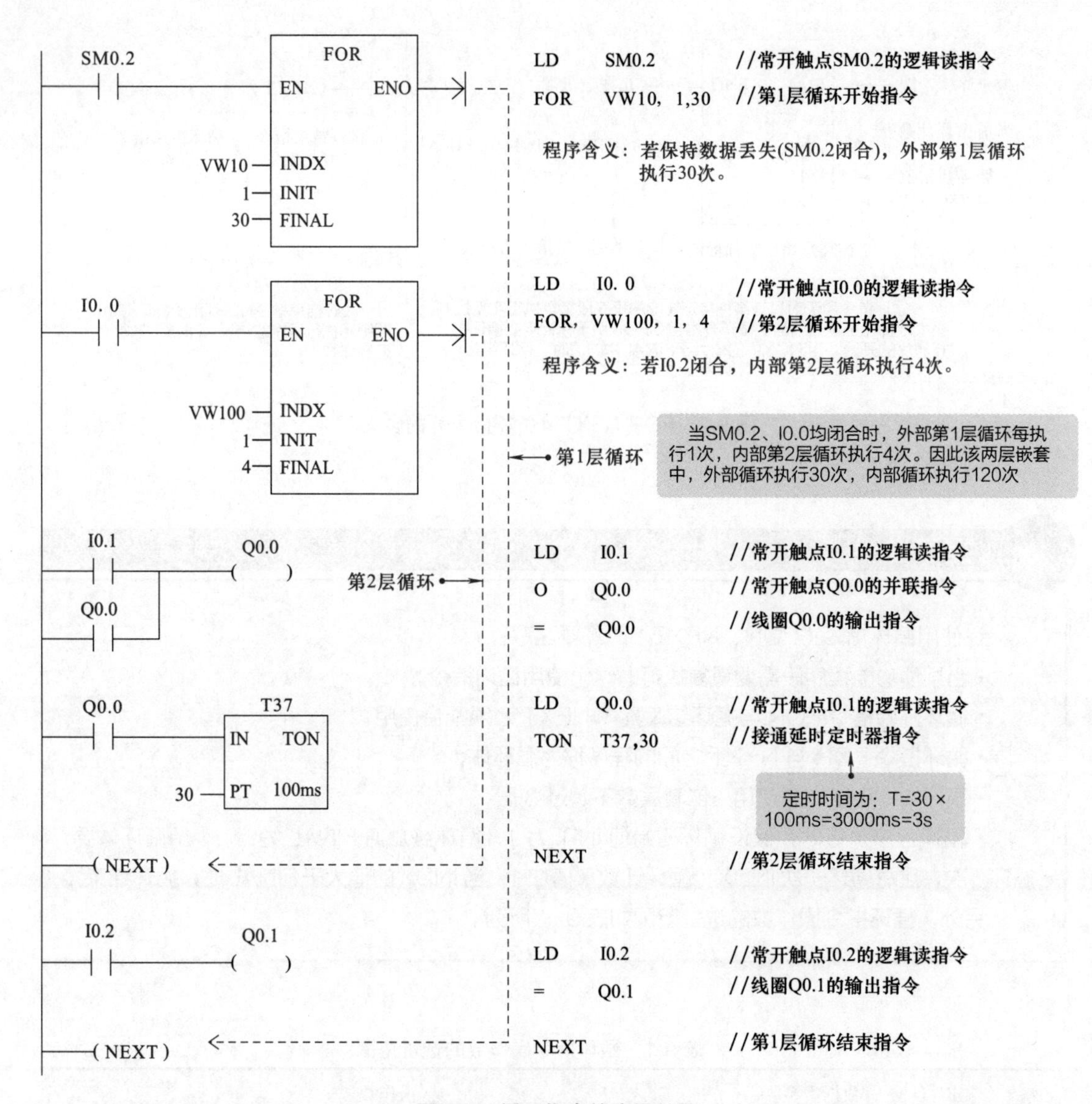

图 9-3　循环指令的应用示例

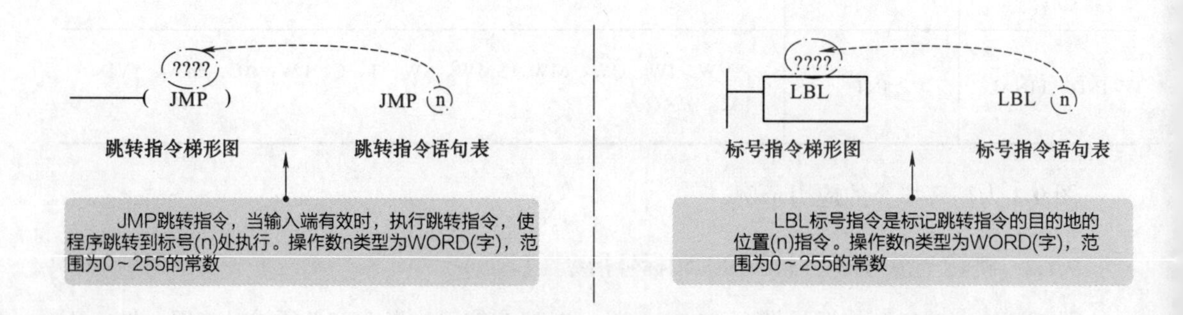

图 9-4　跳转指令与标号指令的含义

提示说明

在使用跳转指令 JMP 和标号指令 LBL 时需要注意：

① 跳转指令与标号指令必须配合使用。

② 跳转指令与标号指令可以在主程序、子程序或者中断程序中使用。跳转和与之相应的标号指令必须位于同一段程序代码（无论是主程序、子程序还是中断程序）。

③ 不能从主程序跳到子程序或中断程序，同样不能从子程序或中断程序跳出。

④ 程序执行跳转指令后，被跳过的程序中各类元件的状态。

a. Q、M、S、C 等元件的位保持跳转前的状态；

b. 计数器 C 停止计数，保持跳转前的计数值；

c. 分辨率为 1ms、10ms 的定时器保持跳转前的工作状态，即跳转前开始定时的定时器继续定时工作，到设定值后其位（相应的常开触点、常闭触点）的状态也会改变；

d. 分辨率为 100ms 的定时器在跳转期间停止工作，但不会复位，保持跳转时的值，但跳转结束后，在输入条件允许的前提下，继续计时，但此时计时已不准确，因此使用定时器的程序中，应谨慎使用跳转指令。

图 9-5 为跳转至标号指令和标号指令的应用示例。

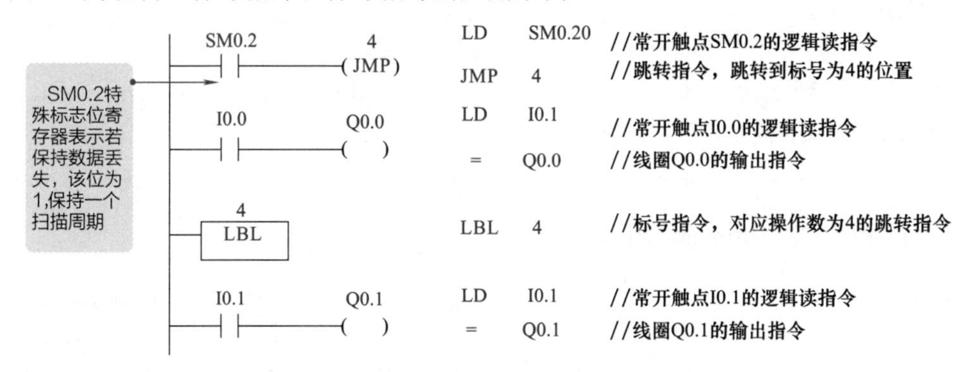

图 9-5　跳转至标号指令和标号指令的应用示例

提示说明

图 9-5 程序含义：若保持数据丢失（SM0.2 闭合），执行跳转指令，程序跳转到 LBL 标号以后的指令开始执行，JMP 与 LBL 之间的所有指令不再执行，即使 I0.0 闭合，Q0.0 也不得电。即，当 SM0.2 闭合时，程序跳转，若此时 I0.1 闭合，则 Q0.1 得电输出；若 SM0.2 不动作，即跳转条件不满足时，若 I0.0 闭合，则 Q0.0 得电输出。

9.1.3　顺序控制指令（SCR）

顺序控制指令（SCR）是将顺序功能图（SFC）转换为梯形图的编程指令，主要包括段开始指令（LSCR）、段转移指令（SCRT）和段结束指令（SCRE），如图 9-6 所示。

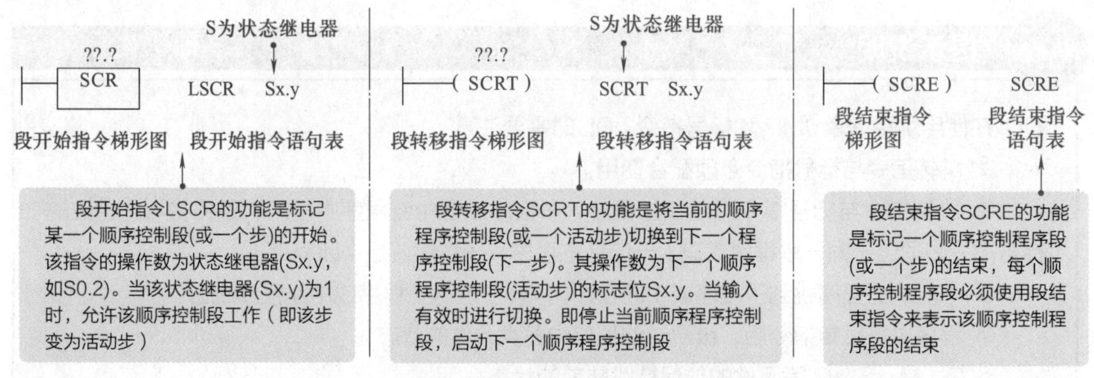

图 9-6　顺序控制指令的含义

提示说明

使用顺序控制指令时需要注意：

・在梯形图中段开始指令为功能框形式，段转移指令和段结束指令均为线圈形式。

・顺序控制指令仅对状态继电器 S 有效。

・当 S 被置位后，顺序控制程序段中的程序才能够执行。

・不能把同一个 S 位用于不同程序中。例如：如果在主程序中用了 S0.0，在子程序中就不能再使用。

・在 SCR 段中不能使用 FOR、NEXT 和 END 指令。

・无法跳转入或跳转出 SCR 段；然而，可以使用跳转和标号指令（JMP、LBL）在 SCR 段附近跳转，或在 SCR 段内跳转。

图 9-7 为顺序控制指令的应用示例。

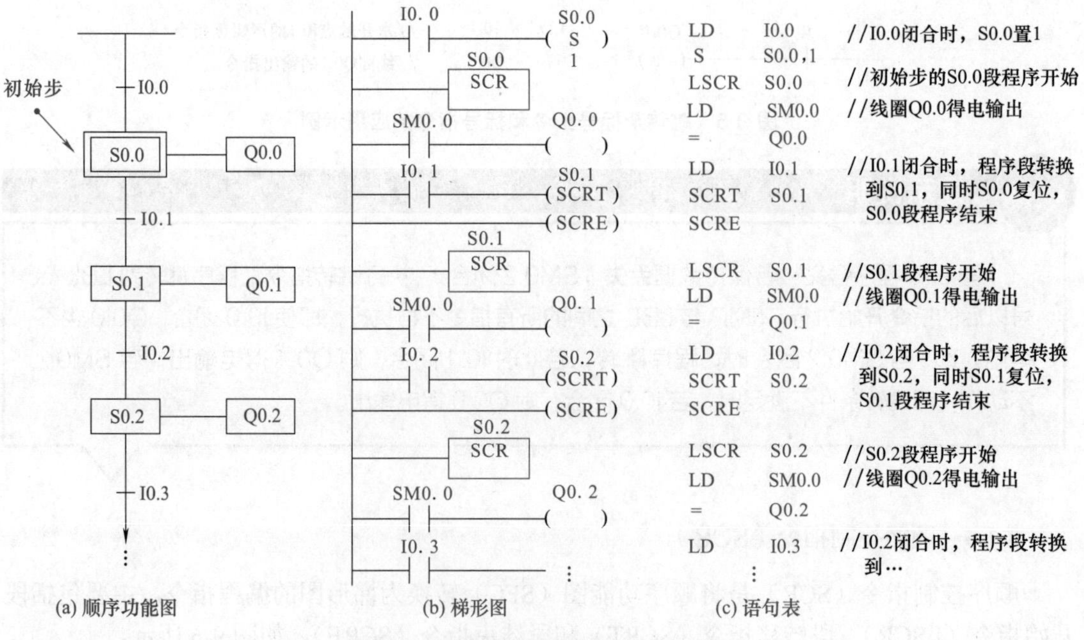

图 9-7　顺序控制指令的应用示例

上面的顺序功能图属于纯顺序结构，除了这种结构常见的顺序功能图，还有选择分支控制结构、合并分支控制结构、循环控制结构等，可通过顺序控制指令将这些类型的顺序功能图转换为梯形图。图 9-8 为顺序控制指令的应用（选择分支控制结构）。

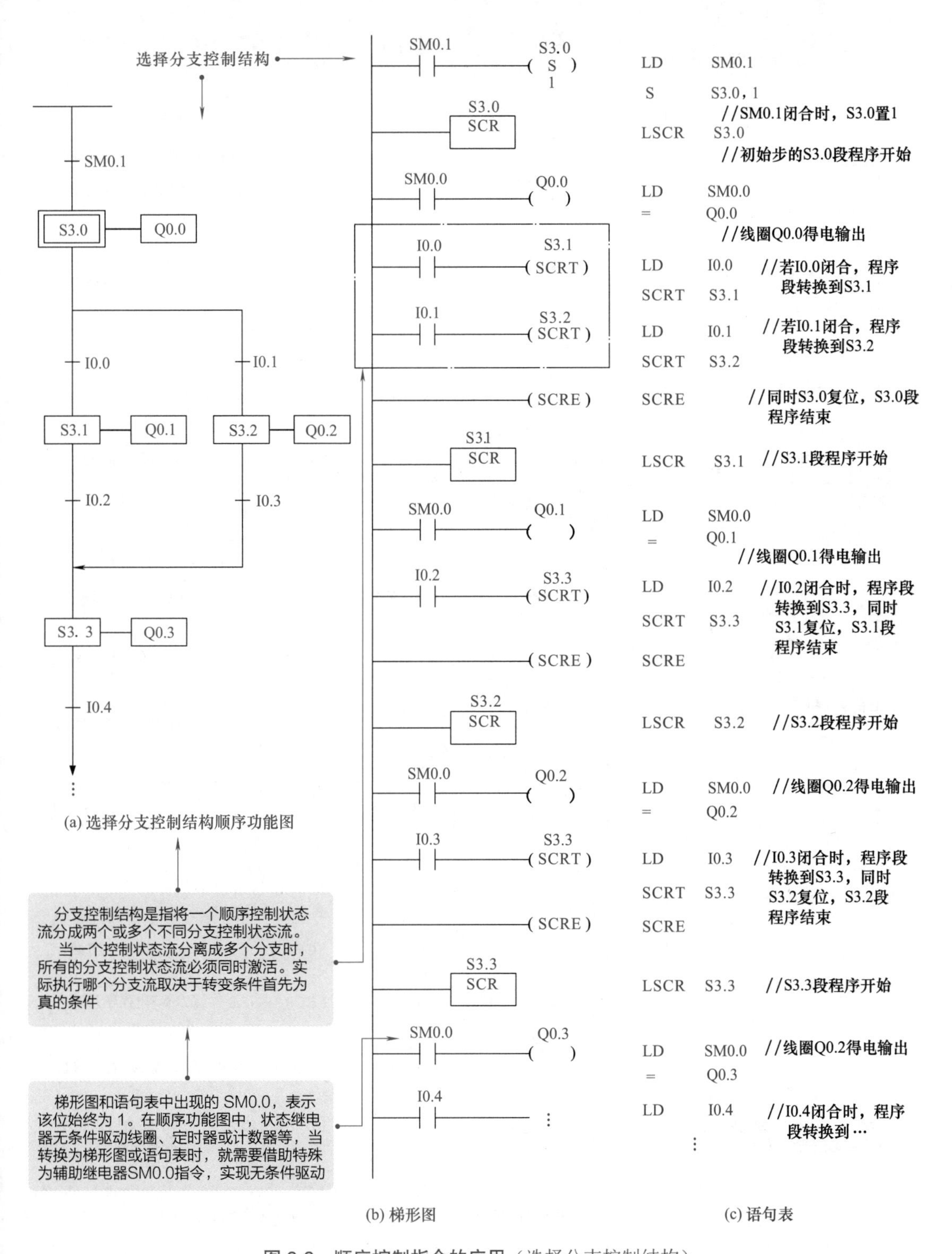

图 9-8　顺序控制指令的应用（选择分支控制结构）

合并分支控制结构是指两个或者多个分支状态流合并为一个状态流。当多个状态流汇集成一个时，称为合并。当控制流合并时，所有的控制流必须都完成，才能执行下一个状态。图 9-9 为顺序控制指令的应用（合并分支控制结构）。

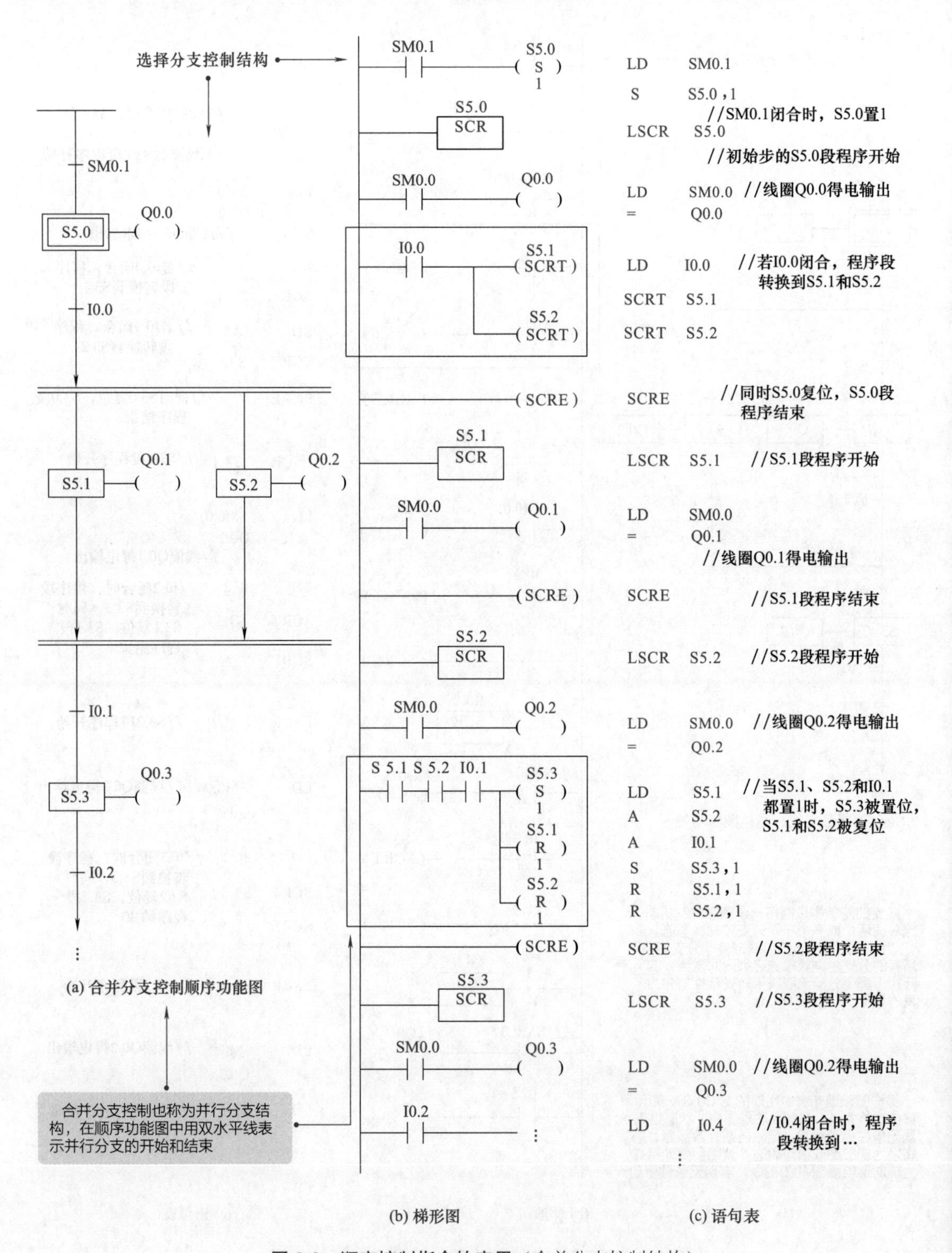

图 9-9 顺序控制指令的应用（合并分支控制结构）

循环控制结构属于一种特殊的选择分支控制结构，其功能是满足一定条件后，实现顺序控制过程某段程序的多次、重复执行。图9-10为顺序控制指令的应用（循环控制结构）。

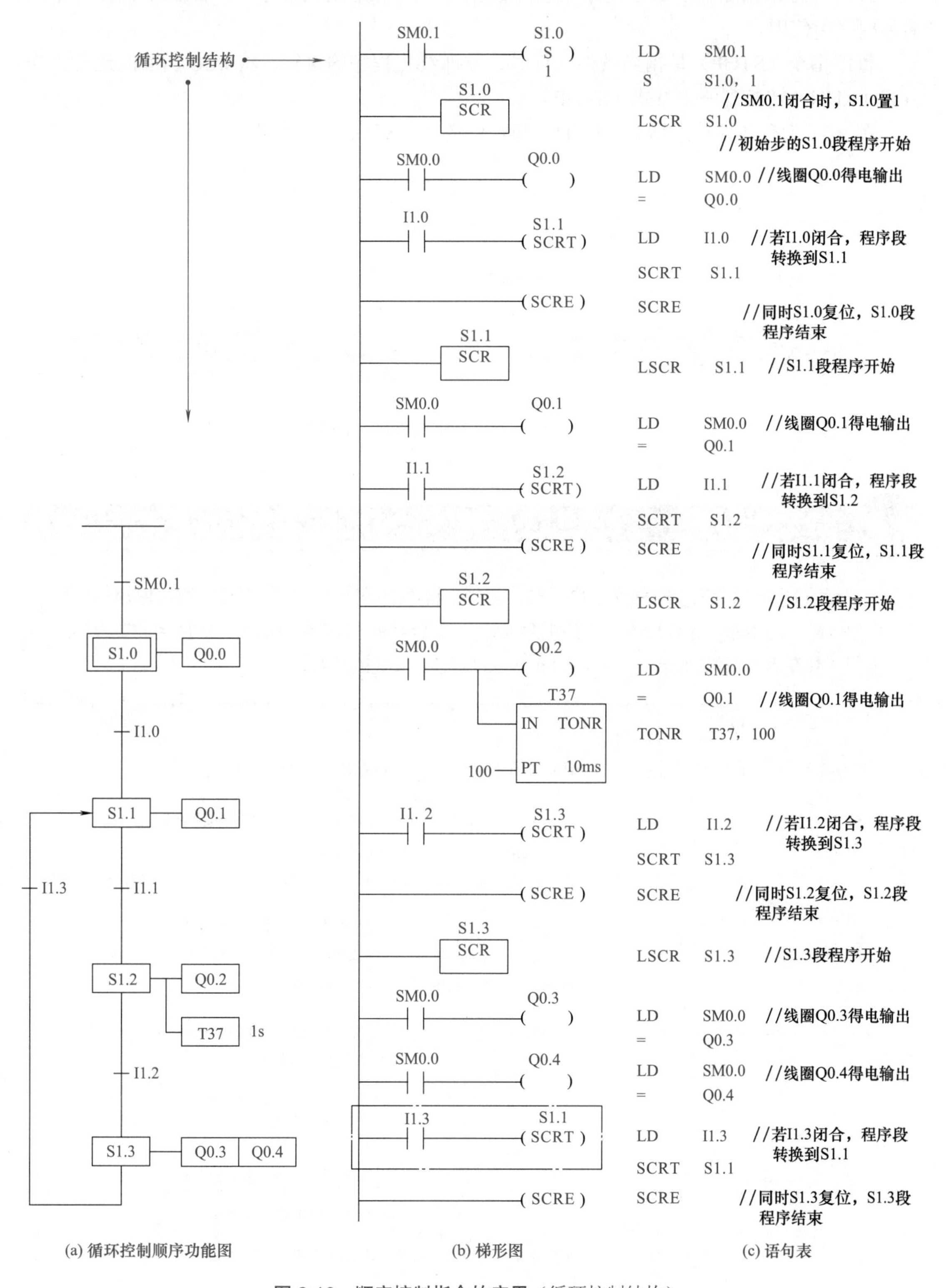

(a) 循环控制顺序功能图　　(b) 梯形图　　(c) 语句表

图9-10　顺序控制指令的应用（循环控制结构）

9.1.4 有条件结束指令（END）和暂停指令（STOP）

有条件结束指令（END）是结束程序的指令。只能结束主程序，不能在子程序和中断服务程序中使用。

暂停指令（STOP）是指当条件允许时，立即终止程序的执行，将 PLC 当前的运行工作方式（RUN）转换到停止方式（STOP）。

图 9-11 为有条件结束指令（END）和暂停指令（STOP）的含义。

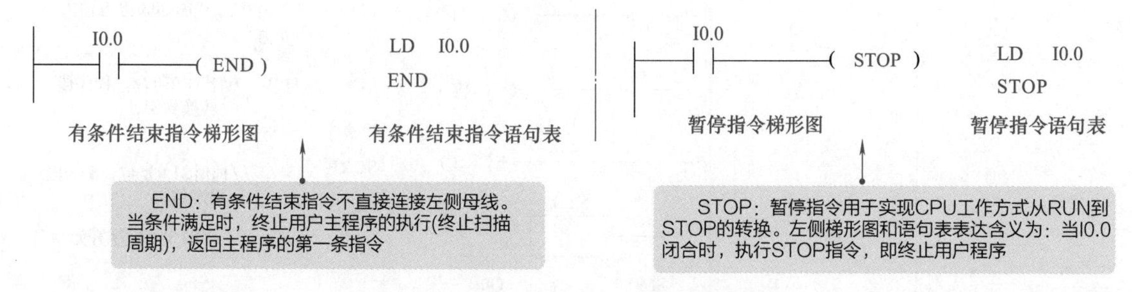

图 9-11 END（有条件结束指令）的含义

提示说明

当 STOP 指令在中断程序中执行时，该中断程序立即终止，并且忽略所有暂停执行（也称为挂起）的中断，继续扫描程序的剩余部分。完成当前周期的剩余动作，包括用户主程序的执行，并在当前扫描的最后，完成从 RUN 到 STOP 模式的转变。

图 9-12 为有条件结束指令（END）和暂停指令（STOP）的应用示例。

SM5.0 ——| |——(STOP)

LD SM5.0 //常开触点SM5.0的逻辑读指令
STOP //暂停指令

程序含义：当检测到I/O错误时，强制转换到STOP模式，即暂停指令执行。

I0.0 ——| |——( ) Q0.0

LD I0.0 //常开触点I0.0的逻辑读指令
= Q0.0 //线圈Q0.0的输出指令

程序含义：当I0.0闭合时，Q0.0得电输出。

I0.1 ——| |——(END)

LD I0.1 //常开触点I0.1的逻辑读指令
END //有条件结束指令

程序含义：当I0.1闭合时，终止用户程序，Q0.0仍保持接通(注意需要在未检测到I/O错误时，即不执行STOP指令时)，下面的程序不再执行。当I0.0断开，I0.2闭合时，Q0.1才会得电输出。

I0.2 ——| |——( ) Q0.1

LD I0.2 //常开触点I0.2的逻辑读指令
= Q0.1 //线圈Q0.1的输出指令

程序含义：当I0.0断开，I0.2闭合时，Q0.1得电输出。

图 9-12 有条件结束指令（END）和暂停指令（STOP）的应用示例

提示说明

SM 是特殊标志位存储器，其有效地址范围为 SM0.0 ~ SM549.7，其中 SM5.0 表示当有 I/O 错误时，将该位置 1。

9.1.5　看门狗定时器复位指令（WDR）

看门狗定时器复位指令（WDR）是一种用于复位系统中的监视狗定时器（WDT）的指令。

看门狗定时器复位指令（WDT）是专门监视扫描周期的时钟，用于监视扫描周期是否超时。WDT 一般有一个稍微大于程序扫描周期的定时值（西门子 S7-200 中 WDT 的设定值为 300ms）。当程序正常扫描时，所需扫描时间小于 WDT 设定值，WDT 被复位；当程序异常时，扫描周期大于 WDT，WDT 不能及时复位，将发出报警并停止 CPU 运行，防止因系统异常或程序进入死循环而引起的扫描周期过长。

然而，有些系统程序会因使用中断指令、循环指令或程序本身过长，而超过 WDT 定时器的设定值，此时若希望程序正常工作，可在程序适当位置插入监视定时器复位指令 WDR，对监视狗定时器 WDT 复位，从而延长一次允许的扫描时间。

图 9-13 为看门狗定时器复位指令（WDT）的含义。

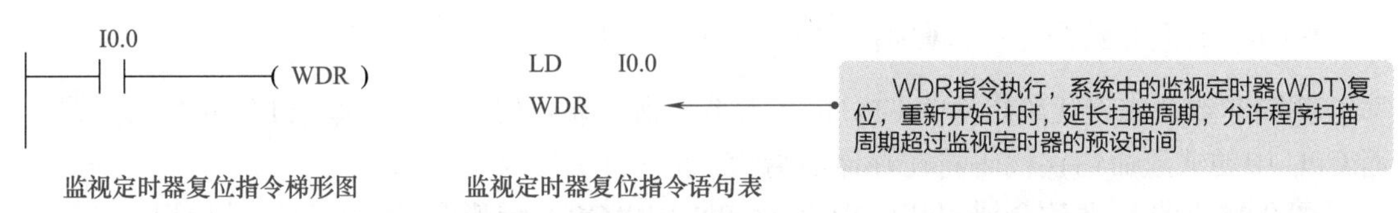

图 9-13　看门狗定时器复位指令（WDT）的含义

提示说明

在使用 WDR 指令时，如果用循环指令去阻止扫描完成或过度延迟扫描时间，下列程序只有在扫描周期完成后才能执行：

- 通信（自由端口方式除外）；
- I/O 更新（立即 I/O 除外）；
- 强制更新；
- SM 位更新（SM0，SM5 ~ SM29 不能被更新）；
- 运行时间诊断；
- 中断程序中的 STOP 指令；
- 由于扫描时间超过 25s，10ms 和 100ms 定时器将不会正确累计时间。

另外，主要注意的是，监视狗定时器 WDT 指令，即看门狗指令默认存储于 PLC 系统中，与每个程序的无条件结束语句相同，已经写入系统中，无需编程时进行编写。

图 9-14 为看门狗定时器复位指令（WDT）的应用示例。

SM5.0　SM4.3　(STOP)

```
LD    SM5.0    //常开触点SM5.0的逻辑读指令
O     SM4. 3   //常开触点SM4.3的并联指令
STOP           //暂停指令
```

程序含义：当检测到I/O错误(SM5.0闭合)时，或在运行时刻，发现编程问题(SM4.3闭合)时，将该位置1。强制转换到STOP模式，即暂停指令执行。

I0.0　(WDR)

```
LD    I0. 0    //常开触点I0.0的逻辑读指令
WDR            //监视定时器复位指令
```

程序含义：当I0.0闭合时，执行WDR指令，对监视狗定时器进行复位，增加一次扫描时间。

I0.1　(END)

```
LD    I0.1     //常开触点I0.1的逻辑读指令
END            //有条件结束指令
```

程序含义：当I0.1闭合时，终止用户程序，即使I0.2闭合，下面的程序也不再执行。

I0.2　Q0.1 (　)

```
LD    I0.2     //常开触点I0.2的逻辑读指令
=     Q0.1     //线圈Q0.1的输出指令
```

程序含义：当I0.0断开，I0.2闭合时，Q0.1得电输出。

图 9-14　看门狗定时器复位指令（WDT）的应用示例

9.1.6　获取非致命错误代码指令（GET_ERROR）

获取非致命错误代码指令将CPU的当前非致命错误代码存储在分配给ECODE的位置。而CPU中的非致命错误代码将在存储后清除。

图 9-15 为获取非致命错误代码指令（GET_ERROR）梯形图及语句表符号标识。

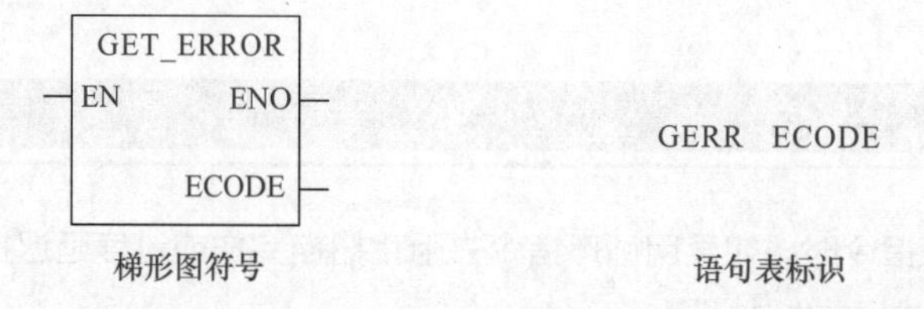

梯形图符号　　语句表标识

图 9-15　获取非致命错误代码指令（GET_ERROR）梯形图及语句表符号标识

9.2　西门子 PLC（S7-200 SMART）的子程序指令

子程序是指具有一定功能的程序段。在 PLC 编程时，可以将经常执行的程序段编写成一个子程序，并为具有不同功能的子程序编号。在程序执行时，可根据控制要求随时调用某一个编号的子程序。

调用子程序时需要满足一定条件，当该条件不满足时，不执行子程序中的指令，这样可减少系统扫描时间。子程序的使用可将系统程序分割成不同的单元，程序结构更加简单，更易于调试和维护。

子程序指令包括子程序调用指令 CALL、子程序条件返回指令 CRET，如图 9-16 所示。

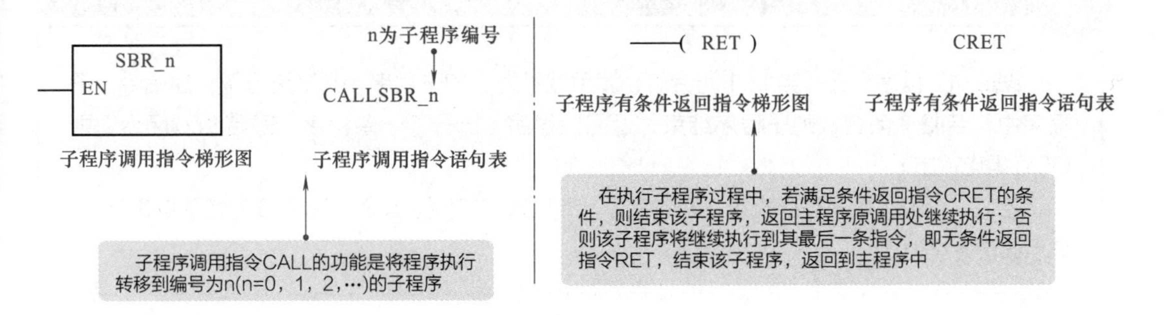

图 9-16　子程序指令含义

提示说明

在使用子程序指令时需要注意：

• 编程时，无需手动输入无条件指令 RET。当子程序执行到最后一条指令时，软件将自动加到每个子程序的结尾，返回原调用处继续执行。

• 可以在主程序、其他子程序和中断程序中调用子程序。

• 在主程序中，可以嵌套调用子程序（在子程序中调用子程序），最多嵌套 8 层。在中断程序中，不能嵌套调用子程序。

• 子程序中不能使用 END 指令。

• 当子程序在同一个周期内被多次调用时，不能使用上升沿、下降沿、定时器和计数器指令。

• 累加器可在主程序和子程序之间自由传递，在子程序调用时，累加器的值既不保存也不恢复。

• 子程序的调用既可以带参数，也可以不带参数。

图 9-17 为子程序指令的应用示例。

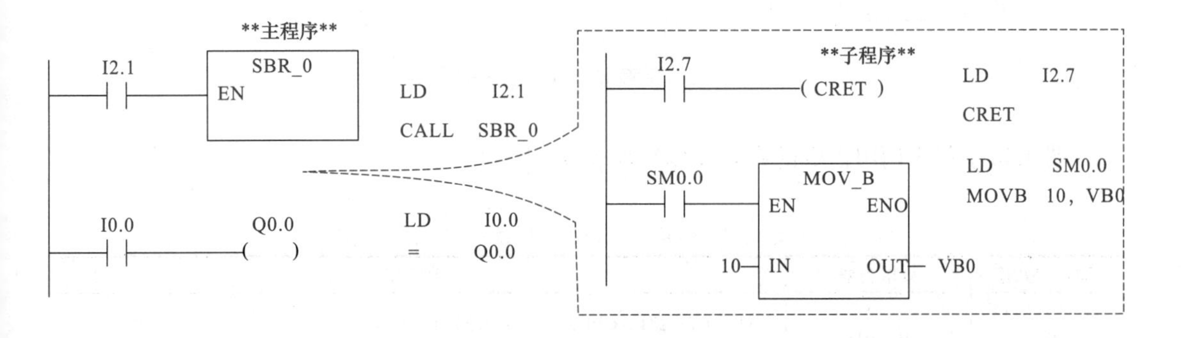

图 9-17　子程序指令的应用示例

提示说明

图 9-17 程序含义：当 I2.1 闭合时，调用编号为 0 的子程序，开始执行子程序指令。子程序中，若 I2.7 闭合，则子程序结束，返回主程序，执行下一条程序，即若 I0.0 闭合，则 Q0.0 得电输出。

若 I2.7 断开，则子程序执行下面的指令，即执行字节传送指令（SM0.0 为特殊位寄存器，表示该位始终为 1）。

子程序还可以采用带参数形式进行调用，最多可传递 16 个参数，如图 9-18 所示。

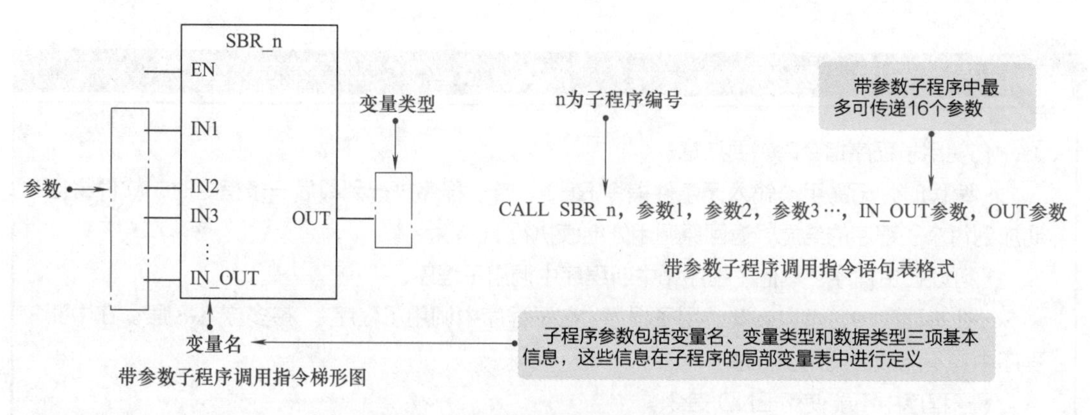

图 9-18 带参数子程序调用指令的含义

图 9-19 为带参数子程序指令的调用。

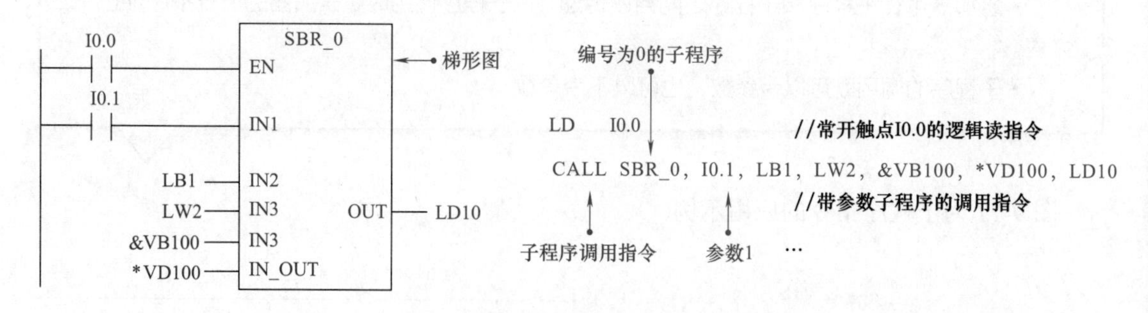

图 9-19 带参数子程序指令的调用

带参数子程序调用指令的有效操作数如表 9-2 所列。

表 9-2 带参数子程序调用指令的有效操作数

输入 / 输出	数据类型	操作数
SBR_n	WORD	对于 CPU221、CPU222、CPU224：0 ～ 63 对于 CPU224XP、CPU226：0 ～ 127

续表

输入 / 输出	数据类型	操作数
IN	BOOL	V、I、Q、M、SM、S、T、C、L、能流
	BYTE	VB、IB、QB、MB、SMB、SB、LB、AC、*VD、*LD、*AC1、常数
	WORD、INT	VW、T、C、IW、QW、MW、SMW、SW、LW、AC、AIW、*VD、*LD、*AC、常数
	DWORD、DINT	VD、ID、QD、MD、SMD、SD、LD、AC、HC、*VD、*LD、*AC1、&VB、&IB、&QB、&MB、&T、&C、&SB、&AI、&AQ、&SMB、常数
	STRING	*VD、*LD、*AC、常数
IN_OUT	BOOL	V、I、Q、M、SM、S、T、C、L
	BYTE	VB、IB、QB、MB、SMB、SB、LB、AC、*VD、*LD、*AC
	WORD、INT	VW、T、C、IW、QW、MW、SMW、SW、LW、AC、*VD、*LD、*AC
	DWORD、DINT	VD、ID、QD、MD、SMD、SD、LD、AC、*VD、*LD、*AC
OUT	BOOL	V、I、Q、M、SM、S、T、C、L
	BYTE	VB、IB、QB、MB、SMB、SB、LB、AC、*VD、*LD、*AC
	WORD、INT	VW、T、C、IW、QW、MW、SMW、SW、LW、AC、AQW、*VD、*LD、*AC
	DWORD、DINT	VD、ID、QD、MD、SMD、SD、LD、AC、*VD、*LD、*AC

提示说明

在梯形图和语句表中，体现出子程序的参数和参数的变量名，除了变量名外，在程序设计初期还需要在子程序的局部变量表（S7-200 SMART PLC 编程软件的子程序编辑区）中定义参数的变量类型和数据类型信息，如图 9-20 所示。

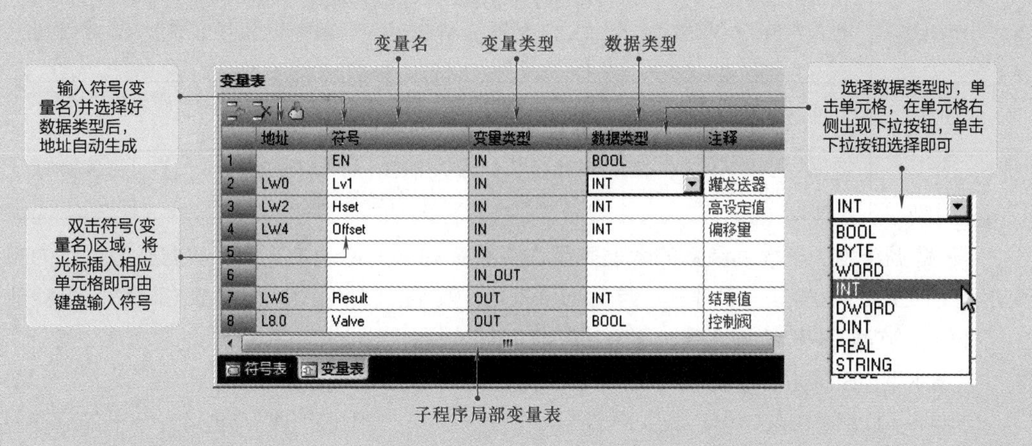

图 9-20　子程序的局部变量表

• 变量名。变量名最多用 8 个字符表示，且第一个字符不能为数字。可以是字母（如 IN1、IN2、IN3…）、字符串（如 Addr、Data、Done…）或汉字（如频率低、频率高、高水位…），如图 9-21 所示。

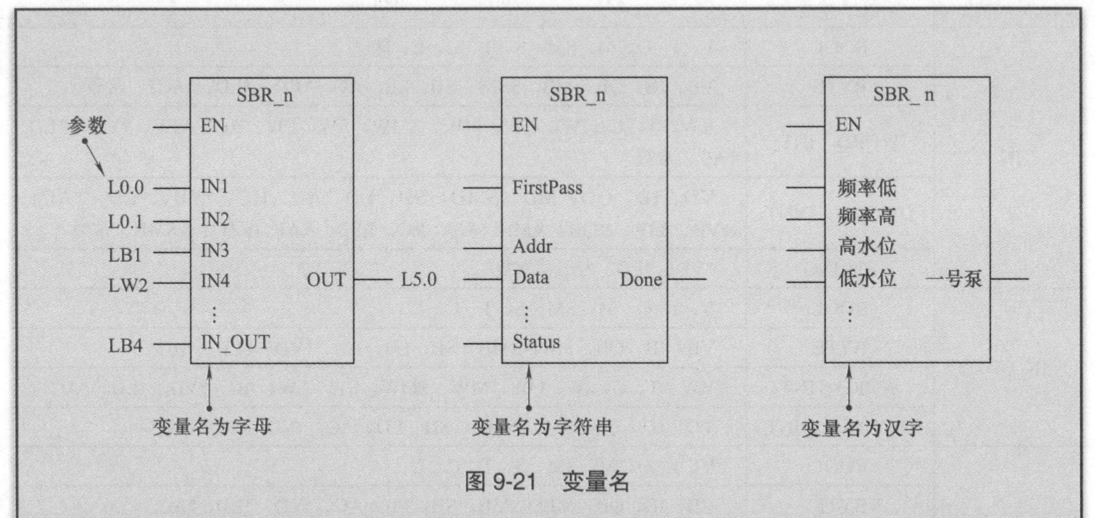

图 9-21　变量名

・变量类型。变量类型根据变量对应数据的传递方向可分为 4 种类型，分别为传入子程序参数（IN）、传入 / 传出子程序参数（IN_OUT）、传出子程序参数（OUT）和暂时变量（TEMP），如表 9-3 所列。

表 9-3　变量类型

变量类型	变量含义	注释
IN	传入子程序参数	参数可以是直接寻址（如 IB14，表示指定位置的值被传递到子程序）、间接寻址（如 *LD1，表示指针指定位置的值被传入子程序）、常数（如 16# 2344，表示常数的值被传入子程序）、一个地址（如 &SB11）
IN_OUT	传入 / 传出子程序参数	调用时将指定参数位置的值传到子程序中；返回时从子程序得到的结果被返回到同一位置。常数和地址不允许作为输入 / 输出参数
OUT	传出子程序参数	从子程序返回的结果返回到指定的参数位置。常数和地址不能作为传出参数
TEMP	暂时变量	存储程序执行的中间值，属于临时存储器，暂存子程序内的数据，不能用于与主程序传递参数数据

・数据类型。子程序参数的数据类型也需要在局部变量表中声明。数据类型可以为布尔型（BOOL）、字节（BYTE）、字（WORD）、双字（DWORD）、整数（INT）、双整数（DINT）、实数（REAL）、指针（STRING）和能流。

布尔型（BOOL）：用于单个位（如 L0.0、L1.1）输入和输出。

字节（BYTE）、字（WORD）、双字（DWORD）：分别识别 1、2 或 4 个字节的无符号输入或输出参数。

整数（INT）、双整数（DINT）：分别识别 2 或 4 个字节的有符号输出或输出参数。

实数（REAL）：识别 4 字节的单精度 IEEE 浮点参数。

字符串（STRING）：用作一个指向字符串的 4 字节指针。

能流：只允许位（BOOL）输入操作。

9.3 西门子 PLC（S7-200 SMART）的中断指令

中断是指在系统程序正常执行过程中，出现了一些特殊请求或急需处理的情况时，借助中断指令暂停正在执行的程序，转而执行需要立即处理的或特殊情况事件（中断服务程序），当事件处理完成后，自动回到被中断的原程序继续执行。

9.3.1 中断的相关含义

通常，将程序执行过程中实现特殊请求或急需处理的事件称为中断事件。响应中断事件而执行的程序称为中断服务程序。

在西门子 S7-200 SMART PLC 中，常见的中断事件包括系统内部中断和用户中断。其中，系统内部中断包括编程器、数据处理器等向 CPU 发出的中断请求，CPU 具有处理中断的功能，系统内部中断由 PLC 自动完成，无需编程；用户中断包括通信中断、I/O 中断、定时中断、定时器中断等，这类中断需要通过编写中断服务程序，并设定对应的入口地址来完成。

在西门子 S7-200 SMART PLC 中，每个中断事件具有一个中断事件号，响应这些中断事件的先后次序按优先级排队。

表 9-4 为中断事件及相应优先级次序表。

表 9-4　中断事件及相应优先级次序表

<table>
<tr><th rowspan="2">事件号</th><th rowspan="2">中断事件描述</th><th colspan="3">优先级</th></tr>
<tr><th>组优先级</th><th>组内分类</th><th>组内优先级</th></tr>
<tr><td>8</td><td>通信口 0：接收字符</td><td rowspan="6">通信中断
（最高优先级）</td><td rowspan="3">通信口 0 中断</td><td>0</td></tr>
<tr><td>9</td><td>通信口 0：发送字符完成</td><td>0</td></tr>
<tr><td>23</td><td>通信口 0：接收信息完成</td><td>0</td></tr>
<tr><td>24</td><td>通信口 1：接收信息完成</td><td rowspan="3">通信口 1 中断</td><td>1</td></tr>
<tr><td>25</td><td>通信口 1：单字符接收完成</td><td>1</td></tr>
<tr><td>26</td><td>通信口 1：发送字符完成</td><td>1</td></tr>
<tr><td>19</td><td>PTO 0　完成中断</td><td rowspan="10">I/O 中断
（中等优先级）</td><td rowspan="2">脉冲串输出</td><td>0</td></tr>
<tr><td>20</td><td>PTO 1　完成中断</td><td>1</td></tr>
<tr><td>0</td><td>I0.0 上升沿中断</td><td rowspan="8">外部输入</td><td>2</td></tr>
<tr><td>2</td><td>I0.1 上升沿中断</td><td>3</td></tr>
<tr><td>4</td><td>I0.2 上升沿中断</td><td>4</td></tr>
<tr><td>6</td><td>I0.3 上升沿中断</td><td>5</td></tr>
<tr><td>1</td><td>I0.0 下降沿中断</td><td>6</td></tr>
<tr><td>3</td><td>I0.1 下降沿中断</td><td>7</td></tr>
<tr><td>5</td><td>I0.2 下降沿中断</td><td>8</td></tr>
<tr><td>7</td><td>I0.3 下降沿中断</td><td>9</td></tr>
</table>

续表

事件号	中断事件描述	优先级		
		组优先级	组内分类	组内优先级
12	HSC0（高速计数器 0）：CV=PV（当前值 = 预设值）	I/O 中断（中等优先级）	外部输入	10
27	HSC0：输入方向改变			11
28	HSC0：外部复位			12
13	HSC1：CV=PV（当前值 = 预设值）			13
14	HSC1：输入方向改变			14
15	HSC1：外部复位			15
16	HSC2：CV=PV（当前值 = 预设值）		高速计数器中断	16
17	HSC2：输入方向改变			17
18	HSC2：外部复位			18
32	HSC3：CV=PV（当前值 = 预设值）			19
29	HSC4：CV=PV（当前值 = 预设值）			20
30	HSC4：输入方向改变			21
31	HSC4：外部复位			22
33	HSC5：CV=PV（当前值 = 预设值）			23
10	定时中断 0：SMB34	时基中断（最低优先级）	定时中断	0
11	定时中断 1：SMB35			1
21	定时器 T32 CT=PT 中断		定时器中断	2
22	定时器 T96 CT=PT 中断			3

9.3.2 中断指令

在西门子 S7-200 SMART PLC 中，中断服务程序的调用和处理由中断指令完成。常用的中断指令主要包括启动中断指令（ENI）、禁用中断指令（DISI）、附加中断指令（ATCH）、分离中断指令（DTCH）、中断返回指令（RETI）和清除中断事件指令（CLR_EVNT），如图 9-22 所示。

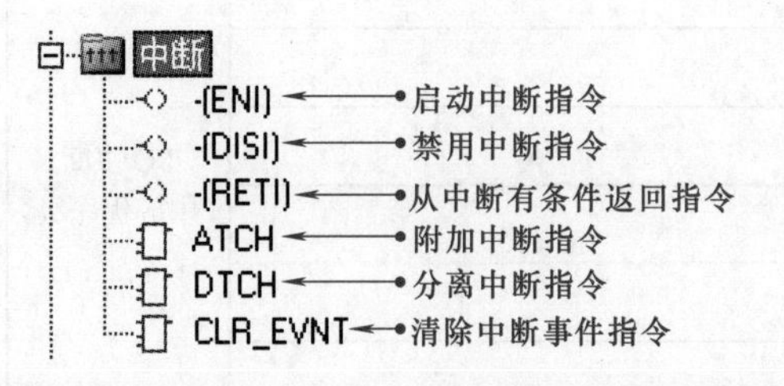

图 9-22　西门子 S7-200 SMART PLC 中的中断指令

图 9-23 为中断指令的含义。

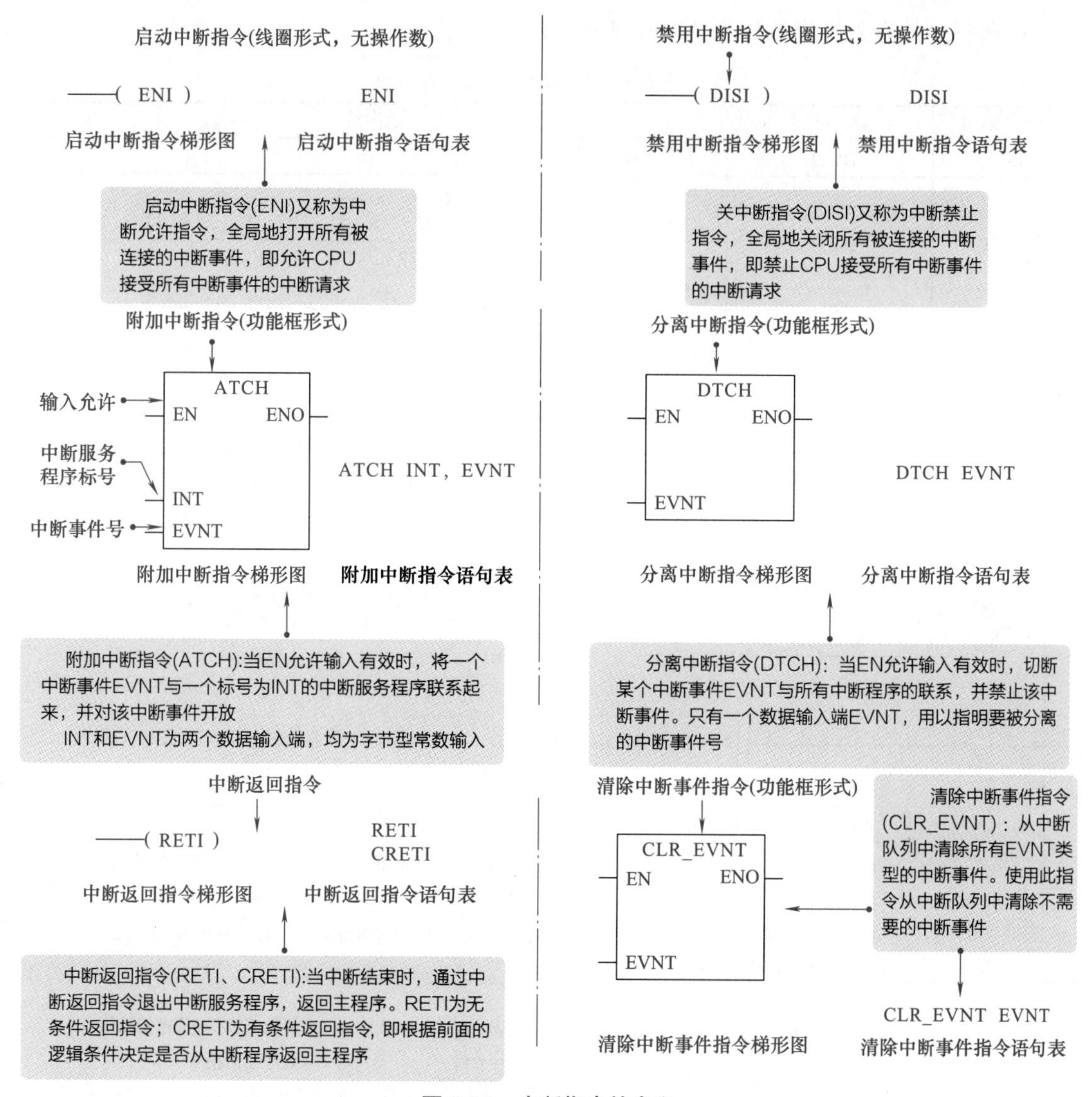

图 9-23　中断指令的含义

提示说明

使用中断程序时应注意：

◆ 中断程序不是由程序调用，而是在中断事件发生时由系统调用（与子程序不同之处）；

◆ 中断程序必须以无条件中断返回指令结束。S7-200 PLC 的 STEP7-Micro/WIN 编程软件自动在中断程序结尾添加无条件中断返回指令，无需手动编写该指令；

◆ 当 PLC 进入正常运行 RUN 模式时，CPU 禁止所有中断，只有在 RUN 模式下，执行开中断指令 EIN，才能允许开放所有中断；

◆ 在中断程序中不能使用 DISI、ENI、HDEF、LSCR 和 END 指令。

中断指令的有效操作数如表 9-5 所列。

表 9-5　中断指令的有效操作数

输入 / 输出	数据类型	操作数
INT	BYTE	常数（0 ～ 127）
EVNT	BYTE	常数：中断事件编号 CPU CR40、CR60：0 ～ 13、16 ～ 18、21 ～ 23、27、28 和 32
		CPU SR20/ST20、SR30/ST30、SR40/ST40、SR60/ST60：0 ～ 13、16 ～ 28、32 和 34 ～ 38

图 9-24 为中断指令的应用示例。

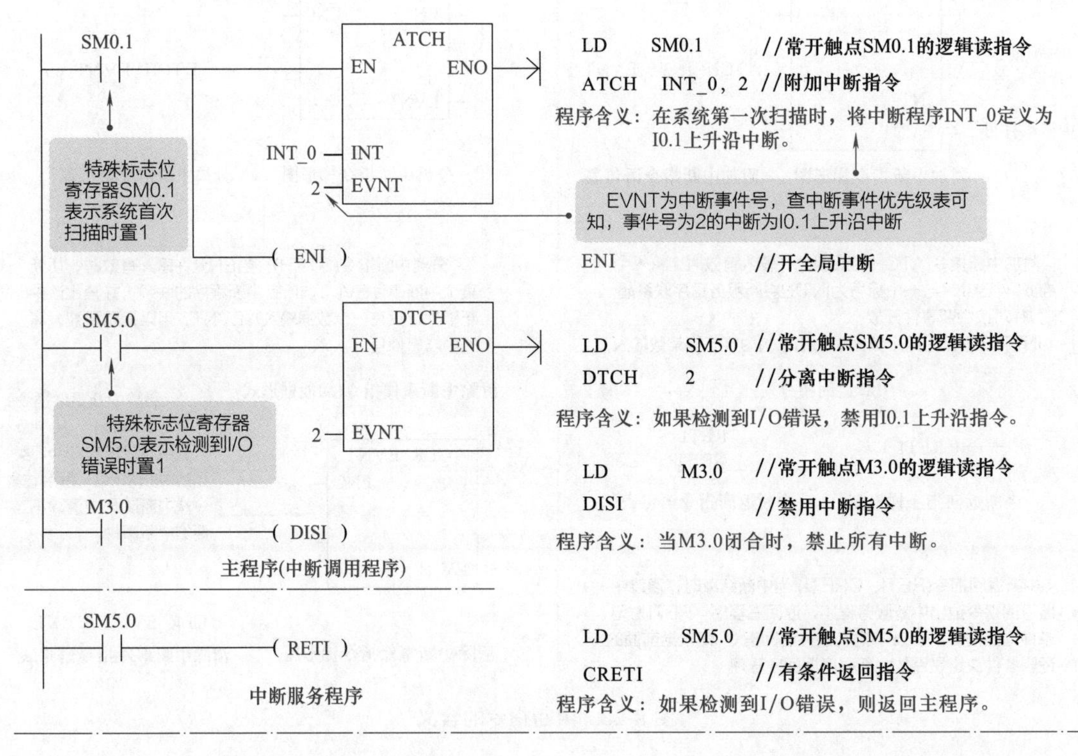

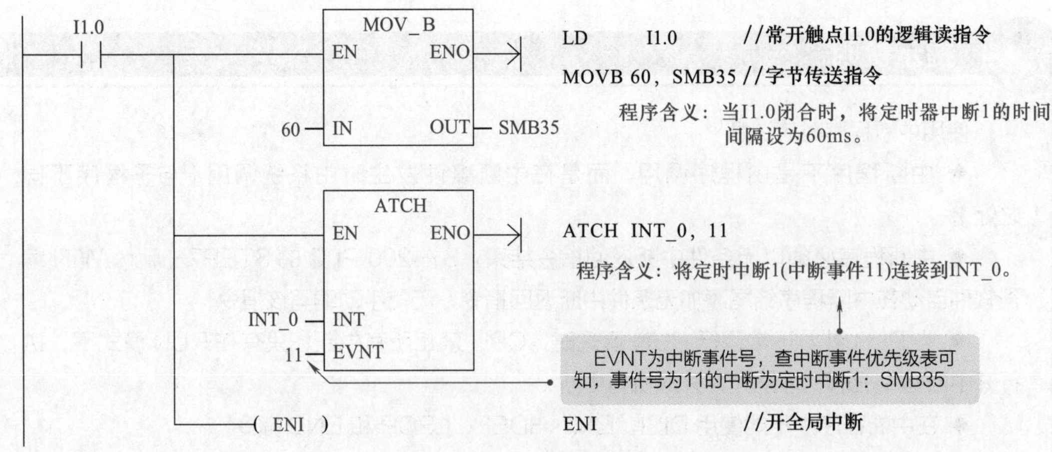

图 9-24　中断指令的应用示例

第10章 西门子PLC（S7-200 SMART）的数据处理指令

10.1 西门子PLC（S7-200 SMART）的传送指令

西门子PLC（S7-200 SMART）的传送指令主要由字节、字、双字、实数传送指令以及数据块传送指令等，如图10-1所示。

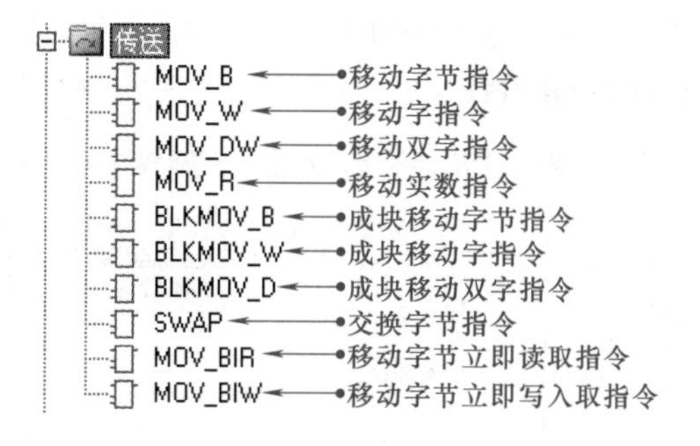

图10-1　西门子PLC（S7-200 SMART）的传送指令

10.1.1　字节、字、双字、实数传送指令（MOV_B、MOV_W、MOV_DW、MOV_R）

字节、字、双字、实数传送指令称为单数据传送指令，它是指将输入端指定的单个数据传送到输出端，传送过程中数据的值保持不变。

图10-2为字节、字、双字、实数传送指令的含义。

单数据传送指令中除上述4个基本指令外，还有两个立即传送指令，即字节立即读传送指令（MOV_BIR）和字节立即写传送指令（MOV_BIW），如图10-3所示。

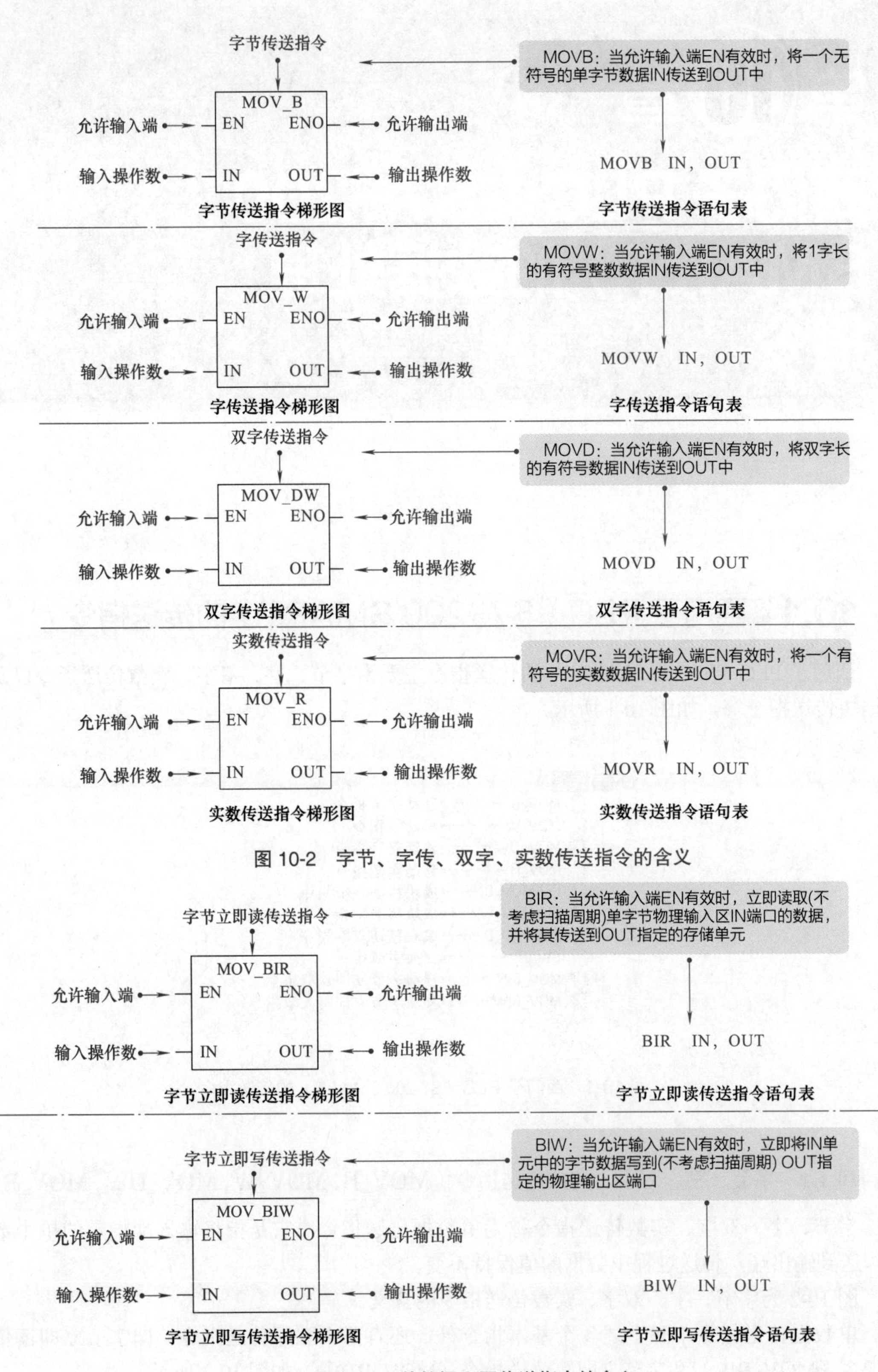

图 10-2　字节、字传、双字、实数传送指令的含义

图 10-3　单数据立即传送指令的含义

字节、字传、双字、实数传送指令的有效操作数如表 10-1 所列。

表 10-1　字节、字传、双字、实数传送指令的有效操作数

数据类型	指令类型	输入 / 输出	操作数
字节（BYTE）	字节传送指令	IN	IB、QB、VB、MB、SMB、SB、LB、AC、*VD、*LD、*AC、常数
		OUT	IB、QB、VB、MB、SMB、SB、LB、AC、*VD、*LD、*AC
	字节立即读传送指令	IN	IB、*VD、*LD、*AC
		OUT	IB、QB、VB、MB、SMB、SB、LB、AC、*VD、*LD、*AC、常数
	字节立即写传送指令	IN	IB、QB、VB、MB、SMB、SB、LB、AC、*VD、*LD、*AC
		OUT	QB、*VD、*LD、*AC
字（WORD）	字传送指令	IN	IW、QW、VW、MW、SMW、SW、T、C、LW、AC、AIW、*VD、*AC、*LD、常数
		OUT	IW、QW、VW、MW、SMW、SW、T、C、LW、AC、AQW、*VD、*LD、*AC
双字（DWORD）	双字传送指令	IN	ID、QD、VD、MD、SMD、SD、LD、HC、&VB、&IB、&QB、&MB、&SB、&T、&C、&SMB、&AIW、&AQW、AC、*VD、*LD、*AC、常数
		OUT	ID、QD、VD、MD、SMD、SD、LD、AC、*VD、*LD、*AC
实数（REAL）	实数传送指令	IN	ID、QD、VD、MD、SMD、SD、LD、AC、*VD、*LD、*AC、常数
		OUT	ID、QD、VD、MD、SMD、SD、LD、AC、*VD、*LD、*AC

提示说明

单数据传送指令应用中，以下条件将引起指令的允许输出端（ENO）出错，导致 ENO=0。

- SM4.3（运行时间）。
- 0006（间接寻址）。
- 0091（操作数超界）。

图 10-4 为字节、字、双字、实数传送指令的应用示例。

10.1.2　数据块传送指令（BLKMOV_B、BLKMOV_W、BLKMOV_D）

数据块传送指令用于一次传输多个数据。即将输入端指定的多个数据（最多 255 个）传送到输出端。根据传送数据类型不同，数据块传送指令包括字节块传送指令（BLKMOV_B）、字块传送指令（BLKMOV_W）和双字块传送指令（BLKMOV_D），如图 10-5 所示。

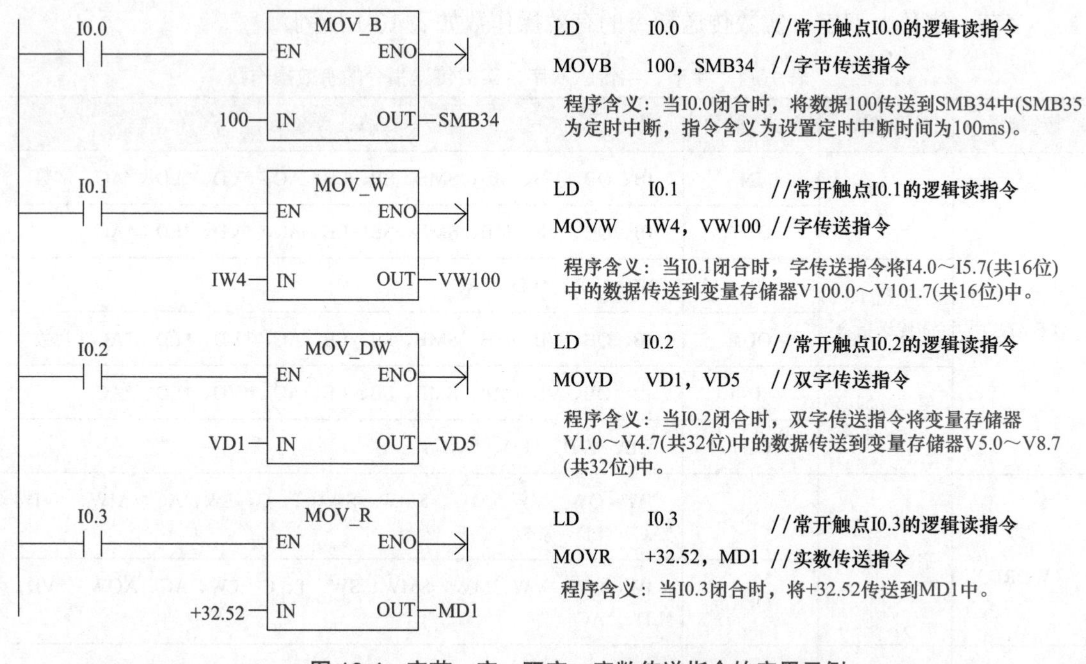

图 10-4 字节、字、双字、实数传送指令的应用示例

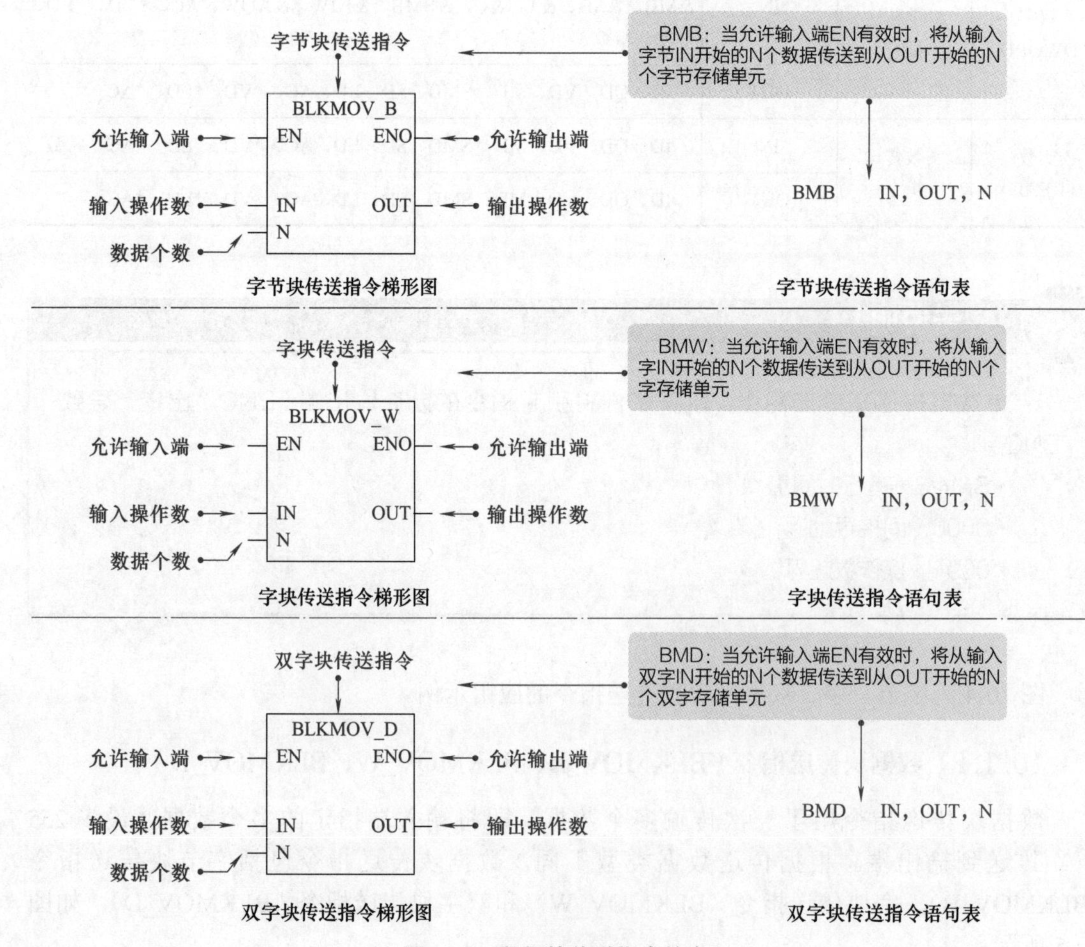

图 10-5 数据块传送指令的含义

数据块传送指令的有效操作数如表 10-2 所列。

表 10-2　数据块传送指令的有效操作数

数据类型	指令类型	输入 / 输出	操作数
字节（BYTE）	字节块传送指令	IN	IB、QB、VB、MB、SMB、SB、LB、*VD、*LD、*AC
		OUT	IB、QB、VB、MB、SMB、SB、LB、*VD、*LD、*AC
字（WORD）	字块传送指令	IN	IW、QW、VW、SMW、SW、T、C、LW、AIW、*VD、*LD、*AC
		OUT	IW、QW、VW、MW、SMW、SW、T、C、LW、AQW、*VD、*LD、*AC
双字（DWORD）	双字块传送指令	IN	ID、QD、VD、MD、SMD、SD、LD、*VD、*LD、*AC
		OUT	ID、QD、VD、MD、SMD、SD、LD、*VD、*LD、*AC
BYTE	传送数据个数	N	IB、QB、VB、MB、SMB、SB、LB、AC、常数、*VD、*LD、*AC

图 10-6 为数据块传送指令的应用示例。

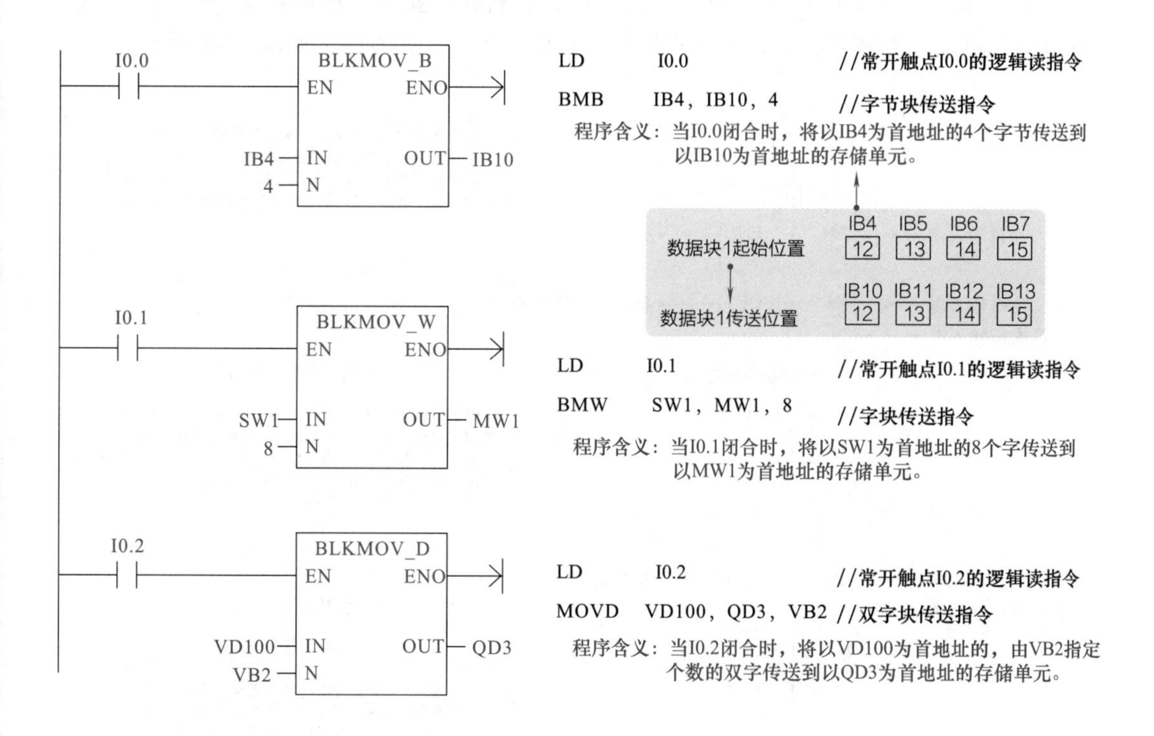

图 10-6　数据块传送指令的应用示例

10.2　西门子 PLC（S7-200 SMART）的移位 / 循环指令

移位 / 循环指令是一种对无符号数进行移位的指令，包括逻辑移位指令、循环移位指令和移位寄存器指令，如图 10-7 所示。

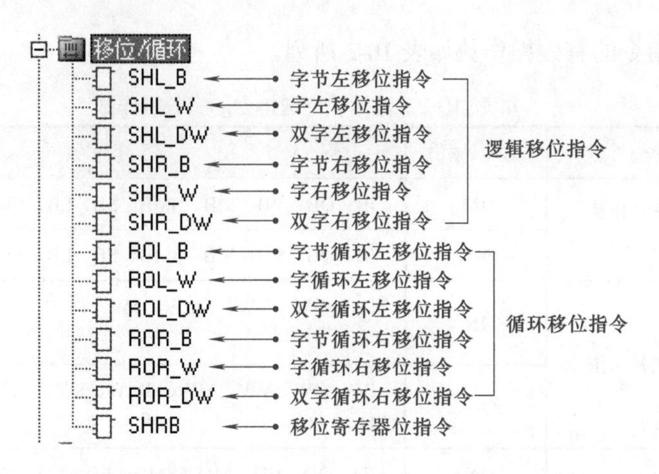

图 10-7　西门子 PLC（S7-200 SMART）中的移位 / 循环指令

10.2.1　逻辑移位指令

逻辑移位指令根据移动方向分为左移位指令和右移位指令。根据数据类型不同，每种移位指令又可细分为字节、字、双字左移位和右移位指令，共 6 种，如图 10-8 所示。

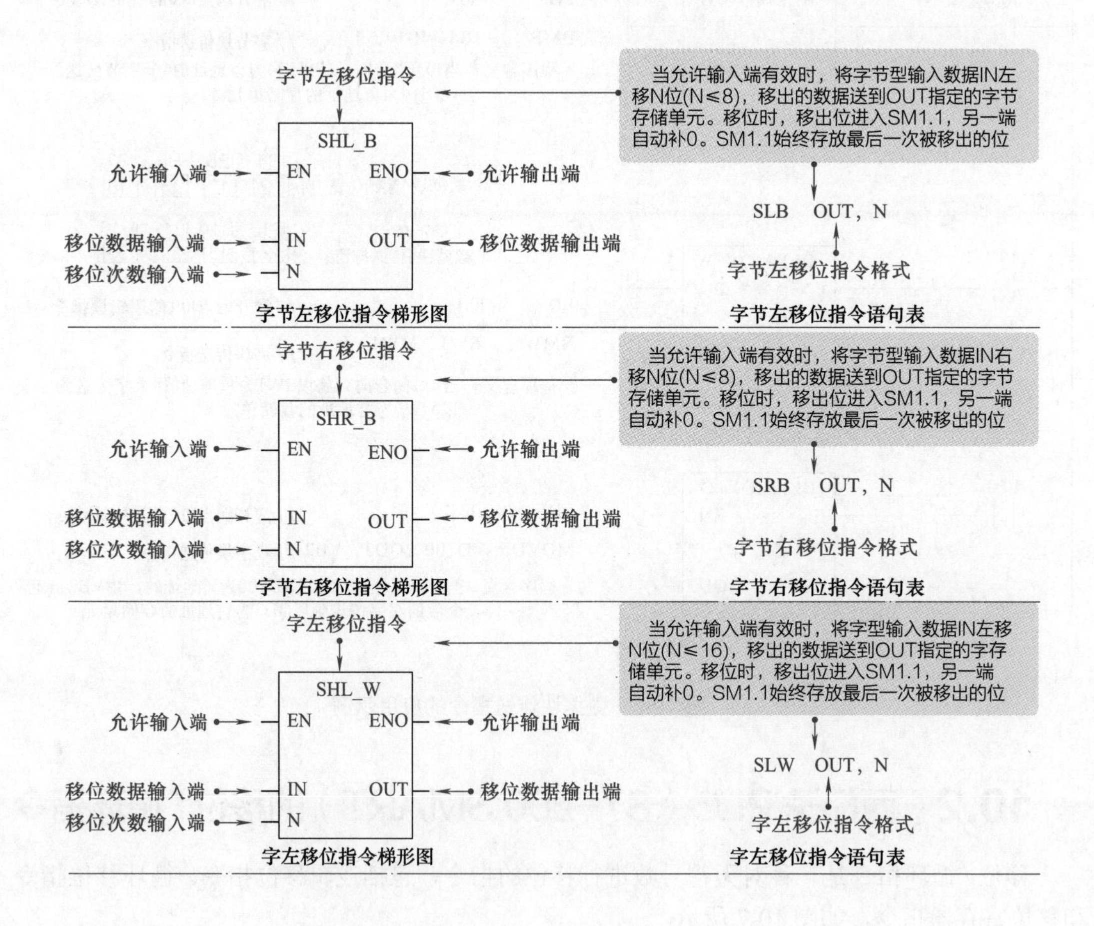

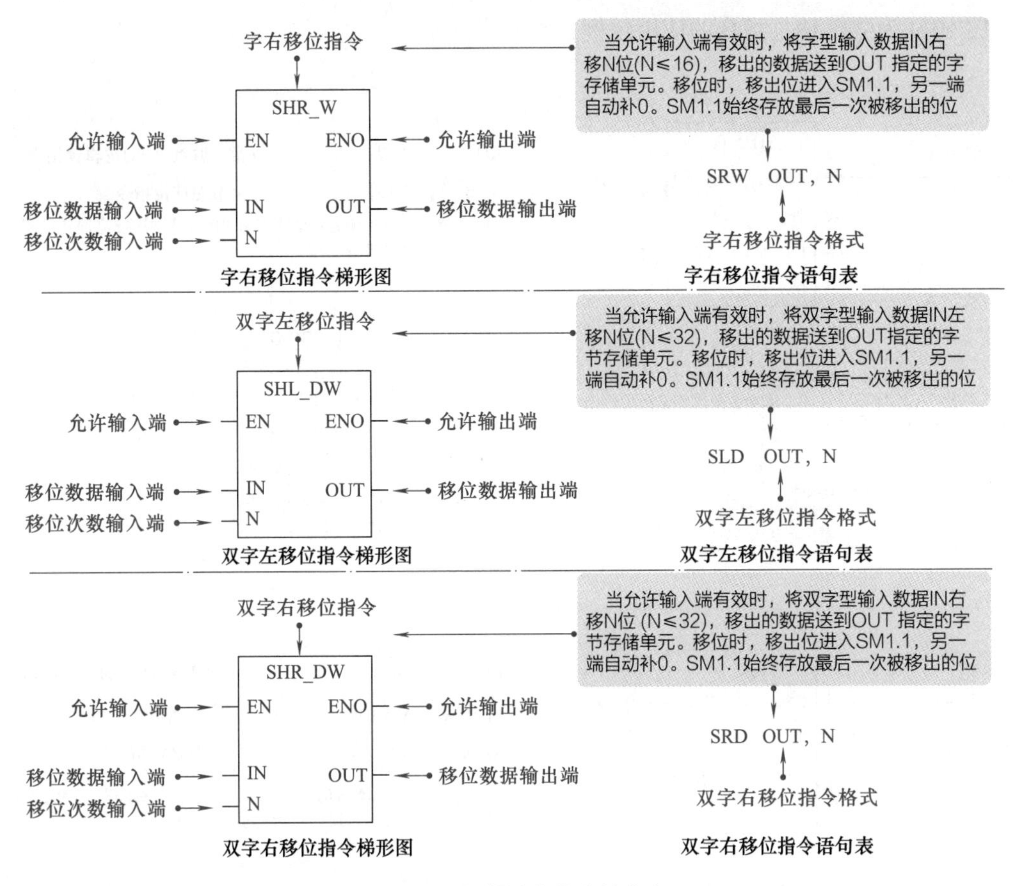

图 10-8　逻辑移位指令的含义

提示说明

使用移位指令需要注意：

• 移位指令中，被移位的数据是无符号的。字节操作是无符号的。对于字和双字操作，当使用有符号数据类型时，符号位也被移动。

• 移位数据存储单元的移出端与 SM1.1（特殊标志位寄存器：当执行某些指令，其结果溢出或查出非法数值时，将该位置 1）相连，最后被移出的位被放到 SM1.1 位存储单元，另一端自动补 0。

• 移位指令对移出的位自动补零。如果位数 N 大于或等于最大允许值（对于字节操作为 8，对于字操作为 16，对于双字操作为 32)，那么移位操作的次数为最大允许值。如果移位次数大于 0，溢出标志位 (SM1.1) 上就是最近移出的位值。如果移位操作的结果为 0，零存储器位 (SM1.0) 置位。

• 影响允许输出端 ENO 正常工作的条件是：SM4.3（运行时间）、0006（间接寻址）。

• 语句表中 IN 与 OUT 使用同一个存储单元。若 IN 与 OUT 不是同一个存储单元，需要先使用传送指令将 IN 中的数据传送到 OUT 中。

图 10-9 为逻辑移位指令的应用示例。

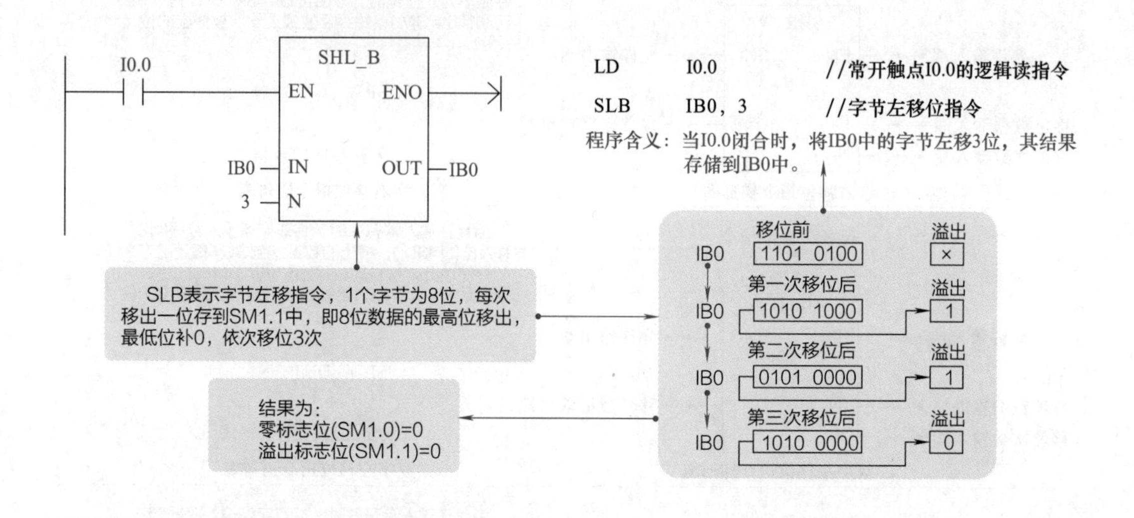

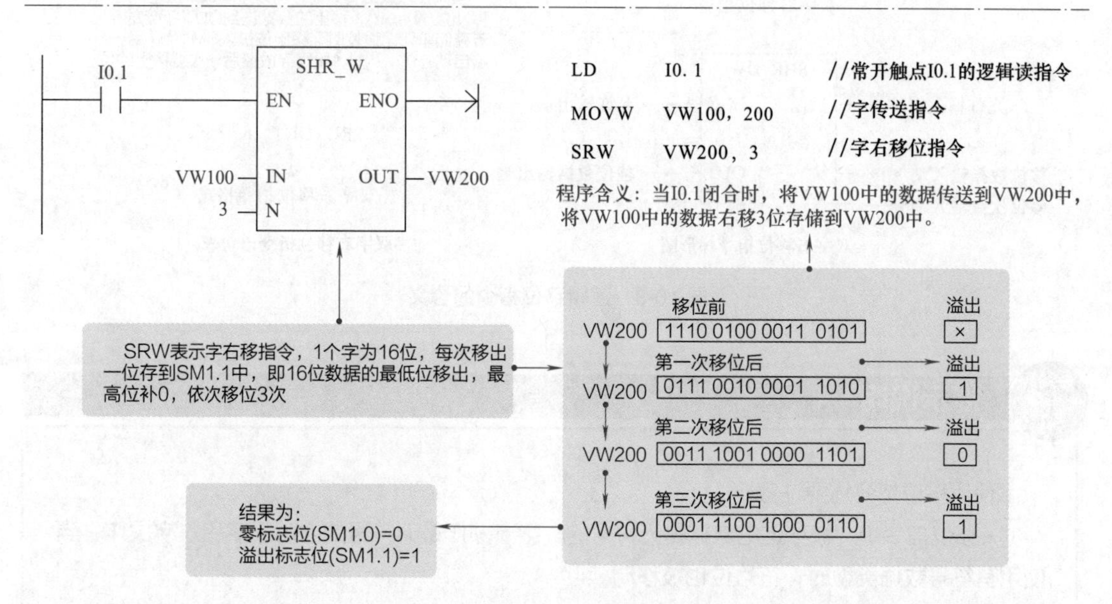

图 10-9 逻辑移位指令的应用示例

10.2.2 循环移位指令

循环移位指令也可根据移位方向分为循环左移位指令和循环右移位指令。根据数据类型不同，每种循环移位指令又可细分为字节、字、双字循环左移位和循环右移位指令，共 6 种。

循环移位指令将输入值 IN 循环左移或循环右移 N 位，并将输出结果装载到 OUT 中。图 10-10 为循环移位指令的含义。

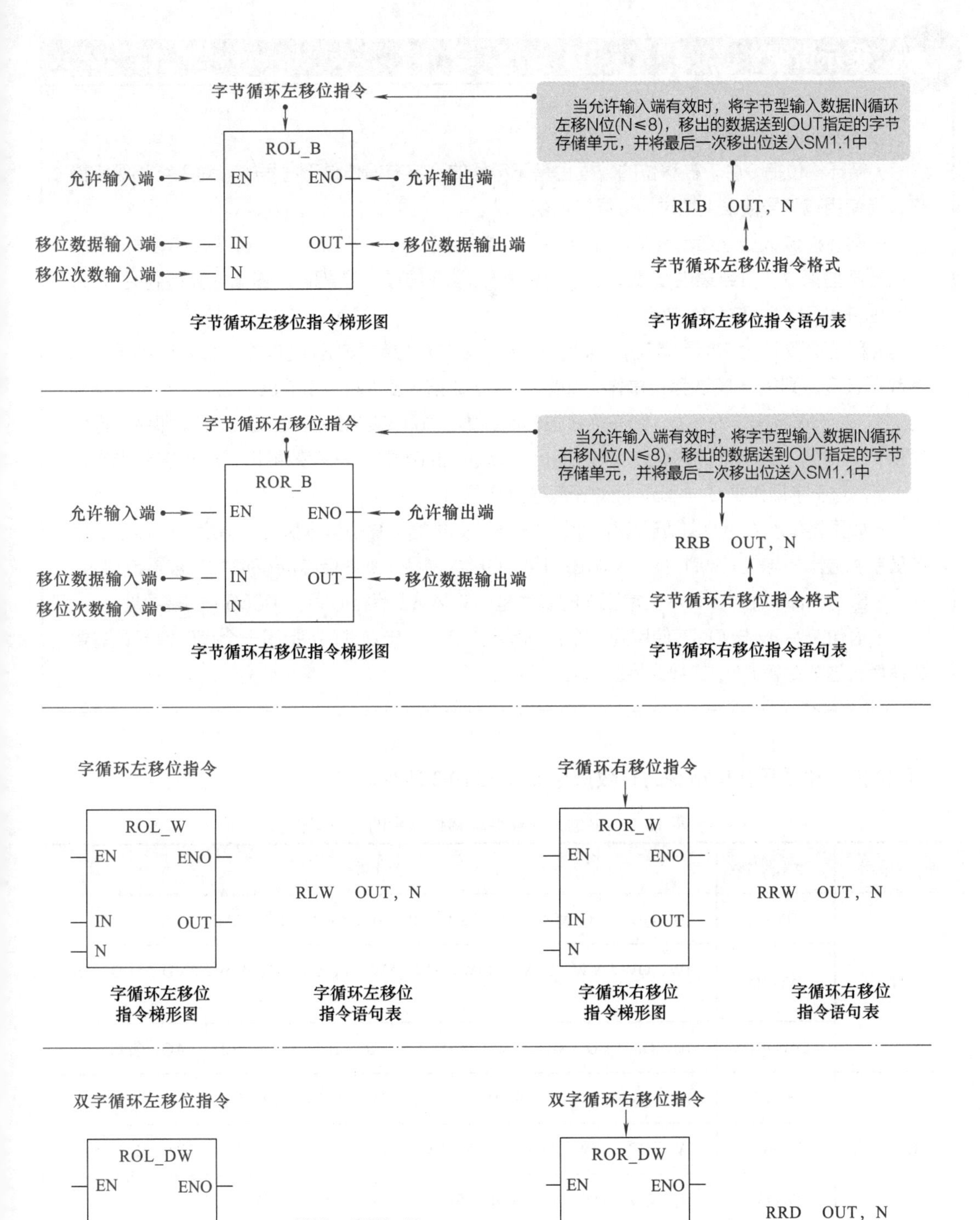

图 10-10　循环移位指令的含义

提示说明

使用移位指令需要注意：

• 循环移位指令中，被移位的数据也是无符号的。字节操作是无符号的。对于字和双字操作，当使用有符号数据类型时，符号位也被移动。

• 循环移位数据存储单元的移出端与另一端连接，同时与 SM1.1（特殊标志位寄存器：当执行某些指令，其结果溢出或查出非法数值时，将该位置 1）相连，移出位被移到另一端，同时也进入 SM1.1 位存储单元。

• 移位次数 N 为字节型数据。实际移位次数 N 与移位数据的长度有关。如果 N 小于实际的数据长度，则执行 N 次移位操作；如果 N 大于数据长度（对于字节操作为 8，对于字操作为 16，对于双字操作为 32)，则实际移位的次数为 N 除以实际数据长度的余数（即会执行取模操作，得到一个有效的移位次数），因此实际移位的次数 N 的有效结果，对于字节操作是 0 ~ 7，对于字操作是 0 ~ 15，而对于双字操作是 0 ~ 31。

• 如果移位次数为 0，循环移位指令不执行。如果循环移位指令执行，最后一个移位的值会复制到溢出标志位 (SM1.1)。若被循环移位的次数是零，则零标志位 (SM1.0) 被置位。

• 影响允许输出端 ENO 正常工作的条件是：SM4.3（运行时间）、0006（间接寻址）。

• 语句表中 IN 与 OUT 使用同一个存储单元。若 IN 与 OUT 不是同一个存储单元，需要先使用传送指令将 IN 中的数据传送到 OUT 中。

移位指令和循环移位指令的有效操作数如表 10-3 所列。

表 10-3 移位指令和循环移位指令的有效操作数

输入 / 输出	数据类型	操作数
IN	BYTE	IB、QB、VB、MB、SMB、SB、LB、AC、*VD、*LD、*AC、常数
	WORD	IW、QW、VW、MW、SMW、SW、LW、T、C、AC、AIW、*VD、*LD、*AC、常数
	DWORD	ID、QD、VD、MD、SMD、SD、LD、AC、HC、*VD、*LD、*AC、常数
OUT	BYTE	IB、QB、VB、MB、SMB、SB、LB、AC、*VD、*LD、*AC
	WORD	IW、QW、VW、MW、SMW、SW、T、C、LW、AIW、AC、*VD、*LD、*AC
	DWORD	ID、QD、VD、MD、SMD、SD、LD、AC、*VD、*LD、*AC
N	BYTE	IB、QB、VB、MB、SMB、SB、LB、AC、*VD、*LD、*AC、常数

图 10-11 为循环移位指令的应用示例。

10.2.3 移位寄存器指令

移位寄存器（SHRB）指令用于将数值移入寄存器中，如图 10-12 所示。

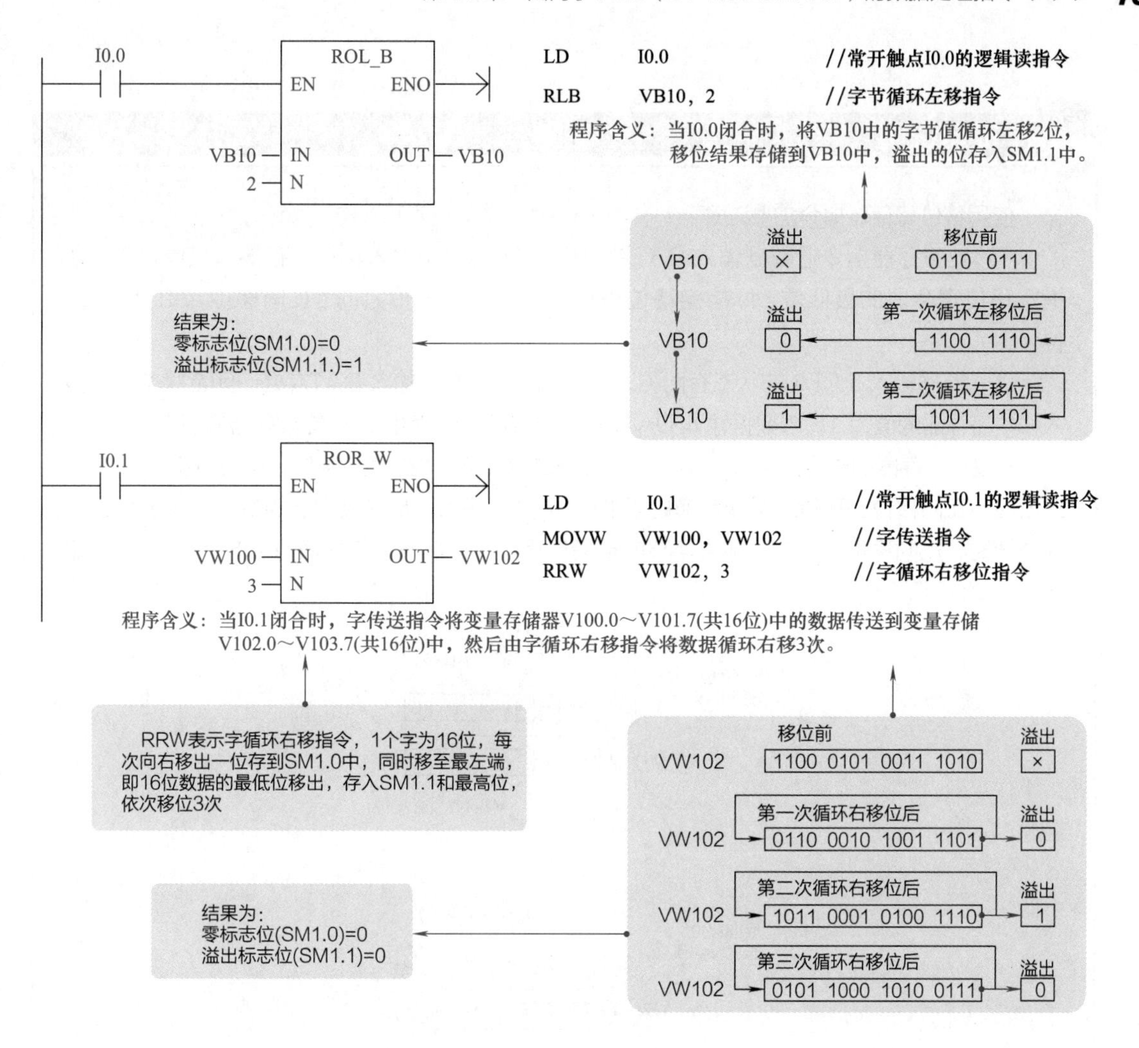

图 10-11　循环移位指令的应用示例

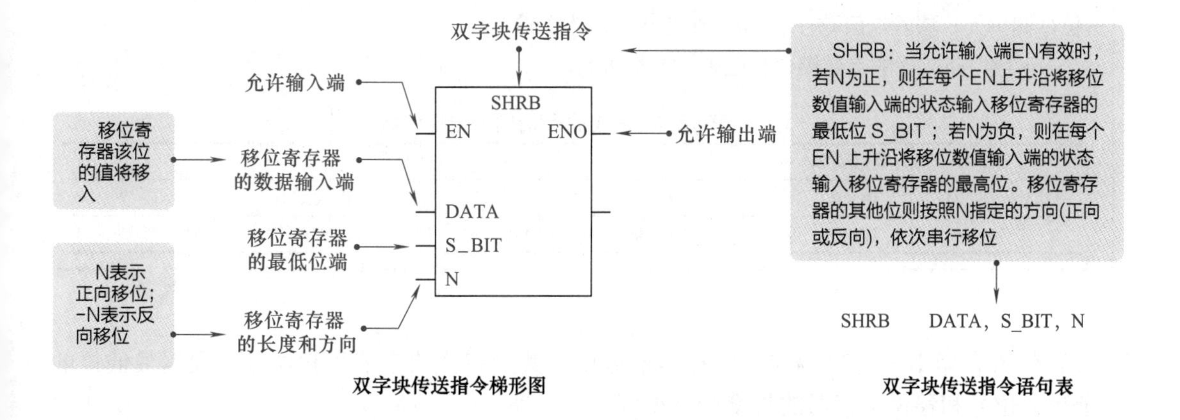

图 10-12　移位寄存器（SHRB）指令的含义

提示说明

使用移位寄存器指令需要注意：

・移位寄存器指令把数据输入 DATA 的状态（0 或 1）移入移位寄存器。其中，S_BIT 指定移位寄存器的最低位，N 指定移位寄存器的长度和移位方向（正向移位 =N，反向移位 =-N）。

注：数据输入 DATA 的状态有两种，即 0 和 1。若数据输入 DATA 处于闭合状态，则移入移位寄存器的值为 1；若数据输入 DATA 处于断开状态，则移入移位寄存器的值为 0。

・移位寄存器的长度无字节、字、双字类型之分，最大程度为 64 位，可正可负。当 N 为正值时，正向移位，移位从最低字节的最低位 S_BIT 移入，从最高字节的最高位移出；当 N 为负值时，反向移位，移位从最高字节的最高位移入，从最低字节的最低位 S_BIT 移出，如图 10-13 所示。

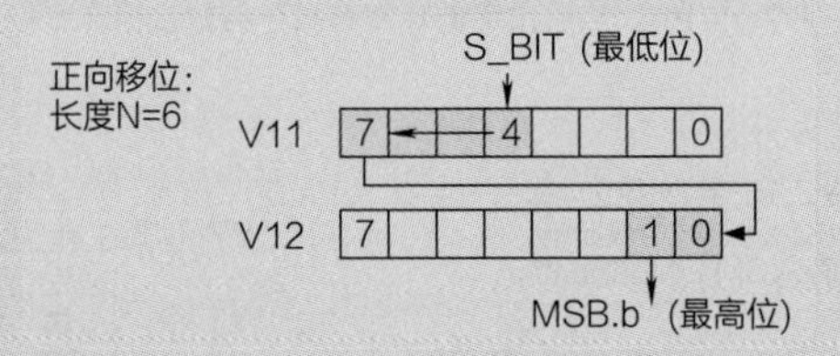

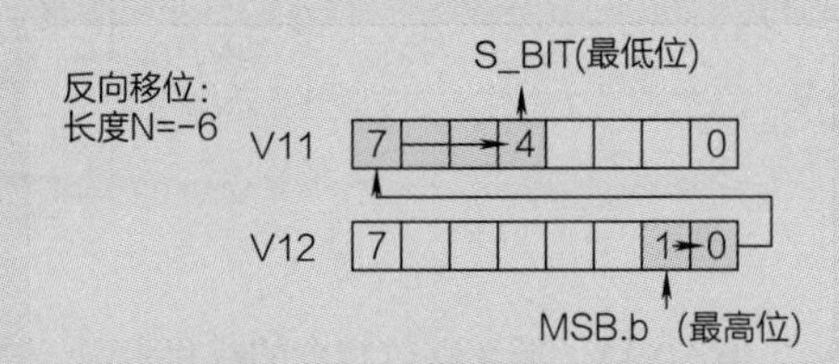

图 10-13　移位寄存器（SHRB）指令的特点

・移位时，移位寄存器的移出端与 SM1.1（溢出）相连，最后被移出的位被放到 SM1.1 位存储单元，移入端自动补入 DATA 的状态值（0 或 1）。

・移位寄存器的有效操作数如表 10-4 所列。

表 10-4　移位寄存器的有效操作数

输入 / 输出	数据类型	操作数
DATA、S_BIT	BOOL	I、Q、V、M、SM、S、T、C、L
N	BYTE	IB、QB、VB、MB、SMB、SB、LB、AC、*VD、*LD、*AC、常数

移位寄存器中 S_BIT 为移位寄存器最低位，其最高位的字节号和位号可根据最低位的字节号、位号和移位寄存器的长度计算得到。

图 10-14 为移位寄存器最高位字节号和位号的计算方法。

图 10-15 为移位寄存器指令的应用示例。

最低位字节号：31

已知最低位为：S_BIT；例如，S_BIT= V31.4。

最低位字位号：4

移位寄存器长度为：N。

最高位的计算公式为：A=(|N|-1+(S_BIT的位号))/8。

最高位MSB.b的字节号MSB为：S_BIT字节号+A的商(不包括余数)。

最高位MSB.b的位号b为：A的余数。

例如：S_BIT=V31.4，N=14。可知，S_BIT的字节号为31，位号为4，则A=(14-1+4)/8=2，余数为1。

由此可计算出，最高位MSB.b的字节号MSB为：31+2=33，位号b为1，即MSB.b=V33.1。

即该移位寄存器的最低位为V31.4，最高位为V33.1，移位方向为正向。

又如：S_BIT=L21.5，N=-16。可知，S_BIT的字节号为21，位号为5，则A=(16-1+5)/8=2，余数为4。

由此可计算出，最高位MSB.b的字节号MSB为：21+2=23，位号b为4，即MSB.b=L23.4。

即该移位寄存器的最低位为L21.5，最高位为L23.4，移位方向为反向。

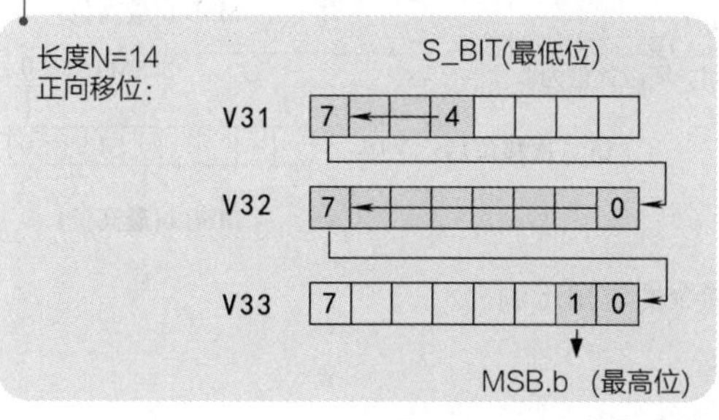

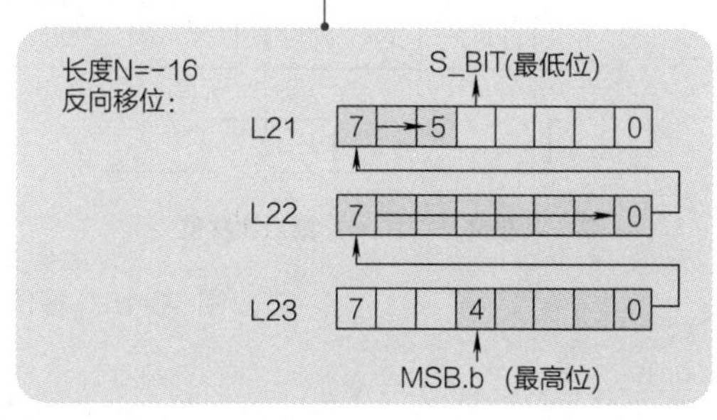

图 10-14　移位寄存器最高位字节号和位号的计算方法

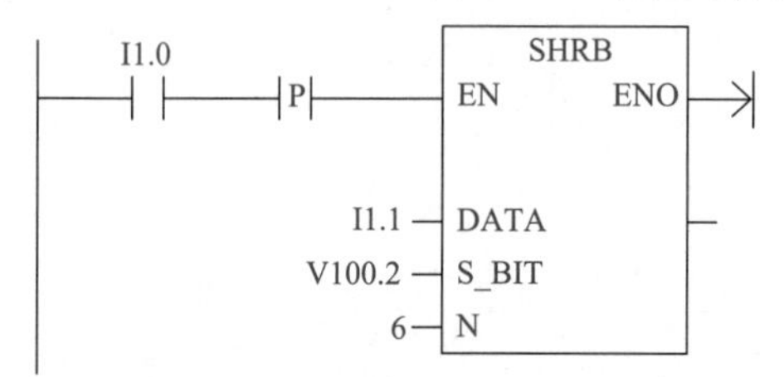


```
LD      I1.0                 //常开触点I1.0的逻辑读指令
EU                           //上升沿脉冲指令
SHRB    I1.1，V100.2，6      //移位寄存器指令
```

程序含义：每当I1.0闭合一次，I1.1的状态从V100.2开始移入移位寄存器中。移位寄存器的长度为6，移动方向为正向。

若在程序执行过程中I0.1闭合3次，I1.1在第一次移位时由其他程序控制其处于闭合状态；第二次移位时处于断开状态；第三次移位也处于断开状态，其时序图如下

该应用中，移位寄存器最低位为V100.2，移位寄存器的长度 N=6，则可计算得移位寄存器的最高位为 V100.7。即，从最低位 V100.2移入，从最高位V100.7移出，每次移出的位都存于SM1.1中

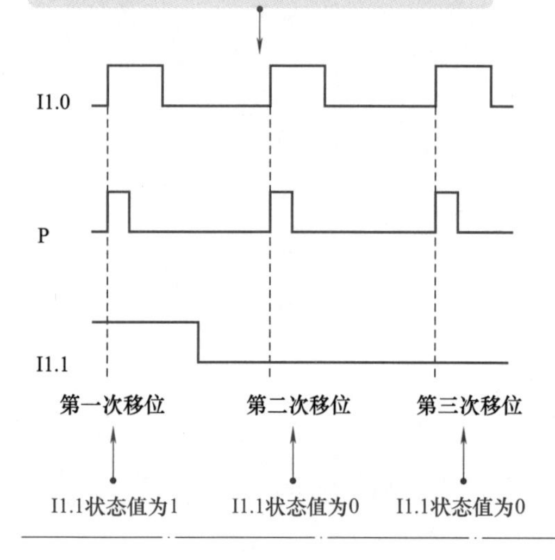

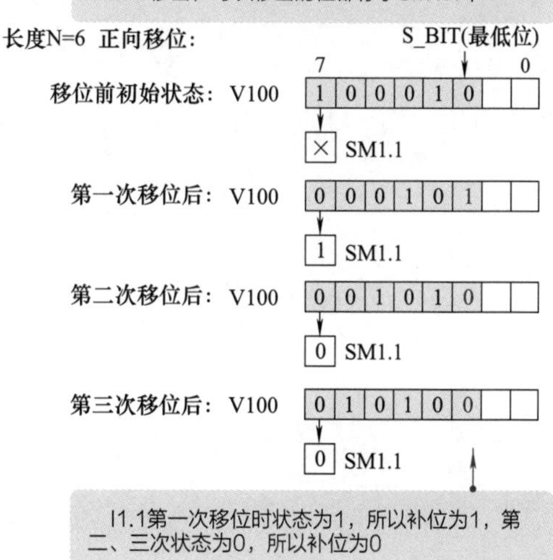

图 10-15

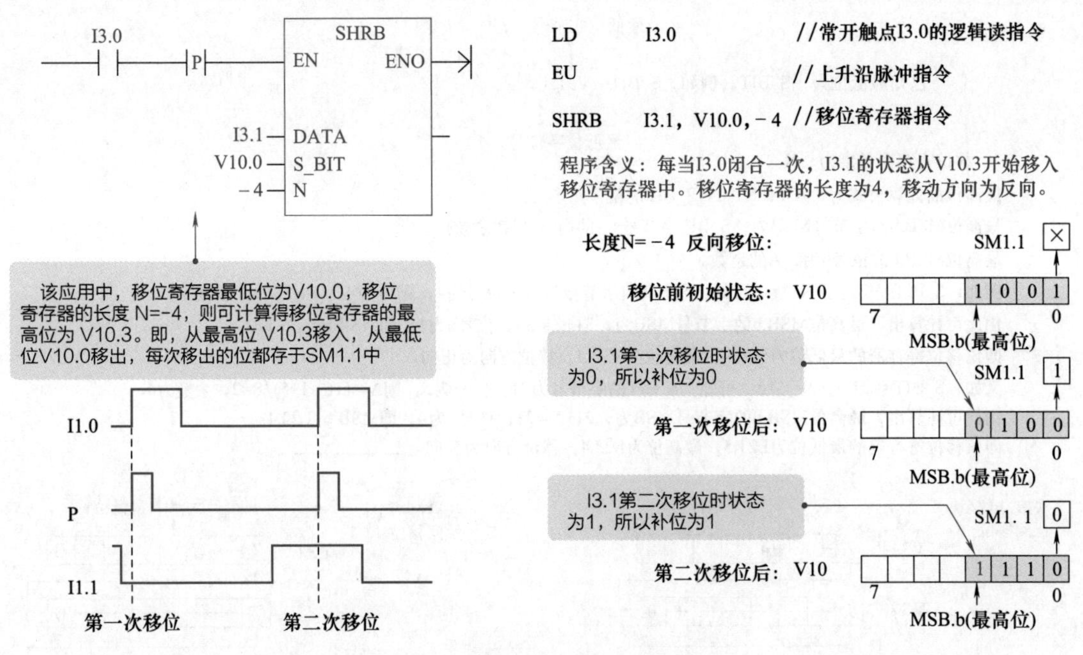

图 10-15 移位寄存器指令的应用示例

第11章 西门子PLC（S7-200 SMART）的数据转换和通信指令

11.1 西门子PLC（S7-200 SMART）的数据转换指令

数据转换指令是指对操作数的类型进行转换，包括数据类型转换指令、字符串转换指令、编码和译码指令、段指令等，如图11-1所示。

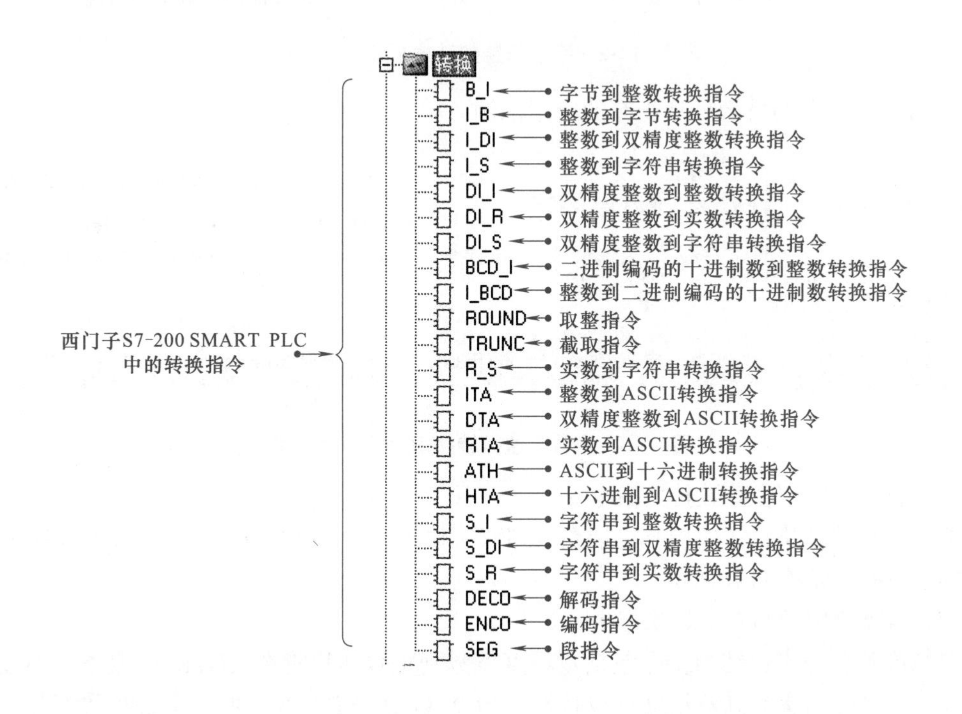

图11-1　西门子PLC（S7-200 SMART）的转换指令

11.1.1 数据类型转换指令

西门子 PLC 中，不同的操作指令需要对应不同数据类型的操作数。数据类型转换指令可以该将输入值 IN 转换为指定的数据类型，并存储到由 OUT 指定的输出值存储区。在西门子 PLC 中，主要的数据类型有字节、整数、双整数、实数和 BCD 码。

（1）字节与整数转换指令

字节与整数转换指令包括字节到整数转换指令（BTI）和整数到字节（ITB）转换指令两种，如图 11-2 所示。

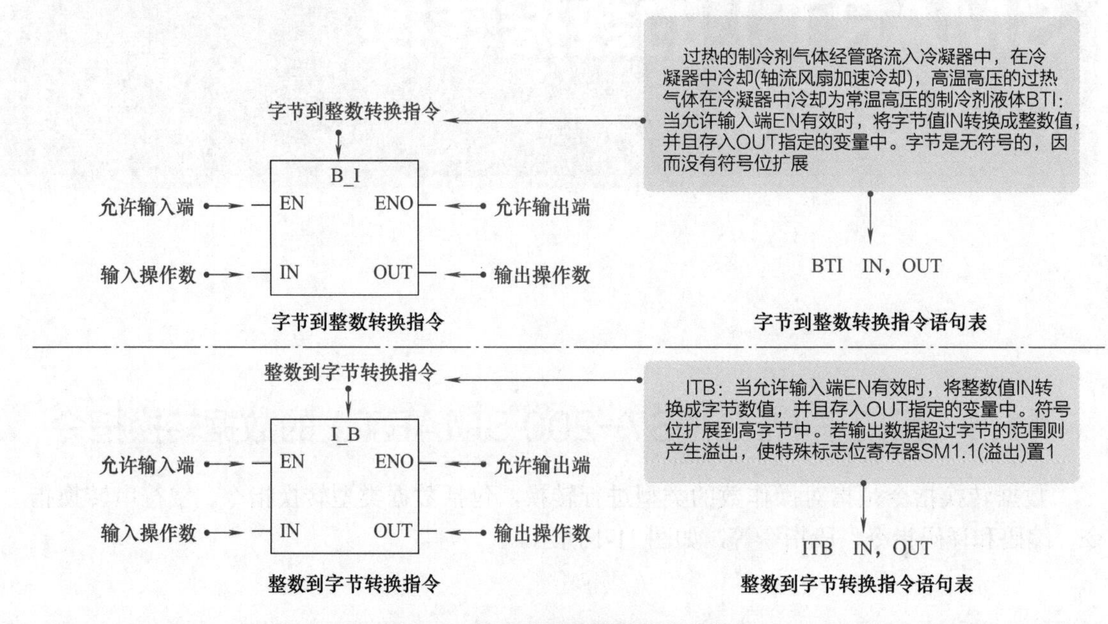

图 11-2 字节与整数转换指令的含义

图 11-3 为字节与整数转换指令的应用示例。

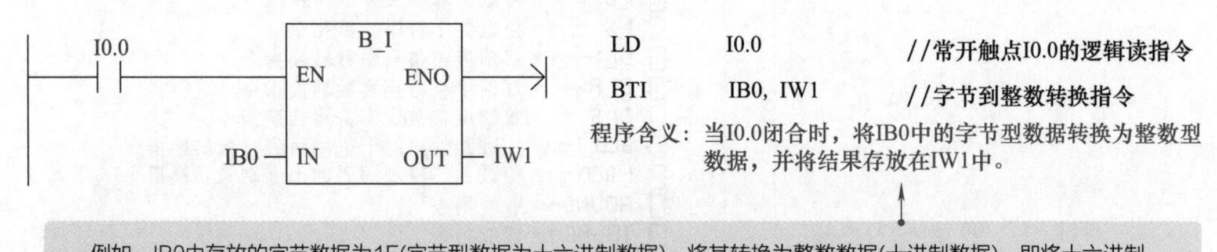

图 11-3 字节与整数转换指令的应用示例

（2）整数与双精度整数转换指令

整数与双精度整数转换指令包括整数到双整数转换指令（ITD）和双整数到整数（DTI）转换指令两种，如图 11-4 所示。

（3）双精度整数与实数转换指令

双精度整数与实数转换指令包括双精度整数到实数转换指令（DTR）、取整（小数部分四舍五入，也称为实数到双精度整数转换）指令（ROUND）和截断（舍去小数部分，也称为实数到双精度整数转换）指令（TRUNC）三种，如图 11-5 所示。

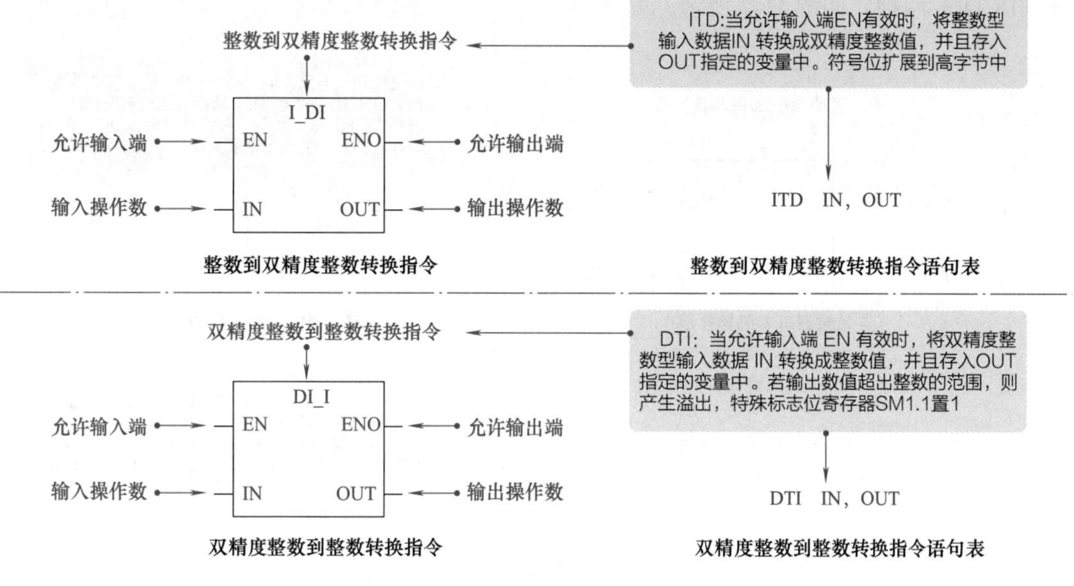

图 11-4　整数与双精度整数转换指令含义

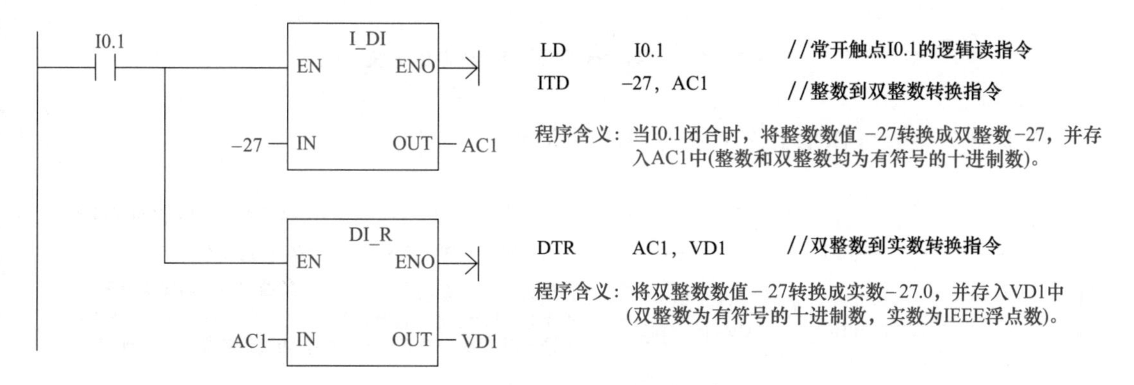

图 11-5　双精度整数与实数转换指令含义

图 11-6 为整数与双精度整数、双精度整数与实数指令的应用示例。

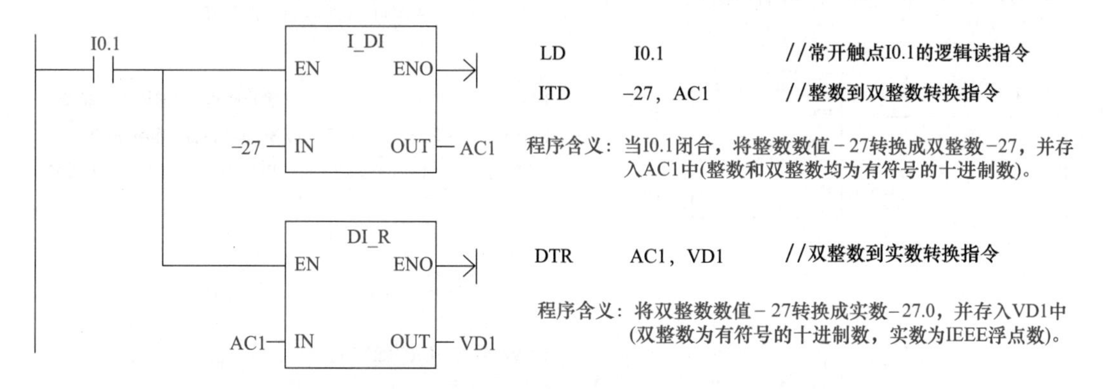

图 11-6　整数与双精度整数、双精度整数与实数指令的应用示例

（4）整数与 BCD 码转换指令

整数与 BCD 码转换指令包括整数到 BCD 码转换指令（IBCD）和 BCD 到整数转换指

令（BCDI）两种，如图 11-7 所示。

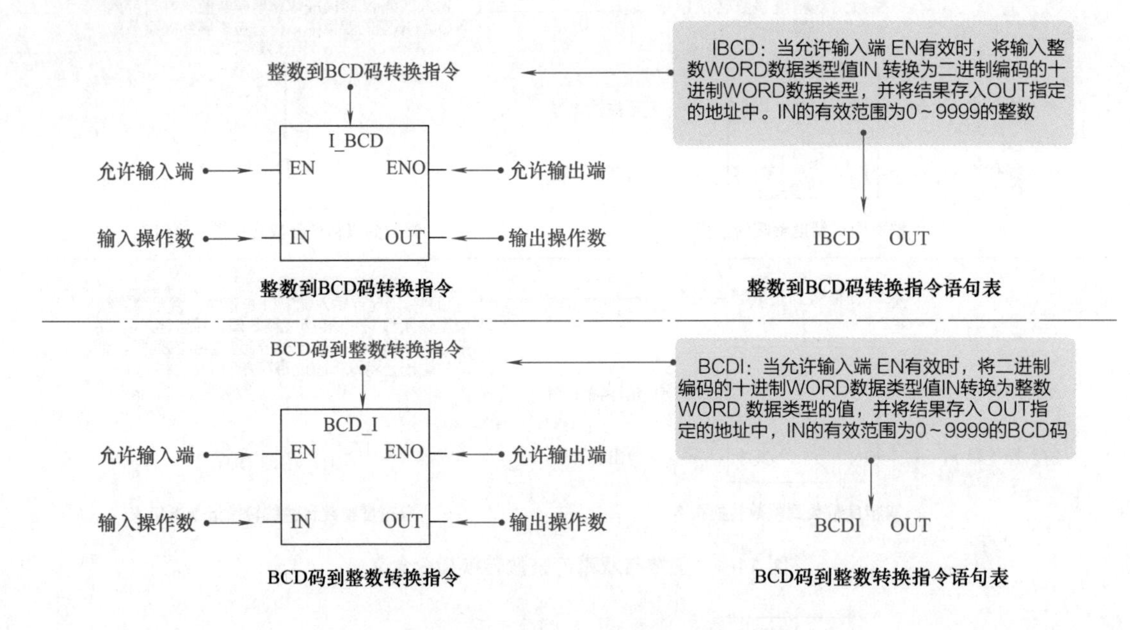

图 11-7 整数与 BCD 码转换指令的含义

图 11-8 为整数与 BCD 码转换指令的应用示例。

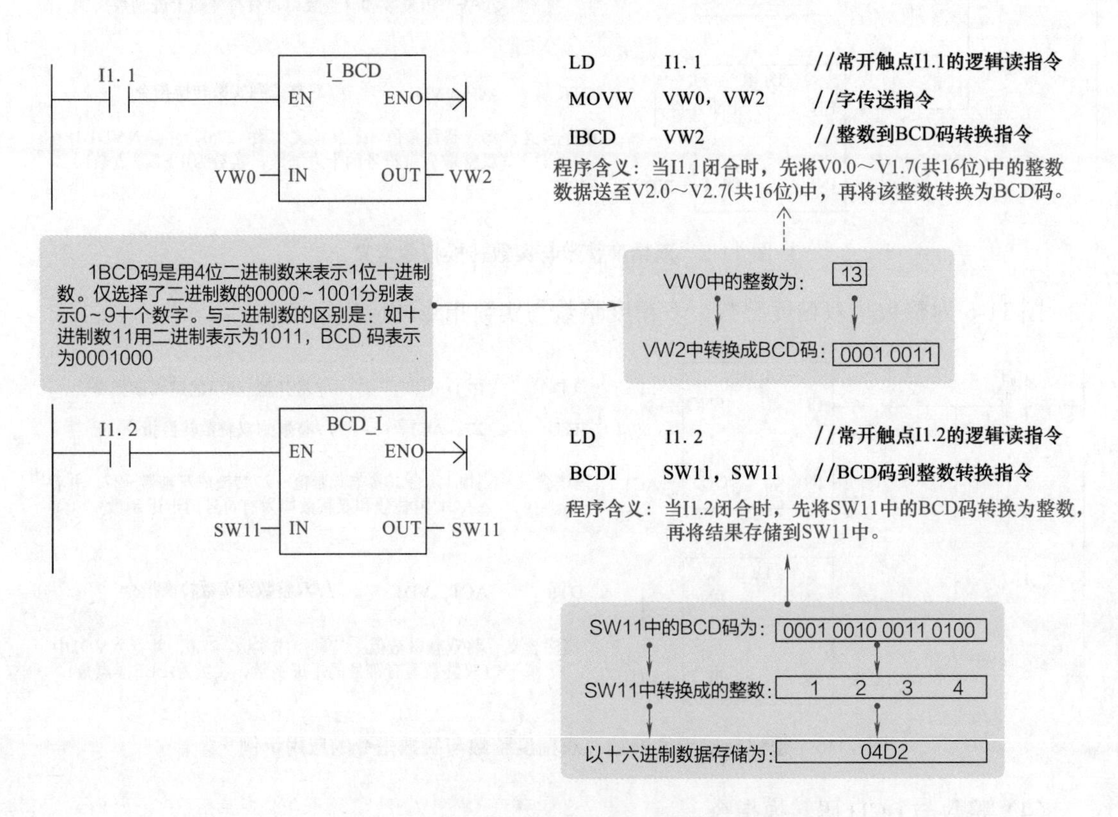

图 11-8 整数与 BCD 码转换指令的应用示例

提示说明

使用数据类型转换指令时需要注意：如果想将一个整数转换成实数，可先用整数转双整数指令，再用双整数转实数指令。各个数据类型转换指令中的有效操作数如表 11-1 所列。

表 11-1　各个数据类型转换指令中的有效操作数

输入 / 输出	数据类型	操作数
IN	BYTE	IB、QB、VB、MB、SMB、SB、LB、AC、*VD、*LD、*AC、常数
	WORD、INT	IW、QW、VW、MW、SMW、SW、T、C、LW、AIW、AC、*VD、*LD、*AC、常数
	DINT	ID、QD、VD、MD、SMD、SD、LD、HC、AC、*VD、*LD、*AC、常数
	REAL	ID、QD、VD、MD、SMD、SD、LD、AC、*VD、*LD、*AC、常数
OUT	BYTE	IB、QB、VB、MB、SMB、SB、LB、AC、*VD、*LD、*AC
	WORD、INT	IW、QW、VW、MW、SMW、SW、T、C、LW、AIW、AC、*VD、*LD、*AC
	DINT	ID、QD、VD、MD、SMD、SD、LD、AC、*VD、*LD、*AC
	REAL	ID、QD、VD、MD、SMD、SD、LD、AC、*VD、*LD、*AC

11.1.2　ASCII 码转换指令

ASCII 转换指令包括 ASCII 与十六进制数之间的转换指令、整数转换为 ASCII 码指令、双精度整数转换为 ASCII 码指令和实数转换为 ASCII 码指令。

（1）ASCII 码与十六进制数之间的转换指令

ASCII 码与十六进制数之间的转换指令包括 ASCII 码转换为十六进制数指令（ATH）和十六进制数转换为 ASCII 码指令（HTA）两种，如图 11-9 所示。

ASCII 码转换指令的有效操作数见表 11-2。

表 11-2　ASCII 码转换指令的有效操作数

输入 / 输出	数据类型	操作数
IN	BYTE	IB、QB、VB、MB、SMB、SB、LB、*VD、*LD、*AC
	INT	IW、QW、VW、MW、SMW、SW、LW、T、C、AC、AIW、*VD、*LD、*AC、常数
	DINT	ID、QD、VD、MD、SMD、SD、LD、AC、HC、*VD、*LD、*AC、常数
	REAL	ID、QD、VD、MD、SMD、SD、LD、AC、*VD、*LD、*AC、常数
LEN、FMT	BYTE	IB、QB、VB、MB、SMB、SB、LB、AC、*VD、*LD、*AC、常数
OUT	BYTE	IB、QB、VB、MB、SMB、SB、LB、*VD、*LD、*AC

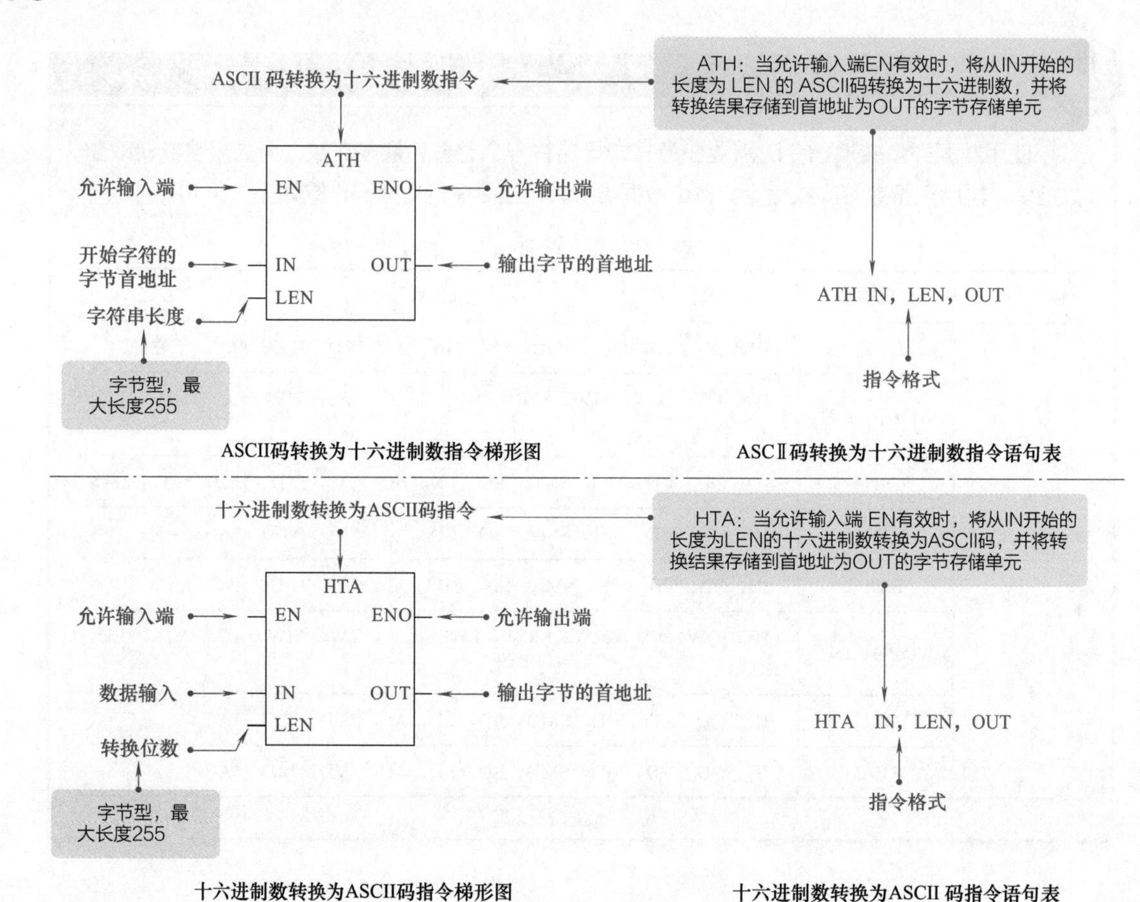

图 11-9　ASCII 码与十六进制数转换指令的含义

提示说明

ASCII 码转换指令中，有效的 ASCII 码输入字符是 0 ~ 9 的十六进制数代码值 30 ~ 39，和大写字符 A ~ F 的十六进制数代码值 41 ~ 46 这些字母数字字符。

表 11-3 为 ASCII 码表，分别代表不同制式的 ASCII 码对应关系。

表 11-3　ASCII 码表（不同制式的 ASCII 码对应关系）

二进制	十六进制	缩写 / 字符	二进制	十六进制	缩写 / 字符
00110000	30	0	00111000	38	8
00110001	31	1	00111001	39	9
00110010	32	2	01000001	41	A
00110011	33	3	01000010	42	B
00110100	34	4	01000011	43	C
00110101	35	5	01000100	44	D
00110110	36	6	01000101	45	E
00110111	37	7	01000110	46	F

图 11-10 为 ASCII 码与十六进制数转换指令的应用示例。

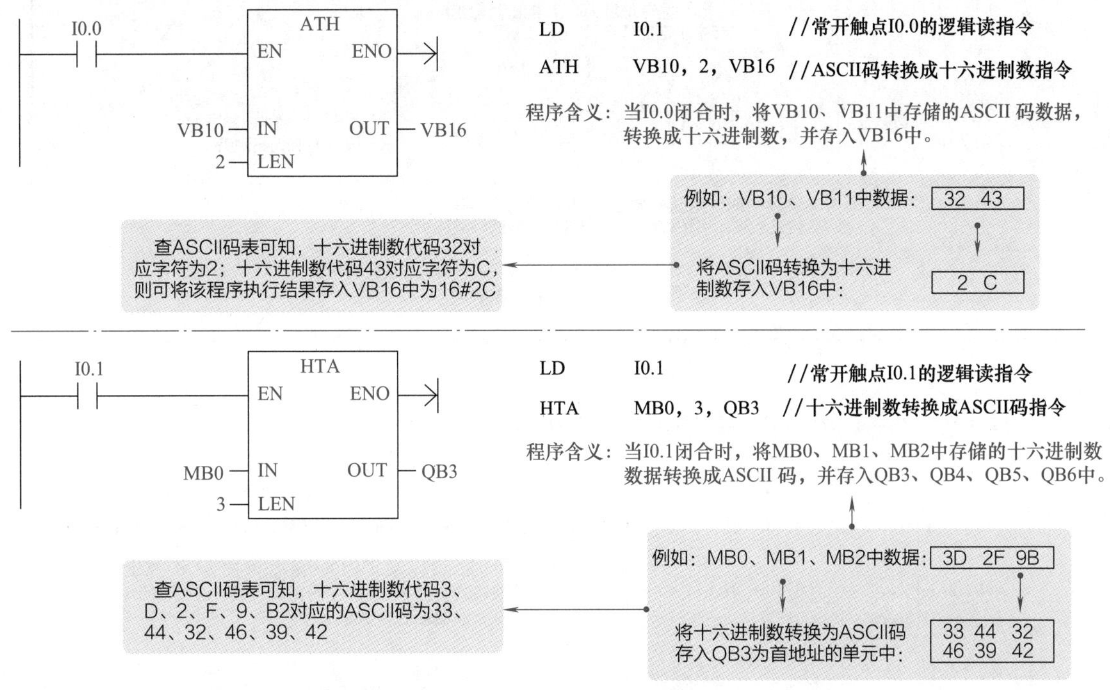

图 11-10　ASCII 码与十六进制数转换指令的应用示例

（2）整数转换成 ASCII 码指令

整数转换成 ASCII 码指令（ITA）是将一个整数转换成 ASCII 码，并将结果存储到 OUT 指定的 8 个连续字节存储单元中，如图 11-11 所示。

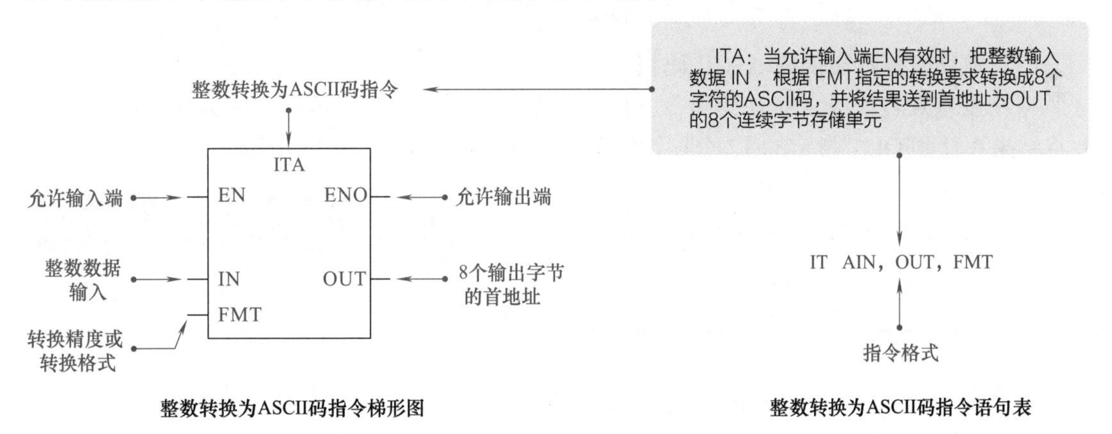

图 11-11　整数转换成 ASCII 码指令的含义

提示说明

FMT 端用于指定小数点右侧的转换精度和小数点采用逗号表示或用点号表示，FMT 前 4 位必须为 0，如图 11-12 所示。

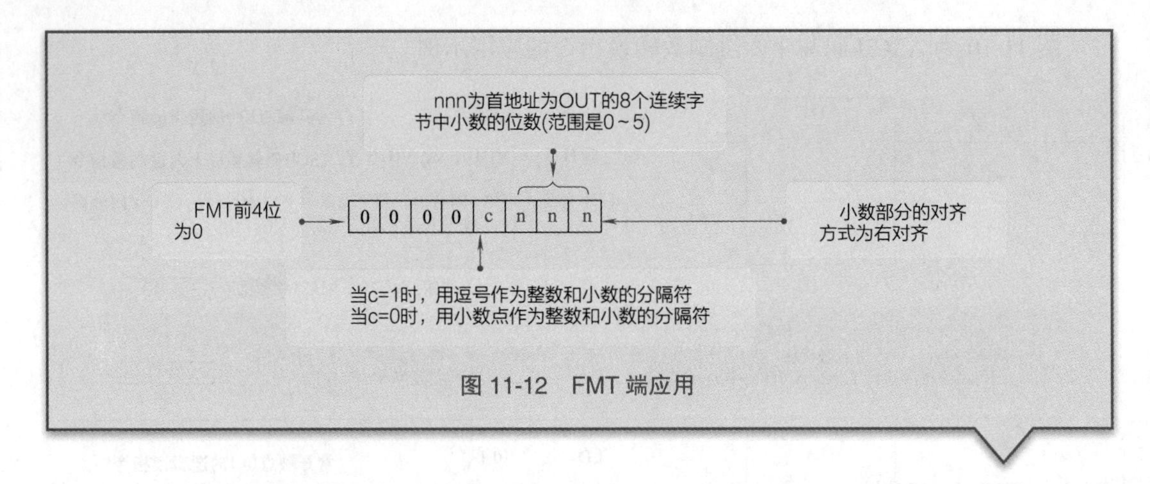

图 11-12　FMT 端应用

图 11-13 为整数转换成 ASCII 码指令应用示例。

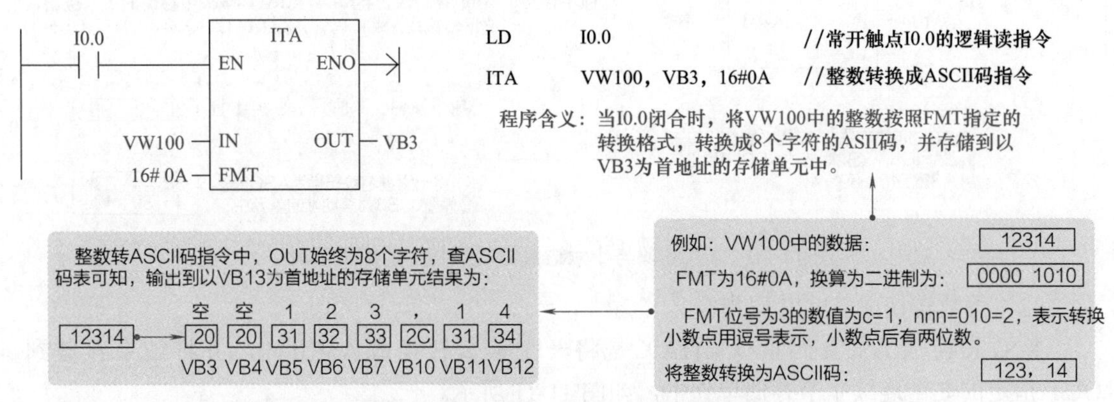

图 11-13　整数转换成 ASCII 码指令应用示例

（3）双精度整数转换成 ASCII 码指令

双精度整数转换成 ASCII 码指令（DTA）是将一个双精度整数转换成 ASCII 码字符串，并将结果存储到 OUT 指定的 12 个连续字节存储单元中，如图 11-14 所示。

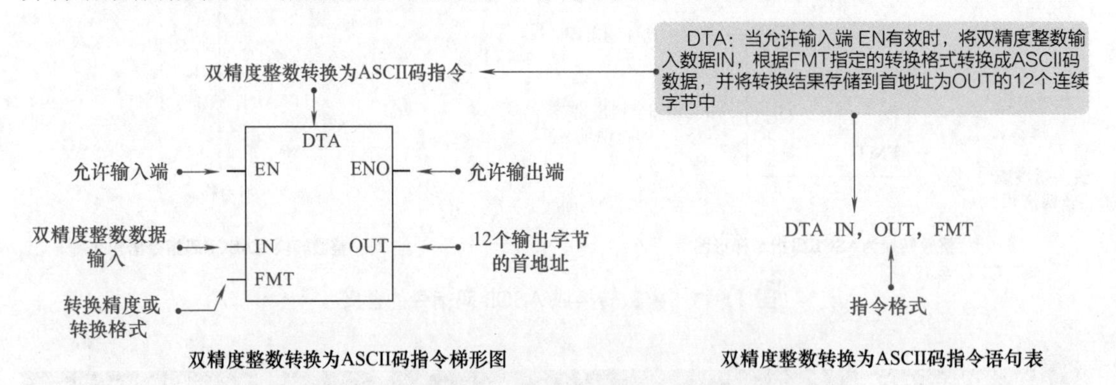

图 11-14　双精度整数转换成 ASCII 码指令的含义

图 11-15 为双精度整数转换成 ASCII 码指令应用示例。

（4）实数转换成 ASCII 码指令

实数转换成 ASCII 码指令（RTA）是将一个实数转换成 ASCII 码字符串，并将结果存储到 OUT 指定的 3 ～ 15 个连续字节存储单元中，如图 11-16 所示。

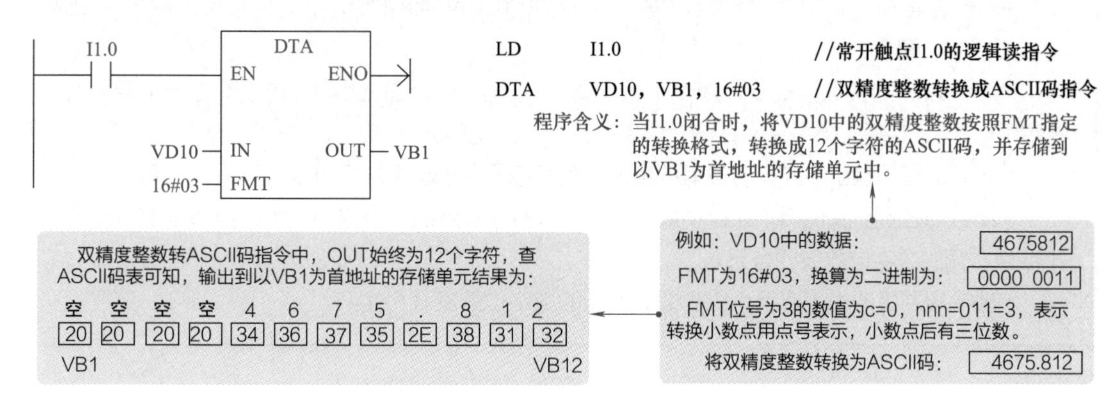

图 11-15　双精度整数转换成 ASCII 码指令应用示例

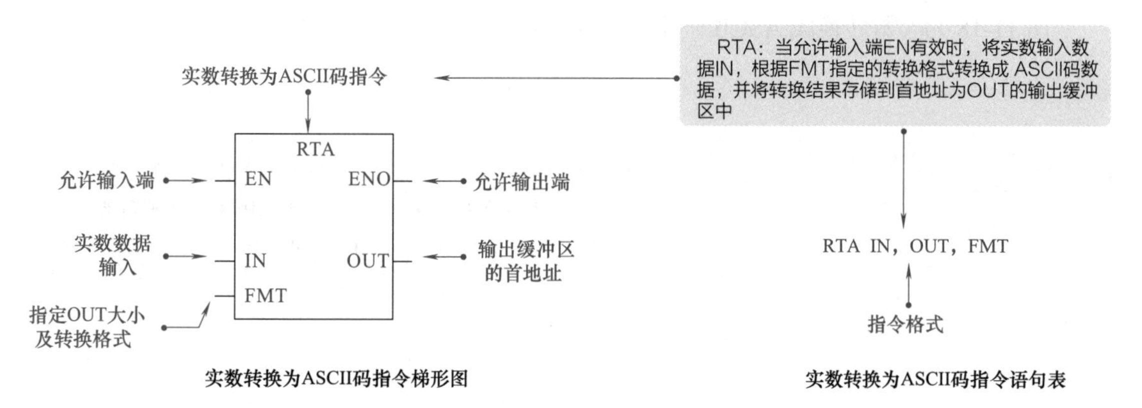

图 11-16　实数转换成 ASCII 码指令的含义

提示说明

FMT 端用于指定 OUT 的长度（3 ～ 15）和小数点右侧的转换精度及小数点采用逗号或点号表示，如图 11-17 所示。

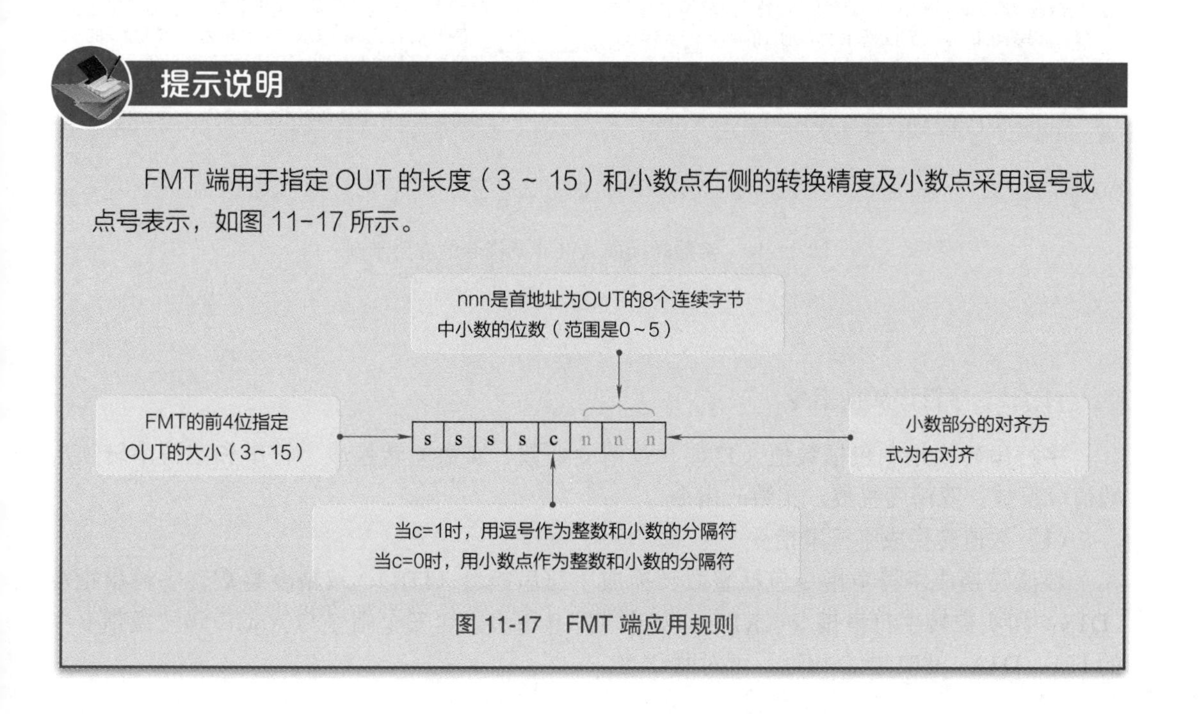

图 11-17　FMT 端应用规则

・输出结果 ASCII 码字符的位数（或长度）就是输出缓冲区的大小，它的值可以在 3 ~ 15 字节或字符之间。

・7 ~ 200 的实数格式支持最多 7 位小数。试图显示 7 位以上的小数会产生一个四舍五入错误。

・正数值写入输出缓冲区时没有符号位；负数值写入输出缓冲区时以负号（-）开头。

・小数点左侧开头的 0（靠近小数点的那个除外）被隐藏；小数点右侧的数值按照指定的小数点右侧的数字位数被四舍五入。

・输出缓冲区的大小应至少比小数点右侧的数字位数多 3 个字节。

图 11-18 为实数转换成 ASCII 码指令的应用示例。

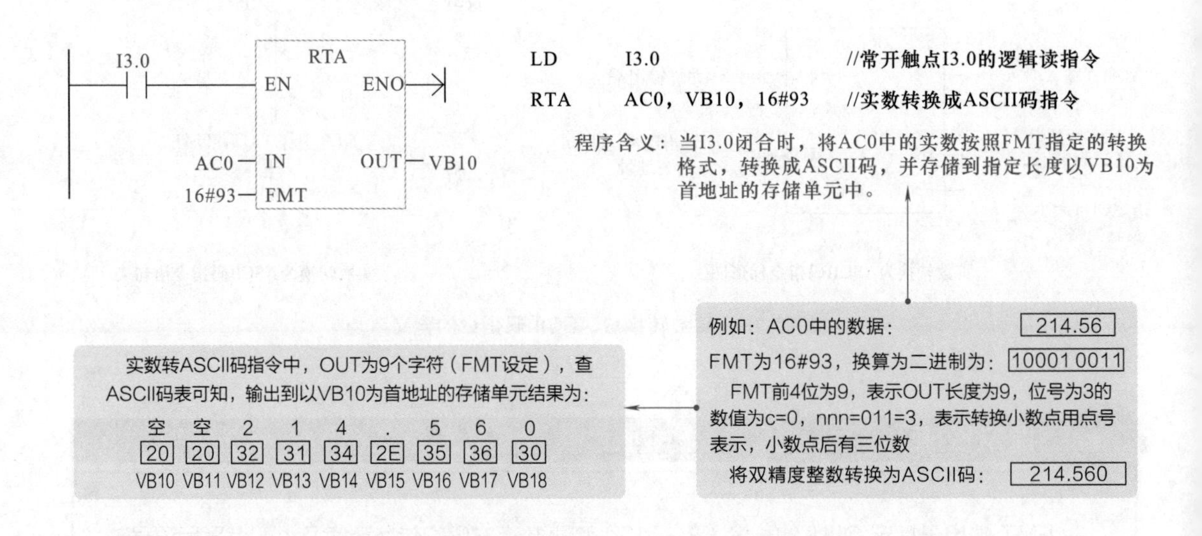

图 11-18　实数转换成 ASCII 码指令的应用示例

11.1.3　字符串转换指令

字符串转换指令包括数值（整数、双精度整数、实数）转换成字符串和字符串转换成数值（整数、双精度整数、实数）指令。

（1）数值转换成字符串指令

数值转换成字符串指令包括整数转换成字符串指令（ITS）、双精度整数转字符串指令（DTS）和实数转字符串指令（RTS），如图 11-19 所示。这三个指令与 ASCII 码转换指令中的 ITA、DTA、RTA 指令相近，可对照学习。

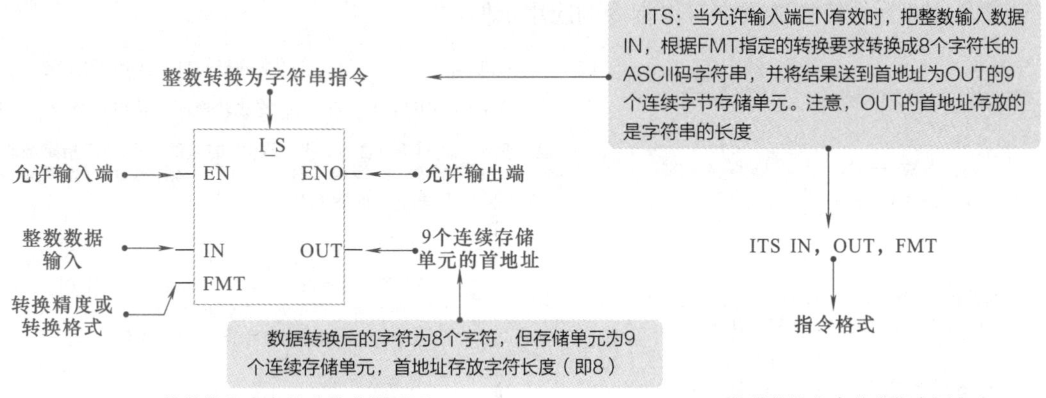

整数转换为字符串指令梯形图　　整数转换为字符串指令语句表

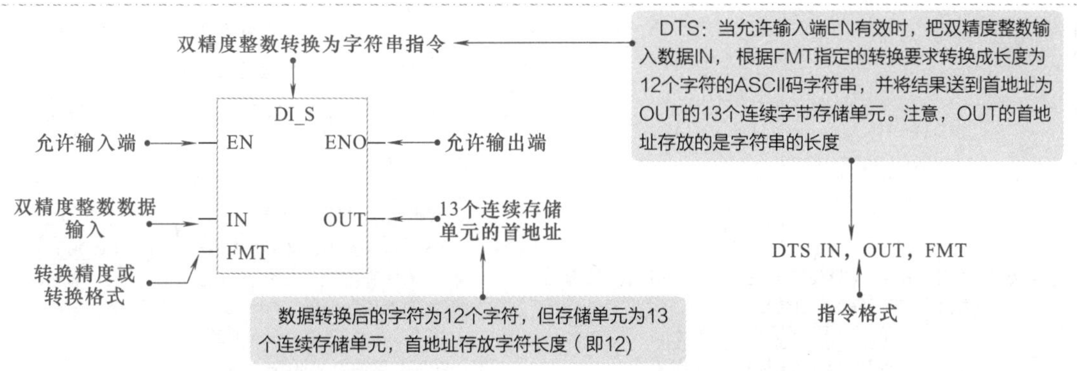

双精度整数转换为字符串指令梯形图　　双精度整数转换为字符串指令语句表

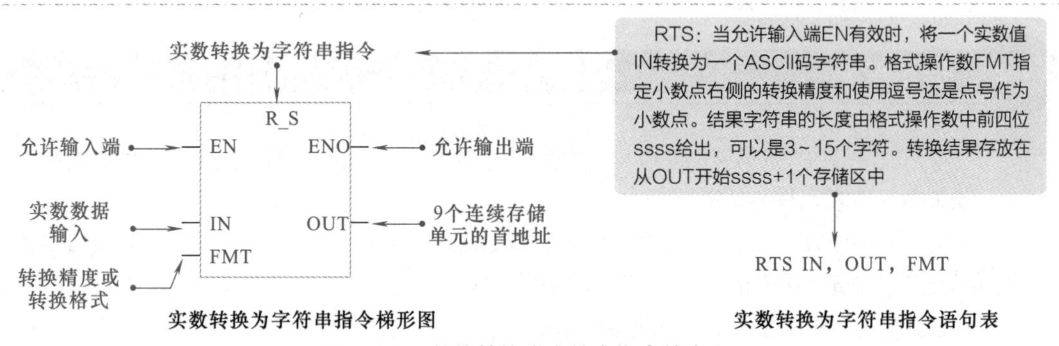

实数转换为字符串指令梯形图　　实数转换为字符串指令语句表

图 11-19　数值转换成字符串指令的含义

提示说明

数值转换为字符串指令中的有效操作数如表 11-4 所列。

表 11-4　数值转换为字符串指令中的有效操作数

输入 / 输出	数据类型	操作数
IN	INT	IW、QW、VW、MW、SMW、SW、T、C、LW、AIW、*VD、*LD、*AC、常数
	DINT	ID、QD、VD、MD、SMD、SD、LD、AC、HC、*VD、*LD、*AC、常数
	REAL	ID、QD、VD、MD、SMD、SD、LD、AC、*VD、*LD、*AC、常数
FMT	BYTE	IB、QB、VB、MB、SMB、SB、LB、AC、*VD、*LD、*AC、常数
OUT	STRING	VB、LB、*VD、*LD、*AC

图 11-20 为数值转换成字符串指令的应用示例。

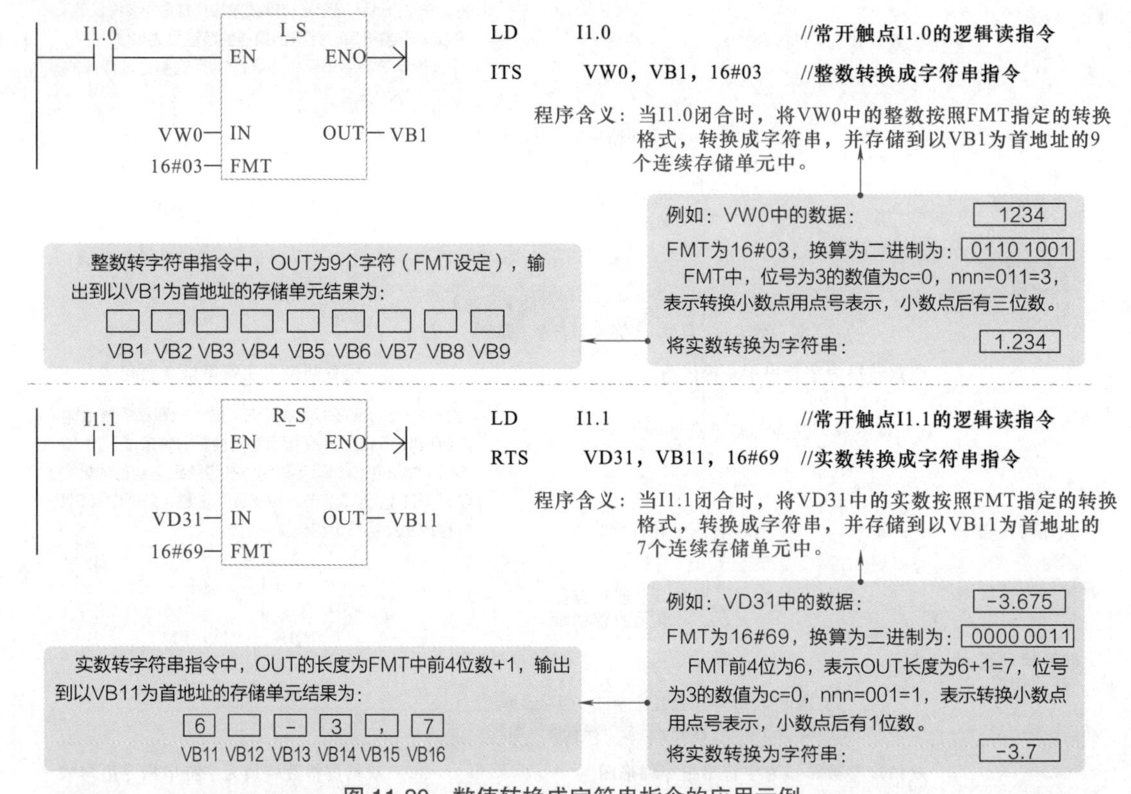

图 11-20　数值转换成字符串指令的应用示例

提示说明

西门子 S7-200 SMART PLC 中，实数格式支持最多 7 位有效数。当显示 7 位以上的数时，会产生一个四舍五入错误。

• 当 nnn（小数点后允许的位数）大于 5 或指定的存储单元太小以致无法存储转换值的情况，输出存储单元会被空格键的 ASCII 码填充。

• 正数值写入输出存储单元时没有符号位。

• 负数值写入输出存储单元时以负号（-）开头。

• 小数点左侧的开头的 0(靠近小数点的 0 除外) 被隐藏。

• 小数点右侧的数值按照指定的小数点右侧的数字位数被四舍五入，如图 11-21 所示。

• 输出存储单元的大小应至少比小数点右侧的数字位数多 3 个字节。

• 数值在输出缓冲区中是右对齐的。

		VB0	VB1	VB2	VB3	VB4	VB5	VB6
输入=1124.6	输出=	6	1	1	2	4	.	6
输入=0.0004	输出=					0	.	0
输入=-2.6537	输出=				-	2	.	7
输入=3.96	输出=					4	.	0

图 11-21　实数显示方式

（2）字符串转换成数值指令

字符串转换成数值指令包括字符串转整数指令（STI）、字符串转双整数指令（STD）和字符串转实数指令（STR），如图 11-22 所示。

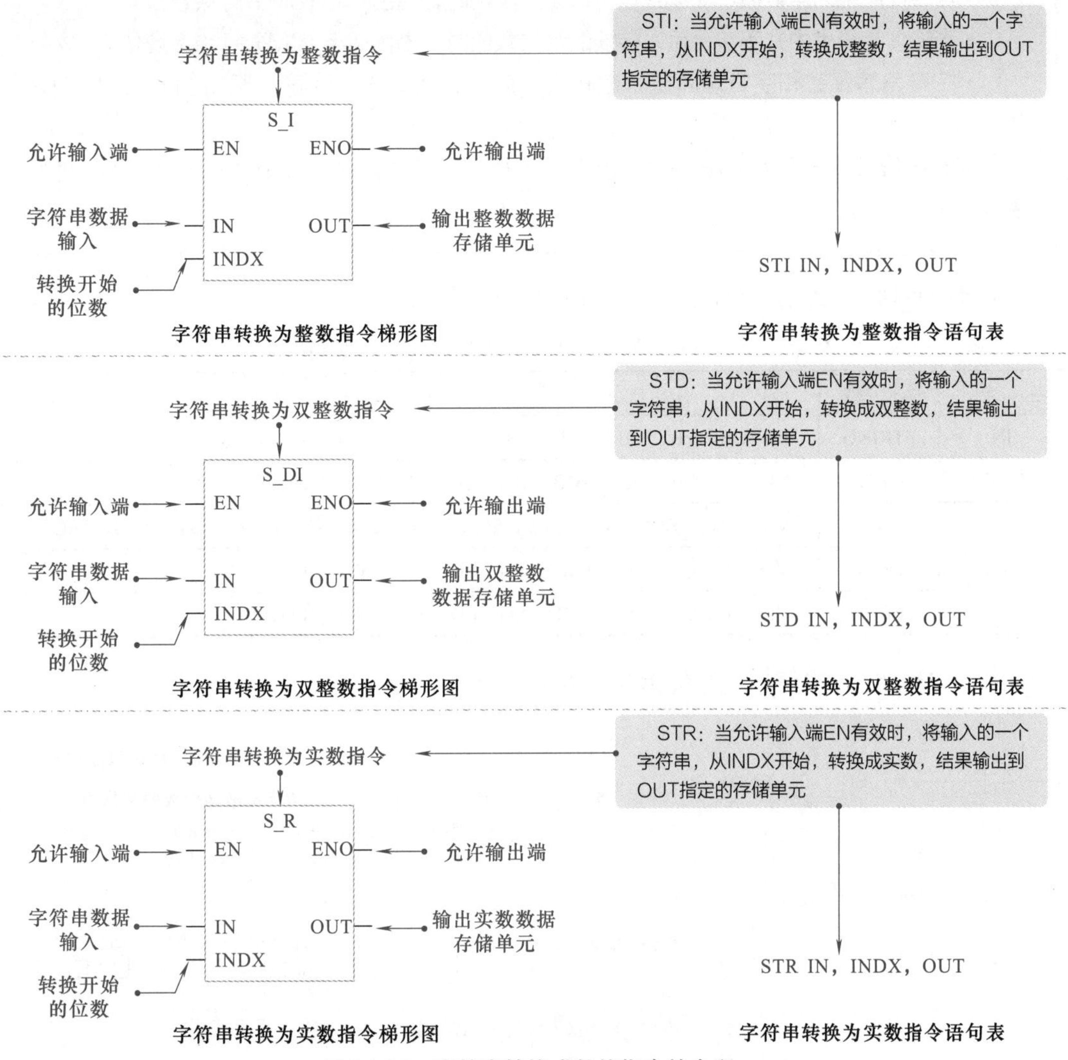

图 11-22　字符串转换成数值指令的含义

提示说明

使用字符串转数值指令时注意：

• INDX 的值通常设为 1，即从字符串的第一个字符开始转换。INDX 也可被设为其他值，从字符串的不同位置进行转换。一般用于字符串中包含非数值字符的情况。例如，如果输入字符串是“ABCDE123.5”，则将 INDX 设为数值 6，跳过字符串起始字“ABCDE”。

• 字符串转实数指令不能用于转换以科学计数法或者指数形式表示实数的字符串。指令不会产生溢出错误（SM1.1），但会将字符串转换到指数之前，停止转换。例如：字符串“2.54E3”转换为实数值 2.54，且没有错误提示。

• 当到达字符串的结尾或者遇到第一个非法字符时，转换指令结束。非法字符是指任意非数字 (0 ~ 9) 字符。

• 当转换产生的整数值过大以致输出值无法表示时，溢出标志 (SM1.1) 会置位。

• 当输入字符串中并不包含可以转换的合法数值时，溢出标志 (SM1.1) 也会置位。

• 字符串转整数和字符串转双整数转换具有下列格式的字符串：[空格] [+ 或 -] [数字 0 ~ 9]。

字符串转实数指令转换具有下列格式的字符串：[空格] [+ 或 -] [数字 0 ~ 9] [. 或，][数字 0 ~ 9]。

字符串转换为数值指令的有效操作数如表 11-5 所列。

表 11-5 字符串转换为数值指令的有效操作数

输入 / 输出	数据类型	操作数
IN	STRING	IB、QB、VB、MB、SMB、SB、LB、*VD、*LD、*AC、常数
INDX	BYTE	VB、IB、QB、MB、SMB、SB、LB、AC、*VD、*LD、*AC、常数
OUT	INT	VW、IW、QW、MW、SMW、SW、T、C、LW、AC、AQW、*VD、*LD、*AC
	DINT	VD、ID、QD、MD、SMD、SD、LD、AC、*VD、*LD、*AC
	REAL	VD、ID、QD、MD、SMD、SD、LD、AC、*VD、*LD、*AC

图 11-23 为字符串转换成数值指令的应用示例。

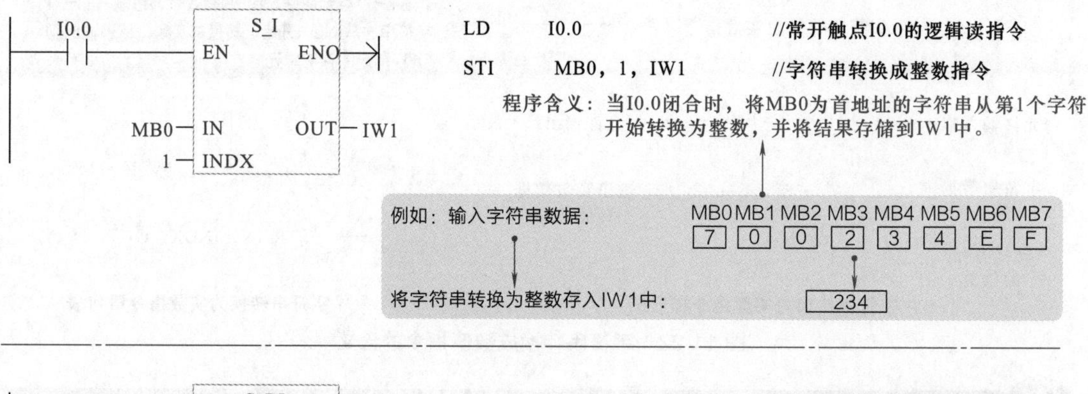

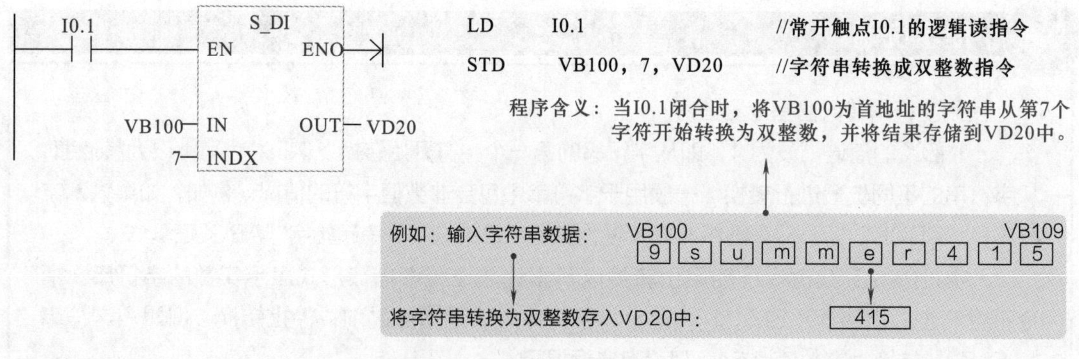

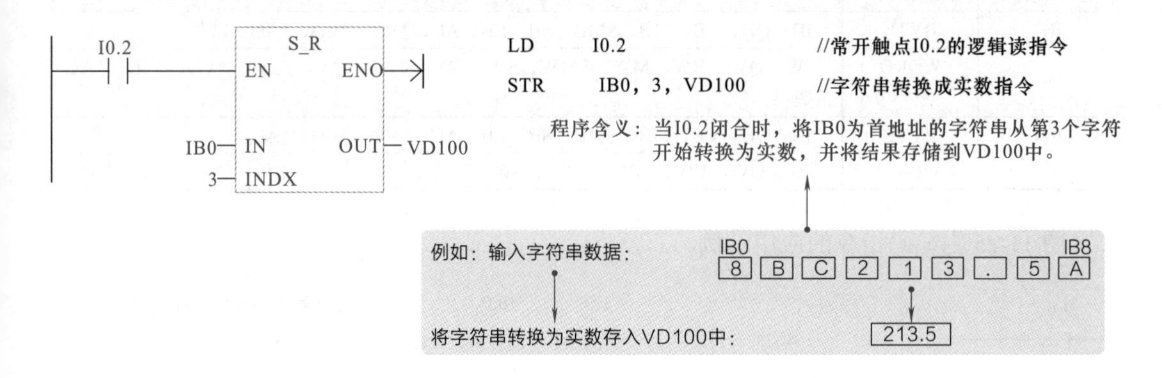

图 11-23　字符串转换成数值指令的应用示例

11.1.4　编码和解码指令

编码指令（ENCO）是将输入端 IN 字数据的最低有效位（即数值为 1 的位）的位号（0 ～ 15）编码成 4 位进制数，并存入 OUT 指定字节型存储器的低四位中。

解码指令（DECO）是根据输入端 IN 字节型数据的低四位所表示的位号（0 ～ 15），将输出端 OUT 所指定的字单元中的相应位号上的数值置 1，其他位置 0。

图 11-24 为编码和解码指令含义。

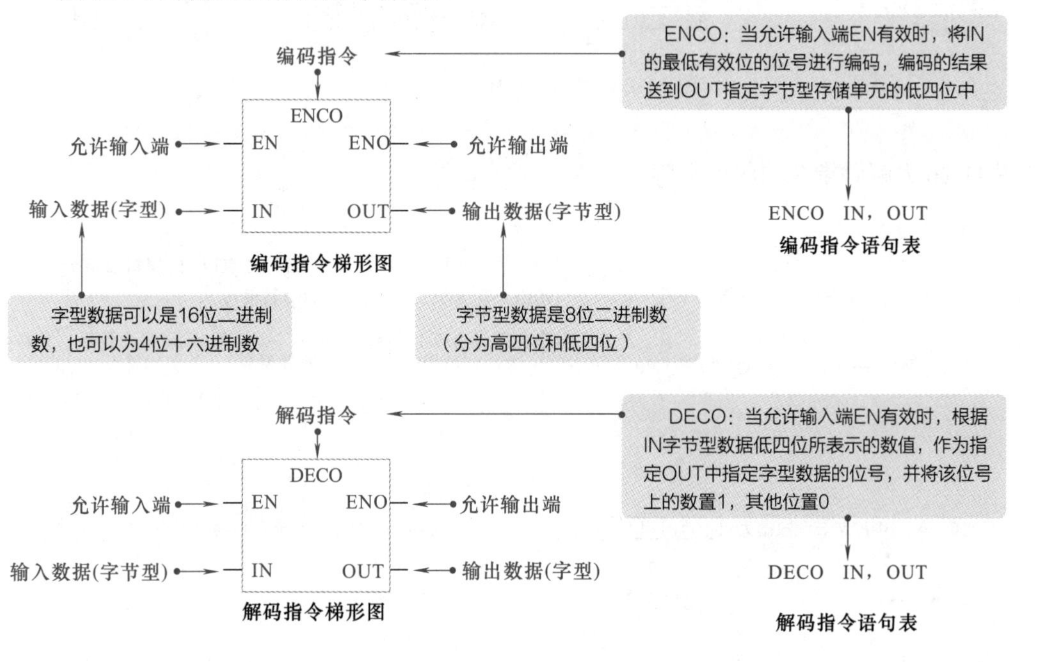

图 11-24　编码和解码指令含义

编码指令和译码指令的有效操作数见表 11-6。

表 11-6　编码指令和译码指令的有效操作数

输入 / 输出	数据类型	操作数
IN	BYTE	IB、QB、VB、MB、SMB、SB、LB、AC、*VD、*LD、*AC、常数
	WORD	IW、QW、VW、MW、SMW、SW、LW、T、C、AC、AIW、*VD、*LD、*AC、常数
OUT	BYTE	IB、QB、VB、MB、SMB、SB、LB、AC、*VD、*LD、*AC
	WORD	IW、QW、VW、MW、SMW、SW、T、C、LW、AC、AQW、*VD、*LD、*AC

图 11-25 为编码指令的应用示例。

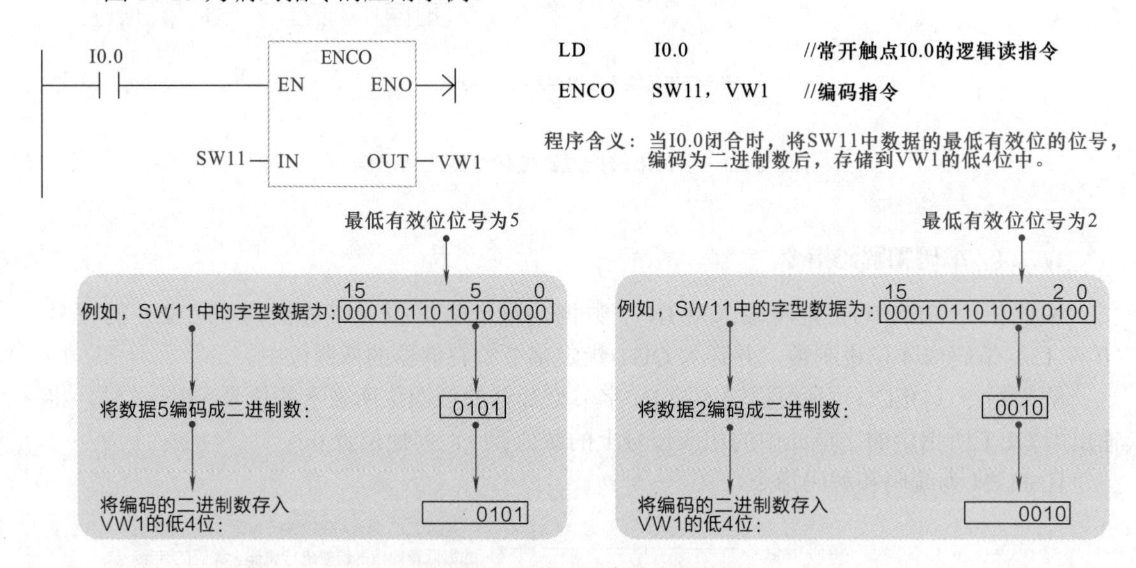

图 11-25　编码指令的应用示例

图 11-26 为解码指令的应用示例。

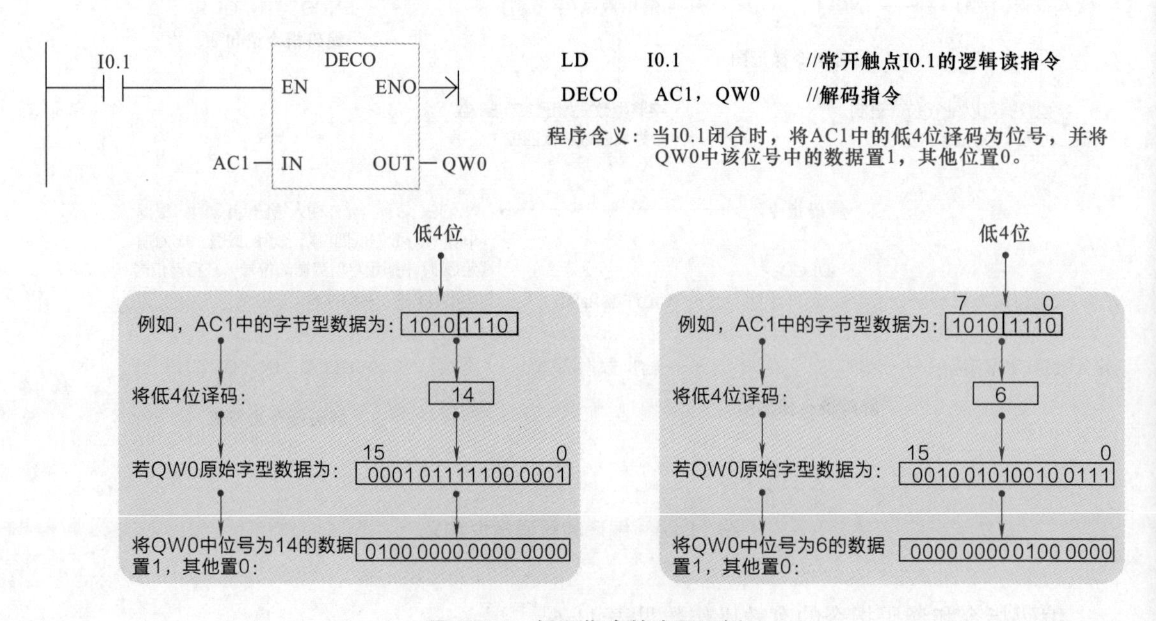

图 11-26　解码指令的应用示例

11.1.5　段指令

段指令（SEG）是一种专门用于驱动七段数码显示器的指令，也称为七段显示码指令。该指令实际上也属于数据类型转换指令，其功能是将输入的数值经 SEG 指令编码处理后转换成驱动数码管显示的二进制数，从而使数码显示器显示出相应的字符。

图 11-27 为段指令的含义。

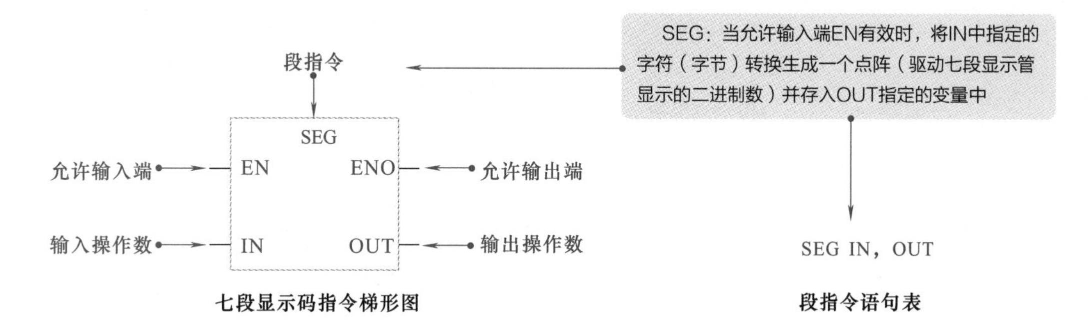

图 11-27　段指令的含义

提示说明

SEG 指令用于将字节型输入数据的低 4 位对应的数据（0 ~ F）输出到 OUT 指定的字节单元中。如果需要将高 4 位也输出显示，可先使用移位指令将高 4 位数据移到第 4 位后，在使用 SEG 指令，最终在七段显示器中显示出来。

SEG 指令使用的七段码显示器编码如表 11-7 所列。

表 11-7　SEG 指令使用的七段码显示器编码

输入	七段数码显示器	输出 -gfe dcba		输入	七段数码显示器	输出 -gfe dcba
0	0	0011 1111		8	8	0111 1111
1	1	0000 0110		9	9	0110 0111
2	2	0101 1011	a f b g e c d	A	A	0111 0111
3	3	0100 1111		B	b	0111 1100
4	4	0110 0110		C	C	0011 1001
5	5	0110 1101		D	d	0101 1110
6	6	0111 1101		E	E	0111 1001
7	7	0000 0111		F	F	0111 0001

图 11-28 为段指令的应用示例。

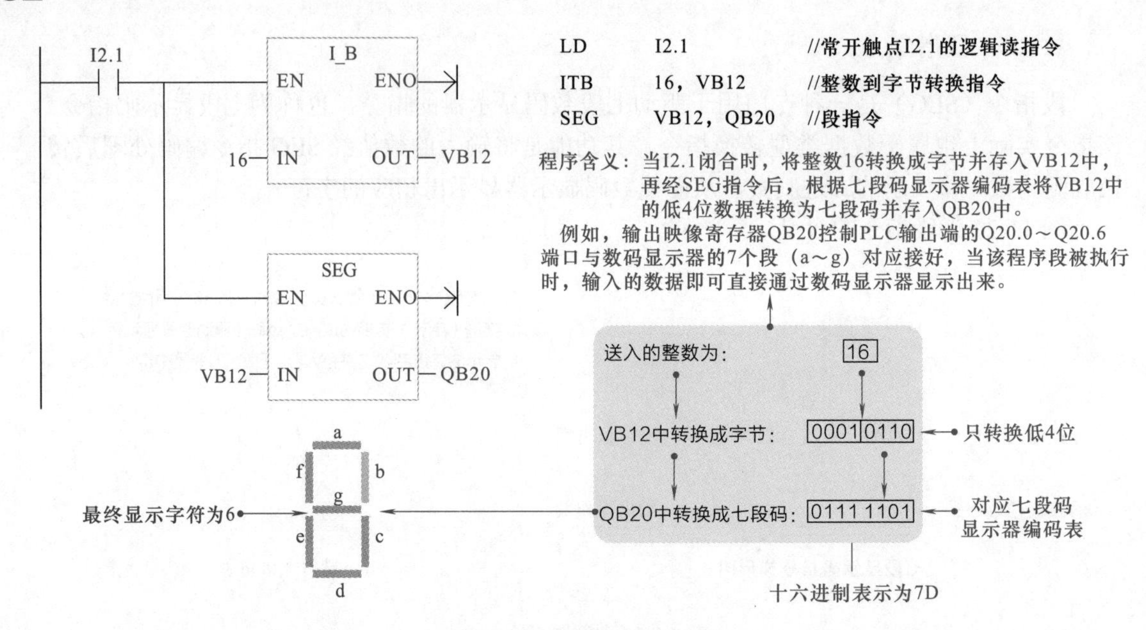

图 11-28　段指令的应用示例

11.2 西门子 PLC（S7-200 SMART）的通信指令

11.2.1 GET 和 PUT 指令

GET 和 PUT 指令适用于通过以太网进行的 S7-200 SMART CPU 之间的通信。图 11-29 为 GET 和 PUT 指令的梯形图符号及语句表标识。

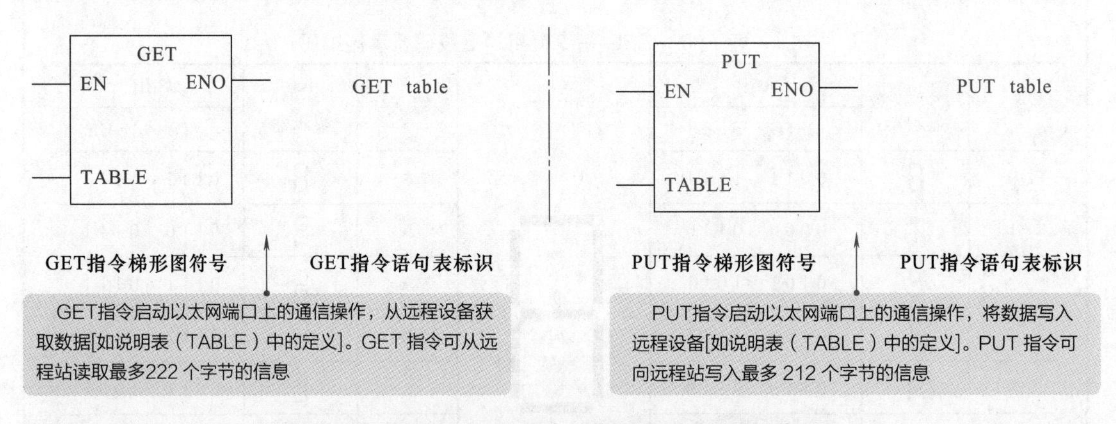

图 11-29　GET 和 PUT 指令的梯形图符号及语句表标识

提示说明

程序中可以有任意数量的 GET 和 PUT 指令，但在同一时间最多只能激活共 16 个 GET 和 PUT 指令。

例如，在给定的 CPU 中可以同时激活 8 个 GET 和 8 个 PUT 指令，或 6 个 GET 和 10 个 PUT 指令。

当执行 GET 或 PUT 指令时,CPU 与 GET 或 PUT 表中的远程 IP 地址建立以太网连接。该 CPU 可同时保持最多 8 个连接。连接建立后，该连接将一直保持到在 CPU 进入 STOP 模式为止。

GET 和 PUT 指令的有效操作数如表 11-8 所列。

表 11-8　GET 和 PUT 指令的有效操作数

输入 / 输出	数据类型	操作数
TABLE	BYTE	IB、QB、VB、MB、SMB、SB、*VD、*LD、*AC

11.2.2　发送和接收（RS-485/RS-232 为自由端口）指令

可使用发送（XMT）和接收（RCV）指令，通过 CPU 串行端口在 S7-200 SMART CPU 和其他设备之间进行通信。每个 S7-200 SMART CPU 都提供集成的 RS-485 端口。

图 11-30 为发送（XMT）和接收（RCV）指令的梯形图符号及语句表标识。

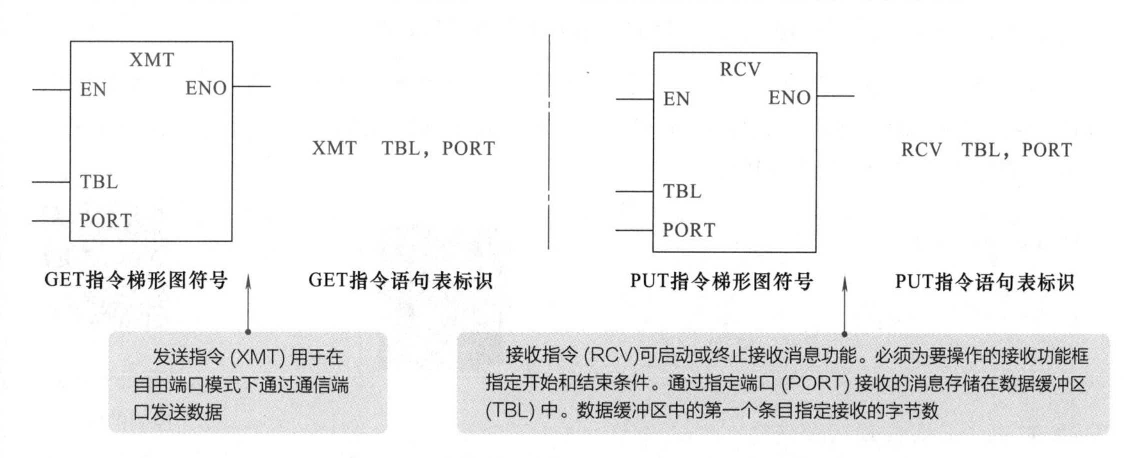

图 11-30　发送（XMT）和接收（RCV）指令的梯形图符号及语句表标识

发送（XMT）和接收（RCV）指令的有效操作数如表 11-9 所列。

表 11-9　发送（XMT）和接收（RCV）指令的有效操作数

输入 / 输出	数据类型	操作数
TBL	BYTE	IB、QB、VB、MB、SMB、SB、*VD、*LD、*AC
PORT	BYTE	常数：0 或 1 说明：两个可用端口如下： 集成 RS-485 端口（端口 0） CM01 信号板（SB）RS-232/RS-485 端口（端口 1）

第12章 西门子 PLC 电气控制电路

12.1 三相交流感应电动机交替运行电路的 PLC 控制

12.1.1 三相交流感应电动机交替运行控制电路的电气结构

图 12-1 为电动机交替运行 PLC 控制电路的结构，该电路主要由西门子 S7-200 SMART PLC，输入设备 SB1、SB2、FR1-1、FR2-1，输出设备 KM1、KM2，电源总开关 QS，两台三相交流电动机 M1、M2 等构成。

西门子 PLC 控制的电动机交替运行电路

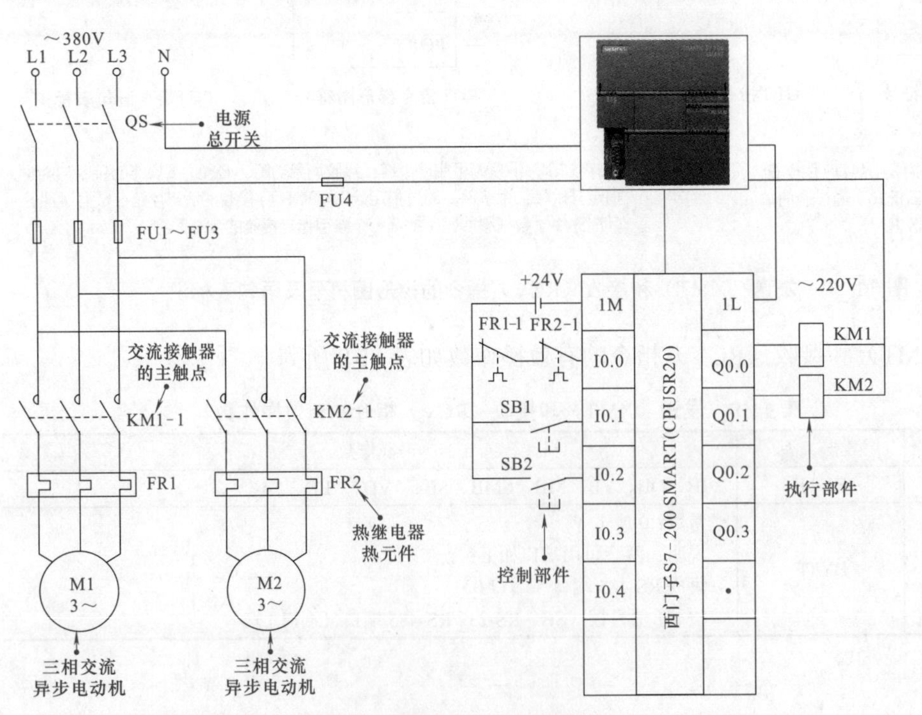

图 12-1 PLC 控制的电动机交替运行电路的结构

两台电动机交替运行的 PLC 控制电路输入 / 输出设备按 I/O 分配表进行连接分配，如表 12-1 所列。

表 12-1　采用西门子 S7-200 SMART 型 PLC 的两台电动机交替运行控制电路 I/O 分配表

输入信号及地址编号			输出信号及地址编号		
名称	代号	输入点地址编号	名称	代号	输出点地址编号
热继电器	FR1-1、FR2-1	I0.0	控制电动机 M1 的接触器	KM1	Q0.0
启动按钮	SB1	I0.1	控制电动机 M2 的接触器	KM2	Q0.1
停止按钮	SB2	I0.2			

12.1.2　三相交流感应电动机交替运行控制电路的 PLC 控制原理

从控制部件、梯形图程序与执行部件的控制关系入手，逐一分析各组成部件的动作状态即可弄清两台电动机在 PLC 控制下实现交替运行的控制过程，如图 12-2、图 12-3 所示。

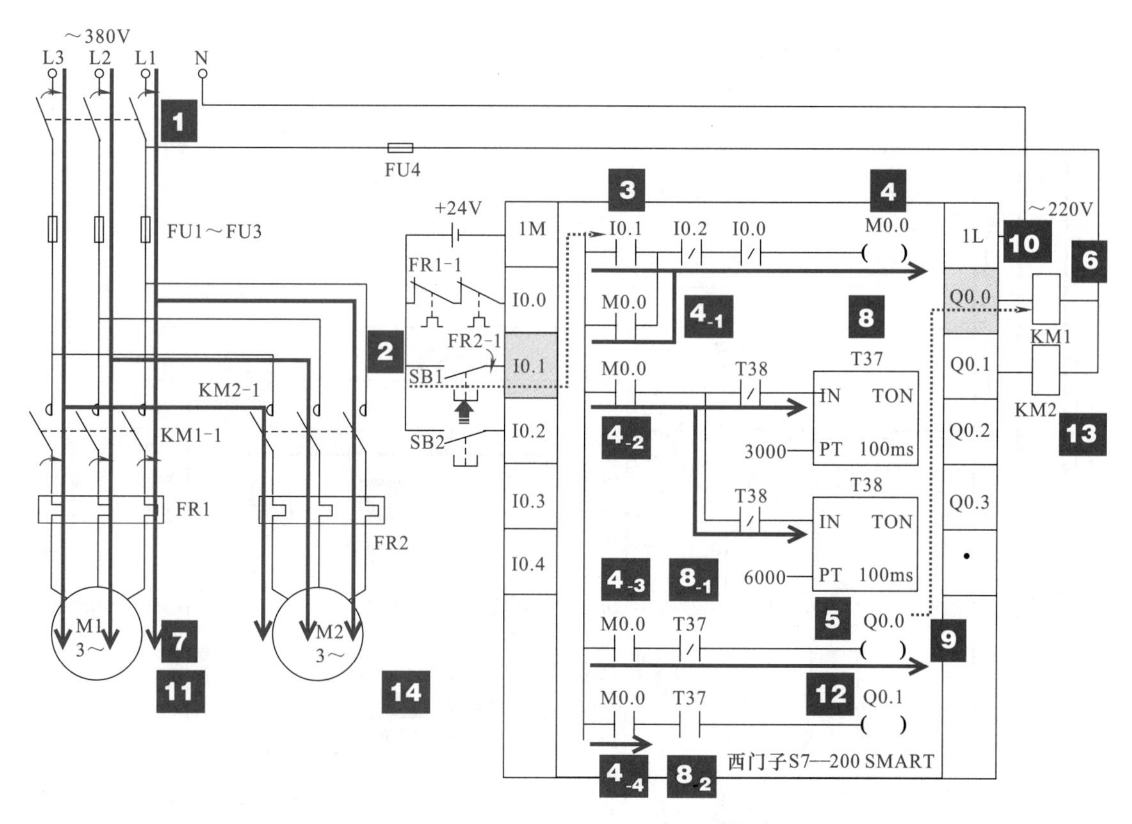

图 12-2　两台电动机交替运行 PLC 控制电路的工作过程（一）

【1】合上总电源开关 QS，接通三相电源。

【2】按下电动机 M1 的启动按钮 SB1。

【3】将 PLC 程序中的输入继电器常开触点 I0.1 置 1，即常开触点 I0.1 闭合。

【4】辅助继电器 M0.0 线圈得电。

　　【4_{-1}】自锁常开触点 M0.0 闭合实现自锁功能。

　　【4_{-2}】控制定时器 T37、T38 的常开触点 M0.0 闭合。

【4_{-3}】控制输出继电器 Q0.0 的常开触点 M0.0 闭合。

【4_{-4}】控制输出继电器 Q0.1 的常开触点 M0.0 闭合。

【4_{-3}】→【5】程序中输出继电器 Q0.0 线圈得电。

【6】控制 PLC 外接电动机 M1 的接触器 KM1 线圈得电，带动主电路中的主触点 KM1-1 闭合。

【7】接通 M1 电源，电动机 M1 启动运转。

【4_{-2}】→【8】定时器 T37 线圈得电，开始计时。

【9_{-1}】计时时间到，控制 Q0.0 的延时断开的常闭触点 T37 断开。

【9_{-2}】计时时间到，控制 Q0.1 的延时闭合的常开触点 T37 闭合。

【9_{-1}】→【9】程序中输出继电器 Q0.0 线圈失电。

【10】程序中输出继电器 Q0.0 线圈失电。

【11】切断电动机 M1 电源，M1 停止运转。

【9_{-2}】→【12】该程序中输出继电器 Q0.1 线圈得电。

【13】PLC 外接电动机 M2 的接触器 KM2 线圈得电，带动主电路中的主触点 KM2-1 闭合。

【14】接通电动机 M2 电源，M2 启动运转。

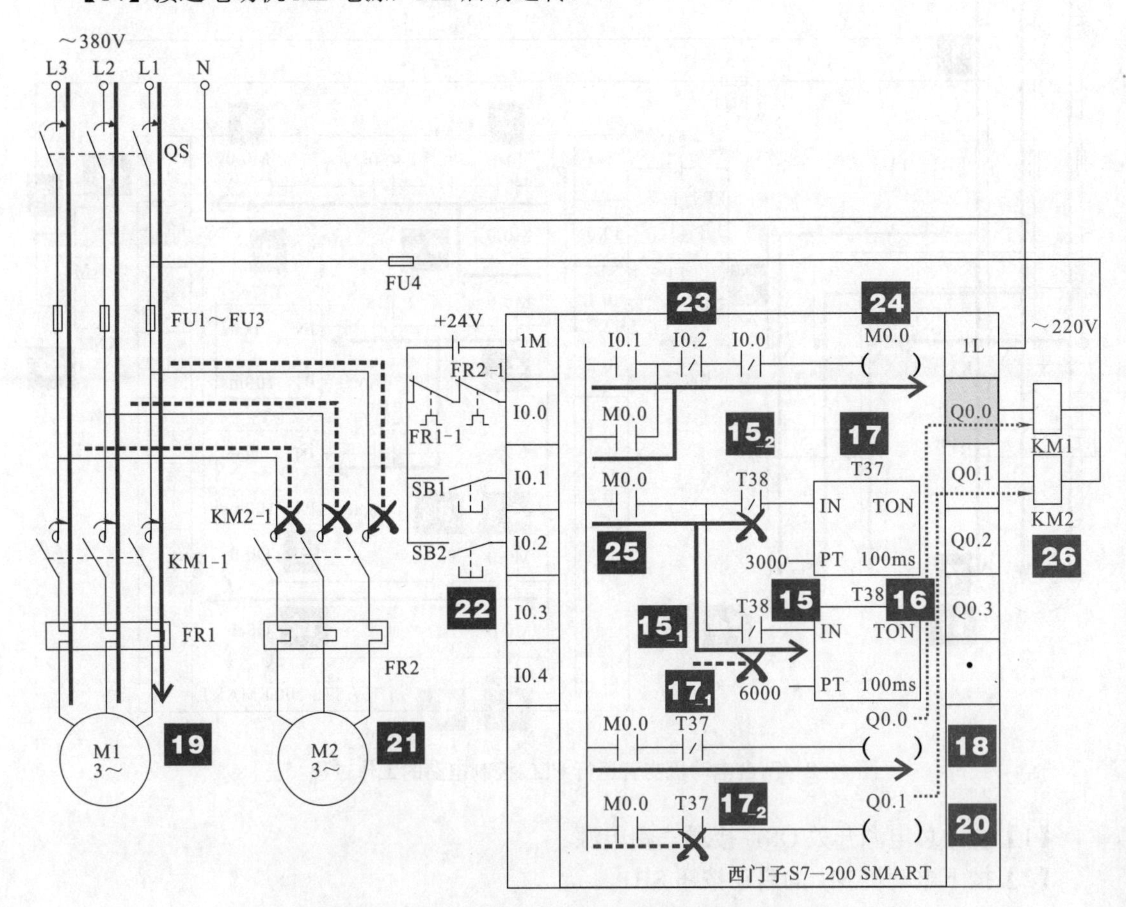

图 12-3 两台电动机交替运行 PLC 控制电路的工作过程（二）

【15】定时器 T38 线圈得电，开始计时。

【15_{-1}】计时时间到（延时 10min），其控制定时器 T38 的延时断开的常闭触点 T38 断开。

【15_{-2}】计时时间到（延时 10min），其控制定时器 T37 的延时断开的常闭触点 T38 断开。

【15_{-1}】→【16】定时器 T38 线圈失电，将自身复位，进入下一次循环。

【17】控制该程序段中的定时器 T37 线圈失电。

【17_{-1}】控制输出继电器 Q0.0 的延时断开的常闭触点 T37 复位闭合。

【17_{-2}】控制输出继电器 Q0.1 的延时闭合的常开触点 T37 复位断开。

【17_{-1}】→【18】程序中输出继电器 Q0.0 线圈得电。

【19】控制 PLC 外接电动机 M1 的接触器 KM1 线圈再次得电，带动主电路中的主触点闭合，接通电动机 M1 电源，电动机 M1 再次启动运转。

【17_{-2}】→【20】程序中输出继电器 Q0.1 线圈失电。

【21】控制 PLC 外接电动机 M2 的接触器 KM2 线圈失电，带动主电路中的主触点复位断开，切断电动机 M2 电源，电动机 M2 停止运转。

【22】当需要两台电动机停止运转时，按下 PLC 输入接口外接的停止按钮 SB2。

【23】将 PLC 程序中的输入继电器常闭触点 I0.1 置 0，即常闭触点 I0.1 断开。

【24】辅助继电器 M0.0 线圈失电，触点复位。

【25】定时器 T37、T38，输出继电器 Q0.0、Q0.1 线圈均失电。

【26】控制 PLC 外接电动机接触器线圈失电，带动主电路中的主触点复位断开，切断电动机电源，电动机停止循环运转。

12.2 三相交流感应电动机 Y-△降压启动电路的 PLC 控制

12.2.1 三相交流感应电动机 Y-△降压启动控制电路的电气结构

电动机 Y- △减压启动是指三相交流电动机在 PLC 控制下，启动时绕组按 Y（星形）连接，减压启动；启动后，自动转换成△（三角形）连接进行全压运行。

图 12-4 为三相交流电动机 Y- △减压启动 PLC 控制电路的结构。

三相交流异步电动机 Y- △减压启动的 PLC 控制电路中，输入 / 输出设备与 PLC 接口的连接按设计之初建立的 I/O 分配表分配，如表 12-2 所列。

表 12-2　采用西门子 S7-200 SMART 型 PLC 的三相交流电动机 Y- △减压启动控制电路 I/O 地址分配表

输入信号及地址编号			输出信号及地址编号		
名称	代号	输入点地址编号	名称	代号	输出点地址编号
热继电器	FR-1	I0.0	电源供电主接触器	KM1	Q0.0
启动按钮	SB1	I0.1	Y 连接接触器	KMY	Q0.1
停止按钮	SB2	I0.2	△连接接触器	KM △	Q0.2

12.2.2 三相交流感应电动机 Y-△降压启动控制电路的 PLC 控制原理

从控制部件、梯形图程序与执行部件的控制关系入手，逐一分析各组成部件的动作状态即可搞清三相交流电动机在 PLC 控制下实现 Y-△减压启动的控制过程。

图 12-5、图 12-6 为三相交流电动机 Y-△减压启动的 PLC 控制电路的工作过程。

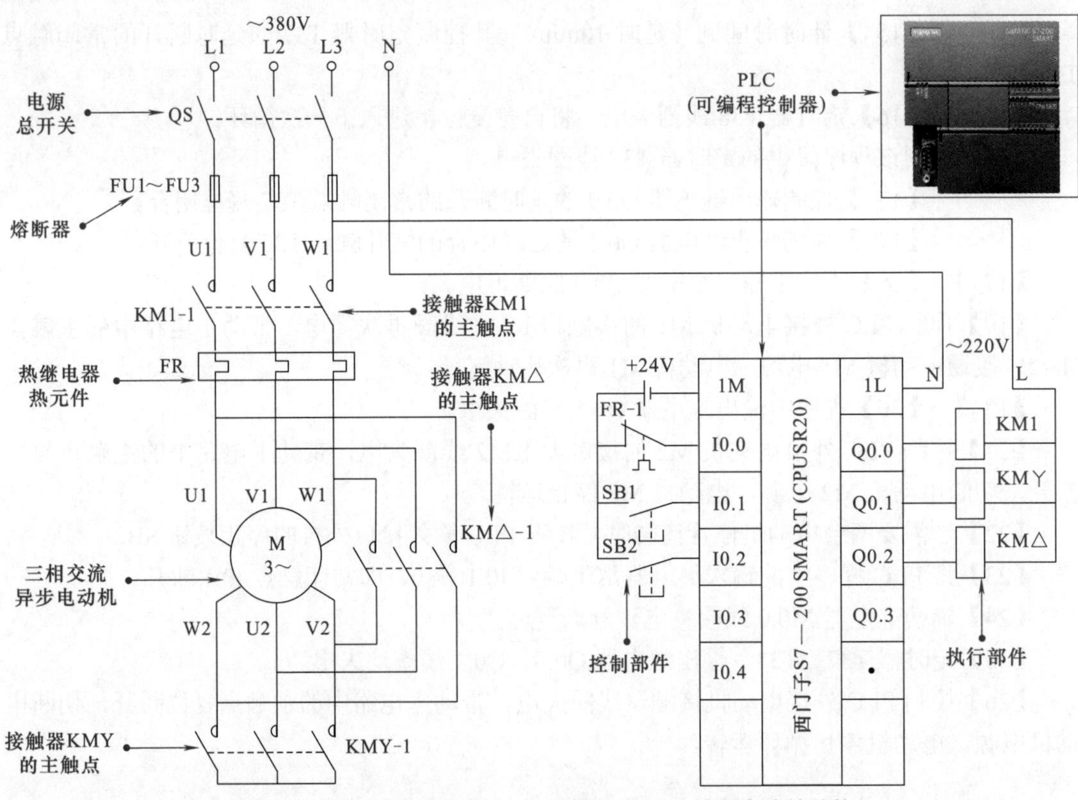

图 12-4 三相交流电动机 Y-△减压启动 PLC 控制电路的结构

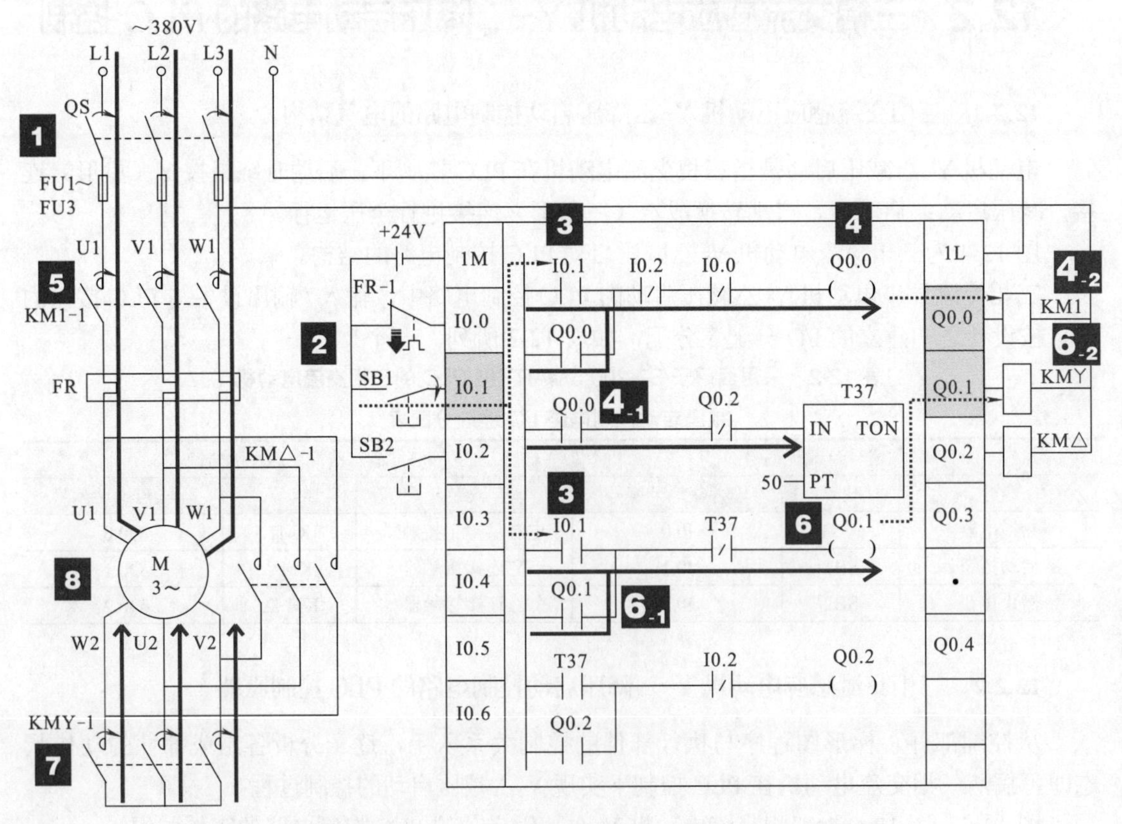

图 12-5 三相交流电动机 Y-△减压启动的 PLC 控制电路的工作过程（一）

【1】合上电源总开关 QS，接通三相电源。

【2】按下电动机 M 的启动按钮 SB1。

【3】将 PLC 程序中的输入继电器常开触点 I0.1 置 1，即常开触点 I0.1 闭合。

【3】→【4】输出继电器 Q0.0 线圈得电。

【4-1】自锁触点 Q0.0 闭合自锁；同时，控制定时器 T37 的 Q0.0 闭合，T37 线圈得电，开始计时。

【4-2】控制 PLC 输出接口端外接电源供电主接触器 KM1 线圈得电。

【4-2】→【5】带动主触点 KM1-1 闭合，接通主电路供电电源。

【3】→【6】输出继电器 Q0.1 线圈同时得电。

【6-1】自锁触点 Q0.1 闭合自锁。

【6-2】控制 PLC 外接 Y 连接接触器 KMY 线圈得电。

【6-2】→【7】接触器在主电路中主触点 KMY-1 闭合。

【7】→【8】电动机三相绕组 Y 连接，接通电源，开始减压启动。

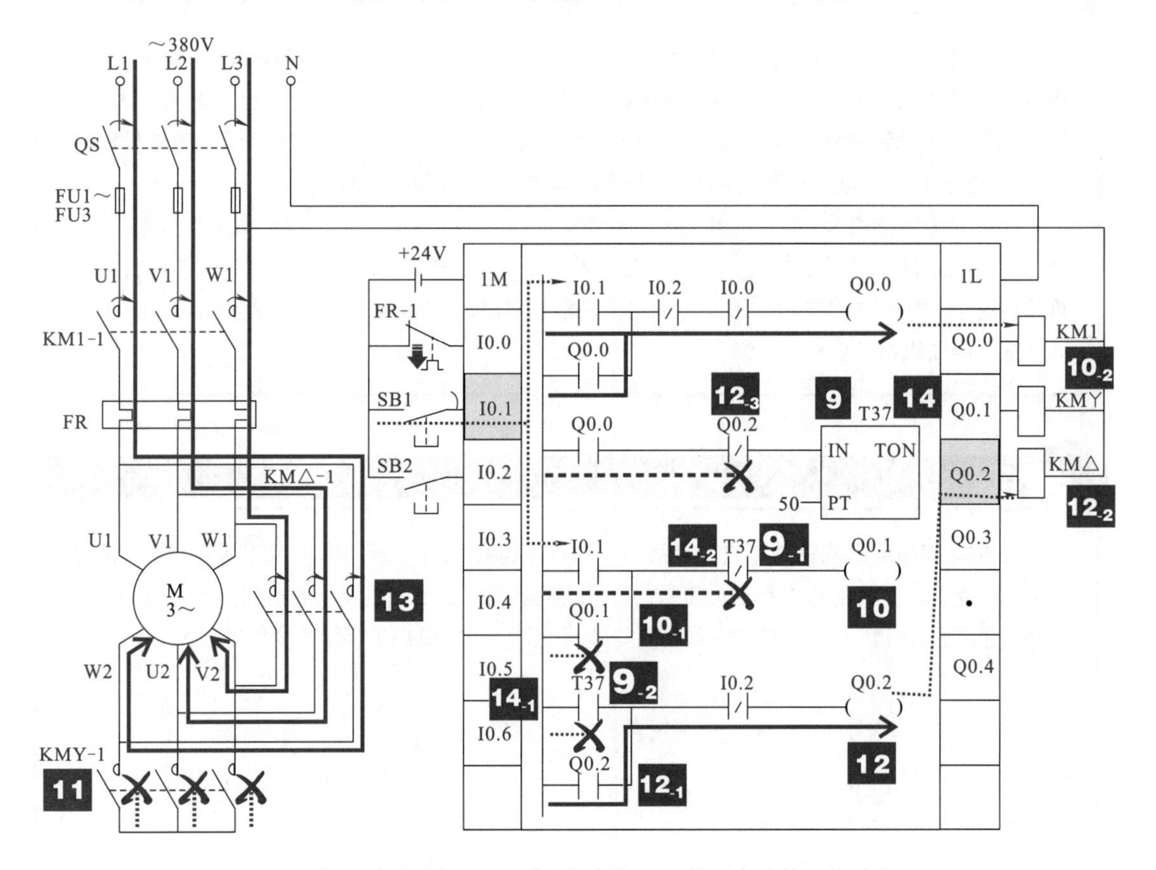

图 12-6　三相交流电动机 Y-△减压启动的 PLC 控制电路的工作过程（二）

【9】定时器 T37 计时时间到（延时 5s）。

【9-1】控制输出继电器 Q0.1 延时断开的常闭触点 T37 断开。

【9-2】控制输出继电器 Q0.2 的延时闭合的常开触点 T37 闭合。

【9-1】→【10】输出继电器 Q0.1 线圈失电。

【10-1】自锁常开触点 Q0.1 复位断开，解除自锁。

【10_{-2}】控制 PLC 外接 Y 连接接触器 KMY 线圈失电。

【10_{-2}】→【11】主触点 KMY-1 复位断开，电动机三相绕组取消 Y 连接方式。

【9_{-2}】→【12】输出继电器 Q0.2 线圈得电。

【12_{-1}】自锁常开触点 Q0.2 闭合，实现自锁功能。

【12_{-2}】控制 PLC 外接△连接接触器 KM △线圈得电。

【12_{-3}】控制 T37 延时断开的常闭触点 Q0.2 断开。

【12_{-2}】→【13】主触点 KM △ -1 闭合，电动机绕组接成△连接，开始全压运行。

【12_{-3}】→【14】控制该程序中的定时器 T37 线圈失电。

【14_{-1}】控制 Q0.2 的延时闭合的常开触点 T37 复位断开，但由于 Q0.2 自锁，仍保持得电状态。

【14_{-2}】控制 Q0.1 的延时断开的常闭触点 T37 复位闭合，为 Q0.1 下一次得电做好准备。

提示说明

当需要电动机停转时，按下停止按钮 SB2。将 PLC 程序中的输入继电器常闭触点 I0.2 置 0，即常闭触点 I0.2 断开。输出继电器 Q0.0 线圈失电，自锁常开触点 Q0.0 复位断开，解除自锁；控制定时器 T37 的常开触点 Q0.0 复位断开；控制 PLC 外接电源供电主接触器 KM1 线圈失电，带动主电路中主触点 KM1-1 复位断开，切断主电路电源。

同时，输出继电器 Q0.2 线圈失电，自锁常开触点 Q0.2 复位断开，解除自锁；控制定时器 T37 的常闭触点 Q0.2 复位闭合，为定时器 T37 下一次得电做好准备；控制 PLC 外接△连接接触器 KM△线圈失电，带动主电路中主触点 KM△-1 复位断开，三相交流电动机取消△连接，电动机停转。

提示说明

三相交流电动机的接线方式主要有 Y（星形）连接和△（三角形）连接两种方式，如图 12-7 所示，对于接在电源电压为 380V 的电动机来说，当电动机星形连接时，电动机每相绕组承受的电压为 220V，当电动机采用三角形连接时，电动机每相绕组承受的电压为 380V。

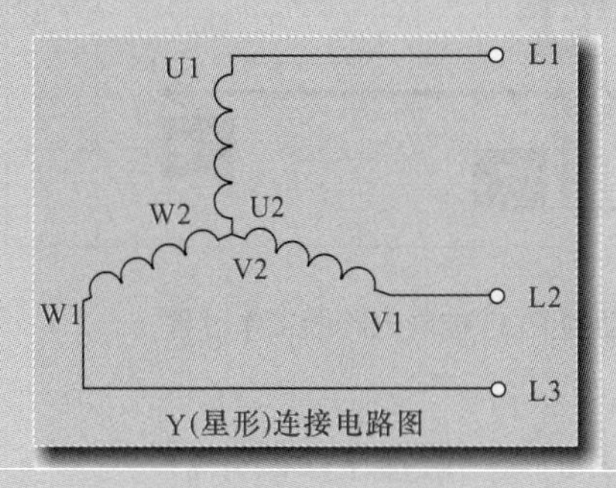

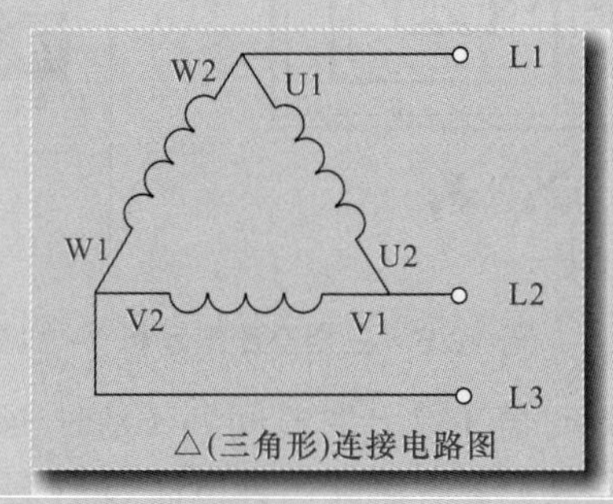

图 12-7 三相交流电动机的接线方式

12.3 三相交流感应电动机降压启动和反接制动电路的 PLC 控制

12.3.1 三相交流感应电动机降压启动和反接制动控制电路的结构

图 12-8 为三相交流感应电动机串电阻器降压启动和反接制动 PLC 控制电路的结构，该电路主要由控制部件（SB1、SB2、KS、FR-1）、西门子 PLC、执行部件（KM1 ～ KM3）、QS、启动电阻器 R（降压启动）、三相交流电动机等构成。

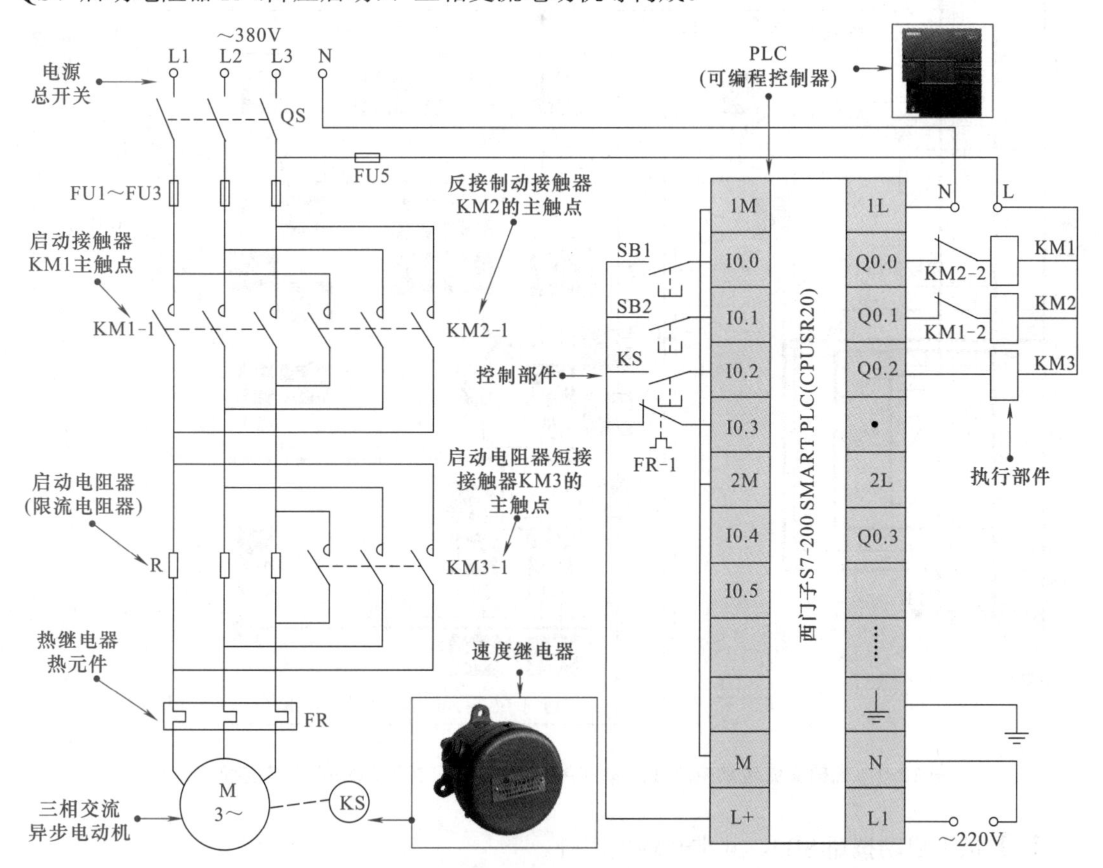

图 12-8　三相交流感应电动机串电阻器降压启动和反接制动 PLC 控制电路的结构

控制部件和执行部件根据 I/O 分配表连接分配，对应 PLC 内部编程地址编号，如表 12-3 所列。

表 12-3　采用西门子 S7-200 SMART（CPUSR20）型 PLC 的三相交流电动机减压启动和反接制动控制电路 I/O 地址分配表

输入信号及地址编号			输出信号及地址编号		
名称	代号	输入点地址编号	名称	代号	输出点地址编号
停止按钮	SB1	I0.0	启动接触器	KM1	Q0.0
启动按钮	SB2	I0.1	反接制动接触器	KM2	Q0.1
速度继电器触点	KS	I0.2	启动电阻短接接触器	KM3	Q0.2
热继电器	FR-1	I0.3			

12.3.2 三相交流感应电动机降压启动和反接制动控制电路的 PLC 控制原理

从控制部件、梯形图程序与执行部件的控制关系入手，逐一分析各组成部件的动作状态即可弄清三相交流电动机减压启动和反接制动 PLC 控制电路的控制过程。

图 12-9、图 12-10 为三相交流电动机减压启动和反接制动 PLC 控制电路的工作过程。

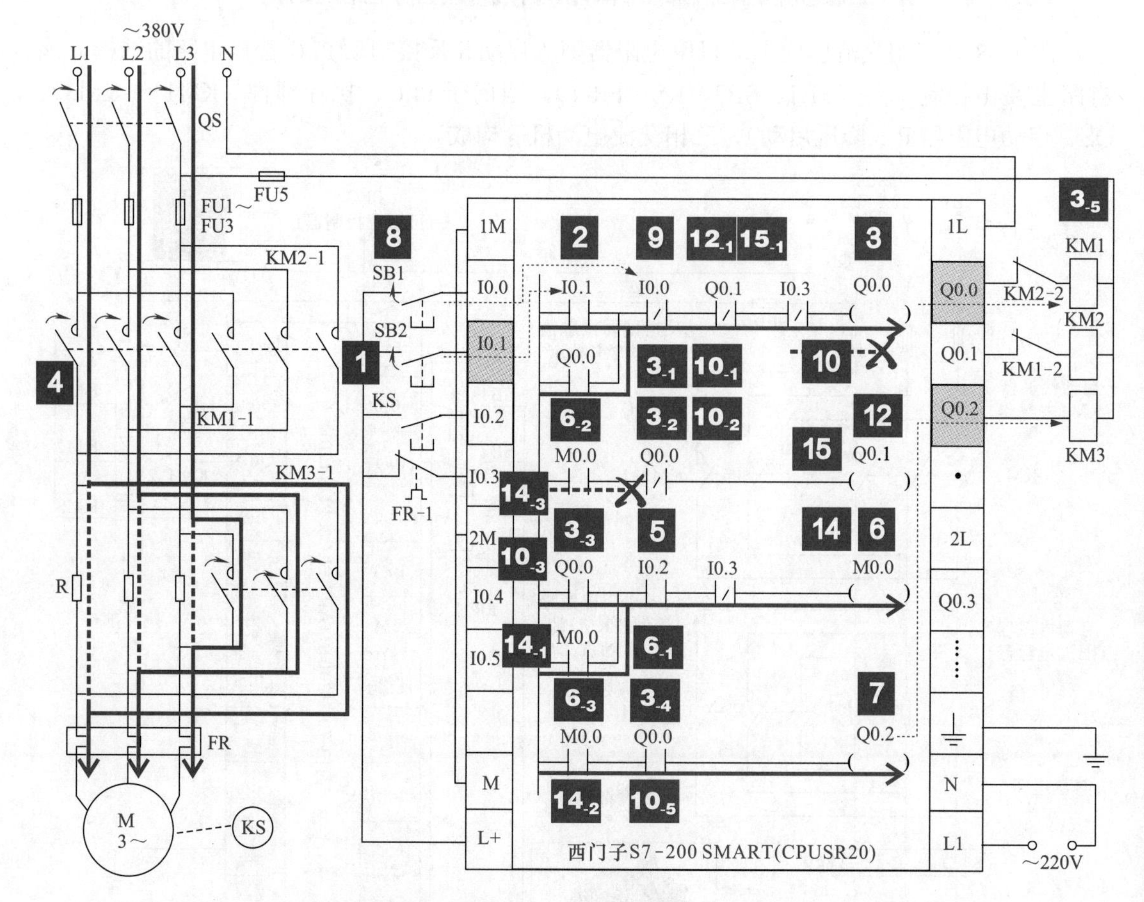

图 12-9　三相交流电动机减压启动和反接制动 PLC 控制电路的工作过程（一）

【1】按下启动按钮 SB2，其常开触点闭合。

【2】将常开触点 I0.1 置 1，即常开触点 I0.1 闭合。

【3】PLC 梯形图程序中输出继电器 Q0.0 线圈得电。

　　【3_{-1}】自锁常开触点 Q0.0 闭合实现自锁功能。

　　【3_{-2}】常闭触点 Q0.0 断开，实现互锁功能，防止输出继电器 Q0.1 线圈得电。

　　【3_{-3}】程序中控制辅助继电器 M0.0 的常开触点 Q0.0 闭合。

　　【3_{-4}】程序中控制输出继电器 Q0.2 的触点 Q0.0 闭合。

　　【3_{-5}】控制 PLC 外接启动接触器 KM1 线圈得电。

【3_{-5}】→【4】主电路中主触点 KM1-1 闭合，接通电动机电源，电动机启动运转。

【3_{-3}】+【4】→【5】当三相交流电动机 M 的转速 n > 100r/min 时，速度继电器触点 KS 闭合，将 PLC 程序中的输入继电器常开触点 I0.2 置 1，即常开触点 I0.2 闭合。

【6】PLC 梯形图程序中速度控制辅助继电器 M0.0 线圈得电。

【6_{-1}】自锁常开触点 M0.0 闭合实现自锁功能。

【6_{-2}】控制输出继电器 Q0.1 的常开触点 M0.0 闭合。

【6_{-3}】控制输出继电器 Q0.2 的常开触点 M0.0 闭合。

【6_{-3}】→【7】输出继电器 Q0.2 线圈得电，控制 PLC 外接启动电阻器短接接触器 KM3 线圈得电，其主触点 KM3-1 闭合，短接启动电阻器，电动机在全压状态下开始运行。

【8】按下停止按钮 SB1，其常闭触点断开。

【9】输入继电器常闭触点 I0.0 置 0，即常闭触点 I0.0 断开。

【10】输出继电器 Q0.0 线圈失电。

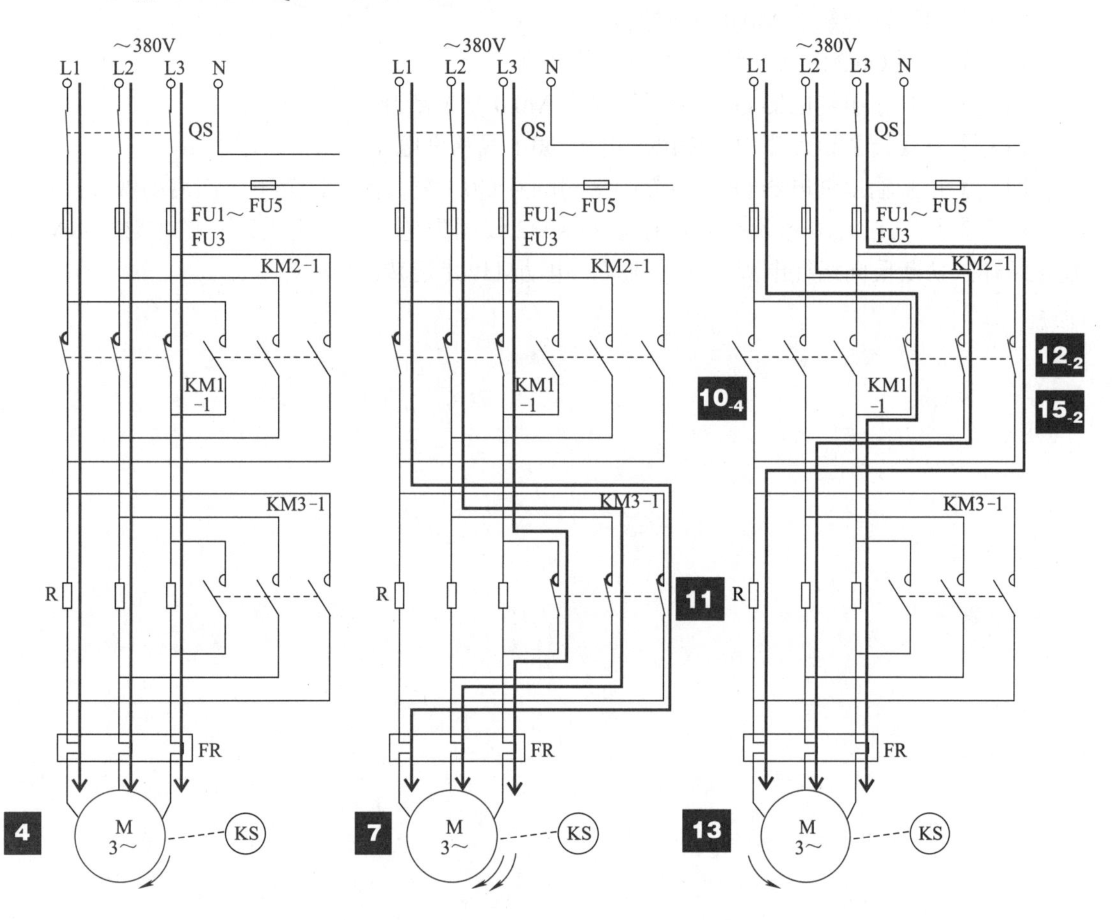

图 12-10　三相交流电动机减压启动和反接制动 PLC 控制电路的工作过程（二）

【10_{-1}】自锁常开触点 Q0.0 复位断开。

【10_{-2}】控制 Q0.1 的常闭触点 Q0.0 复位闭合。

【10_{-3}】控制辅助继电器 M0.0 的常开触点 Q0.0 复位断开。

【10_{-4}】控制 PLC 外接启动接触器 KM1 线圈失电，带动主电路中的主触点 KM1-1 复位断开，切断电动机电源，电动机做惯性运转。

【10_{-5}】控制输出继电器 Q0.2 的常开触点 Q0.0 复位断开。

【11】输出继电器 Q0.2 线圈失电，控制 PLC 外接启动电阻器短接接触器 KM3 线圈失电，带动主电路中的主触点 KM3-1 复位断开，反向电源接入限流电阻器。

【6_{-2}】+【10_{-2}】→【12】控制输出继电器 Q0.1 线圈得电。

【12_{-1}】常闭触点 Q0.1 断开，实现互锁功能，防止输出继电器 Q0.0 线圈得电。

【12_{-2}】控制 PLC 外接反接制动接触器 KM2 线圈得电，带动主触点 KM2-1 闭合，接通反向运行电源。

【11】+【12_{-2}】→【13】电动机串联电阻器后反接制动。当电动机转速 $n<100$r/min 时，速度继电器触点 KS 复位断开，将 PLC 程序中的输入继电器常开触点 I0.2 置 0，即常开触点 I0.2 复位断开。

【14】速度控制辅助继电器 M0.0 线圈失电。

【14_{-1}】自锁常开触点 M0.0 复位断开。

【14_{-2}】控制 Q0.2 的常开触点 M0.0 复位断开。

【14_{-3}】控制输出继电器 Q0.1 的常开触点 M0.0 复位断开。

【14_{-3}】→【15】该程序中的输出继电器 Q0.1 线圈失电。

【15_{-1}】控制输出继电器 Q0.0 线圈的常闭触点 Q0.1 复位闭合，为下一次启动做好准备。

【15_{-2}】控制 PLC 外接反接制动接触器 KM2 线圈失电，带动主电路中的主触点 KM2-1 复位断开，切断反向运行电源，制动结束，电动机停止运转。

第13章 西门子 S7-200 SMART PLC 使用规范

13.1 西门子 S7-200 SMART PLC 的特点

13.1.1 西门子 S7-200 SMART PLC 的结构特点

西门子 S7-200 SMART PLC 是一种微型可编程逻辑控制器，可以控制各种设备以满足自动化控制需要。

图 13-1 为西门子 S7-200 SMART PLC 的结构组成，结构紧凑，主要由外壳、端子连接器、CPU 主机、信号扩展板、各种指示灯等构成。

（1）信号扩展板

信号扩展板用于满足少量的 I/O 点数扩展及更多通信端口的需求。一般，信号扩展板直接安装在 CPU 本体正面，无需占用电控柜空间，安装、拆卸方便快捷，如图 13-2 所示。

提示说明

信号板组态：在系统块选择标准型 CPU 模块后，SB 选项里会出现上述五种信号板：

- 选择 SB DT04 时，系统自动分配 I7.0 和 Q7.0 作为 I/O 映像区的起始位；
- 选择 SB AE01 时，系统自动分配 AIW12 作为 I/O 映像区；
- 选择 SB AQ01 时，系统自动分配 AQW12 作为 I/O 映像区；
- 选择 SB CM01 时，在端口类型设置框里选择 RS232 或 RS485 即可；
- 选择 SB BT01（即 BA01）时，可启用电量低报警或通过 I7.0 监测电量状态。

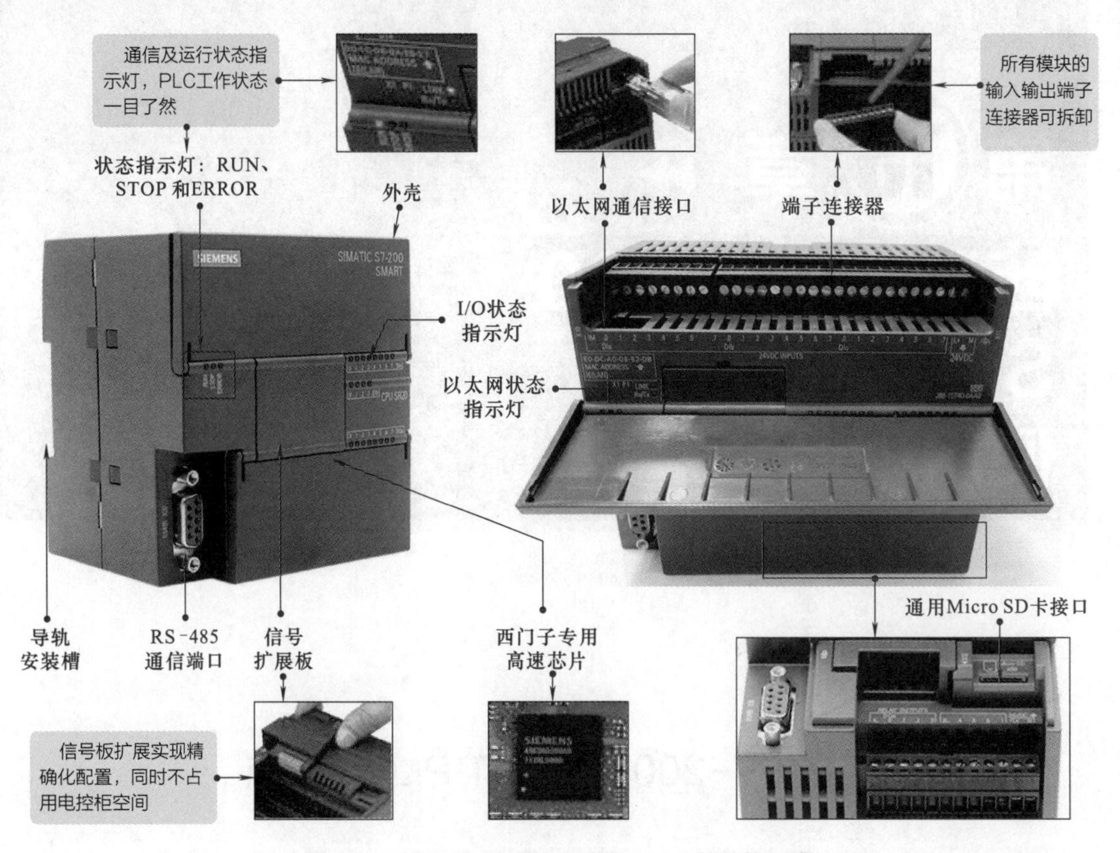

图 13-1　西门子 S7-200 SMART PLC 的结构组成

图 13-2　信号扩展板

（2）RS485 通信端口

西门子 S7-200 SMART PLC CPU 上的 RS485 通信端口是 RS485 兼容的九针超小 D 型连接器，符合欧洲标准 EN50170 中定义的 PROFIBUS 标准。

表 13-1 列出了 S7-200 SMART CPU 集成 RS485 端口（端口 0）的引脚分配。

表 13-1　S7-200 SMART CPU 集成 RS485 端口（端口 0）的引脚分配

RS485 通信端口	引脚号	引脚功能	集成的 RS485 端口（端口 0）
6 1 9 5	1	屏蔽	机壳接地
	2	24V 回流	逻辑公共端
	3	RS485 信号 B	RS485 信号 B
	4	请求发送	RTS（TTL）
	5	5V 回流	逻辑公共端
	6	+5V	+5V，100Ω 串联电阻
	7	+24V	+24V
	8	RS485 信号 A	RS485 信号 A
	9	不适用	10 位协议选择（输入）
	接口外壳	屏蔽	机壳接地

提示说明

RS485 网络是一种差分网络，每个网路最多可有 126 个可寻址节点，每个网段最多可有 32 个设备。

RS485 支持高速数据传输，可使用 PPI 协议和自由端口。

CM01 信号板与 RS485 兼容。表 13-2 为 S7-200 SMART CM01 信号板（SB）端口（端口 1）的引脚分配。

表 13-2　S7-200 SMART CM01 信号板（SB）端口（端口 1）的引脚分配

RS485 通信端口	引脚号	引脚功能	集成的 RS485 端口（端口 0）
6ES7 288-5CM01-OAAO X23 SB CM01 Tx/B RTS M Rx/A 5V X20	1	接地	机壳接地
	2	Tx/B	RS232-Tx/RS485-B
	3	请求发送	RTS（TTL）
	4	M 接地	逻辑公共端
	5	Rx/A	RS232-Tx/RS485-A
	6	+5V DC	+5V，100Ω 串联电阻

13.1.2　西门子 S7-200 SMART PLC 的功能特点

西门子 S7-200 SMART PLC 具有组态灵活、功能强大的指令集等特点和优势，可实现小型自动化应用控制。

（1）西门子 S7-200 SMART PLC 的基本功能

西门子 S7-200 SMART PLC 的基本功能特点如图 13-3 所示。

图 13-3　西门子 S7-200 SMART PLC 的基本功能特点

① 西门子 S7-200 SMART 系列 PLC 包括不同类型、I/O 点数多样的 CPU 模块（主机），其中单体 I/O 点数最高可达 60 点，可满足大部分小型自动化设备的控制需求。除此之外，CPU 模块有标准型和经济型两种，产品配置灵活，可最大限度控制成本，可应对不同需求。

② 西门子 S7-200 SMART 系列 PLC 特有的可扩展信号板可扩展通信端口、数字量通道、模拟量通道。信号板扩展不额外占用电控柜空间，能够更加贴合用户的实际配置，提升产品的利用率，降低扩展成本。

③ 西门子 S7-200 SMART 系列 PLC 配备西门子专用高速处理器芯片，基本指令执行时间可达 0.15μs，扫描速度远远高于同级别的小型 PLC，可有效缩短繁琐程序逻辑的执行时间。

④ 西门子 S7-200 SMART 系列 PLC 的 CPU 主机标配以太网接口，借助一根普通的网线即可将程序下载到 PLC 中，方便快捷。通过以太网接口还可与其他 CPU 模块、触摸屏、计算机进行通信。

⑤ 西门子 S7-200 SMART 系列 PLC 的 CPU 主机最多集成 3 路高速脉冲输出，频率高达 100kHz，支持 PWM/PTO 输出方式以及多种运动模式。可配合向导设置功能，快速实现设备调速、定位等功能。

⑥ 西门子 S7-200 SMART 系列 PLC 的 CPU 主机集成 Micro SD 卡插槽，使用市面上通

用的 Micro SD 卡即可实现程序的更新和 PLC 固件升级，便于服务支持。

⑦ 西门子 S7-200 SMART 系列 PLC 的编程软件融入了更多的人性化设计，如带状式菜单、全移动式界面窗口、方便的程序注释功能等，大幅提高编程效率。

⑧ 西门子 S7-200 SMART 可编程控制器与 SIMATIC SMART LINE 触摸屏、SINAMICSV20 变频器和 SINAMICS V90 伺服驱动系统完美整合，可配合组件完美的小型自动化解决方案，满足客户对于人机交互、控制、驱动等功能的全方位需求。

（2）西门子 S7-200 SMART PLC 的网络通信功能

西门子 S7-200 SMART PLC 具有便捷、可靠的网络通信功能。根据 S7-200 SMART PLC 的结构可知，在其 CPU 模块上集成有 1 个以太网接口和 1 个 RS485 接口，通过扩展 CM01 信号板或 EM DP01 模块，其通信端口数量最多可增至 4 个，可满足小型自动化设备与触摸屏、变频器及其他第三方设备进行通信的需求。

图 13-4 为西门子 S7-200 SMART PLC 的网络通信功能相关接口。

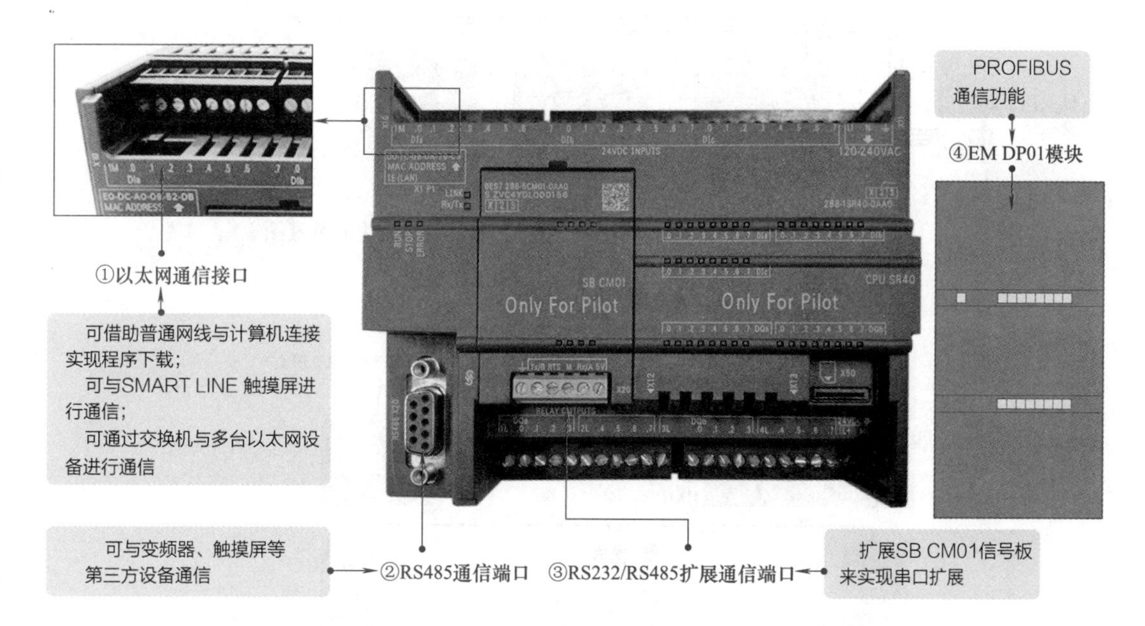

图 13-4　西门子 S7-200 SMART PLC 的网络通信功能相关接口

① 以太网通信功能　西门子 S7-200 SMART PLC 所有 CPU 模块配备以太网接口，支持西门子 S7 协议、有效支持多种终端连接，包括：作为程序下载端口（使用普通网线即可）；与 SMART LINE 触摸屏进行通信，最多支持 8 台设备；通过交换机与多台以太网设备进行通信，实现数据的快速交互，包含 8 个主动 GET/PUT 连接、8 个被动 GET/PUT 连接。

图 13-5 为西门子 S7-200 SMART PLC 以太网通信功能示意图。

② 串口通信功能　西门子 S7-200 SMART PLC 的 CPU 模块均集成 1 个 RS485 接口，可以与变频器、触摸屏等第三方设备通信。如果需要额外的串口，可通过扩展 SB CM01 信号板来实现，信号板支持 RS232/RS485 自由转换。

图 13-6 为西门子 S7-200 SMART PLC 串口通信功能示意图。

串口支持 Modbus RTU 协议、USS 协议、自由口通信协议。

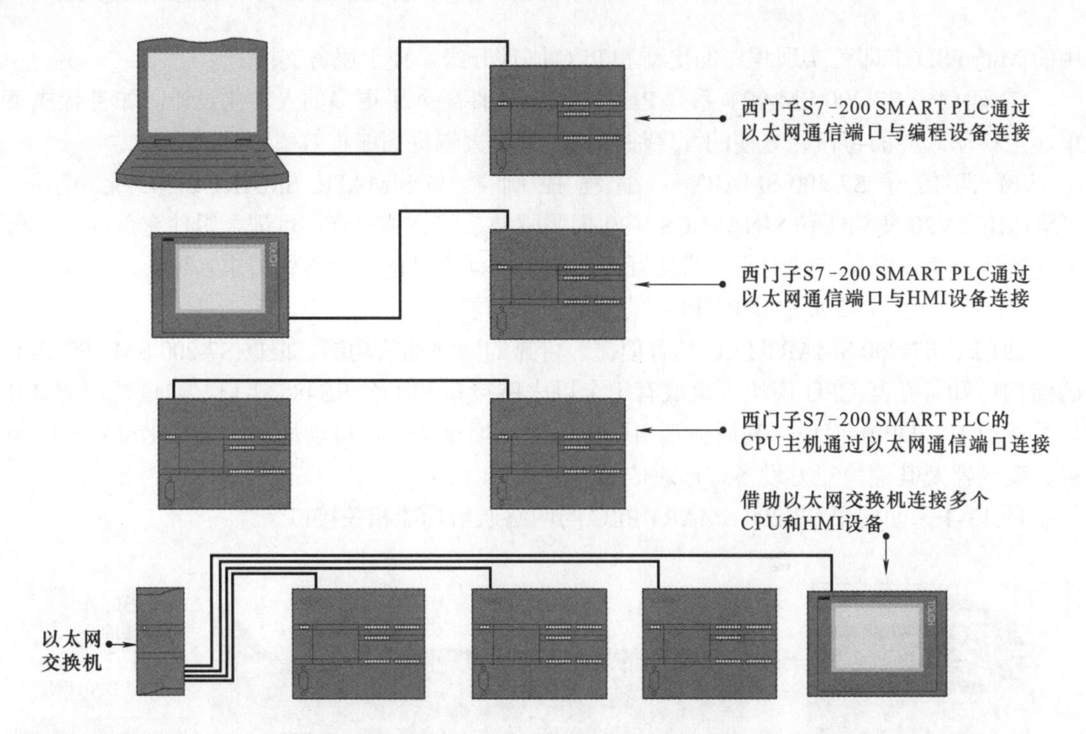

图 13-5 西门子 S7-200 SMART PLC 以太网通信功能示意图

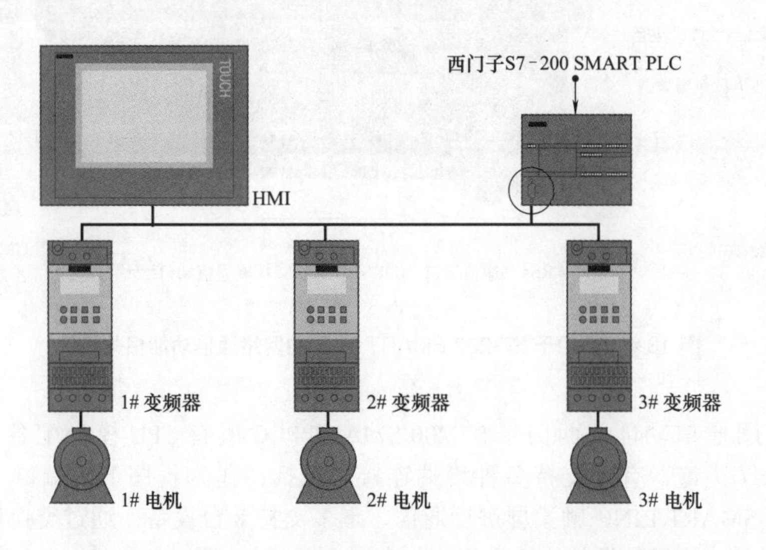

图 13-6 西门子 S7-200 SMART PLC 串口通信功能示意图

③ PROFIBUS 通信功能　西门子 S7-200 SMART PLC 配合使用 EM DP01 扩展模块可以将 S7-200 SMART CPU 作为 PROFIBUS-DP 从站连接到 PROFIBUS 通信网络。通过模块上的旋转开关可以设置 PROFIBUS-DP 从站地址。该模块支持 9600Baud 到 12M Baud 之间的任一 PROFIBUS 波特率，最大允许 244 输入字节和 244 输出字节。

图 13-7 为西门子 S7-200 SMART PLC PROFIBUS 通信功能示意图。

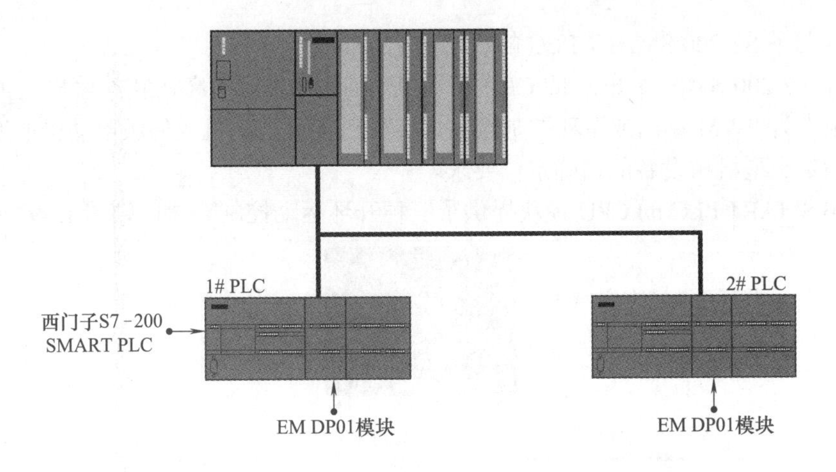

图 13-7　西门子 S7-200 SMART PLC PROFIBUS 通信功能示意图

提示说明

PROFIBUS 协议旨在实现与分布式 I/O 设备（远程 I/O）进行高速通信。PROFIBUS 系统使用一个总线控制器轮询 RS485 串行总线上以多点型分布的 DP I/O 设备。

④ 与上位机的通信功能　通过 PC Access SMART，操作人员可以轻松通过上位机读取 S7-200 SMART PLC 的数据，从而实现设备监控或者进行数据存档管理，如图 13-8 所示。

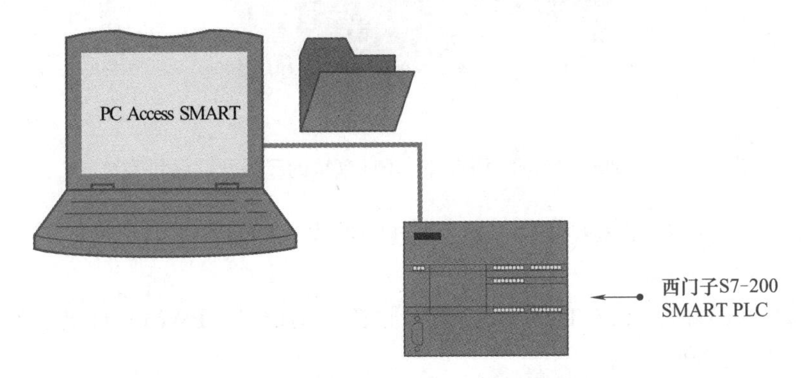

图 13-8　西门子 S7-200 SMART PLC 与上位机的通信功能示意图

提示说明

PC Access SMART 是为 S7-200 SMART 与上位机进行数据交互而定制开发的 OPC 服务器协议。

（3）西门子 S7-200 SMART PLC 的运动控制功能

西门子 S7-200 SMART PLC 的 CPU 模块具有三轴 100kHz 高速脉冲输出功能，通过设置向导可组态为 PWM 输出或运动控制输出，实现对步进电动机或伺服电动机的速度和位置的控制，满足小型机械设备的精确定位要求。

S7-200 SMART PLC 的 CPU 模块提供了三种开环运动控制方法，如图 13-9 所示。

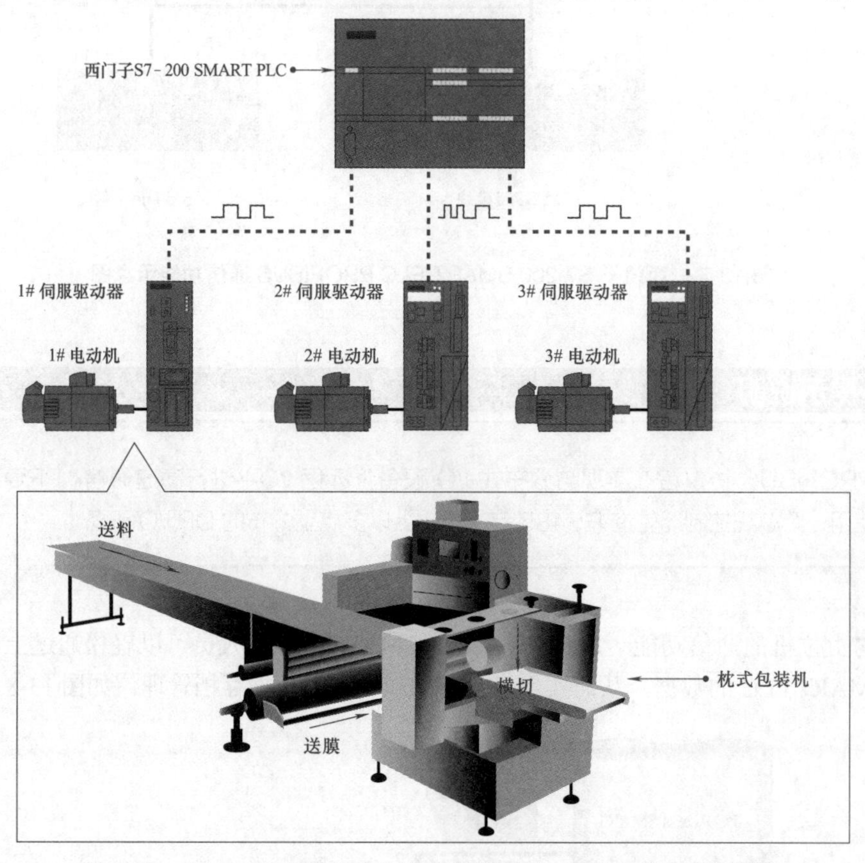

图 13-9　S7-200 SMART PLC 的 CPU 模块的三种开环运动控制方法

• 脉冲串输出（PTO）：PLC 内的 CPU 通过脉冲串（PTO）对电动机的速度和旋转位置（相位）进行控制。

• 脉宽调制（PWM）：PLC 内的 CPU 输出脉宽调制信号（PWM）对电动机的转速、旋转位置或负载进行控制。

• 运动轴：该项目是 PLC 的速度和位置控制项目。它提供了带有集成方向控制和禁用输出的单脉冲串输出，还包括可编程输入，并提供包括自动基准点搜索等多种操作模式。

提示说明

为了简化应用程序中位控功能的使用，STEP 7-Micro/WIN SMART 提供的位控向导可在几分钟内全部完成 PWM、PTO 的组态。该向导可以生成位控指令，用这些指令在应用程序中对速度和位置进行动态控制，如图 13-10 所示。

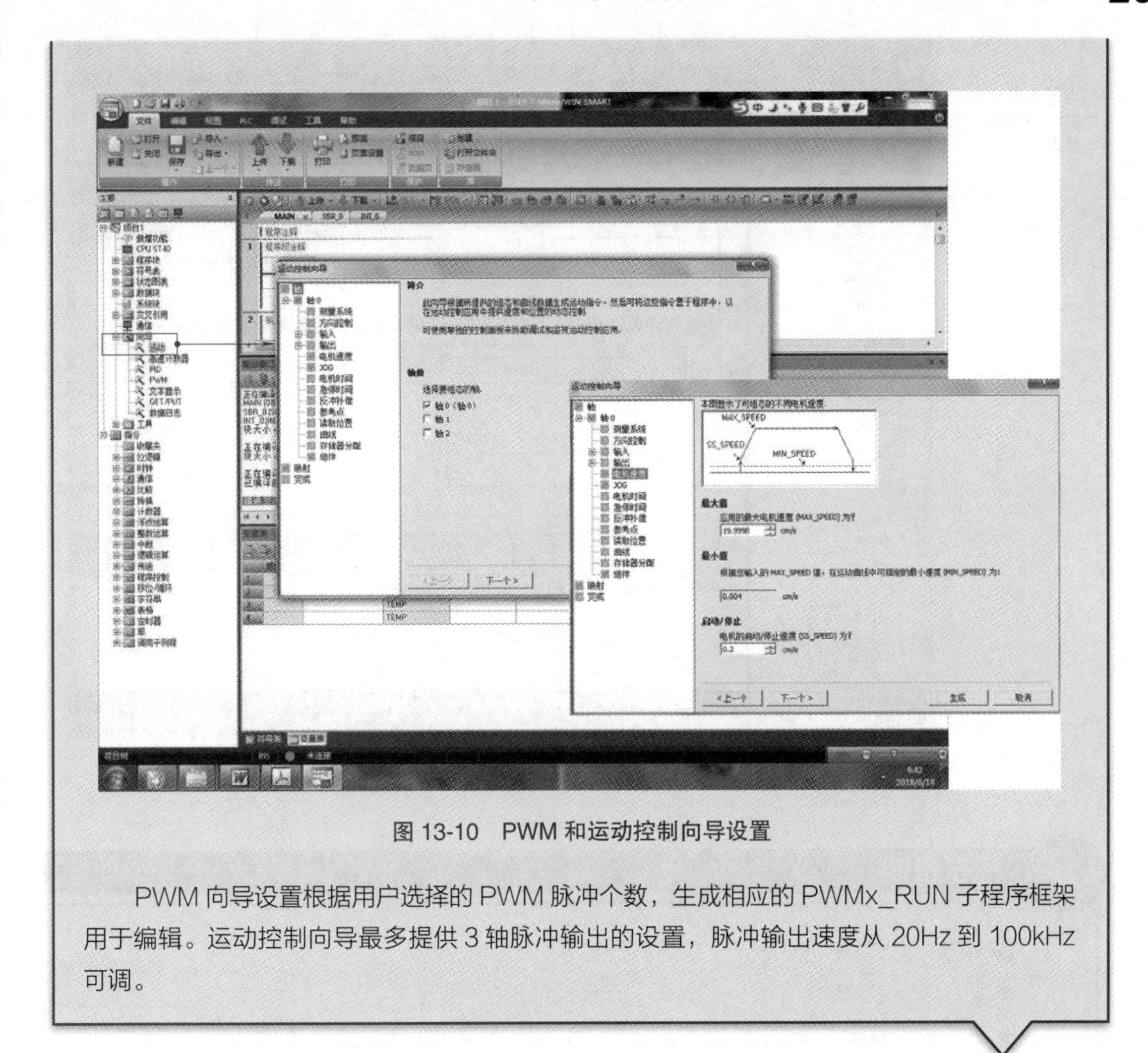

图 13-10　PWM 和运动控制向导设置

PWM 向导设置根据用户选择的 PWM 脉冲个数，生成相应的 PWMx_RUN 子程序框架用于编辑。运动控制向导最多提供 3 轴脉冲输出的设置，脉冲输出速度从 20Hz 到 100kHz 可调。

13.2 西门子 S7-200 SMART PLC 的编程

西门子 S7-200 SMART PLC 的编程有三种，包括 LAD 编辑器（梯形图编程）、STL 编辑器（语句表编程）和 FBD 编辑器（功能块图编程）。

13.2.1 LAD 编辑器

（1）LAD 编辑器的特点

LAD 编辑器以图形方式显示程序，与电气接线图类似。梯形图逻辑易于初学者使用。梯形图中的图形符号表示法易于理解，且国际通用。

图 13-11 为西门子 S7-200 SMART PLC 的 LAD 编辑器界面。

在 LAD 程序中，闭合触点允许能量通过并流到下一元件，断开的触点则阻止能量的流动。逻辑分成不同的程序段。程序根据指示执行，每次执行一个程序段，顺序为从左至右，然后从顶部至底部。LAD 程序包括已通电的左侧电源（左母线）。

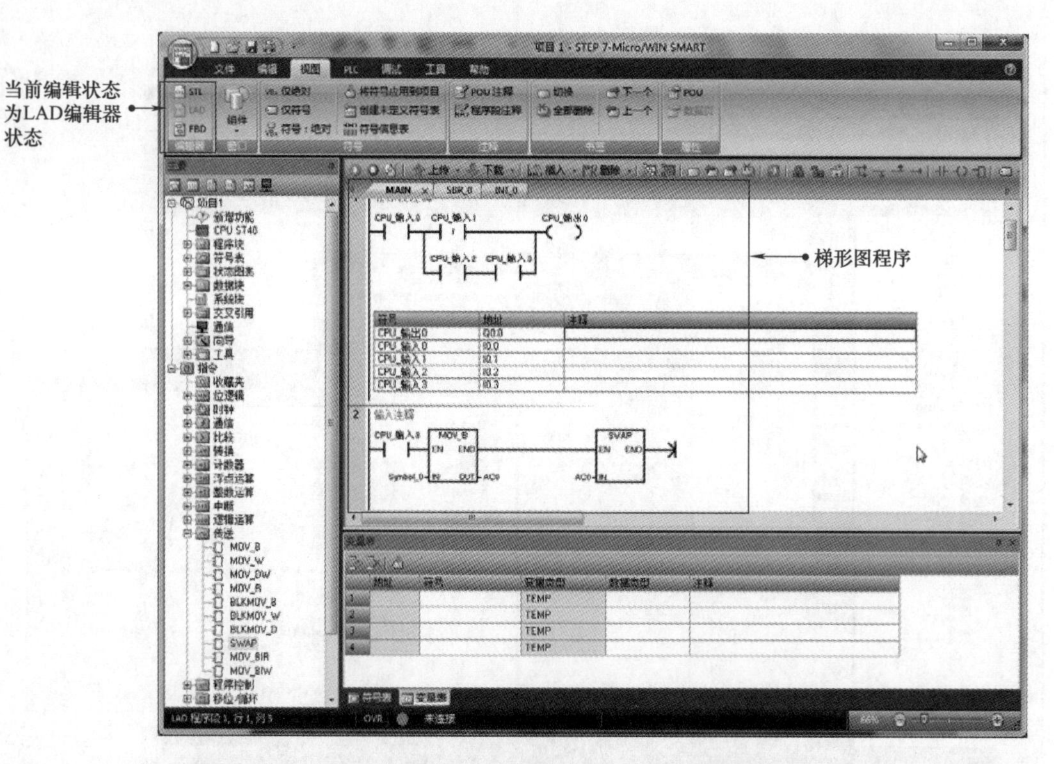

图 13-11　西门子 S7-200 SMART PLC 的 LAD 编辑器界面

提示说明

各种指令通过图形符号表示，包括三个基本形式：

◆ 触点表示逻辑输入条件，如开关、按钮或内部条件；

◆ 线圈通常表示逻辑输出结果，如指示灯、电机启动器、干预继电器或内部输出条件；

◆ 方框表示其它指令，如定时器、计数器或数学指令。

另外，可以使用语句表编辑器显示所有用梯形图编辑器编写的程序。

（2）LAD 编程应用

应用一：PLC 控制传送带的 LAD 编程实例

传动带的控制要求：按下系统启动按钮，系统进入准备工作状态，运货车到位，此时传送带开始传送工件，当系统检测传送工件数为 3 时，推板机将 3 个工件推到运货车中；当 3 个工件全部进入运货车，推板机返回，计数器复位，传送带开始下一次传送。

图 13-12 为 PLC 控制传送带的 LAD 编程实例（为了方便理解，对照编写了 STL 程序）。

应用二：PLC 控制自动售货机的 LAD 编程实例

自动售货机的控制要求：

① 售货机可投入 5 角、1 元硬币。当投入的硬币总值超过 2.5 元时，红茶指示灯亮。

② 当投入的硬币总值超过 3.5 元时，红茶和可乐按钮指示灯都亮。

③ 当红茶灯亮时，按红茶按钮，红茶排出 6s 后自动停止，期间红茶指示灯闪动。

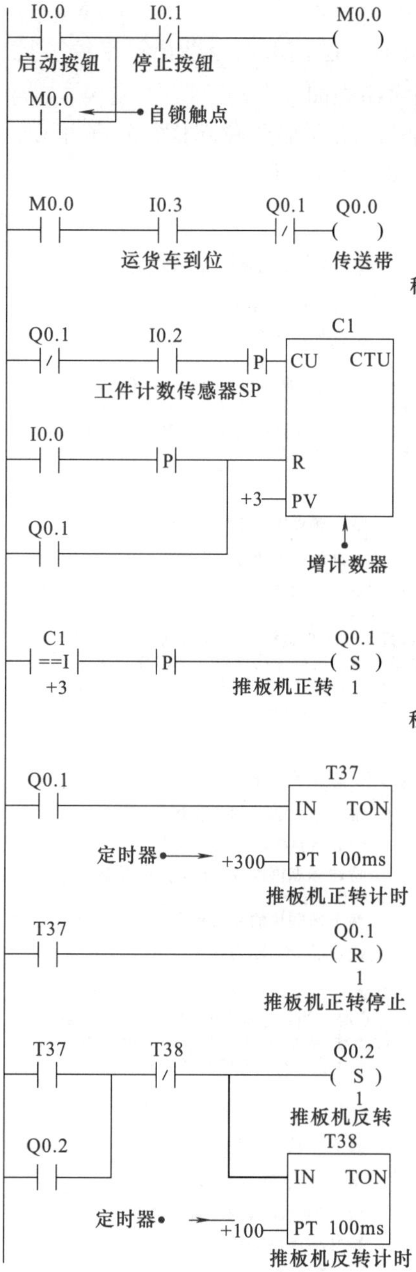

I0.0 启动按钮　I0.1 停止按钮　M0.0　M0.0 自锁触点

```
LD   I0.0        //常开触点I0.0的逻辑读指令
O    M0.0        //常开触点M0.0的并联指令
AN   I0.1        //常闭触点I0.1的串联指令
=    M0.0        //线圈M0.0的驱动指令
```

程序含义：按下启动按钮，常开触点I0.0闭合，M0.0线圈得电输出，同时M0.0自锁常开触点闭合自锁。

M0.0　I0.3 运货车到位　Q0.1　Q0.0 传送带

```
LD   M0.0        //常开触点M0.0的逻辑读指令
A    I0.3        //常开触点I0.3的串联指令
AN   Q0.1        //常闭触点Q0.1的串联指令
=    Q0.0        //线圈Q0.0的驱动指令
```

程序含义：M0.0线圈得电后，常开触点M0.0闭合；当运货车到位时，I0.3闭合，Q0.0得电输出，控制外部接触器动作，传送带启动运行。

Q0.1　I0.2 工件计数传感器SP　P　C1 CU CTU　I0.0　P　R　+3 PV　Q0.1　增计数器

```
LDN  Q0.1        //常开触点Q0.1的逻辑读指令
A    I0.2        //常开触点I0.2的串联指令
EU               //上升沿脉冲指令
LD   I0.0        //常开触点I0.0的逻辑读指令
EU               //上升沿脉冲指令
O    Q0.1        //常开触点Q0.1的并联指令
CTU  C1, +3      //计数器指令
```

程序含义：当工件传感器检测到有工件时，I0.2闭合，其上升沿使计算器C1加1。当检测到3个工件时，计算器C1动作。另外，在系统启动I0.0闭合时，其上升沿已使计数器C1清零复位。当后面程序使常开触点Q0.1闭合时，同样使C1清零复位。

C1 ==I +3　P　Q0.1 (S) 1 推板机正转

```
LDW= C1, 3       //比较指令
EU               //上升沿脉冲指令
S    Q0.1, 1     //线圈Q0.1的置位指令
```

程序含义：计数器计数过程中，通过比较指令与整数3进行比较，当计数器计数等于3时，其上升沿指令使Q0.1线圈置位，得电输出。

Q0.1　T37 IN TON　定时器 +300 PT 100ms　推板机正转计时

```
LD   Q0.1        //常开触点Q0.1的逻辑读指令
TON  T37, +300   //接通延时定时器指令
```

程序含义：线圈Q0.1置位后，其常开触点Q0.1闭合，开始推板机的正转计时。同时，控制Q0.0线圈的常闭触点Q0.1断开，传送带停止运转。

T37　Q0.1 (R) 1 推板机正转停止

```
LD   T37         //常开触点T37的逻辑读指令
R    Q0.1, 1     //线圈Q0.1的复位指令
```

程序含义：计时时间到，定时器T37常开触点闭合，Q0.1复位，推板机正转停止。

T37　T38　Q0.2 (S) 1 推板机反转　Q0.2　T38 IN TON　定时器 +100 PT 100ms　推板机反转计时

```
LD   T37         //常开触点T37的逻辑读指令
O    Q0.2        //常开触点Q0.2的并联指令
AN   T38         //常闭触点T38的串联指令
S    Q0.2, 1     //线圈Q0.1的置位指令
TON  T38, +100   //接通延时定时器指令
```

程序含义：计时时间到，同时控制Q0.2的T37常开触点闭合，Q0.2得电输出，推板机反转；同时定时器T38得电，开始反转计时。计时时间到，常闭触点T38断开，Q0.2、T38失电，等待开始新一轮工作。

图 13-12　PLC 控制传送带的 LAD 编程实例

④ 当可乐灯亮时，按可乐按钮，则可乐排出 6s 后自动停止，期间可乐指示灯闪动。

⑤ 若红茶或可乐按出后，还有部分余额，找钱指示灯亮。按下找钱按钮，自动退出多余的钱给另一个数据寄存器 VW2，找钱指示灯灭，并将找钱的余额清零。

图 13-13 为 PLC 控制自动售货机的 LAD 编程实例（为了方便理解，对照编写了 STL 程序）。

13.2.2 STL 编辑器

（1）STL 编辑器的特点

STL 编辑器是以文本语言的形式显示程序。STL 编辑器通过输入指令助记符来编写控制程序。图 13-14 为西门子 S7-200 SMART PLC 的 STL 编辑器界面。

STL 编辑器创建的程序中，CPU 按照程序指示的顺序，从顶部至底部执行每条指令，然后再从头重新开始。该编辑器比较适合经验丰富 PLC 编程人员使用。

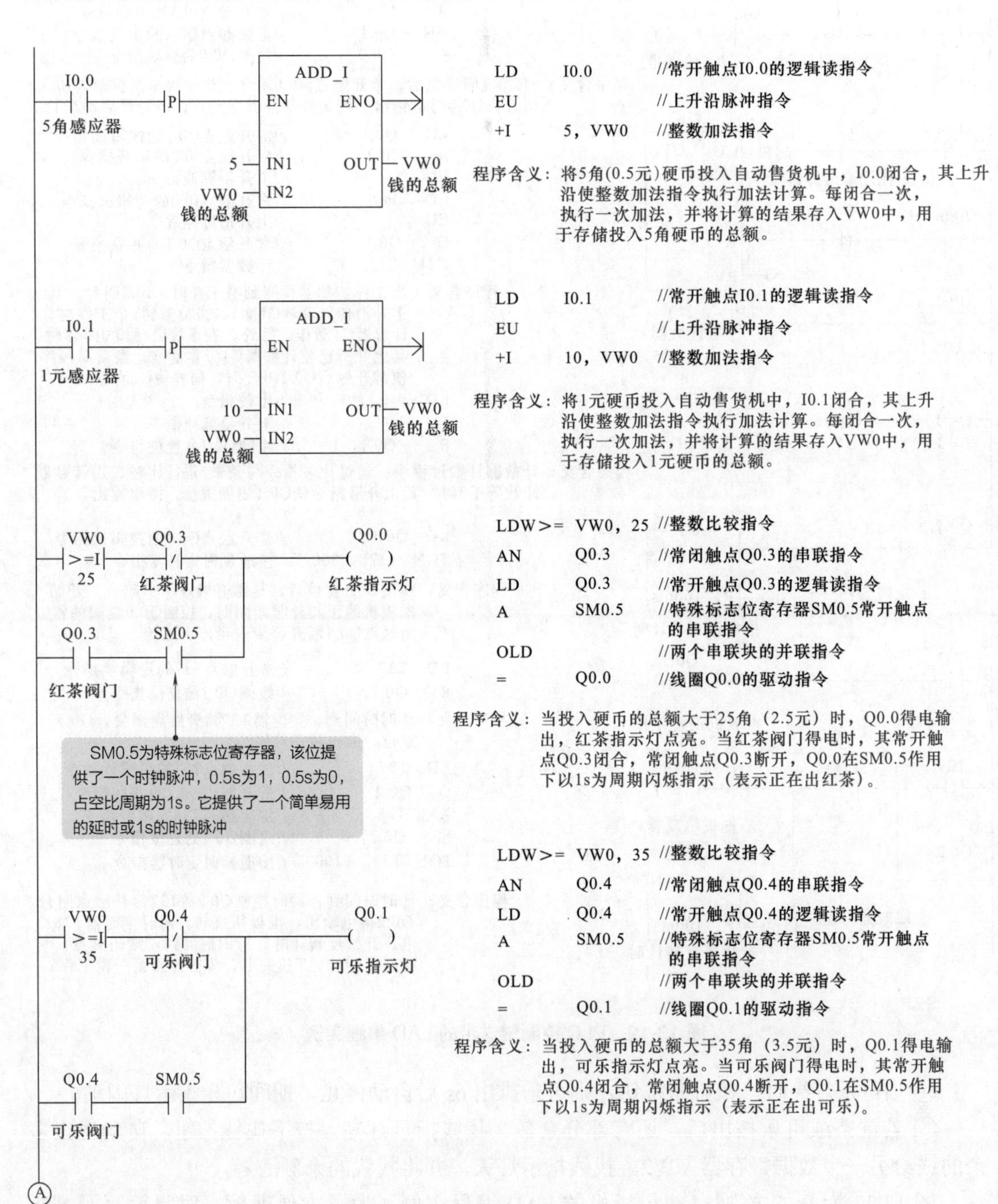

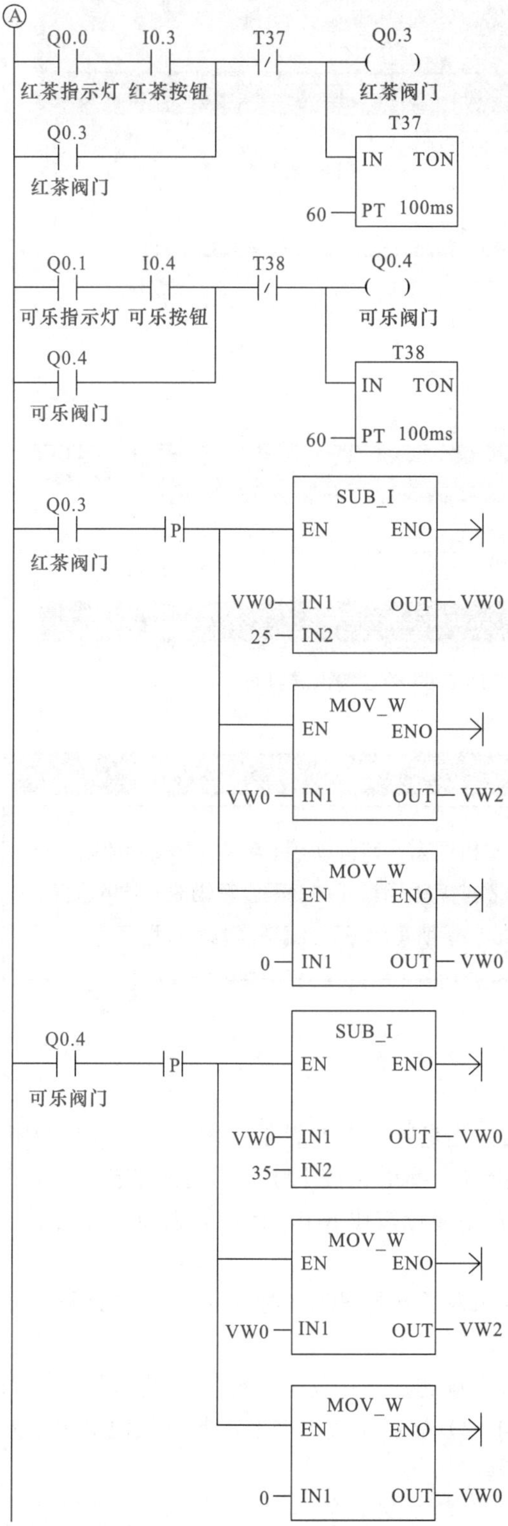

```
LD     Q0.0        //常开触点Q0.0的逻辑读指令
A      I0.3        //常开触点I0.3的串联指令
O      Q0.3        //常开触点Q0.3的并联指令
AN     T37         //常闭触点T37的串联指令
=      Q0.3        //线圈Q0.3的驱动指令
TON    T37，60     //定时器指令（定时6s）
```

程序含义：当红茶指示灯亮时（即常开触点Q0.0闭合），按下红茶按钮，I0.3闭合，Q0.3得电输出，外接红茶阀门打开，开始出红茶。同时开始对阀门开启时间计时，6s后，计时时间到，常闭触点T37断开，Q0.3失电，外接红茶阀门闭合，停止出红茶。

```
LD     Q0.1        //常开触点Q0.1的逻辑读指令
A      I0.4        //常开触点I0.4的串联指令
O      Q0.4        //常开触点Q0.4的并联指令
AN     T38         //常闭触点T38的串联指令
=      Q0.4        //线圈Q0.4的驱动指令
TON    T38，60     //定时器指令（定时6s）
```

程序含义：当可乐指示灯亮时（即常开触点Q0.1闭合），按下可乐按钮，I0.4闭合，Q0.4得电输出，外接可乐阀门打开，开始出可乐。同时开始对阀门开启时间计时，6s后，计时时间到，常闭触点T38断开，Q0.4失电，外接红茶阀门闭合，停止出红茶。

```
LD     Q0.3        //常开触点Q0.3的逻辑读指令
EU                 //上升沿脉冲指令
-I     25，VW0     //整数减法指令
MOVW VW0，VW2      //字传送指令
MOVW  0，VW0       //字传送指令
```

程序含义：当红茶阀门打开时，其常开触点Q0.3闭合，其上升沿脉冲，使减法指令执行一次减法，此时钱余额减去25角（2.5元），并将余额存入退钱寄存器VW2，退钱完成后，将前总额存储器清零。
同时，当钱余额不足25时，前面程序中，Q0.0将失电，红茶指示灯熄灭。

```
LD     Q0.4        //常开触点Q0.4的逻辑读指令
EU                 //上升沿脉冲指令
-I     35，VW0     //整数减法指令
MOVW VW0，VW2      //字传送指令
MOVW  0，VW0       //字传送指令
```

程序含义：当可乐阀门打开时，其常开触点Q0.4闭合，其上升沿脉冲，使减法指令执行一次减法，此时钱余额减去35角（3.5元），并将余额存入退钱寄存器VW2，退钱完成后，将前总额存储器清零。
同时，当钱余额不足35时，前面程序中，Q0.1将失电，可乐指示灯熄灭。

本程序中，简单采用了减法指令实现总钱数与使用钱数的减法计算，余额存入退钱寄存器VW2中，并将VW0清零，具体退钱过程不再具体介绍，可参考有关说明

图 13-13　P LC 控制自动售货机的 LAD 编程实例

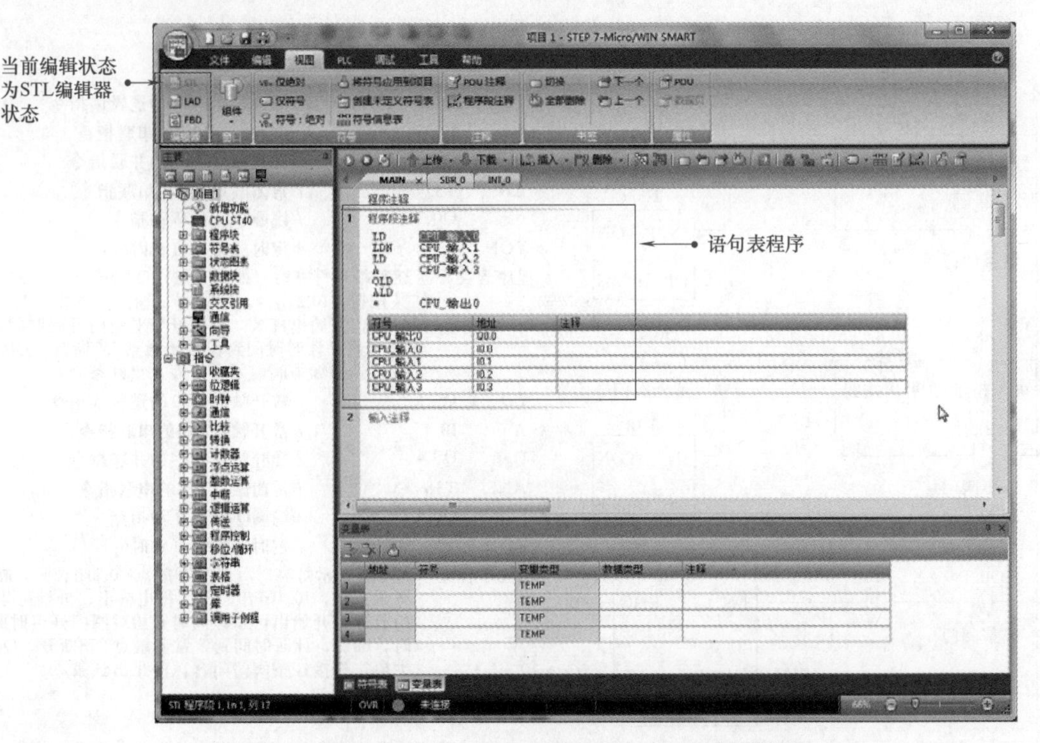

图 13-14　西门子 S7-200 SMART PLC 的 STL 编辑器界面

提示说明

STL 编辑器所用的编程指令为 PLC 的 CPU 本机语言，可创建用 LAD 或 FBD 编辑器无法创建的程序。需要注意的是，可用 STL 编辑器查看或编辑用 LAD 或 FBD 编辑器创建的程序，但反过来不一定成立。LAD 或 FBD 编辑器不一定能显示所有用 STL 编辑器编写的程序。

（2）STL 编程应用

应用一：PLC 控制抢答器的 STL 编程实例

抢答器的控制要求：系统共设有 5 组抢答器，当老师宣布答题后，由 A、B、C、D 和 E 五组同学通过按下抢答器按钮（I0.1 ～ I0.5）抢答，哪组先按下哪一组对应的指示灯亮，此时其他组按下均不能点亮；答题完毕后，老师按下复位按钮 I0.0，指示灯灭掉，开始下一轮抢答。

图 13-15 为 PLC 控制抢答器的 STL 编程实例（为了方便理解，对照编写了 LAD 程序）。

应用二：PLC 控制答题器接线的 STL 编程实例

答题器的控制要求：四组答题小组，当主持人读题后，由答题小组选择是否答题，当选择答题时，按下答题按钮，其相应组号（1 ～ 4 号）显示在数码屏上，此时其他组按钮无效，当主持人按下复位按钮后，可进入下一轮答题。

图 13-16 为 PLC 控制答题器接线示意图。

图 13-17 为 PLC 控制答题器接线的 STL 编程实例（为了方便理解，对照编写了 LAD 程序）。

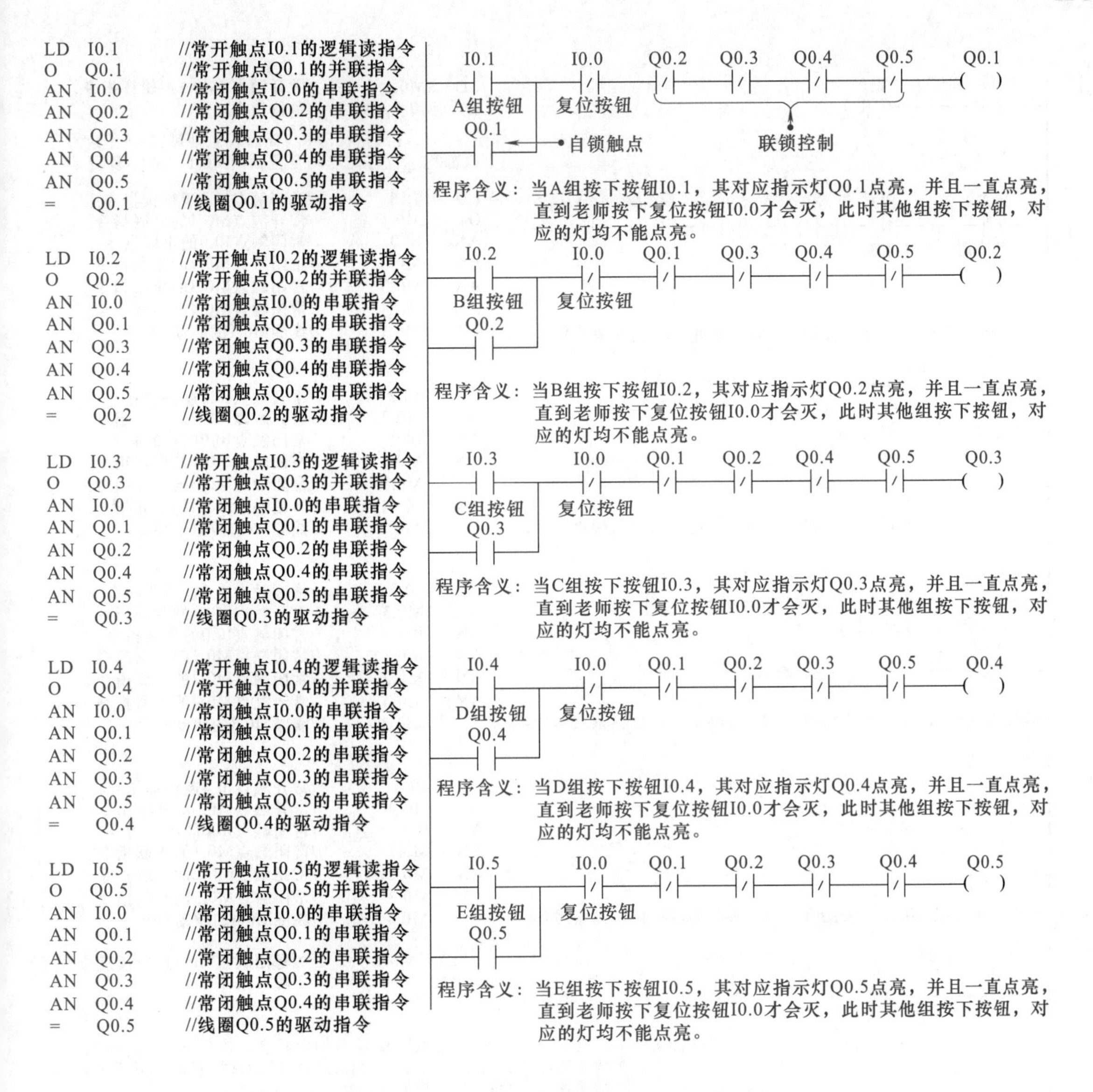

图 13-15 PLC 控制抢答器的 STL 编程实例

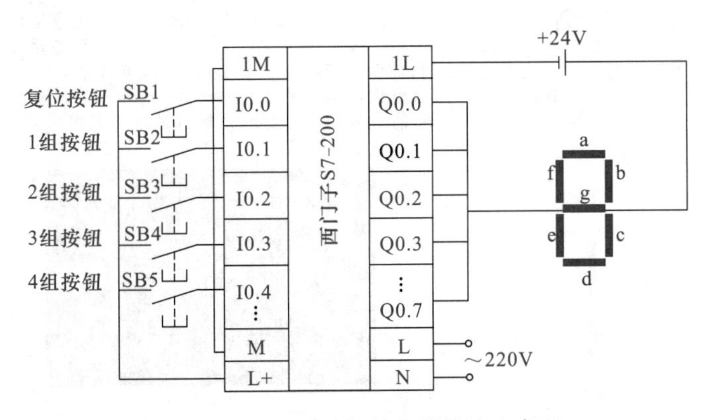

图 13-16 PLC 控制答题器接线示意图

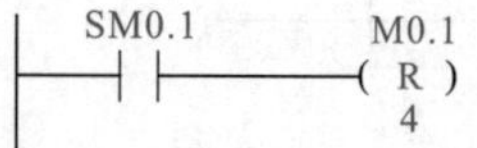

SM0.1　M0.1 (R) 4

```
LD   SM0.1      //常开触点SM0.1逻辑读指令
R    M0.1，4    //复位指令
```

程序含义：首次扫描SM0.1闭合，从地址M0.1开始的4个内部标志位存储器均复位，即M0.1～M0.4复位。

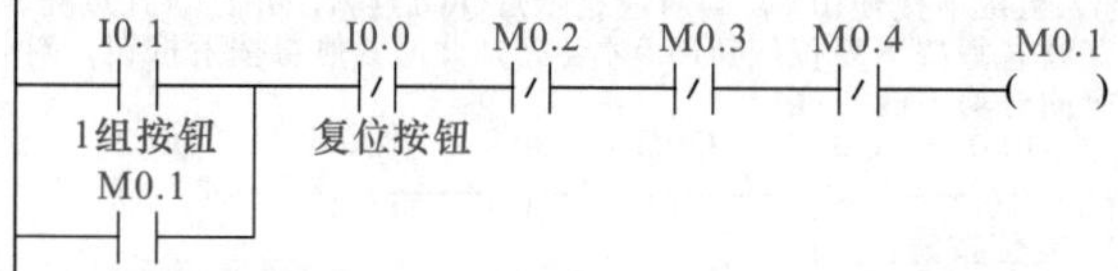

I0.1 1组按钮　I0.0 复位按钮　M0.2　M0.3　M0.4　M0.1 ( )　M0.1

```
LD    I0.1     //常开触点I0.1逻辑读指令
O     M0.1     //常开触点M0.1的并联指令
AN    I0.0     //常闭触点I0.0的串联指令
AN    M0.2     //常闭触点M0.2的串联指令
AN    M0.3     //常闭触点M0.3的串联指令
AN    M0.4     //常闭触点M0.4的串联指令
=     M0.1     //线圈M0.1的驱动指令
```

程序含义：当1组按下按钮I0.1，M0.1得电，其自锁触点闭合。

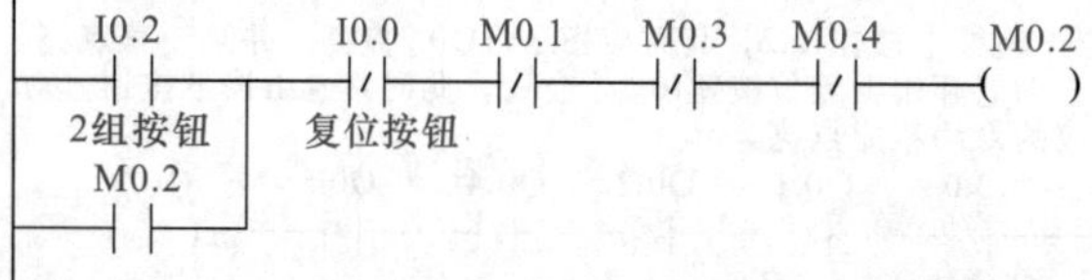

I0.2 2组按钮　I0.0 复位按钮　M0.1　M0.3　M0.4　M0.2 ( )　M0.2

```
LD    I0.2     //常开触点I0.2逻辑读指令
O     M0.2     //常开触点M0.2的并联指令
AN    I0.0     //常闭触点I0.0的串联指令
AN    M0.1     //常闭触点M0.1的串联指令
AN    M0.3     //常闭触点M0.3的串联指令
AN    M0.4     //常闭触点M0.4的串联指令
=     M0.2     //线圈M0.2的驱动指令
```

程序含义：当2组按下按钮I0.2，M0.2得电，其自锁触点闭合。

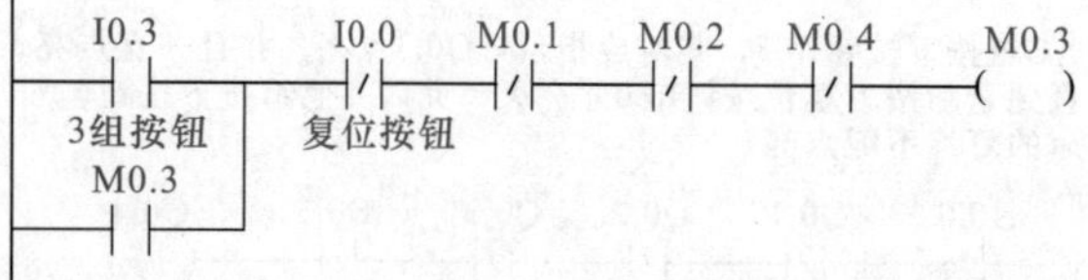

I0.3 3组按钮　I0.0 复位按钮　M0.1　M0.2　M0.4　M0.3 ( )　M0.3

```
LD    I0.3     //常开触点I0.3逻辑读指令
O     M0.3     //常开触点M0.3的并联指令
AN    I0.0     //常闭触点I0.0的串联指令
AN    M0.1     //常闭触点M0.1的串联指令
AN    M0.2     //常闭触点M0.2的串联指令
AN    M0.4     //常闭触点M0.4的串联指令
=     M0.3     //线圈M0.3的驱动指令
```

程序含义：当3组按下按钮I0.3，M0.3得电，其自锁触点闭合。

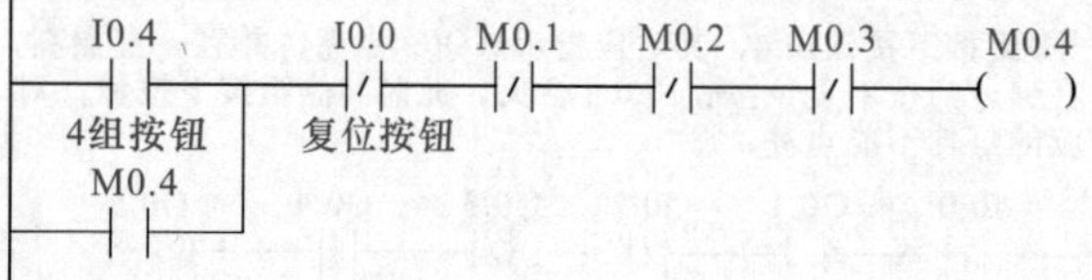

I0.4 4组按钮　I0.0 复位按钮　M0.1　M0.2　M0.3　M0.4 ( )　M0.4

```
LD    I0.4     //常开触点I0.4逻辑读指令
O     M0.4     //常开触点M0.4的并联指令
AN    I0.0     //常闭触点I0.0的串联指令
AN    M0.1     //常闭触点M0.1的串联指令
AN    M0.2     //常闭触点M0.2的串联指令
AN    M0.3     //常闭触点M0.3的串联指令
=     M0.4     //线圈M0.4的驱动指令
```

程序含义：当4组按下按钮I0.4，M0.4得电，其自锁触点闭合。

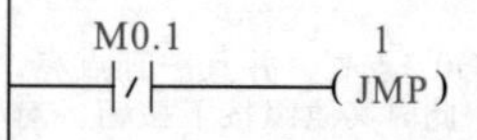

M0.1　1 (JMP)

```
LDN M0.1       //常闭触点M0.1逻辑读反指令
JMP 1          //跳转指令
```

程序含义：M0.1未得电时，常闭触点M0.1保持闭合状态，执行跳转指令。当前面按钮程序中，按下按钮I0.1，M0.1得电时，该常闭触点断开，不执行跳转指令，执行JMP（1）～LBL（1）之间的指令。

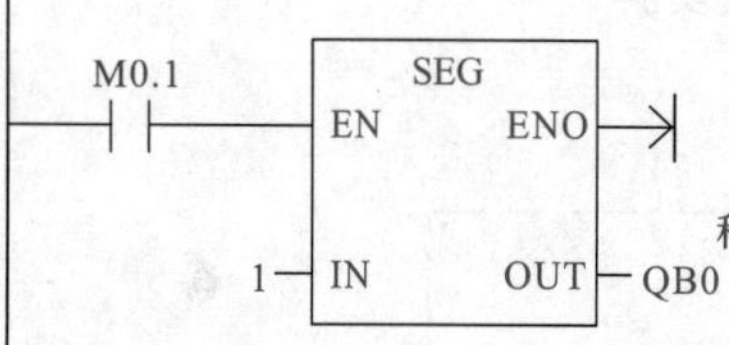

M0.1　SEG　EN　ENO　1 IN　OUT QB0

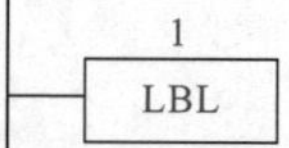

```
LD   M0.1       //常开触点M0.1逻辑读指令
SEG 1，QB0      //七段显示码指令
LBL 1           //标号指令
```

程序含义：当前面按钮程序中，第1小组按下答题按钮I0.1后，线圈M0.1得电，对应该程序中的常开触点M0.1闭合，执行SEG指令，根据七段码显示器编码表将1的低4位数据转换为七段码并存入QB0中。

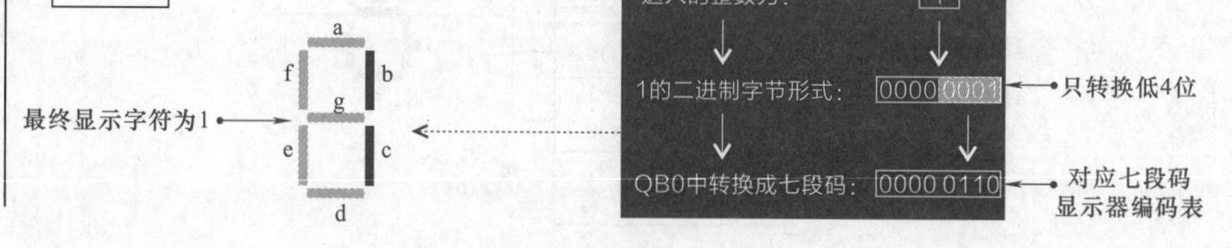

1 LBL

最终显示字符为1
a　b　c　d　e　f　g

送入的整数为：　1
1的二进制字节形式：　0000 0001　只转换低4位
QB0中转换成七段码：　0000 0110　对应七段码显示器编码表

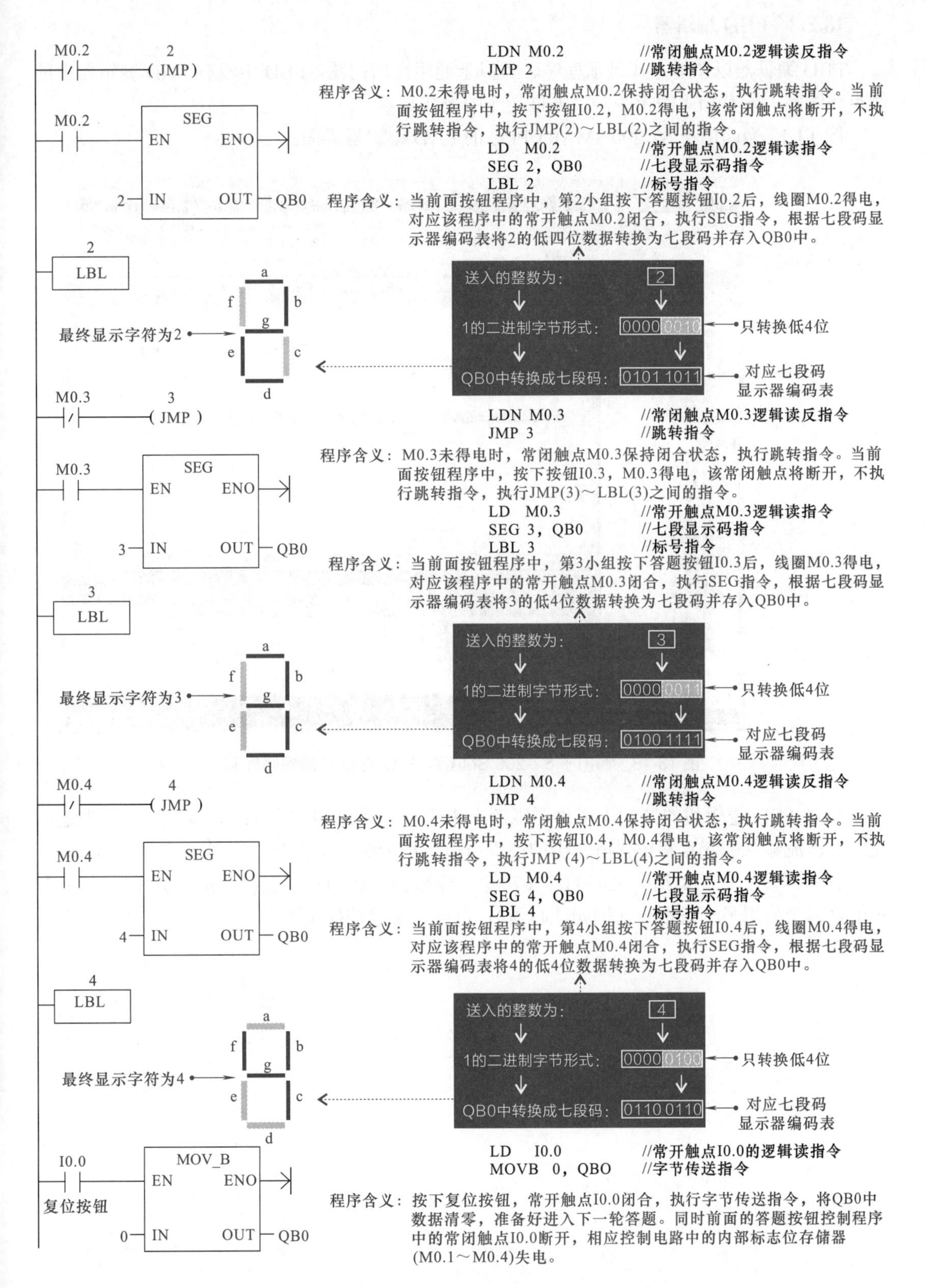

图 13-17　PLC 控制答题器接线的 STL 编程实例

13.2.3　FBD 编辑器

FBD 编辑器以图形方式显示程序，类似于通用逻辑门图。FBD 中没有 LAD 编辑器中的触点和线圈，但有相等的指令，以方框指令的形式显示。

图 13-18 为西门子 S7-200 SMART PLC 的 LAD 编辑器界面。

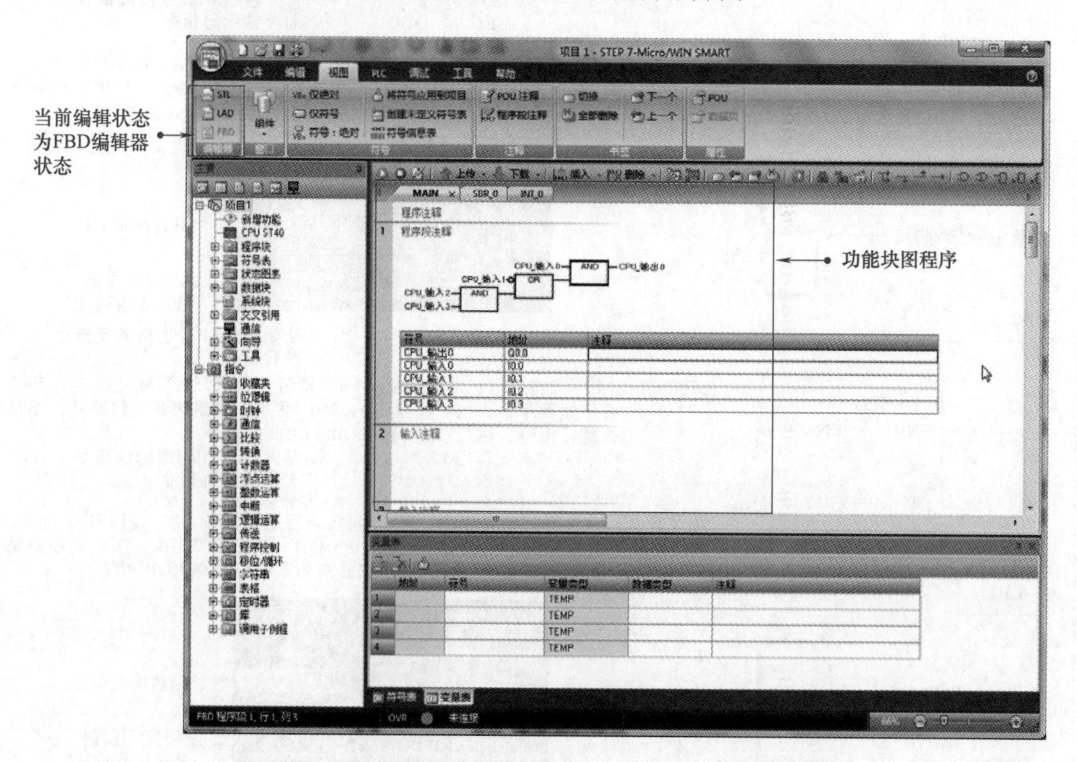

图 13-18　西门子 S7-200 SMART PLC 的 LAD 编辑器界面

流过 FBD 逻辑块的控制流用“逻辑流”来表达。通过 FBD 元件的逻辑“1”称为逻辑流。逻辑流输入的起点和逻辑流输出的终点可以直接分配给操作数。

程序逻辑由这些框指令之间的连接决定。即来自一条指令的输出［例如 AND（与）方框］可用于启用另一条指令（例如计时器），以创建必要的控制逻辑。

第14章 西门子Smart 700 IE V3触摸屏

西门子触摸屏通常称为HMI设备，是西门子PLC的图形操作终端。HMI设备用于操作和监视机器或设备。机器或设备的状态以图形对象或信号灯的形式显示在HMI设备上。HMI设备的操作员控件可以对机器或设备的状态、工作过程、执行顺序等进行干预。

西门子触摸屏的规格型号较多，下面以西门子Smart 700 IE V3触摸屏为例介绍。

14.1 西门子Smart 700 IE V3触摸屏的结构

14.1.1 西门子Smart 700 IE V3触摸屏的结构特点

西门子Smart 700 IE V3触摸屏适用于小型自动化系统。该规格的触摸屏采用了增强型CPU和存储器，性能大幅提升。

图14-1为西门子Smart 700 IE V3触摸屏的结构组成。

可以看到，该触摸屏除了以触摸屏为主体外，还设有多种连接端口，如电源连接端口、RS 422/485端口、RJ45端口（以太网）和USB端口等。

14.1.2 西门子Smart 700 IE V3触摸屏的连接端口

（1）电源连接端口

西门子Smart 700 IE V3触摸屏的电源连接端口位于触摸屏底部，该电源连接端口有两个引脚，分别为24V直流供电端和接地端，如图14-2所示。

（2）RS 422/485端口

RS 422/485端口是串行数据接口标准。RS 422是一种单机发送、多机接收的单向、平衡传输规范。为扩展应用范围，在RS 422基础上制定了RS 485标准，增加了多点、双向通信能力，即允许多个发送器连接到同一条总线上。

图14-3为西门子Smart 700 IE V3触摸屏的RS 422/485端口。

（3）RJ45端口

西门子Smart 700 IE V3触摸屏中的RJ45端口就是普通的网线连接插座，与计算机主板上的网络接口相同，通过普通的网络线缆连接到以太网中，如图 14-4 所示。

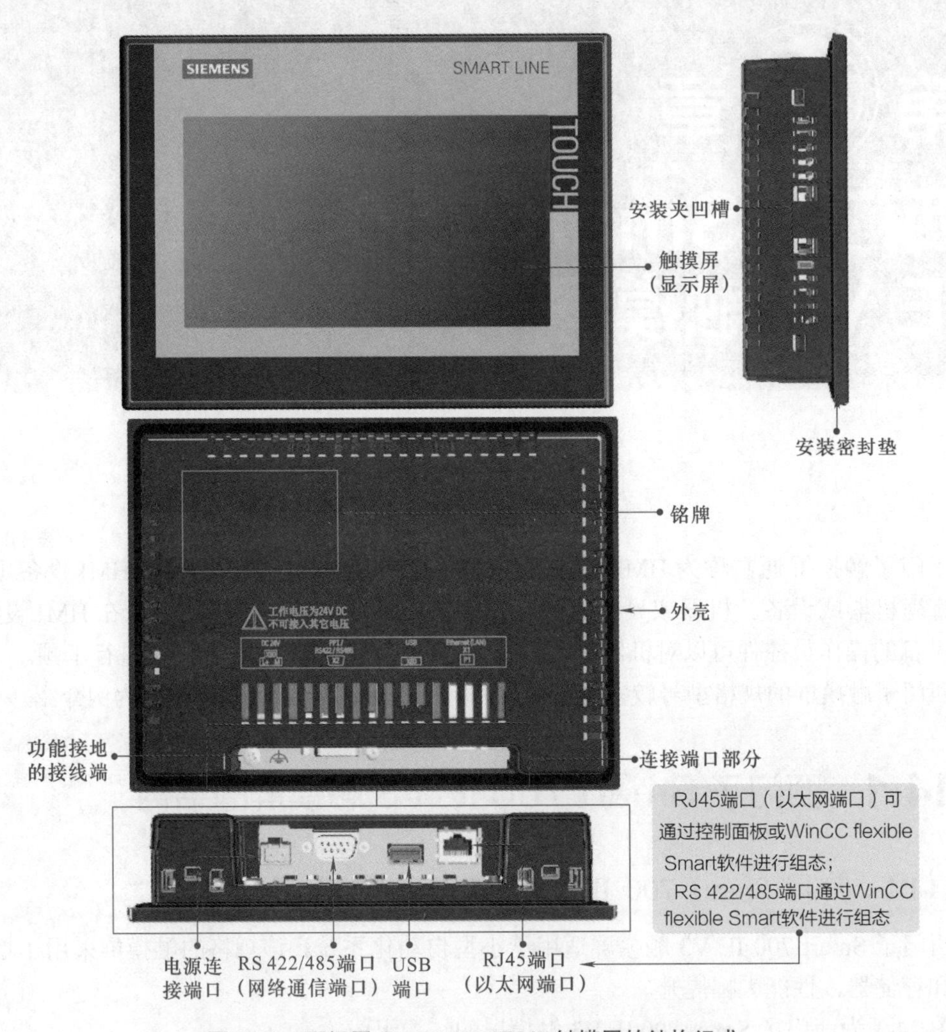

图 14-1　西门子 Smart 700 IE V3 触摸屏的结构组成

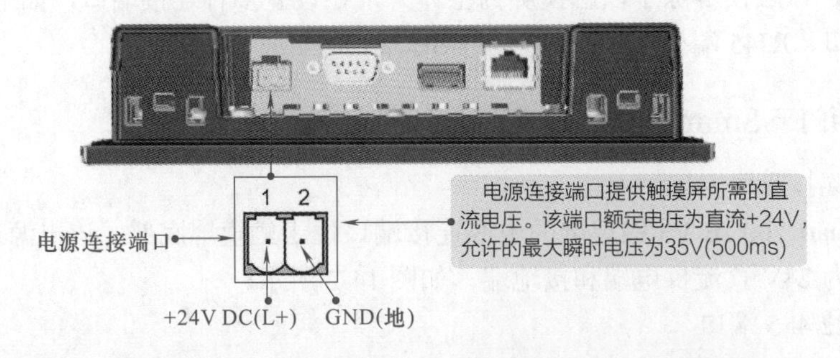

图 14-2　西门子 Smart 700 IE V3 触摸屏的电源连接端口

（4）USB 端口

USB 端口英文名称为 Universal Serial Bus，即通用串行总线接口。USB 接口是一种即插即用接口，支持热插拔，并且现已支持 127 种硬件设备的连接。

图 14-5 为西门子 Smart 700 IE V3 触摸屏中的 USB 端口。

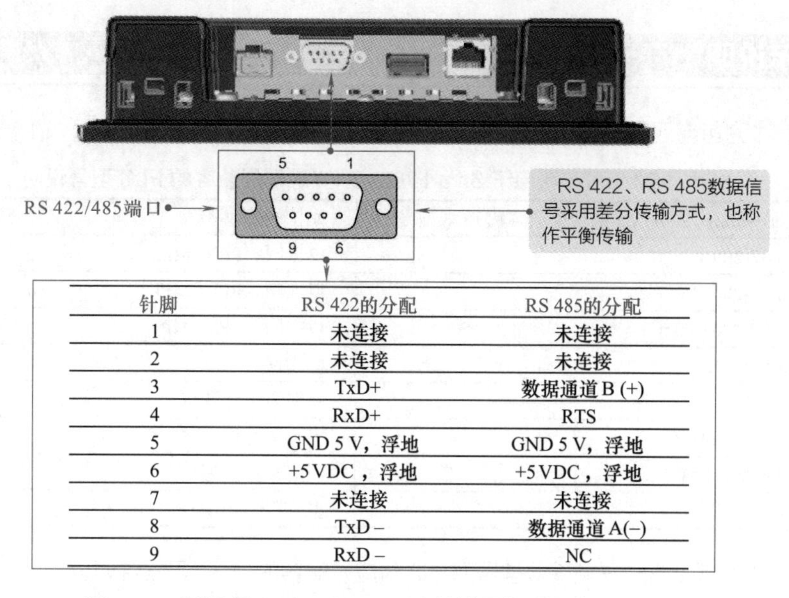

针脚	RS 422的分配	RS 485的分配
1	未连接	未连接
2	未连接	未连接
3	TxD+	数据通道 B (+)
4	RxD+	RTS
5	GND 5 V，浮地	GND 5 V，浮地
6	+5 VDC，浮地	+5 VDC，浮地
7	未连接	未连接
8	TxD –	数据通道 A(–)
9	RxD –	NC

图 14-3　西门子 Smart 700 IE V3 触摸屏的 RS 422/485 端口

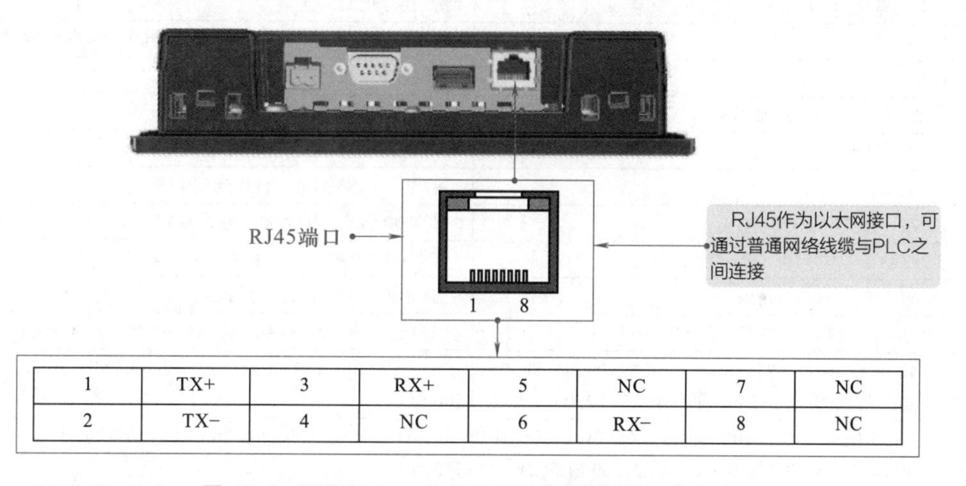

1	TX+	3	RX+	5	NC	7	NC
2	TX−	4	NC	6	RX−	8	NC

图 14-4　西门子 Smart 700 IE V3 触摸屏的 RJ45 端口

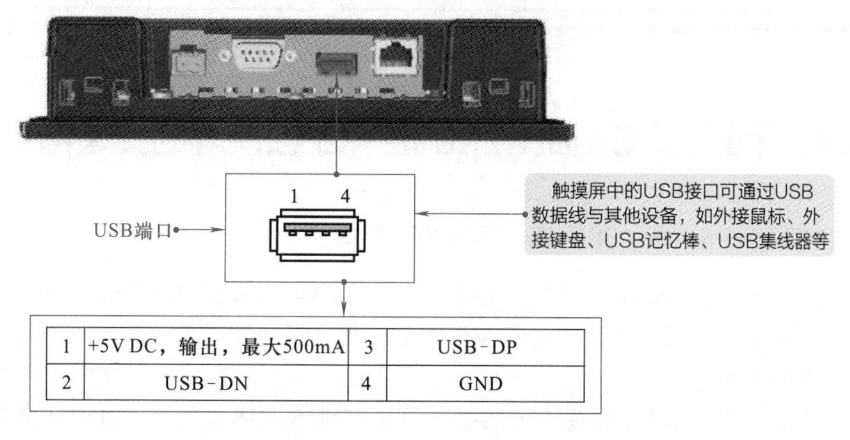

1	+5V DC，输出，最大500mA	3	USB-DP
2	USB-DN	4	GND

图 14-5　西门子 Smart 700 IE V3 触摸屏中的 USB 端口

提示说明

表 14-1 为可与西门子 Smart 700 IE V3 触摸屏兼容的 PLC 型号说明。

表 14-1　可与西门子 Smart 700 IE V3 触摸屏兼容的 PLC 型号说明

可与西门子 Smart 700 IE V3 触摸屏兼容的 PLC 型号	支持的协议
SIEMENS S7-200	以太网、PPI、MPI
SIEMENS S7-200 CN	以太网、PPI、MPI
SIEMENS S7-200 Smart	以太网、PPI、MPI
SIEMENS LOGO!	以太网
Mitsubishi FX *	点对点串行通信
Mitsubishi Protocol 4 *	多点串行通信
Modicon Modbus PLC *	点对点串行通信
Omron CP、CJ *	多点串行通信

表 14-2 为常见西门子触摸屏型号及与之对应可兼容的 PLC 型号说明。

表 14-2　常见西门子触摸屏型号及与之对应可兼容的 PLC 型号说明

西门子触摸屏型号	适用的 PLC 型号
MP370	S7-200 PLC、S7-300/400 PLC、500/505 系列 PLC
OP73	S7-200
TP270、OP270、MP270B	S5/DP PLC、S7 PLC、505 PLC
TP277、OP277	S7 PLC、S5 PLC、500/505 PLC
MP377	S7 PLC、S5 PLC、500/505 PLC
OP73、OP77A、OP77B	S7-200 PLC、S7-300/400 PLC
TP177A、TP177B、OP177B	S7-300/400 PLC、S5 PLC、S7-200 PLC、500/505 PLC
Panel 277	S5 PLC、S7 PLC、505 PLC
TP170、TP170A、TP170B、OP170B	S5 PLC、S7-200 PLC、S7-300/400 PLC、500/505 PLC
KP400、KTP400、KP100、TP700、KP900、TP900、KP1200、TP1200、TP1500、TP1900、TP2200	S7-1500 PLC、S7-1200 PLC、S7-300/400 PLC、S7-200 PLC
KTP400 Basic、KTP700 Basic、KP700 Basic DP、KTP900 Basic、KTP1200 Basic、KTP1200 Basic DP	S7-200 PLC、S7-300/400 PLC、S7-1200 PLC、S7-1500 PLC
Smart 700 IE v3 Smart 1000 IE v3	S7-200 PLC、S7-200 smart PLC、S7-200 CN PLC

14.2　西门子 Smart 700 IE V3 触摸屏的安装与连接

14.2.1　西门子 Smart 700 IE V3 触摸屏的安装

安装西门子 Smart 700 IE V3 触摸屏前，应首先了解安装的环境要求，如温度、湿度等，明确安装位置要求，如散热距离、打孔位置等后，再严格按照设备安装步骤进行安装。

（1）安装环境要求

西门子 Smart 700 IE V3 触摸屏安装必须满足其基本的环境要求，其中环境温度必须满足，如图 14-6 所示，否则将影响设备的正常运行。

图 14-6 为西门子 Smart 700 IE V3 触摸屏安装环境的温度要求（控制柜安装环境）。

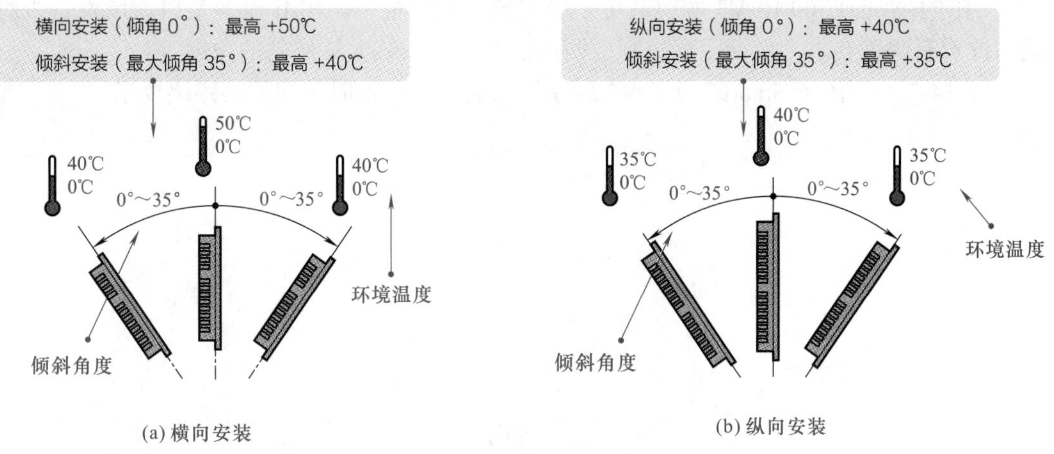

图 14-6　西门子 Smart 700 IE V3 触摸屏安装环境的温度要求

提示说明

HMI 设备倾斜安装会减少设备承受的对流，因此会降低操作时所允许的最高环境温度。如果施加充分的通风，设备也要在不超过纵向安装所允许的最高环境温度下在倾斜的安装位置运行。否则，该设备可能会因过热而导致损坏。

西门子 Smart 700 IE V3 触摸屏安装环境的其他要求如表 14-3 所列。

表 14-3　西门子 Smart 700 IE V3 触摸屏安装必须满足其基本的环境要求

条件类型	运输和存储状态下	运行状态下	
温度	−20 ～ +60℃	横向安装	0 ～ 50℃
		倾斜安装，倾斜角最高 35°	0 ～ 40℃
		纵向安装	0 ～ 40℃
		倾斜安装，倾斜角最高 35°	0 ～ 35℃
大气压	1080 ～ 660hPa（1hPa=0.1kPa），相当于海拔 1000 ～ 3500m	1080 ～ 795hPa，相当于海拔 1000 ～ 2000m	
相对湿度	10% ～ 90%，无凝露		
污染物浓度	SO_2：< 0.5 ppm；相对湿度 < 60%，无凝露 H_2S：< 0.1 ppm；相对湿度 < 60%，无凝露		

提示说明

HMI 设备在经过低温运输或暴露于剧烈的温度波动环境之后，应确保在其设备内外未出现冷凝（凝露）现象。HMI 设备在投入运行前，必须达到室温。不可为使 HMI 设备预热，而将其暴露在发热装置的直接辐射下。如果形成了结露，应在开启 HMI 设备前等待约 4 小时，直到设备完全变干。

（2）安装位置要求

西门子 Smart 700 IE V3 触摸屏可一般安装在控制柜中。HMI 设备是自通风设备，对安装的位置有明确要求，包括距离控制柜四周的距离、安装允许倾斜的角度等。

图 14-7 为西门子 Smart 700 IE V3 触摸屏安装在控制柜时与四周的距离要求。

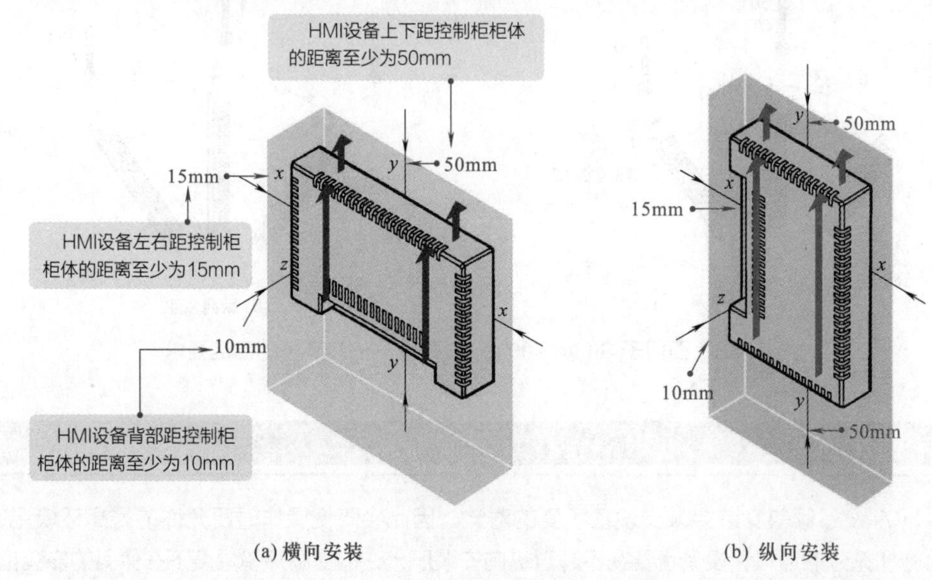

(a) 横向安装　　(b) 纵向安装

图 14-7　西门子 Smart 700 IE V3 触摸屏安装在控制柜时与四周的距离要求

（3）通用控制柜中安装打孔要求

确定西门子 Smart 700 IE V3 触摸屏安装环境符合要求，接下来则应在选定的位置打孔，为安装固定做好准备。

图 14-8 为在通用控制柜中安装西门子 Smart 700 IE V3 触摸屏的开孔尺寸要求。

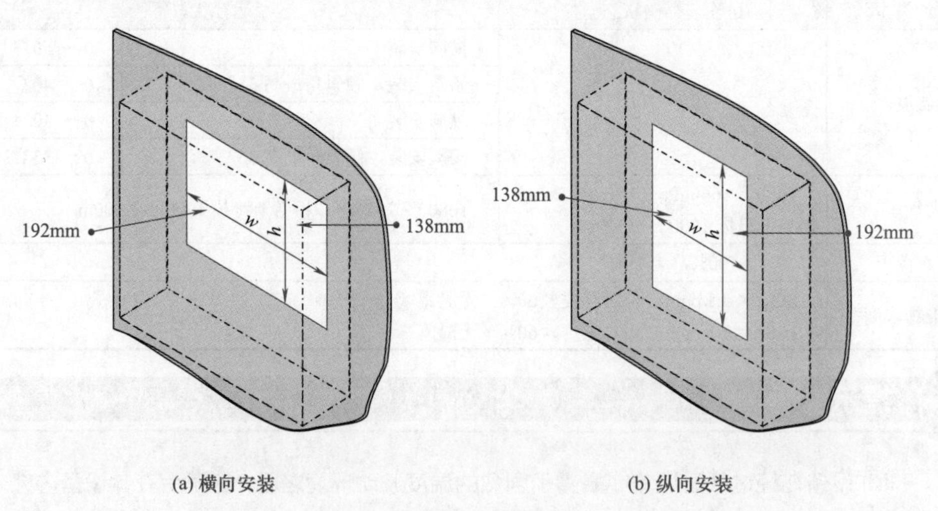

(a) 横向安装　　(b) 纵向安装

图 14-8　在通用控制柜中安装西门子 Smart 700 IE V3 触摸屏的开孔尺寸要求

（4）触摸屏的安装

控制柜开孔完成后，将触摸屏平行插入到所开安装孔中，使用安装夹固定好触摸屏。安装方法如图 14-9 所示。

提示说明

安装开孔区域的材料强度必须足以保证能承受住 HMI 设备和安装的安全。

安装夹的受力或对设备的操作不会导致材料变形，从而达到如下所述的防护等级。

◆ 符合防护等级为 IP65 的安装开孔处的材料厚度：2 ~ 6mm。

◆ 安装开孔处允许的与平面的偏差：≤ 0.5mm 已安装的 HMI 设备必须符合此条件。

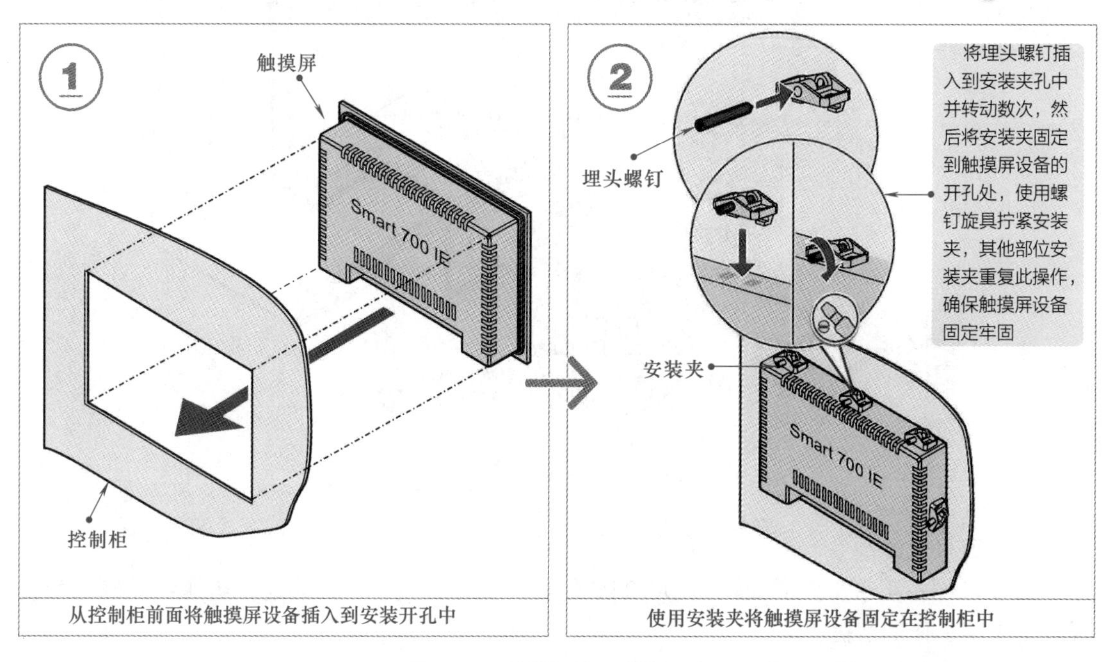

图 14-9　触摸屏的安装与固定

14.2.2　西门子 Smart 700 IE V3 触摸屏的连接

西门子 Smart 700 IE V3 触摸屏的连接包括等电位电路的连接、电源线连接、与组态计算机（PC）连接、与 PLC 设备连接等。

（1）等电位电路的连接

等电位电路连接用于消除电路中的电位差，用以确保触摸屏及相关电气设备在运行时不会出现故障。

触摸屏安装中的等电位电路的连接方法及步骤如图 14-10 所示。

提示说明

在空间上分开的系统组件之间可产生电位差。这些电位差可导致数据电缆上出现高均衡电流，从而毁坏它们的接口。如果两端都采用了电缆屏蔽，并在不同的系统部件处接地，便会产生均衡电流。当系统连接到不同的电源时，产生的电位差可能更明显。

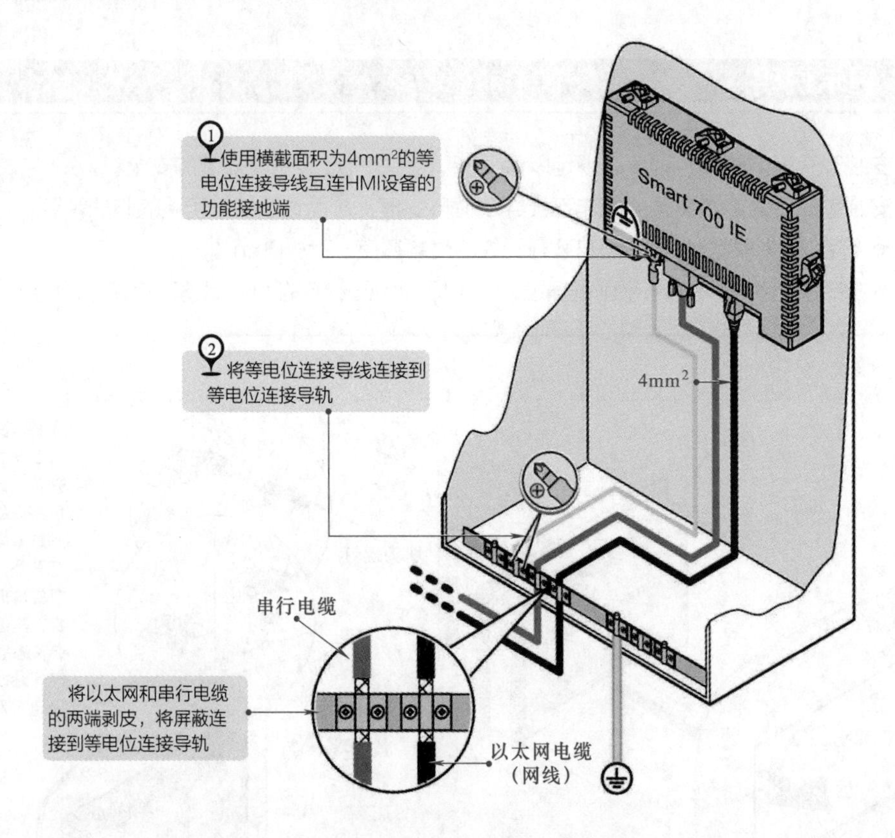

图 14-10 触摸屏安装中的等电位电路的连接

（2）连接电源线

触摸屏设备正常工作需要满足 DC 24V 供电。设备安装中，正确连接电源线是确保触摸屏设备正常工作的前提。

图 14-11 为触摸屏电源线的连接方法。

提示说明

西门子 Smart 700 IE V3 触摸屏的直流电源供电设备输出电压规格应为 24V（200mA）直流电源，若电源规格不符合设备要求，则会损坏触摸屏设备。

直流电源供电设备应选用具有安全电气隔离的 24V DC 电源装置；若使用非隔离系统组态，则应将 24V 电源输出端的 GND 24V 接口进行等电位连接，以统一基准电位。

（3）连接组态计算机（PC）

计算机中安装触摸屏编程软件，通过编程软件可组态触摸屏，实现对触摸屏显示画面内容和控制功能的设计。当在计算机中完成触摸屏组态后，需要将组态计算机与触摸屏连接，以便将软件中完成的项目进行传输。

图 14-12 为组态计算机与触摸屏的连接。

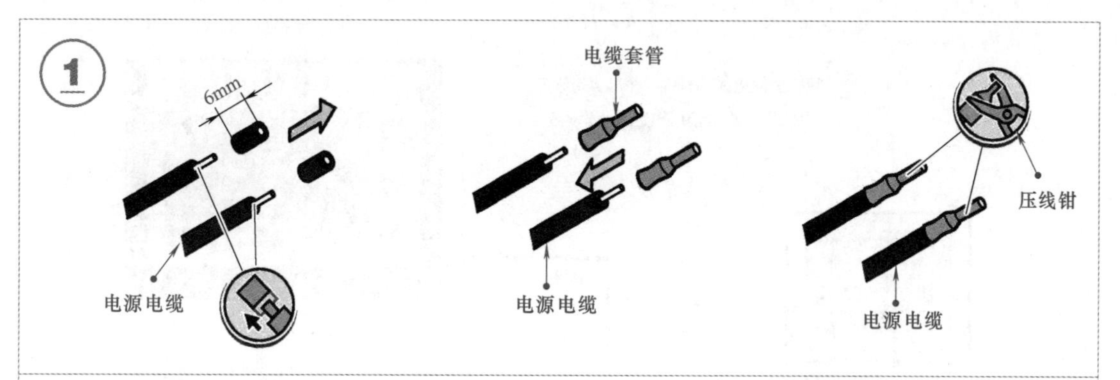

将两条电源电缆(线芯横截面积为1.5mm²)的末端剥去6mm长的外皮，将电缆套管套在裸露的电缆末端，使用压线钳将线端套管安装在电缆末端

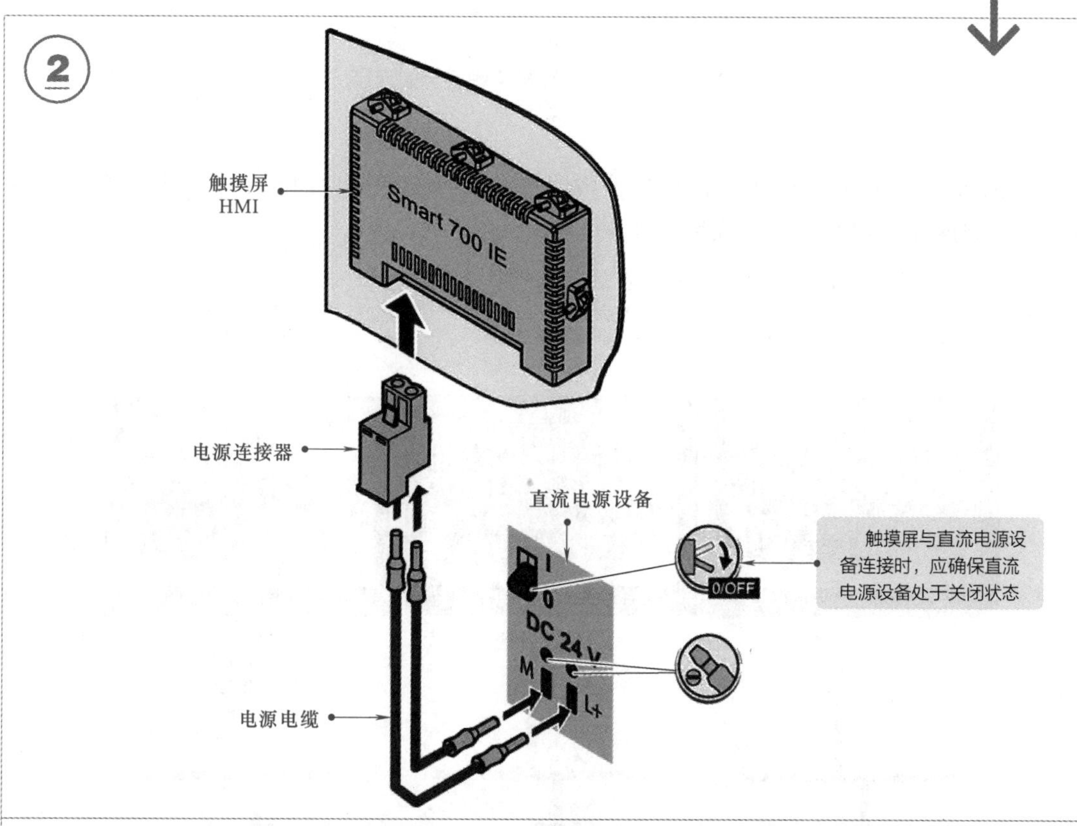

先将这两根电源电缆的一端插入到电源连接器中，并使用螺钉旋具将其固定，将电源连接器连接到HMI设备上。接着，将两根电源电缆的另一端插入到电源端子中，并使用螺钉旋具将其固定(连接前应确保电源设备处于关闭状态)

图 14-11　触摸屏电源线的连接方法

提示说明

组态计算机与触摸屏连接，除了可用于传输项目外，还可传输 HMI 设备映像、将 HMI 设备复位为出厂设置、备份并还原 HMI 数据。

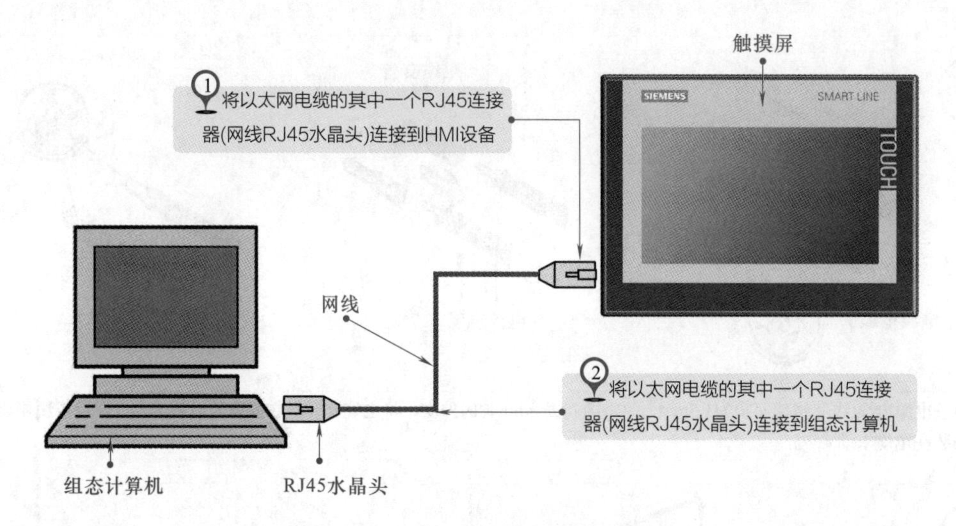

图 14-12　组态计算机与触摸屏的连接

（4）连接 PLC

触摸屏连接 PLC 的输入端，可代替按钮、开关等物理部件向 PLC 输入指令信息。图 14-13 为触摸屏与 PLC 之间的连接。

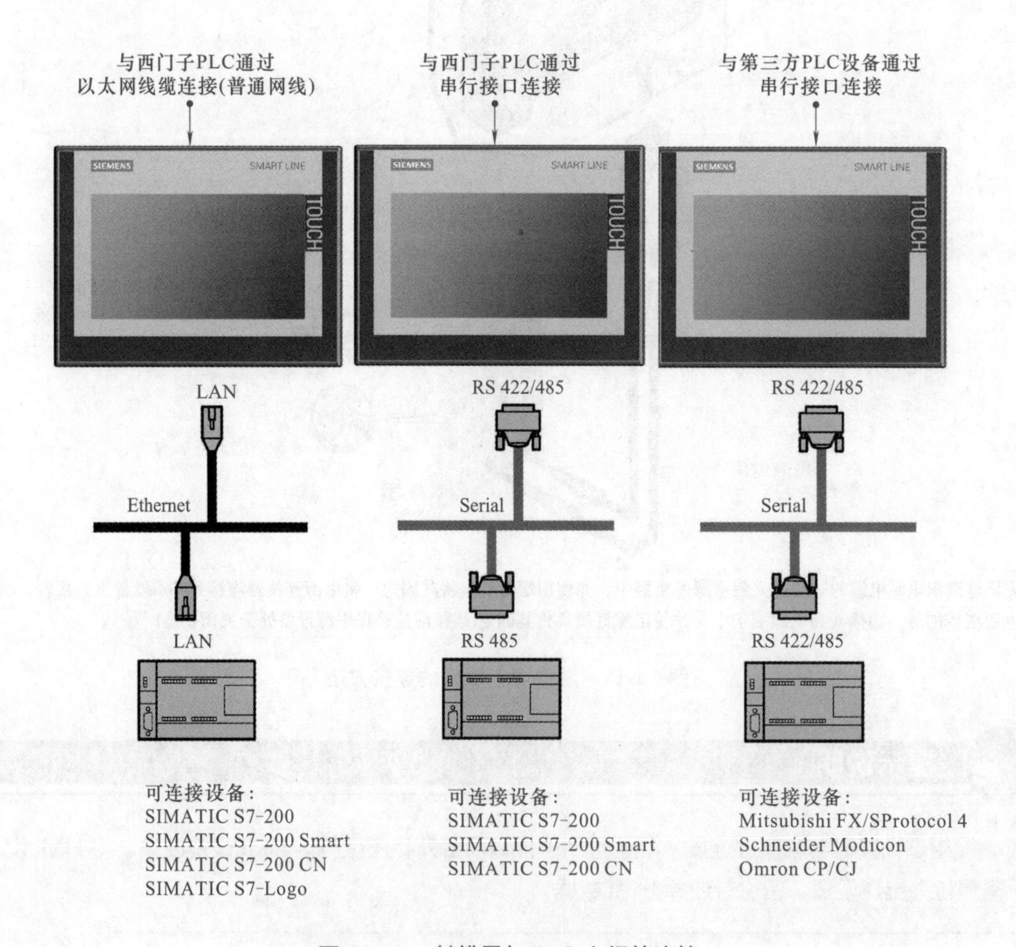

图 14-13　触摸屏与 PLC 之间的连接

提示说明

将触摸屏与 PLC 连接时，应平行敷设数据线和等电位连接导线，应将数据线的屏蔽接地。

（5）连接 USB 设备

西门子 Smart 700 IE V3 触摸屏设有 USB 接口，可用于连接可用的 USB 设备，如外接鼠标、外接键盘、USB 记忆棒、USB 集线器等。

其中，连接外接鼠标和外接键盘仅可供调试和维护时使用。连接 USB 设备应注意 USB 线缆的长度不可超过 1.5m，否则不能确保安全地进行数据传输。

14.2.3　西门子 Smart 700 IE V3 触摸屏的测试

西门子 Smart 700 IE V3 触摸屏连接好电源后，可启动设备测试设备连接是否正常。

首先接通 HMI 设备的电源，然后按下触摸屏上的按钮或外接鼠标启动设备，通过点击不同功能的按钮完成设备的测试，如图 14-14 所示。

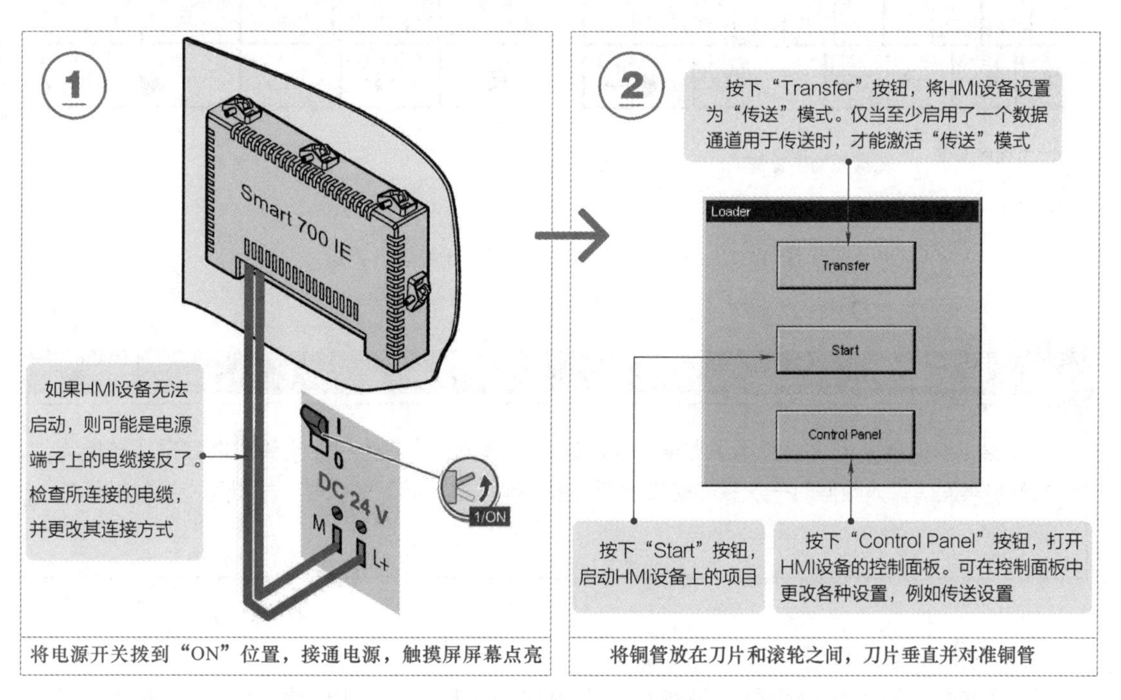

图 14-14　西门子 Smart 700 IE V3 触摸屏启动与测试

提示说明

当需要关闭触摸屏设备时，可通过关闭电源或从 HMI 设备上拔下电源端子的方式关闭设备。

14.3 西门子 Smart 700 IE V3 触摸屏的操作方法

14.3.1 西门子 Smart 700 IE V3 触摸屏的数据输入

（1）触摸屏键盘的功能特点

触摸屏键盘一般在触摸需要输入信息时弹出，如图 14-15 所示。根据触摸屏键盘可输入相应的数字、字母等信息。

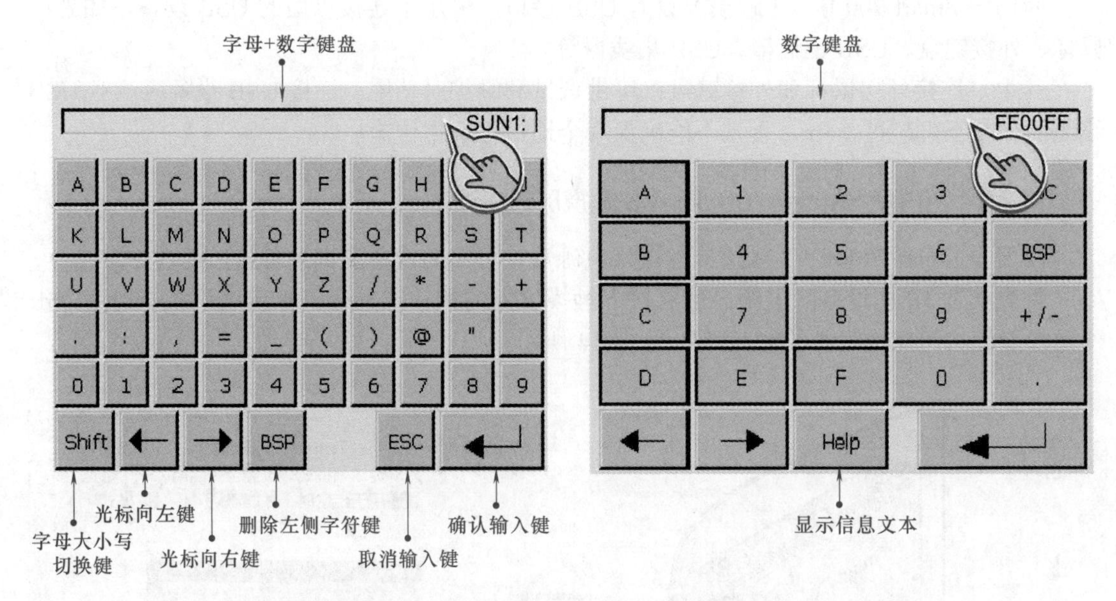

图 14-15 西门子 Smart 700 IE V3 触摸屏键盘

提示说明

操作触摸屏键盘只能使用手指或触摸笔操作，避免尖头或锋利的物体可能会损坏触摸屏的塑料表面。输入数据时一次只能触摸屏幕上的一个按键，同时触摸多个按键可能会触发意外的动作。

（2）触摸屏输入数据

触摸屏数据输入比较简单，当触摸屏上出现输入框，用手指或触摸笔点击输入框即可弹出键盘，根据需要顺次点击键盘上的数字或字母，最后按【确认输入键】确认输入或按【ESC】取消输入即可，如图 14-16 所示。

14.3.2 西门子 Smart 700 IE V3 触摸屏的组态

组态西门子 Smart 700 IE V3 触摸屏，首先接通电源，打开 Loader 程序，通过程序窗口中的“Control Panel”按钮打开控制面板，如图 14-17 所示，在控制面板中可对触摸屏进行参数配置。

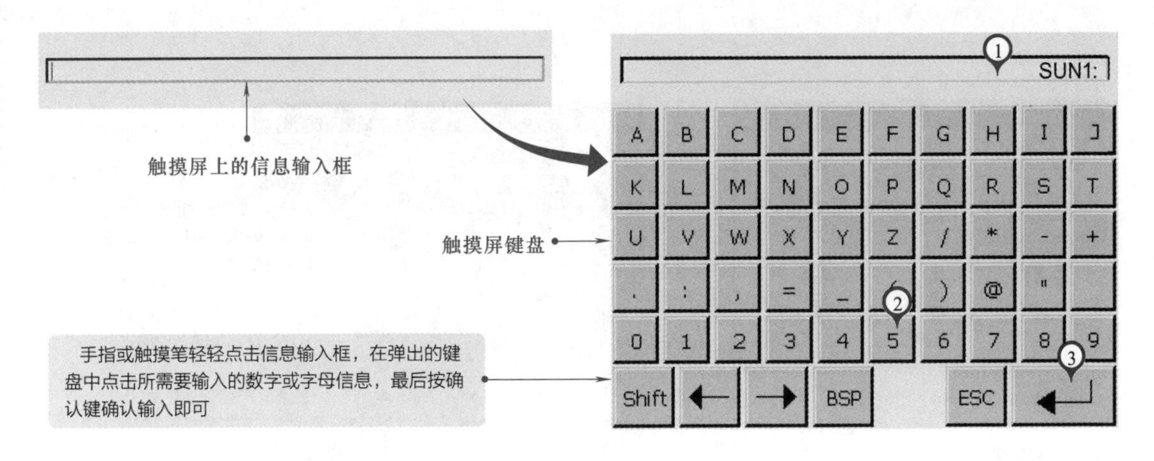

图 14-16　触摸屏数据的输入

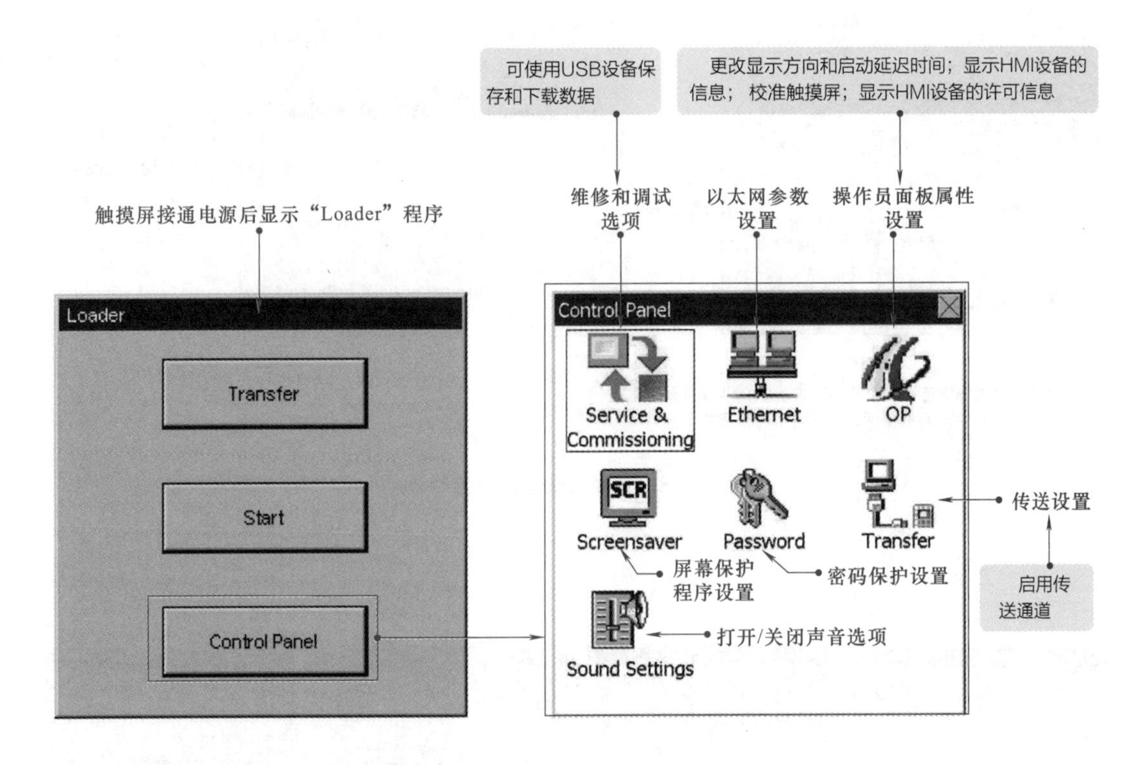

图 14-17　控制面板中的参数配置选项

（1）维修和调试选项设置

在触摸屏控制面板中，维修和调试选项的主要功能是使用 USB 设备保存和下载数据。用手指或触摸笔点击该选项即可弹出“Service &Commissioning”对话框，从对话框中的“Backup”选项中可进行触摸屏数据的备份，如图 14-18 所示。

数据的恢复即使用“Service &Commissioning”功能下的“Restore”选项将 USB 存储设备中的备份文件加载到 HMI 设备中，如图 14-19 所示。

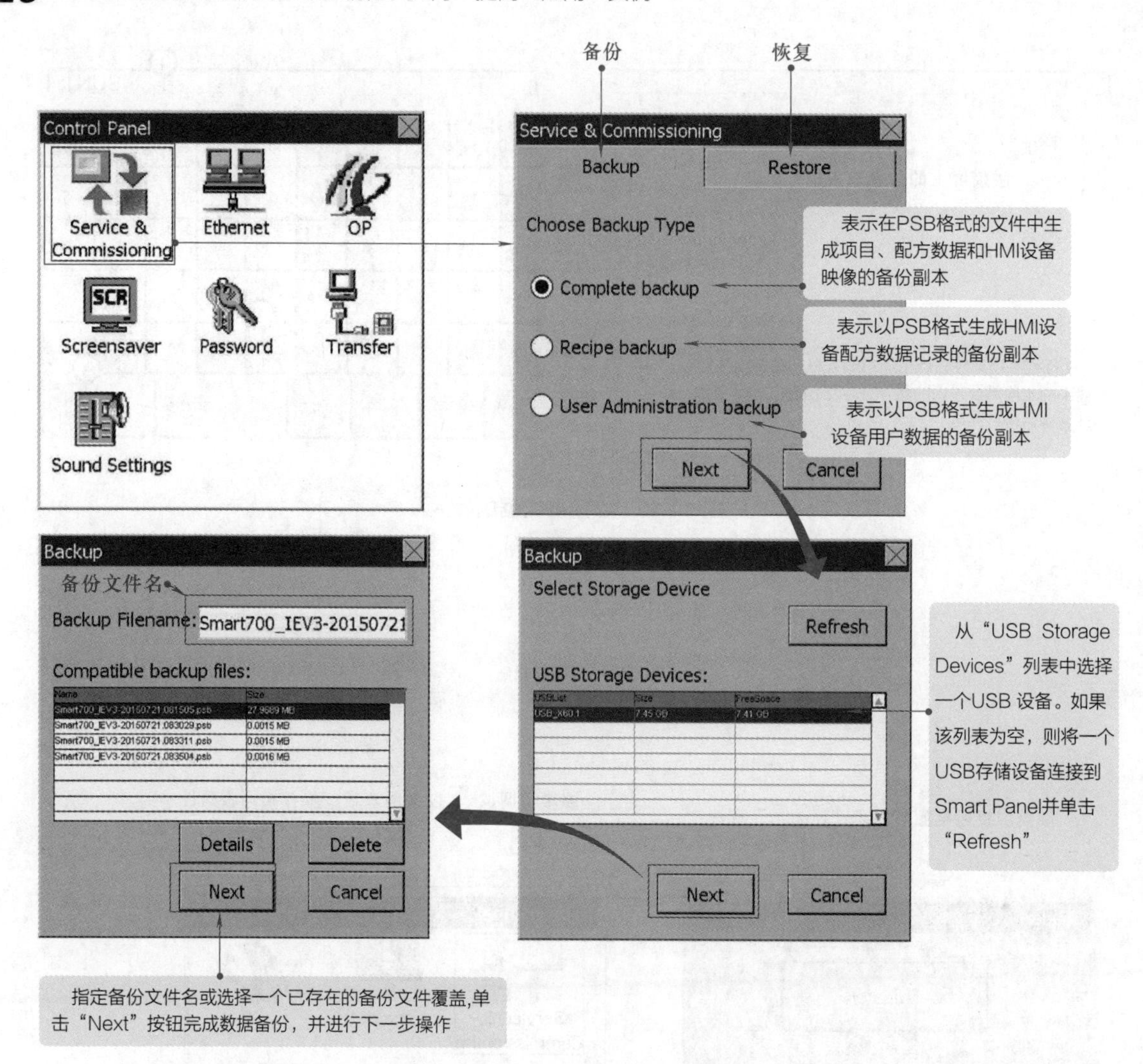

图 14-18　触摸屏数据的备份操作

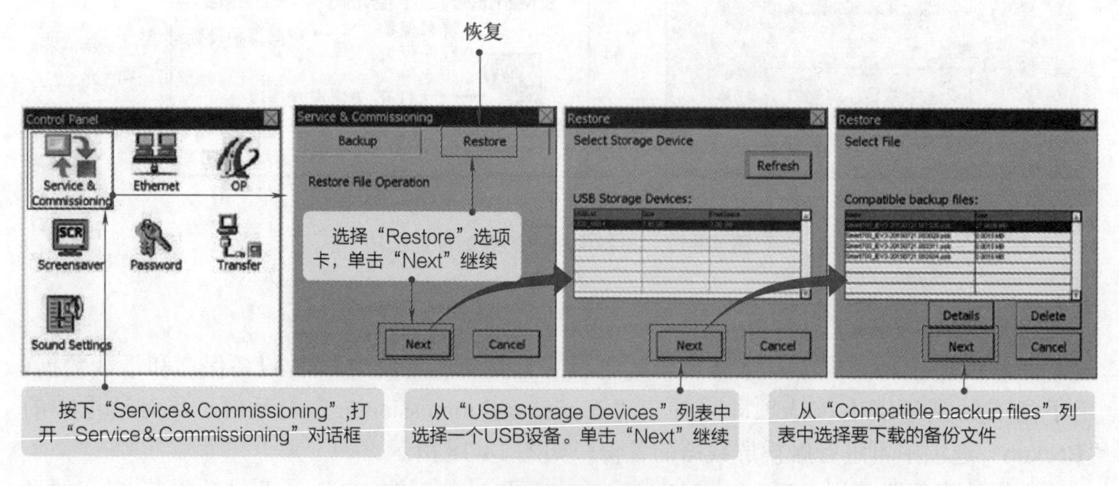

图 14-19　触摸屏数据的恢复操作

（2）以太网参数的修改

在多个 HMI 设备联网应用中，如果网络中的多个设备共享一个 IP 地址，可能会因 IP 地址冲突引起通信错误。可在 HMI 设备控制面板的第二个选项“以太网参数设置”中，为网络中每一个 HMI 设备分配一个唯一的 IP 地址。

图 14-20 为 HMI 设备以太网参数的修改方法。

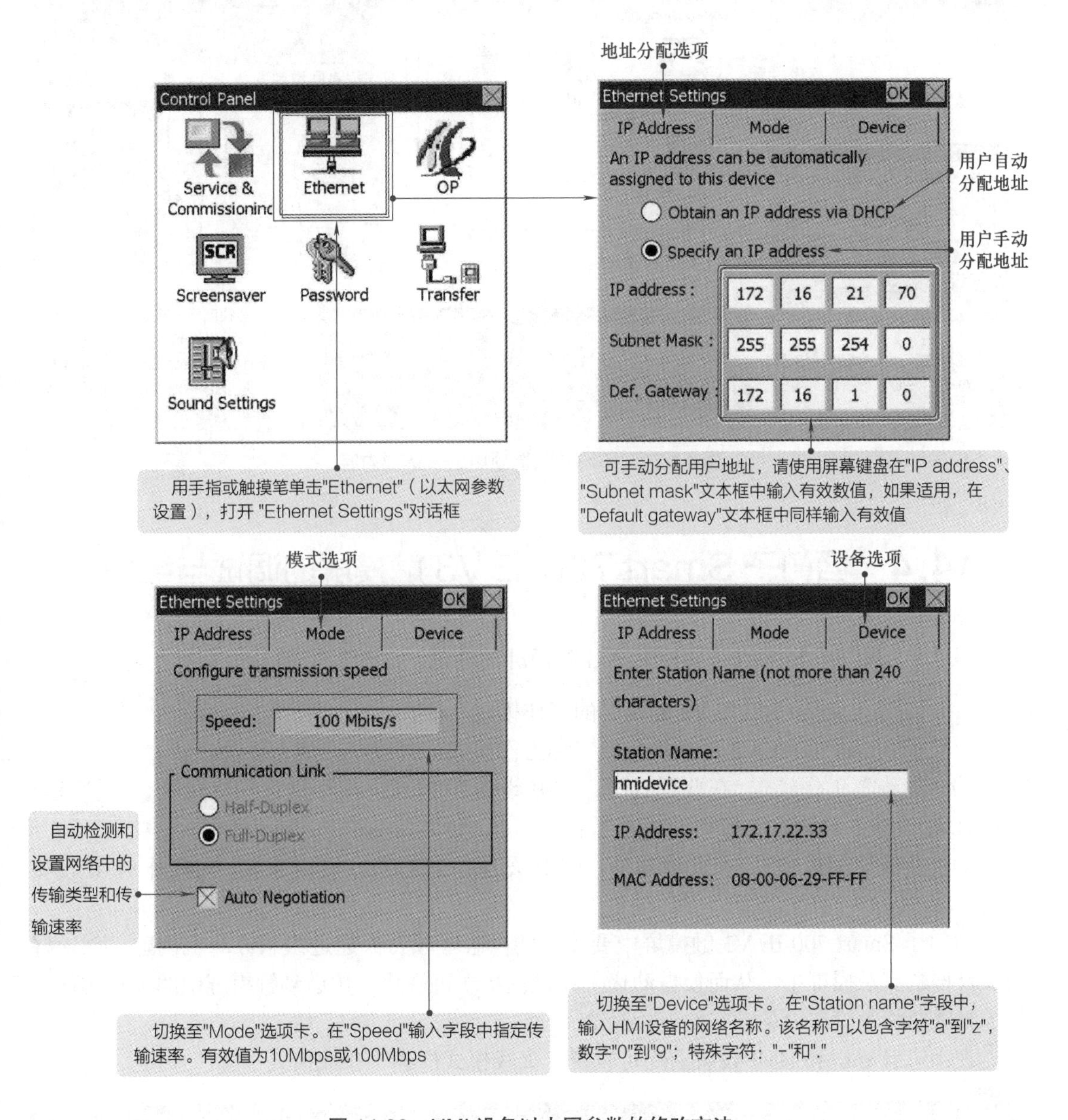

图 14-20　HMI 设备以太网参数的修改方法

（3）HMI 其他参数设置

在 HMI 控制面板中还包括几项其他参数设置，用户可根据实际需要对不同选项中的参数进行设置。

图 14-21 为不同参数选项中的子选项内容。

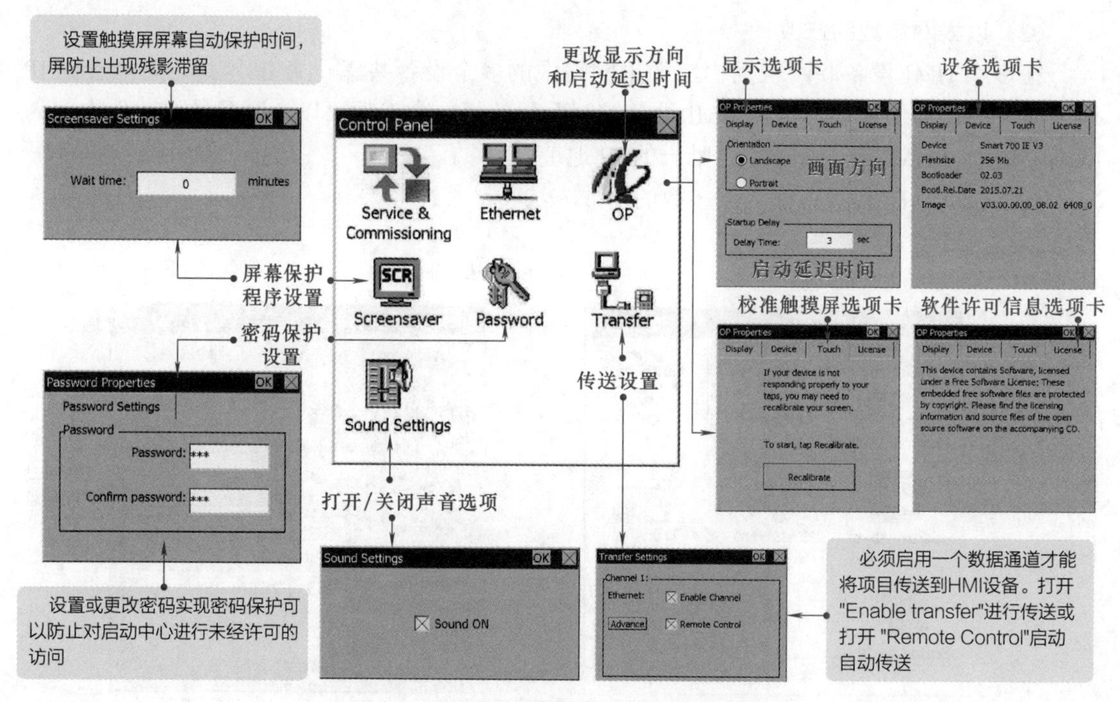

图 14-21　不同参数选项中的子选项内容

14.4　西门子 Smart 700 IE V3 触摸屏的调试与维护

14.4.1　西门子 Smart 700 IE V3 触摸屏的调试

（1）西门子 Smart 700 IE V3 触摸屏的工作模式

西门子 Smart 700 IE V3 触摸屏包括三种工作模式：离线、在线、传送。

①“离线”工作模式　在此模式下，HMI 设备和 PLC 之间不进行任何通信。尽管可以操作 HMI 设备，但是无法与 PLC 交换数据。

②“在线”工作模式　在此模式下，HMI 设备和 PLC 彼此进行通信。可操作 HMI 设备中的项目。

西门子 Smart 700 IE V3 触摸屏中要显示的内容（项目）通过组态计算机创建，创建好的项目传送到触摸屏中，从而使自动化工作过程实现可视化。传送到触摸屏中的项目实现过程控制需要将触摸屏设备应在线连接到 PLC。

在组态计算机和 HMI 设备上均可设置“离线模式”和“在线模式”。

提示说明

触摸屏设备初始启动时设备中不存在任何项目。操作系统更新完毕之后，触摸屏设备也处于这种状态。

触摸屏设备重新调试时，设备中已存在的所有项目都将被替换。

③“传送”工作模式　在此模式下，可以将项目从组态 PC 传送至 HMI 设备、备份和恢复 HMI 设备数据或更新固件。

提示说明

在 HMI 设备上设置“传送”工作模式的操作方法如下：

• HMI 设备启动时：在 HMI 设备装载程序中手动启动“传送”工作模式。

• 操作运行期间：使用操作元素在项目中手动启动“传送”工作模式。设置自动模式且在组态计算机上启动传送后，HMI 设备会切换为“传送”工作模式。

（2）西门子 Smart 700 IE V3 触摸屏与组态计算机的数据传送

传送操作是指将已编译的项目文件传送到要运行该项目的 HMI 设备上。

西门子 Smart 700 IE V3 触摸屏与组态计算机之间可进行数据信息的传送。可传送数据信息类型包括备份 / 恢复包含项目数据、配方数据、用户管理数据的映像文件；操作系统更新；使用“恢复为出厂设置”更新操作系统；传送项目四种类型。第一种数据类型可借助 USB 设备或以太网传送，后三种类型仅可借助以太网传送。

将可执行项目从组态计算机传送到 HMI 设备中，可启动手动传送和自动传送两种。

① 启动手动传送　在 WinCC flexible Smart（触摸屏编程软件，将在下一章详细介绍）中完成组态后，选择“项目 > 编译器 > 生成”（Project > Compiler > Generate）菜单命令来验证项目的一致性。在完成一致性检查后，系统将生成一个已编译的项目文件。将已编译的项目文件传送至组态的 HMI 设备。

确保 HMI 设备已通过以太网连接到组态计算机中，且在 HMI 设备中已分配以太网参数，调整 HMI 设备处于“传送”工作模式。

图 14-22 为西门子 Smart 700 IE V3 触摸屏与组态计算机之间通过手动传送数据项目的操作步骤和方法。

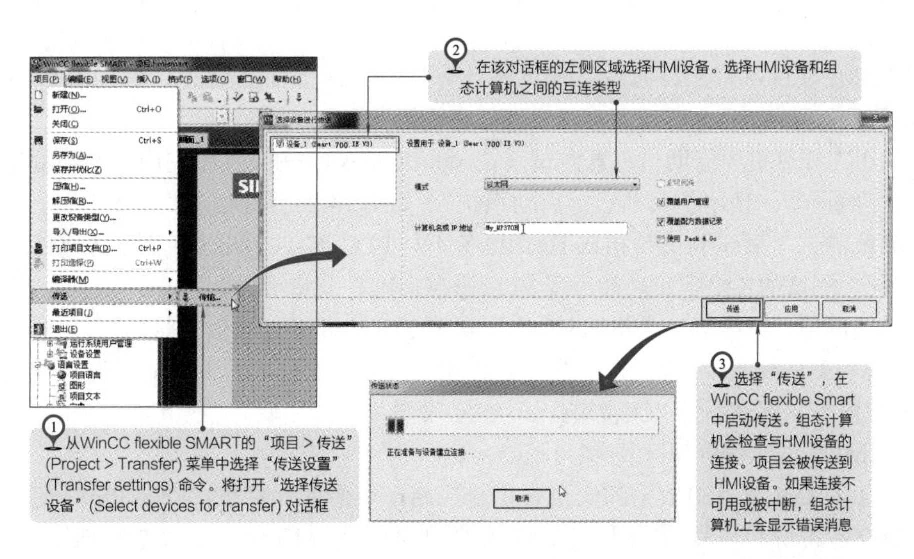

图 14-22　西门子 Smart 700 IE V3 触摸屏与组态计算机之间通过手动传送数据项目的操作步骤和方法

当成功完成传送后，项目即可在 HMI 设备上使用，且已传送的项目会自动启动。

提示说明

向设备传送项目时，系统会检查组态的操作系统版本与 HMI 设备上的版本是否一致。如果系统发现版本不一致，则将中止传送，同时显示一条消息。

如果 WinCC flexible SMART 项目中和 HMI 设备上的操作系统版本不同，应更新 HMI 设备上的操作系统。

② 启动自动传送　首先在 HMI 设备上启动自动传送（参照图 14-21），此时，只要在连接的组态计算机上启动传送，HMI 设备就会在运行时自动切换为“传送 /Transfer”模式。

在 HMI 设备上激活自动传送且在组态计算机上启动传送后，当前正在运行的项目将自动停止。HMI 设备随后将自动切换到“传送 /Transfer”模式。

提示说明

自动传送不适合在调试阶段后，避免 HMI 设备在无意中被切换到传送模式。传送模式可能触发系统的意外操作。

可以在控制面板中（图 14-17）设置密码，限制对传送设置的访问，从而避免未经授权的修改。

（3）HMI 项目的测试

测试 HMI 项目是指对 HMI 中将要执行的项目进行各项检查，如检查画面布局是否正确、检查画面导航、检查输入对象、输入变量值等，通过测试确保项目可以按期望的方式在 HMI 设备上运行。

测试 HMI 项目可有三种方法：在组态计算机中借助仿真器测试；在 HMI 设备上对项目进行离线测试；在 HMI 设备上对项目进行在线测试。

① 在组态计算机中借助仿真器测试　在 WinCC flexible Smart 中完成组态和编译后，选择“项目 > 编译器 > 使用仿真器运行启动系统”，如图 14-23 所示。

② 离线测试　离线测试是指在 HMI 设备不与 PLC 连接的状态下，测试项目的操作元素和可视化。测试的各个项目功能不受 PLC 影响，PLC 变量不更新。

③ 在线测试　在线测试是指 HMI 设备与 PLC 连接并进行通信的状态下，使 HMI 设备处于“在线”工作模式中，在 HMI 设备中对各个项目功能进行测试，如报警通信功能、操作元素及视图等，测试不受 PLC 影响，但 PLC 变量将进行更新。

（4）HMI 数据的备份与恢复

为了确保 HMI 设备中数据的安全与可靠应用，可借助计算机（安装 ProSave 软件）或 USB 存储设备备份和恢复 HMI 设备内部闪存中的项目与 HMI 设备映像数据、密码列表、配方数据等数据。

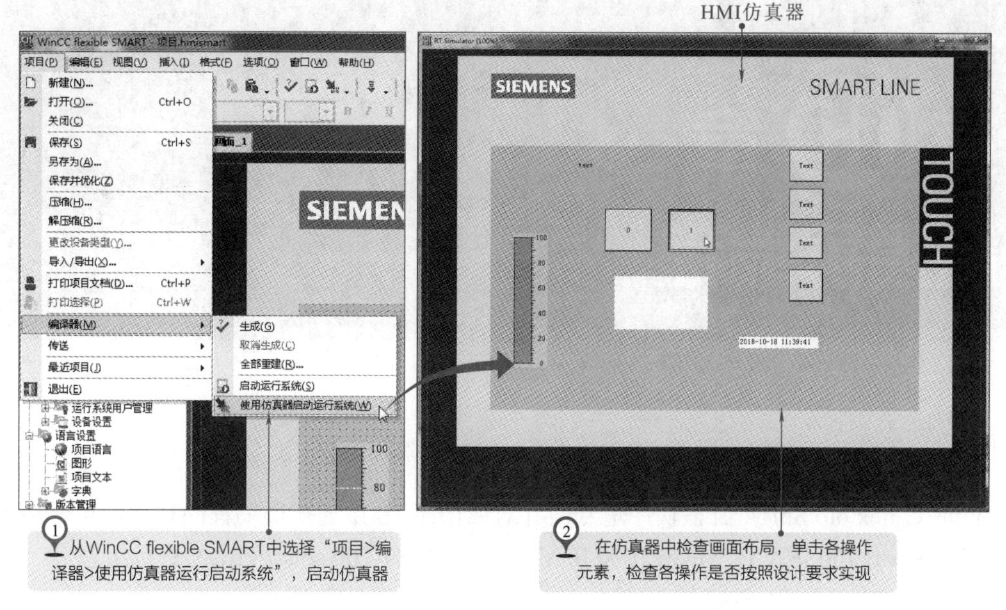

图 14-23　在组态计算机中借助仿真器测试触摸屏项目

14.4.2　西门子 Smart 700 IE V3 触摸屏的保养与维护

触摸屏承载着重要的人机交互和信息输送功能，屏幕脏污、操作不当或受到硬物撞击等均可能引起工作异常的情况。因此，在使用中应注意对触摸屏进行正确的保养和维护操作。

在日常使用中，对西门子 Smart 700 IE V3 触摸屏的保养与维护重点在于对屏幕的清洁，清洁时应按照设备清洁要求进行，如图 14-24 所示。

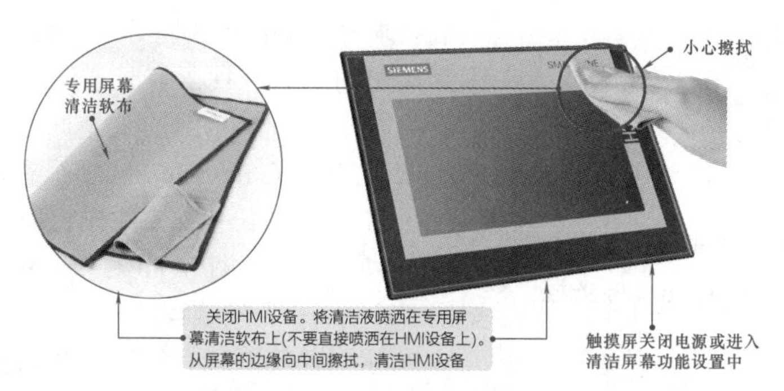

图 14-24　西门子 Smart 700 IE V3 触摸屏的清洁操作

提示说明

清洁触摸屏时应先关闭触摸屏电源或进入清洁屏幕功能设置中，避免清洁中误触碰触摸屏中的内容，造成 PLC 意外响应出现损坏。

另外，清洁触摸屏时，只能使用少量皂水或屏幕清洁泡沫清洁，严禁使用压缩空气或蒸汽喷射器、腐蚀性溶剂或擦洗粉进行清洁，否则可能会造成触摸屏损坏。

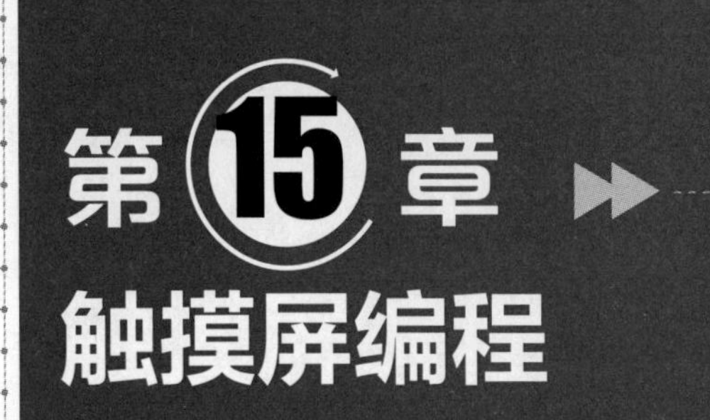

WinCC flexible Smart 组态软件是专门针对西门子 HMI 触摸屏编程的软件，可对应西门子触摸屏 Smart 700 IE V3、Smart 1000 IE V3（适用于 S7-200 smart PLC）进行组态。

15.1 WinCC flexible Smart 组态软件的安装与启动

15.1.1 WinCC flexible Smart 组态软件的安装

WinCC flexible Smart 组态软件安装应满足一定的应用环境，要求计算机操作系统为 Windows 7 操作系统（Win 7 32 位 /64 位），内存最小 1.5GB，推荐 2GB，最低要求 Pentium Ⅳ或同等 1.6GHz 的处理器，硬盘空闲存储空间安装一种语言时最低 2GB，增加一种安装语言便需要增加 200MB 存储空间。

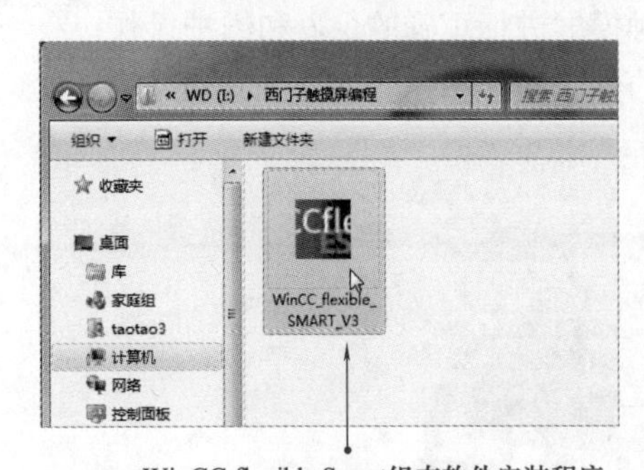

图 15-1　下载的 WinCC flexible Smart 组态软件安装程序压缩包文件

安装 WinCC flexible Smart 组态软件，首先需要在西门子官方网站中下载软件安装程序“setup.exe”，如图 15-1 所示，或运行 WinCC flexible SMART 产品光盘中的“setup.exe”安装程序。

鼠标左键双击运行程序，开始安装，首先选择安装程序语言，根据对话框图提示单击“下一步”开始安装，如图 15-2 所示。

在出现“欢迎”对话框中，根据对框图提示单击“下一步”，分别阅读产品的注意事项、阅读并接受许可证协议等，如图 15-3 所示。

根据安装向导，单击“下一个”即可开始安装程序，直至安装完成，如图 15-4 所示。

安装完成后，在计算机桌面上可看到 WinCC flexible Smart 组态软件图标。

15.1.2 WinCC flexible Smart 组态软件的启动

WinCC flexible Smart 组态软件用于设计西门子相关型号触摸屏画面和控制功能。使用时需要先将已安装好的 WinCC flexible Smart 启动运行。即在软件安装完成后，双击桌面上的 WinCC flexible Smart 图标或执行“开始”→“所有程序”→“Siemens Automation”→“SIMATIC”→“WinCC

图 15-2　WinCC flexible Smart 组态软件开始安装

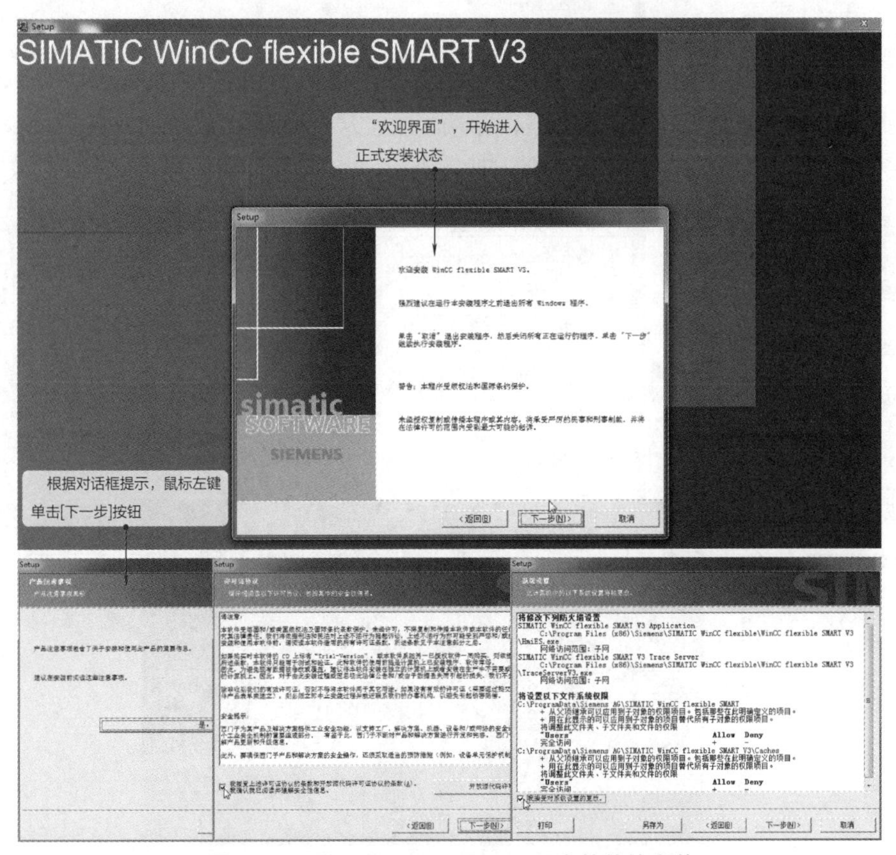

图 15-3　WinCC flexible Smart 组态软件的安装

flexible SMART V3”命令，打开软件，进入编程环境，如图 15-5 所示。

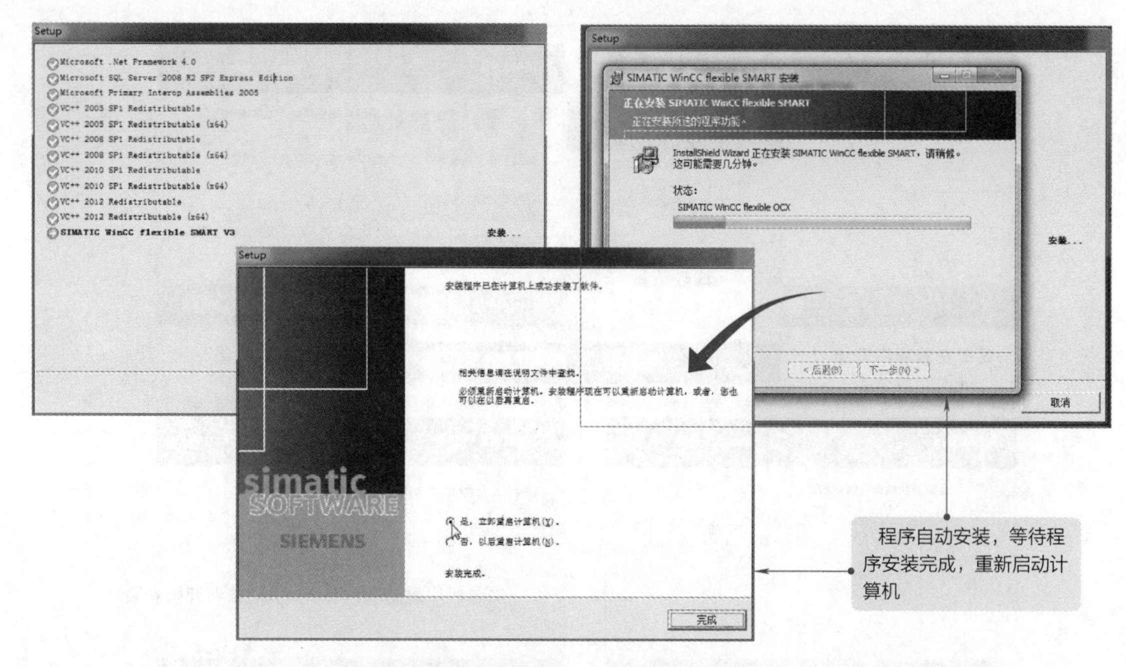

图 15-4　软件安装及安装完成

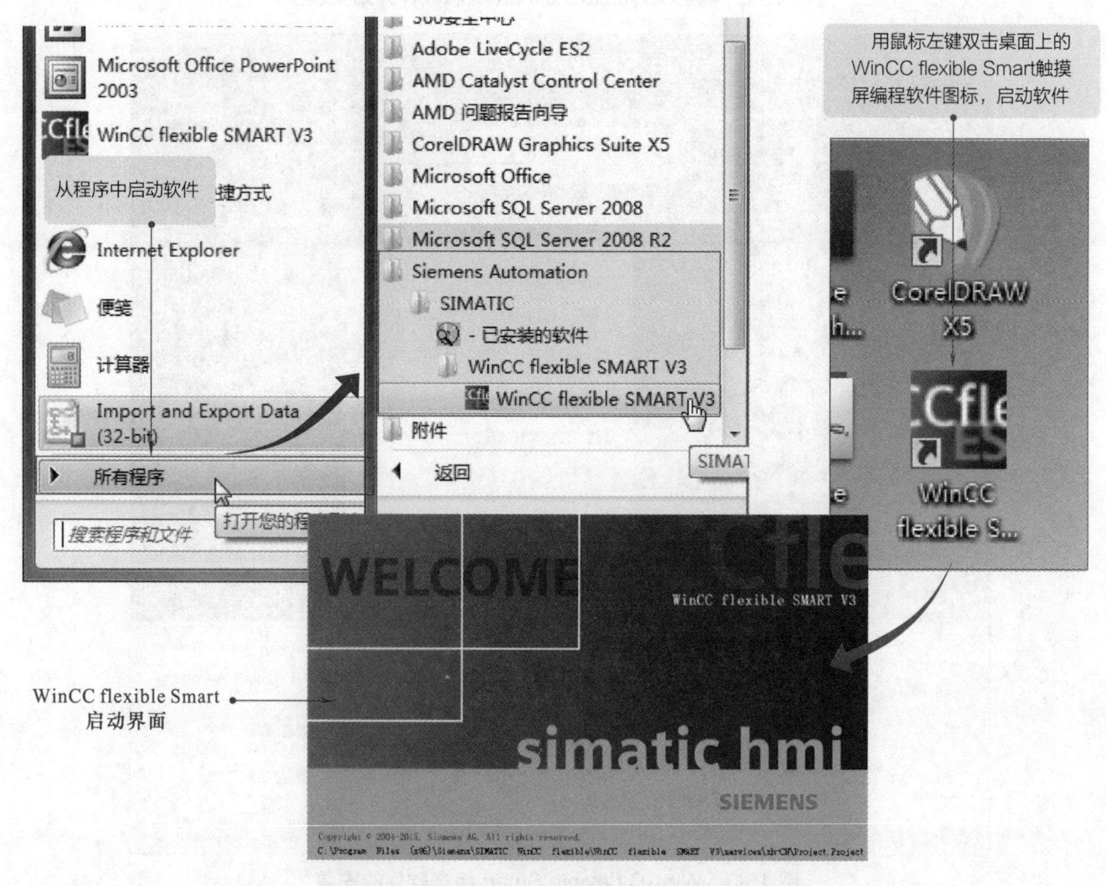

图 15-5　WinCC flexible Smart 组态软件的启动

15.2　WinCC flexible Smart 组态软件的画面结构

图 15-6 为 WinCC flexible Smart 组态软件的画面结构。可以看到，该软件的画面部分主要由菜单栏、工具栏、工作区、项目视图、属性视图、工具箱等部分构成。

15.2.1　菜单栏和工具栏

如图 15-7 所示，菜单栏和工具栏位于 WinCC flexible Smart 组态软件的上部。通过菜单和工具栏可以访问组态 HMI 设备所需的全部功能。编辑器处于激活状态时，会显示此编辑器专用的菜单命令和工具栏。当鼠标指针移到某个命令上时，将显示对应的工具提示。

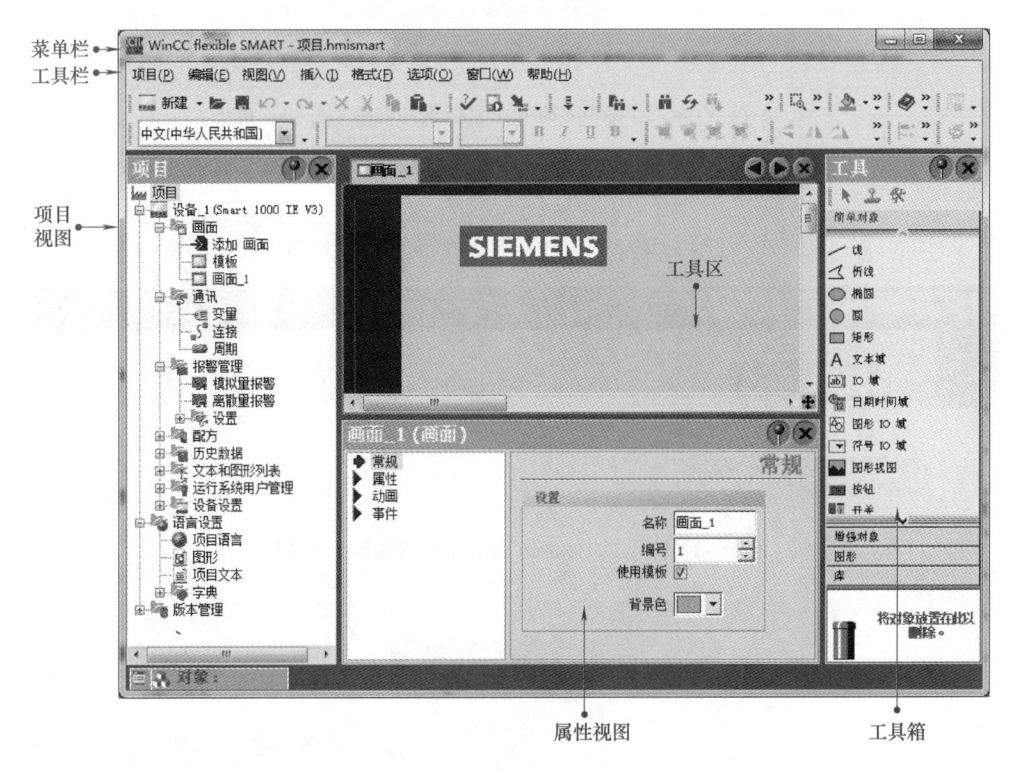

图 15-6　WinCC flexible Smart 组态软件的画面结构

15.2.2　工作区

工作区是 WinCC flexible Smart 组态软件画面的中心部分。每个编辑器在工作区域中以单独的选项卡控件形式打开，如图 15-8 所示。“画面”编辑器以单独的选项卡形式显示各个画面。同时打开多个编辑器时，只有一个选项卡处于激活状态。要选择一个不同的编辑器，在工作区单击相应选项卡。

15.2.3　项目视图

项目视图位于 WinCC flexible Smart 组态软件的左侧区域，如图 15-9 所示，项目视图是项目编辑的中心控制点。项目视图显示了项目的所有组件和编辑器，并且可用于打开这些组件和编辑器。

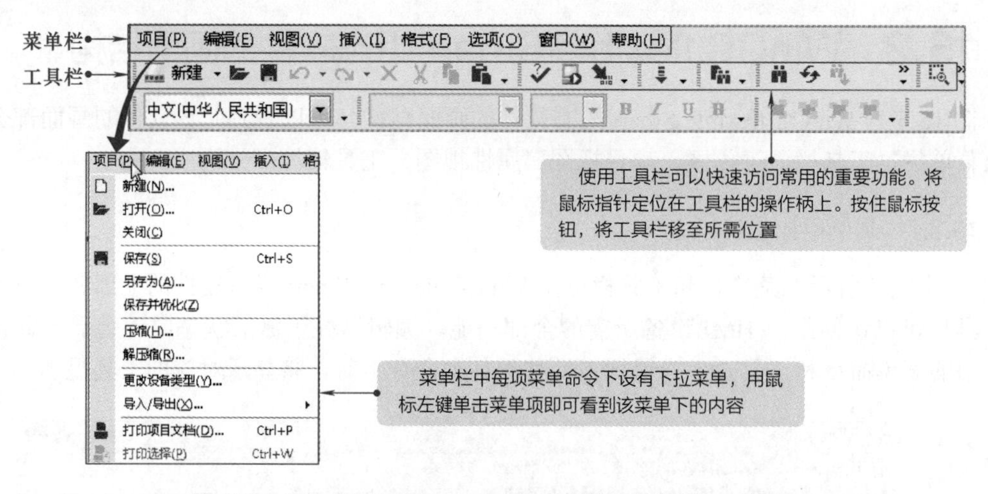

图 15-7 WinCC flexible Smart 组态软件的菜单栏和工具栏

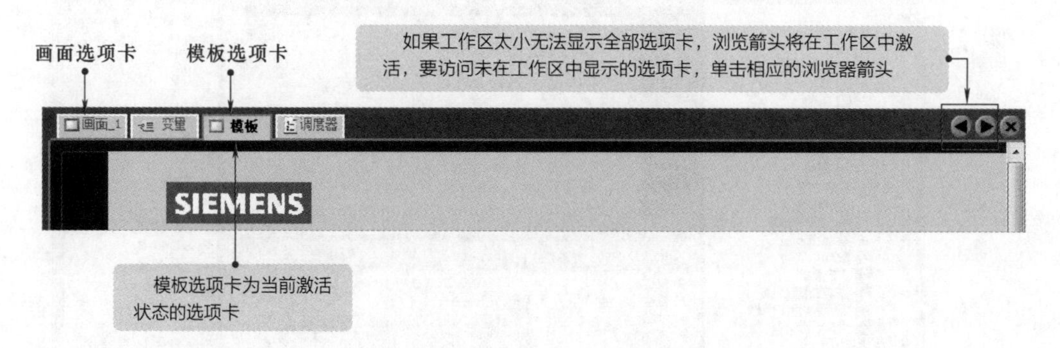

图 15-8 WinCC flexible Smart 组态软件的工作区

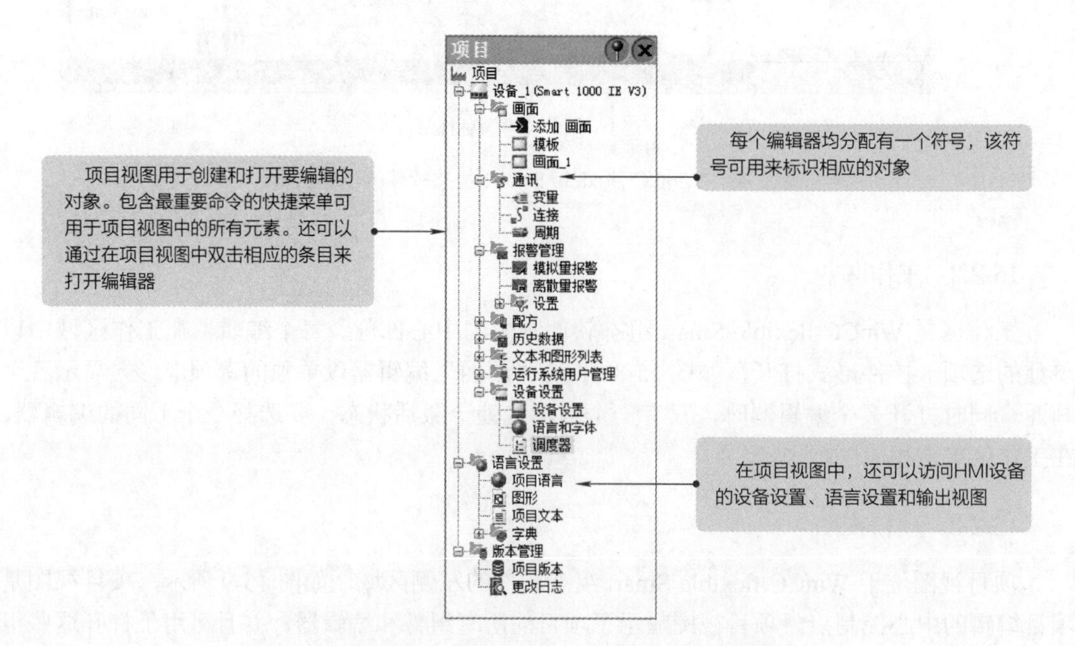

图 15-9 WinCC flexible Smart 组态软件的项目视图

15.2.4 属性视图

属性视图位于 WinCC flexible Smart 组态软件工作区的下方。属性视图用于编辑从工作区中选择的对象的属性，如图 15-10 所示。

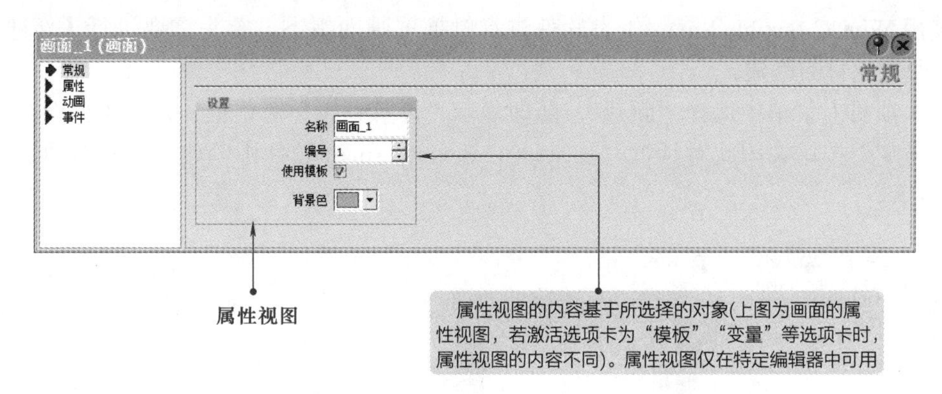

图 15-10 WinCC flexible Smart 组态软件的属性视图

15.2.5 工具箱

工具箱位于 WinCC flexible Smart 组态软件工作区的右侧区域，工具箱中含有可以添加到画面中的简单和复杂对象选项，用于在工作区编辑时添加各种元素（如图形对象或操作元素），如图 15-11 所示。

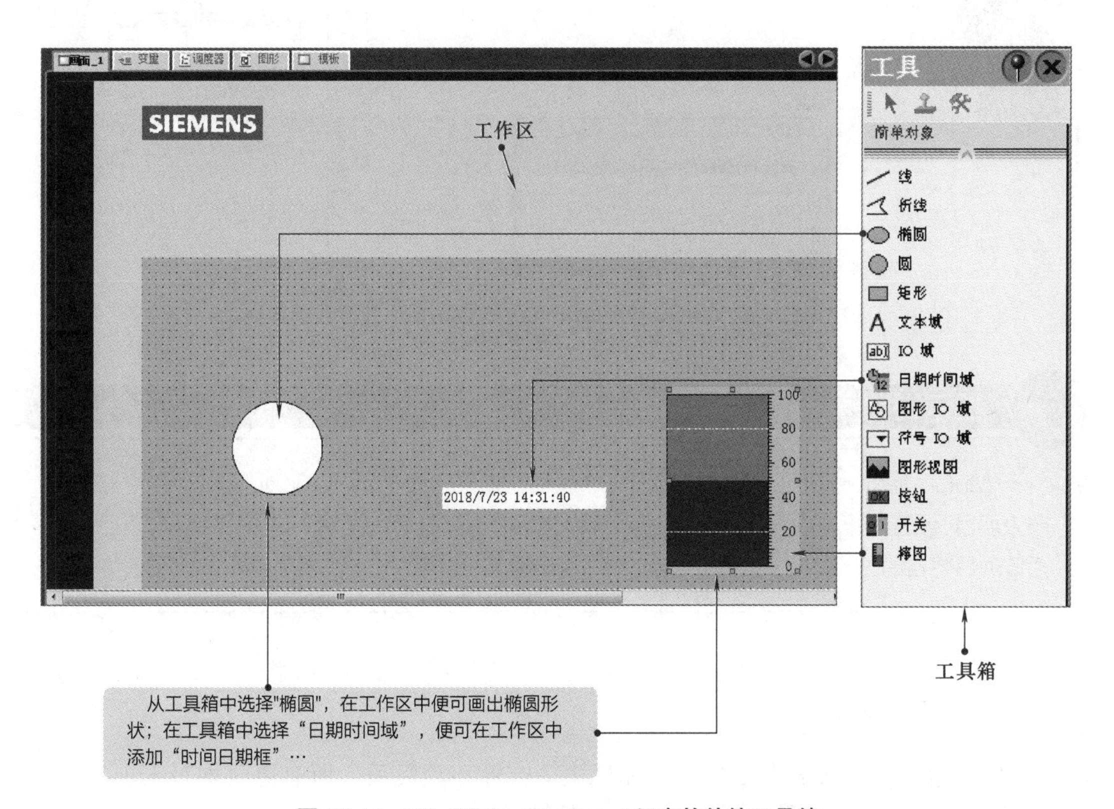

图 15-11 WinCC flexible Smart 组态软件的工具箱

15.3 WinCC flexible Smart 组态软件的操作方法

15.3.1 新建项目

使用 WinCC flexible Smart 组态软件进行触摸屏画面组态，首先需要进行【新建工程】操作，即新项目的创建。

从［项目］菜单中选择“新建”，随即显示“设备列表”对话框。选择相关设备，然后单击“确定”按钮关闭此对话框。在 WinCC flexible Smart 软件中创建并打开新项目，如图 15-12 所示。

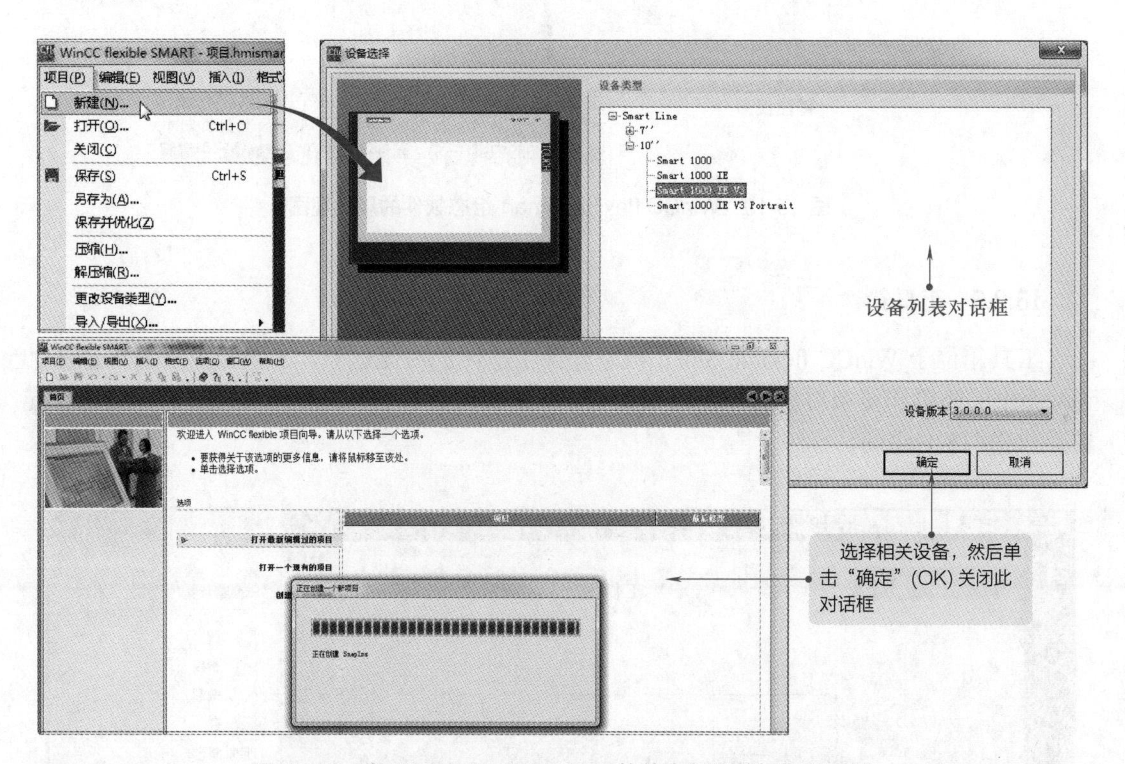

图 15-12 在 WinCC flexible Smart 软件中创建并打开新项目

提示说明

WinCC flexible Smart 中仅可打开一个项目。如果已在 WinCC flexible Smart 中打开了一个项目，但必须再创建一个新项目，系统会显示一则警告，询问用户是否保存当前项目，之后该项目将自动关闭。

15.3.2 保存项目

项目中所做的更改只有在保存后才能生效。保存项目后，所有更改均写入项目文件。项目文件以扩展名 *.hmi 存储在 Windows 文件管理器中。

在“项目”菜单中选择“保存”命令来保存项目，如图 15-13 所示，首次保存项目时，将打开“另存为”对话框。选择驱动器和目录，然后输入项目的名称。

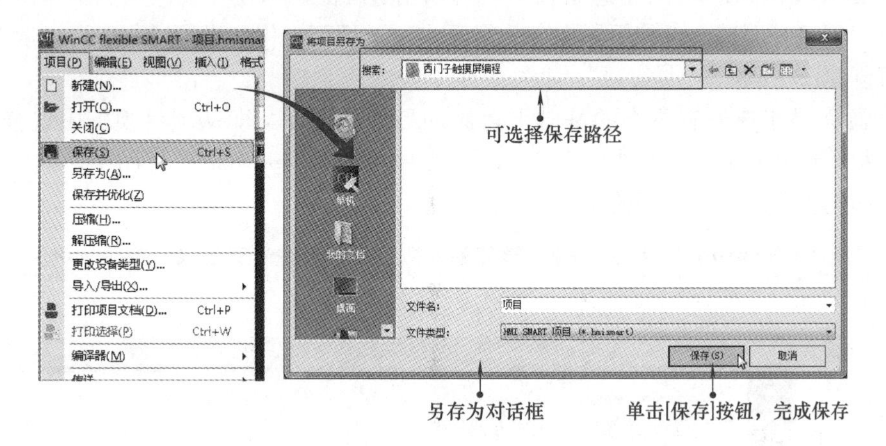

图 15-13　在 WinCC flexible SMART 软件中保存项目

15.3.3　打开项目

当需要要编辑现有项目时，需执行打开项目文件操作，如图 15-14 所示，在“项目”菜单中选择“打开”命令，显示“打开”对话框，选择保存项目的路径，选择文件扩展名“*.hmi”的项目，单击“打开”按钮。

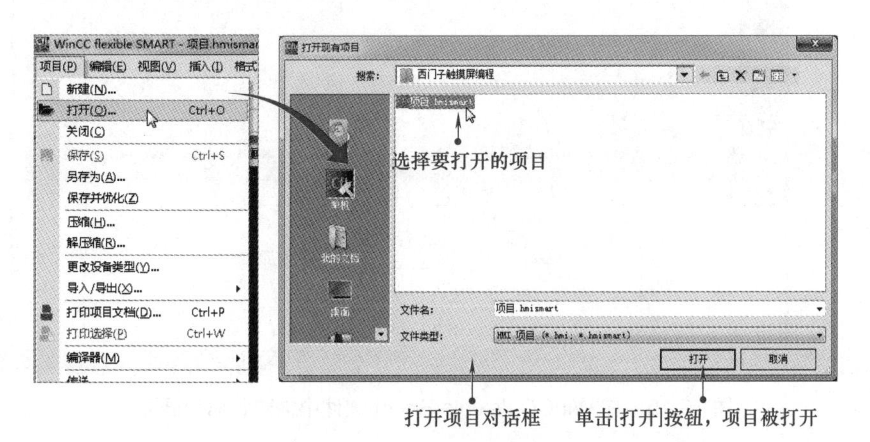

图 15-14　在 WinCC flexible Smart 软件中打开项目

提示说明

WinCC flexible Smart 中仅可打开一个项目。每次并行打开另一个项目时，WinCC flexible Smart 将再次启动。不能在多个会话中打开同一个 WinCC flexible Smart 项目。打开网络驱动器上的项目时尤其要遵守这一原则。

在 WinCC flexible Smart 中打开现有项目时，将自动关闭当前项目。

15.3.4 创建和添加画面

在 WinCC flexible Smart 组态软件中，可以创建画面，以便让操作员控制和监视机器设备和工厂。创建画面时，可使用预定义的对象实现过程可视化和设置过程值，一般在新建项目时即可创建一个画面。

添加画面是指在原有画面的基础上再添加另外的画面。即从项目视图中选择“画面”组，从其树形结构中选择“添加画面”，画面在项目中生成并出现在视图中，如图 15-15 所示。画面属性将显示在属性视图中。

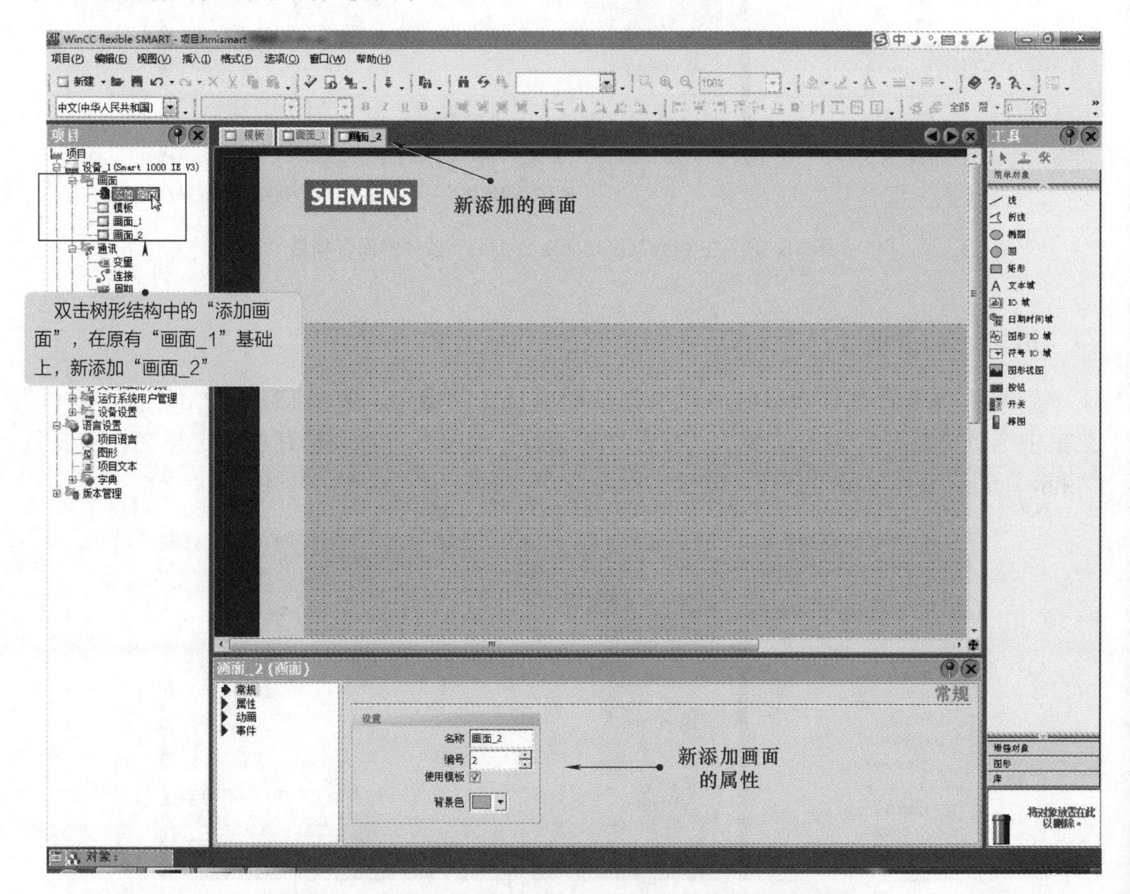

图 15-15 在 WinCC flexible Smart 软件中创建和添加画面

15.4 WinCC flexible Smart 组态软件的项目传送与通信

15.4.1 传送项目

传送项目操作是指将已编译的项目文件传送到要运行该项目的 HMI 设备上，如图 15-70 所示。在完成组态后，选择［项目］下拉菜单中的［编译器］→［生成］菜单命令生成一个已编译的项目文件（用于验证项目的一致性），如图 15-16 所示。

将已编译的项目文件传送到 HMI 设备。选择［项目］下拉菜单中的［传送］→［传输］菜单命令弹出“选择设备进行传送”对话框，单击确定按钮开始传送，如图 15-17 所示。

图 15-16　项目传送前的编译操作

提示说明

HMI 设备必须处于“传送模式”才能进行传送操作。向操作员设备传送项目时，系统会检查组态的操作系统版本与 HMI 设备上的版本是否一致。如果系统发现版本不一致，则将中止传送，同时显示提醒消息。若 WinCC flexible Smart 项目中和 HMI 设备上的操作系统版本不同，应更新 HMI 设备上的操作系统。

完成项目传送后，相应的 HMI 设备上的运行系统将启动并显示起始画面。输出窗口将显示与传送过程对应的消息。如果未找到 *.pwx，并且在传送数据时收到一条错误消息，应重新编译项目。

如果已选中“回传”复选框，则 *.pdz 文件已存储在 HMI 设备的外部存储器中。此文件包含项目的压缩源数据文件。

15.4.2　与 PLC 通信

WinCC flexible Smart 组态软件使用变量和区域指针控制 HMI 和 PLC 之间的通信。

在 WinCC flexible Smart 组态软件中，变量包括外部变量和内部变量。外部变量用于通信，代表 PLC 上已定义内存位置的映像。HMI 和 PLC 都可以对此存储位置进行读写访问。

图 15-18 为 WinCC flexible Smart 组态软件中的“变量”编辑器。

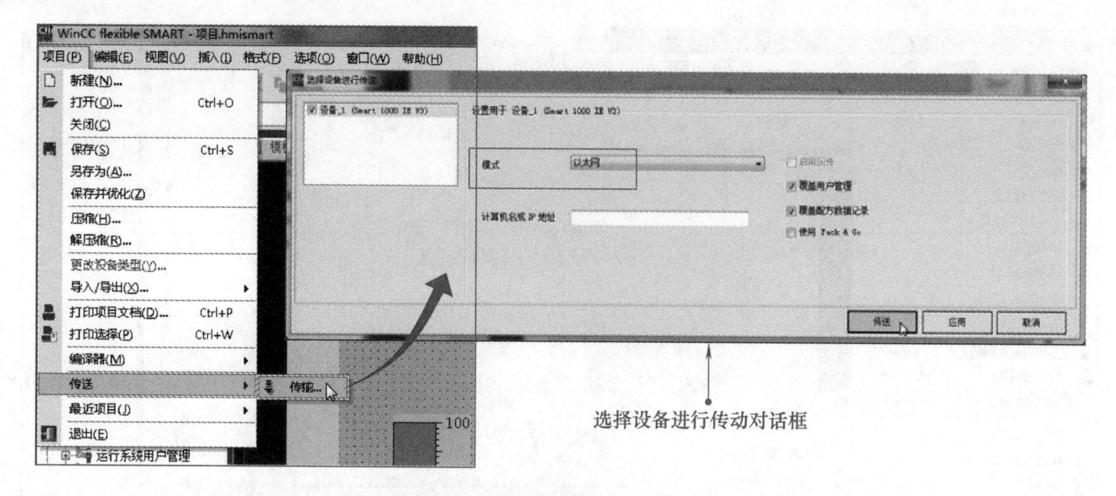

图 15-17　向 HMI 设备传送项目

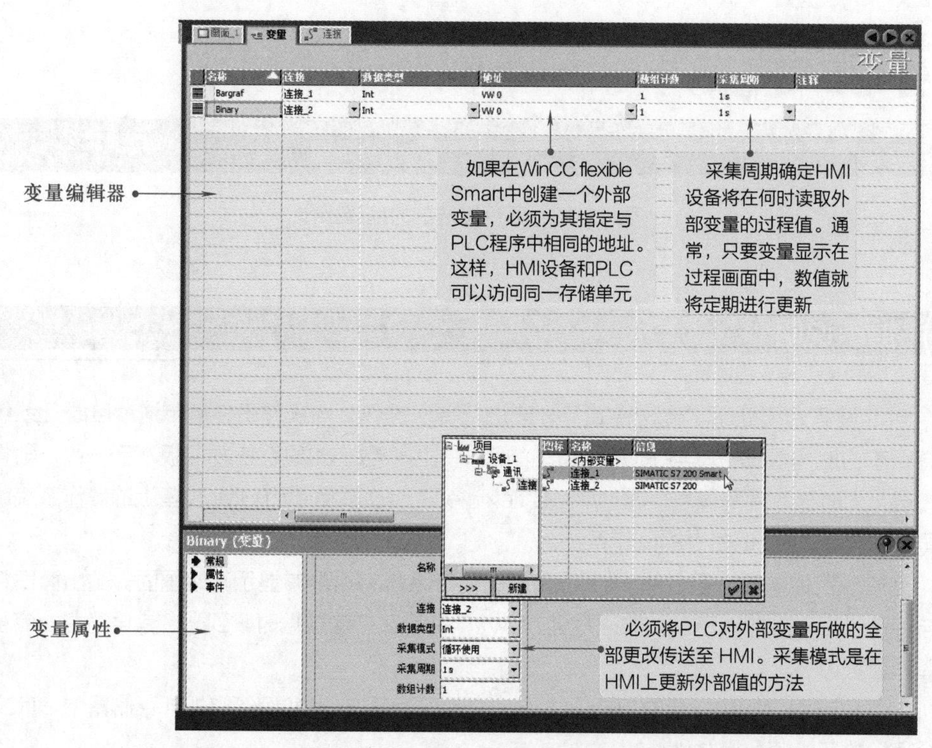

图 15-18　WinCC flexible Smart 组态软件中的“变量”编辑器

在组态中，创建指向特定 PLC 地址的变量。HMI 从已定义地址读取该值，然后将其显示出来。操作员还可以在 HMI 设备上输入值，以将其写入相关 PLC 地址。

15.4.3　与 PLC 连接

HMI 设备必须连接到 PLC 才支持操作和监视功能。HMI 和 PLC 之间的数据交换由连接特定的协议控制。每个连接都需要一个单独的协议。

在 WinCC flexible Smart 组态软件中，“连接”编辑器用于创建与 PLC 的连接。创建连接时，会为其分配基本组态。可以使用“连接”编辑器调整连接组态以满足项目要求。

图 15-19 为 WinCC flexible Smart 组态软件中的“连接”编辑器。

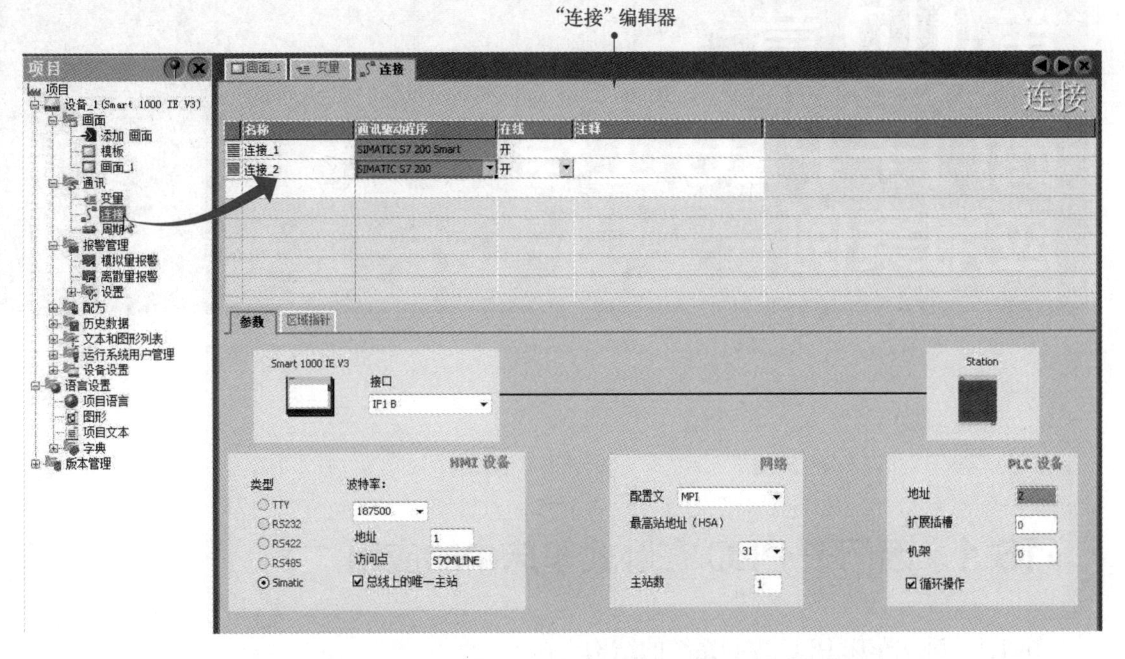

图 15-19　WinCC flexible Smart 组态软件中的“连接”编辑器

第16章 西门子 PLC 工程应用案例

16.1 西门子 PLC 在卧式车床中的应用

16.1.1 卧式车床 PLC 控制系统的结构

由西门子 PLC 构成的机电控制电路系统控制各种工业设备，如各种机床（车床、钻床、磨床、铣床、刨床）、数控设备等，用以实现工业上的切削、钻孔、打磨、传送等生产需求。该类电路主要由 PLC、机电设备的动力部件和机械部件等构成。

图 16-1 为典型机电设备 PLC 控制电路的结构示意图。

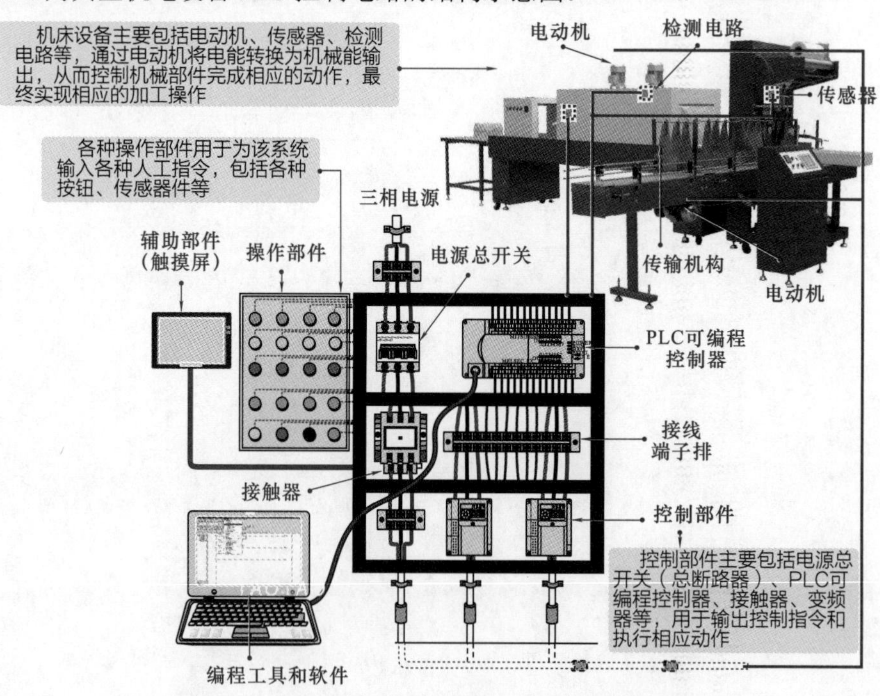

图 16-1 典型机电设备 PLC 控制电路的结构示意图

图 16-2 为 C650 型卧式车床的 PLC 控制电路的结构，该电路主要由操作部件（控制按钮、传感器等）、PLC、执行部件（继电器、接触器、电磁阀等）和机床构成。

16.1.2　卧式车床 PLC 控制系统的控制过程

从控制部件、PLC（内部梯形图程序）与执行部件的控制关系入手，逐一分析各组成部件的动作状态，即可弄清 C650 型卧式车床 PLC 控制电路的控制过程。

图 16-3 为 C650 型卧式车床 PLC 控制电路中主轴电动机启停及正转的控制过程。

【1】按下点动按钮 SB2，其常开触点闭合。

【2】PLC 程序中的输入继电器常开触点 I0.1 置 1，即常开触点 I0.1 闭合。

【3】PLC 程序中，输出继电器 Q0.0 线圈得电。

【4】PLC 外接主轴电动机 M1 的正转接触器 KM1 线圈得电。

【5】主电路中主触点 KM1-1 闭合，接通 M1 正转电源，M1 串接电阻器 R 后，正转启动。

【6】松开点动按钮 SB2，输入继电器的常开触点 I0.1 复位置 0。

【7】输出继电器 Q0.0 线圈失电，控制 PLC 外接主轴电动机 M1 的正转接触器 KM1 线圈失电释放，电动机 M1 停转（上述控制过程主轴电动机 M1 完成一次点动控制循环）。

【8】按下正转启动按钮 SB3，其常开触点闭合。

【9】将 PLC 程序中的输入继电器常开触点 I0.2 置 1。

　　【9_{-1}】控制输出继电器 Q0.2 的常开触点 I0.2 闭合。

　　【9_{-2}】控制输出继电器 Q0.0 的常开触点 I0.2 闭合。

【10】控制 PLC 程序中的输出继电器 Q0.2 线圈得电。

　　【10_{-1}】自锁常开触点 Q0.2 闭合，实现自锁功能。

　　【10_{-2}】控制输出继电器 Q0.0 的常开触点 Q0.2 闭合。

　　【10_{-3}】控制输出继电器 Q0.0 的常闭触点 Q0.2 断开。

　　【10_{-4}】控制输出继电器 Q0.1 的常开触点 Q0.2 闭合。

　　【10_{-5}】控制输出继电器 Q0.1 线路中的常闭触点 Q0.2 断开。

　　【10_{-6}】PLC 输出接口外接的交流接触器 KM3 线圈得电，带动主电路中的主触点 KM3-1 闭合，短接电阻器 R。

【9_{-1}】→【11】定时器 T37 线圈得电，开始 5s 计时。

【12】计时时间到，定时器延时闭合常开触点 T37 闭合。

【13】输出继电器 Q0.5 线圈得电，PLC 外接接触器 KM6 线圈得电吸合，带动主电路中常闭触点断开，电流表 PA 投入使用。

【9_{-2}】+【10_{-2}】→【14】输出继电器 Q0.0 线圈得电。

　　【14_{-1}】PLC 外接接触器 KM1 线圈得电吸合。

　　【14_{-2}】自锁常开触点 Q0.0 闭合，实现自锁功能。

　　【14_{-3}】控制输出继电器 Q0.1 的常闭触点 Q0.0 断开，实现互锁，防止 Q0.1 得电。

【14_{-1}】+【10_{-6}】→【15】主电路中主触点 KM1-1 闭合，电动机 M1 短接电阻器 R（将 R 短路）正转启动。

【16】主轴电动机 M1 反转启动运行的控制过程与上述过程大致相同，可参照上述分析进行了解，这里不再重复。

图 16-4 为 C650 型卧式车床 PLC 控制电路中主轴电动机反接制动的控制过程。

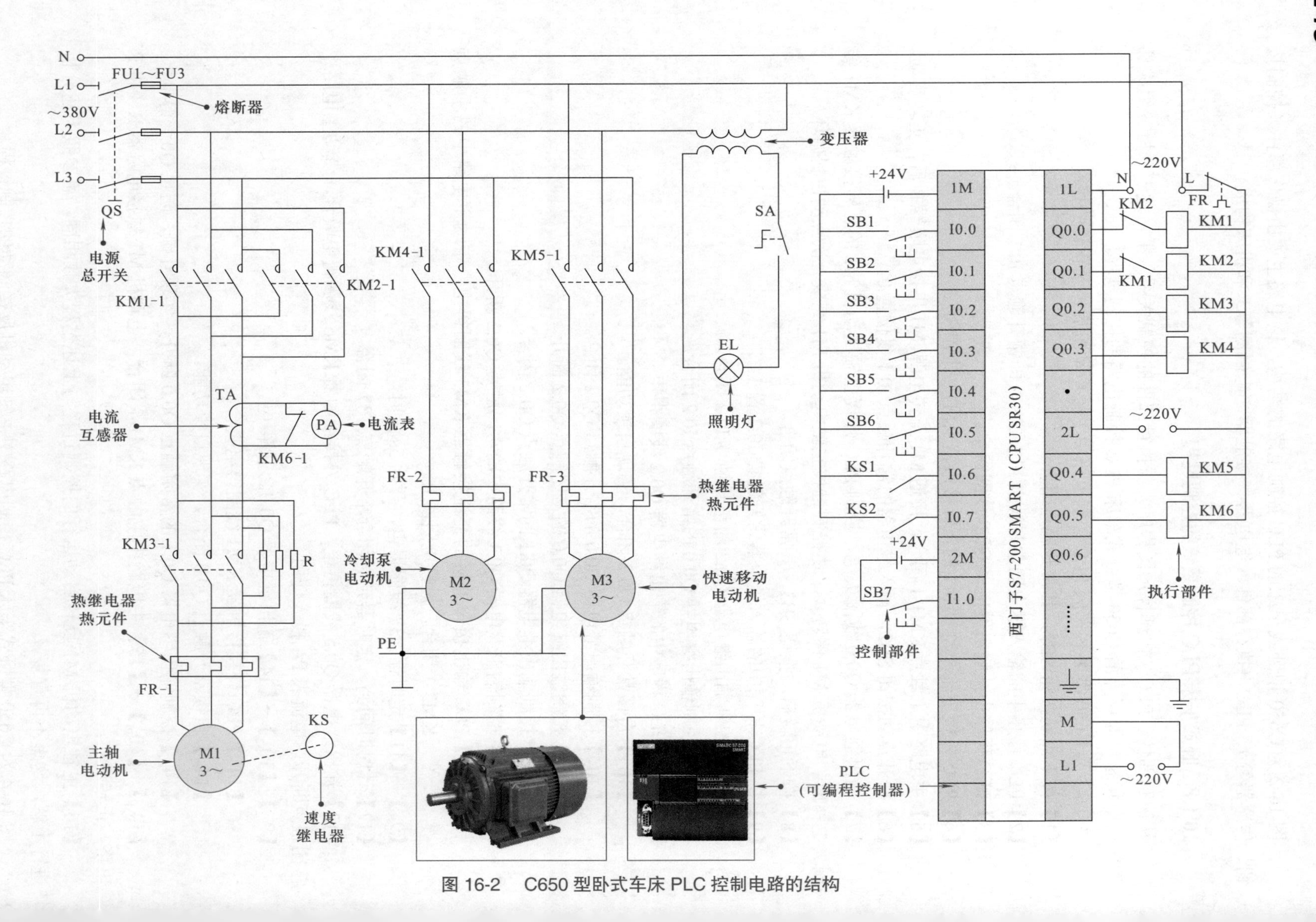

图 16-2　C650 型卧式车床 PLC 控制电路的结构

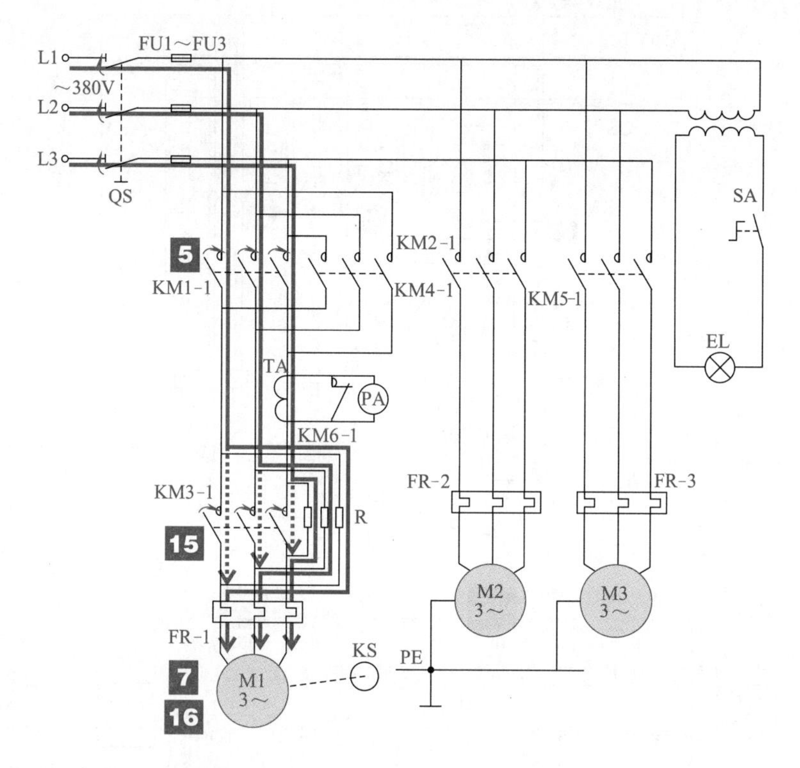

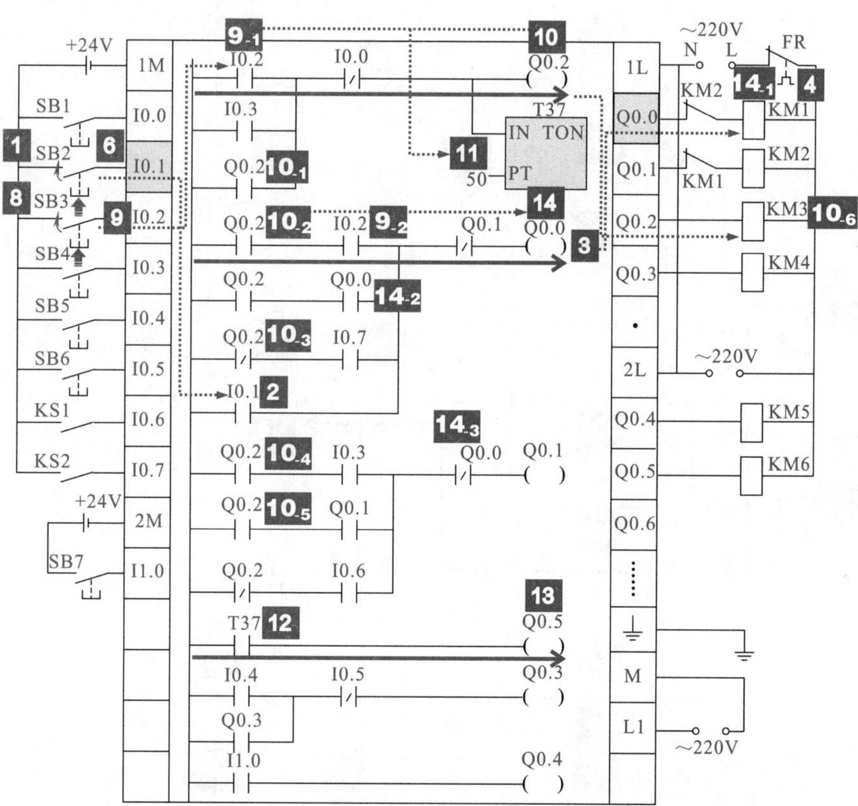

图 16-3　C650 型卧式车床 PLC 控制电路中主轴电动机启停及正转的控制过程

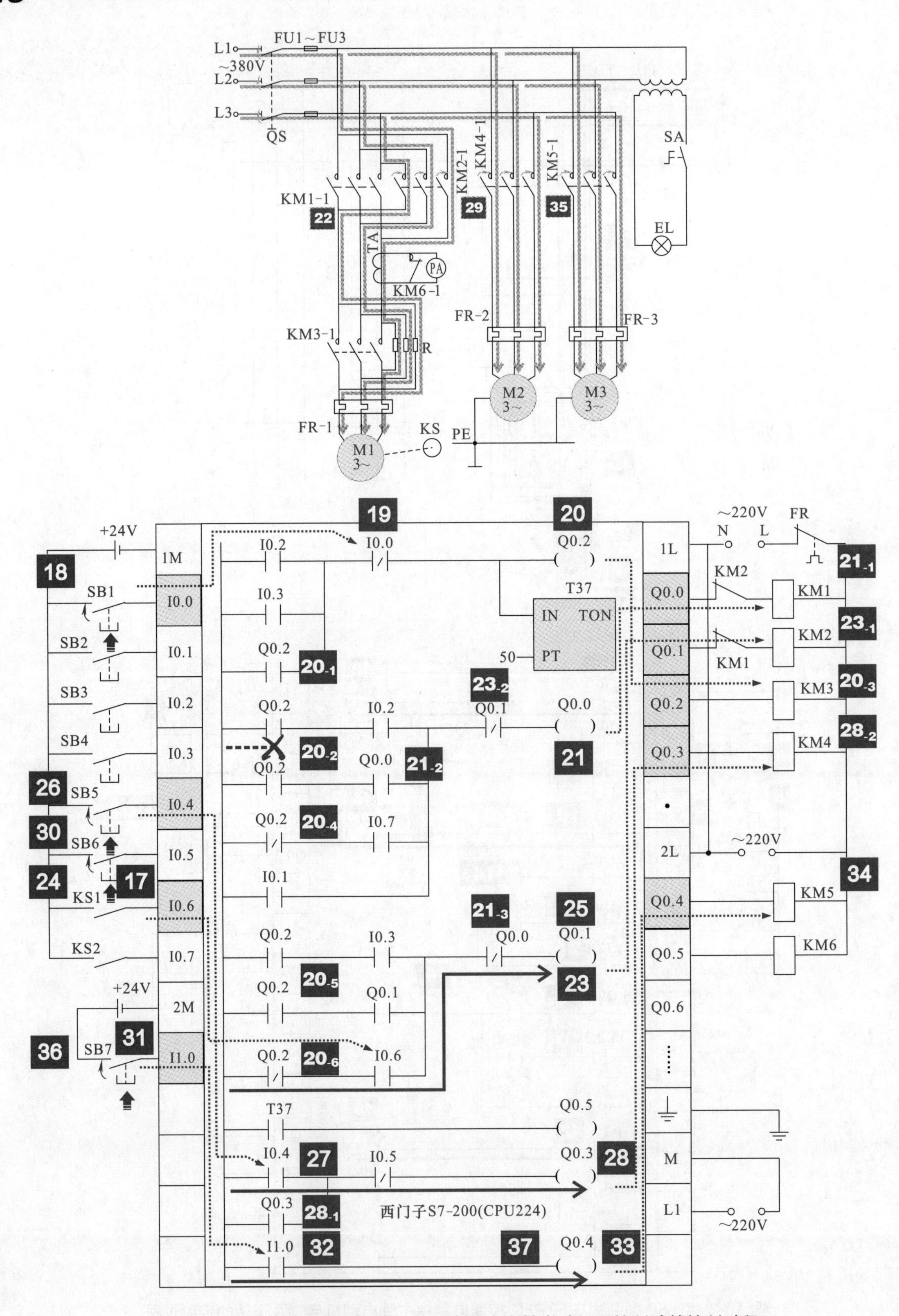

图 16-4　C650 型卧式车床 PLC 控制电路中主轴电动机反接制动的控制过程

【17】主轴电动机正转启动，转速上升至 130r/min 以上后速度继电器的正转触点 KS1 闭合，将 PLC 程序中的输入继电器常开触点 I0.6 置 1，即常开触点 I0.6 闭合。

【18】按下停止按钮 SB1，其常闭触点断开。

【19】将 PLC 程序中输入继电器常闭触点 I0.0 置 0，即常闭触点 I0.0 断开。

【20】定时器线圈 T37 失电；同时，输出继电器 Q0.2 线圈失电。

【20_{-1}】自锁常开触点 Q0.2 复位断开，解除自锁。

【20_{-2}】控制输出继电器 Q0.0 中的常开触点 Q0.2 复位断开。

【20_{-3}】PLC 输出接口外接的接触器 KM3 线圈失电释放。

【20_{-4}】控制输出继电器 Q0.0 制动线路中的常闭触点 Q0.2 复位闭合。

【20_{-5}】控制输出继电器 Q0.1 中的常开触点 Q0.2 复位断开。

【20_{-6}】控制输出继电器 Q0.1 制动线路中的常闭触点 Q0.2 复位闭合。

【20_{-2}】→【21】PLC 程序中输出继电器 Q0.0 线圈失电。

【21_{-1}】PLC 外接接触器 KM1 线圈失电释放。

【21_{-2}】自锁常开触点 Q0.0 复位断开，解除自锁。

【21_{-3}】控制输出继电器 Q0.1 的互锁常闭触点 Q0.0 闭合。

【21_{-1}】→【22】带动主电路中的主触点 KMK1-1 复位断开。

【17】+【20_{-6}】+【21_{-3}】→【23】PLC 梯形图程序中，输出继电器 Q0.1 线圈得电。

【23_{-1}】控制 PLC 外接接触器 KM2 线圈得电，电动机 M1 串电阻 R 进行反接启动。

【23_{-2}】控制输出继电器 Q0.0 的互锁常闭触点 Q0.1 断开，防止 Q0.0 得电。

【23_{-1}】→【24】当电动机转速下降至 130r/min 以下，速度继电器正转触点 KS1 断开，输入继电器常开触点 I0.6 复位置 0，即常开触点 I0.6 断开。

【25】输出继电器 Q0.1 线圈失电，PLC 输出接口外接的接触器 KM2 线圈失电释放，电动机 M1 停转，反接制动结束。

【26】按下冷却泵启动按钮 SB5，其常开触点闭合。

【27】PLC 程序中的输入继电器常开触点 I0.4 置 1，即常开触点 I0.4 闭合。

【28】输出继电器线圈 Q0.3 得电。

【28_{-1}】自锁常开触点 Q0.3 闭合，实现自锁功能。

【28_{-2}】PLC 外接的接触器 KM4 线圈得电吸合。

【28_{-2}】→【29】主触点 KM4-1 闭合，冷却泵电动机 M2 启动，提供冷却液。

【30】当需要冷却泵停止时，按下停止按钮 SB6，常闭触点 I0.5 断开，Q0.3 失电。自锁触点 Q0.3 复位断开；PLC 外接接触器 KM4 线圈失电，主触点 KM4-1 断开，冷却泵电动机 M2 停转。

【31】按下刀架快速移动点动按钮 SB7，其常开触点闭合。

【32】PLC 程序中的输入继电器常开触点 I1.0 置 1，即常开触点 I1.0 闭合。

【33】输出继电器线圈 Q0.4 得电。

【34】PLC 输出接口外接的接触器 KM5 线圈得电吸合。

【35】主触点 KM5-1 闭合，快速移动电动机 M3 启动，带动刀架快速移动。

【36】松开刀架快速移动点动按钮 SB7，输入继电器常闭触点 I1.0 置 0，即常闭触点 I1.0 断开。

【37】输出继电器线圈 Q0.4 失电，PLC 外接接触器 KM5 线圈失电释放，主电路中主触点断开，快速移动电动机 M3 停转。

16.2 西门子 PLC 在平面磨床中的应用

16.2.1 平面磨床 PLC 控制系统的结构

M7120 型平面磨床 PLC 控制电路主要由控制按钮、接触器、西门子 PLC、负载电动机、热保护继电器、电源总开关等部分构成，如图 16-5 所示。

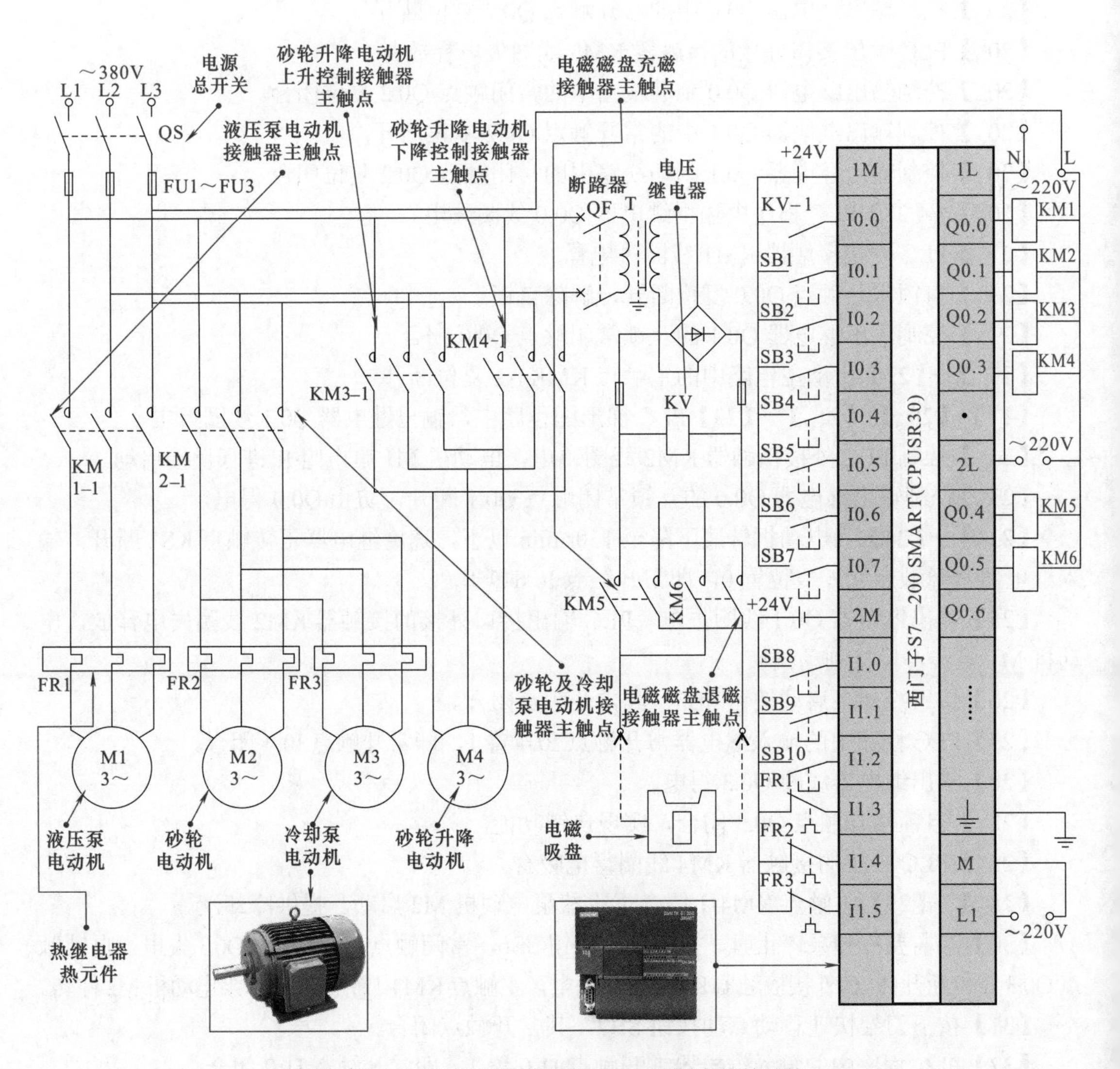

图 16-5 M7120 型平面磨床 PLC 控制电路的结构

表 16-1 为采用西门子 S7-200 SMART 型 PLC 的 M7120 型平面磨床控制电路 I/O 分配表。

16.2.2 平面磨床 PLC 控制系统的控制过程

M7120 型平面磨床的具体控制过程，由 PLC 内编写的程序控制，图 16-6 为 M7120 型平面磨床 PLC 控制电路中的梯形图及语句表。

表 16-1　采用西门子 S7-200 SMART 型 PLC 的 M7120 型平面磨床控制电路 I/O 分配表

输入信号及地址编号			输出信号及地址编号		
名称	代号	输入点地址编号	名称	代号	输出点地址编号
电压继电器	KV-1	I0.0	液压泵电动机 M1 接触器	KM1	Q0.0
总停止按钮	SB1	I0.1	砂轮及冷却泵电动机 M2 和 M3 接触器	KM2	Q0.1
液压泵电动机 M1 停止按钮	SB2	I0.2	砂轮升降电动机 M4 上升控制接触器	KM3	Q0.2
液压泵电动机 M1 启动按钮	SB3	I0.3	砂轮升降电动机 M4 下降控制接触器	KM4	Q0.3
砂轮及冷却泵电动机停止按钮	SB4	I0.4	电磁吸盘充磁接触器	KM5	Q0.4
砂轮及冷却泵电动机启动按钮	SB5	I0.5	电磁吸盘退磁接触器	KM6	Q0.5
砂轮升降电动机 M4 上升按钮	SB6	I0.6			
砂轮升降电动机 M4 下降按钮	SB7	I0.7			
电磁吸盘 YH 充磁按钮	SB8	I1.0			
电磁吸盘 YH 充磁停止按钮	SB9	I1.1			
电磁吸盘 YH 退磁按钮	SB10	I1.2			
液压泵电动机 M1 热继电器	FR1	I1.3			
砂轮电动机 M2 热继电器	FR2	I1.4			
冷却泵电动机 M3 热继电器	FR3	I1.5			

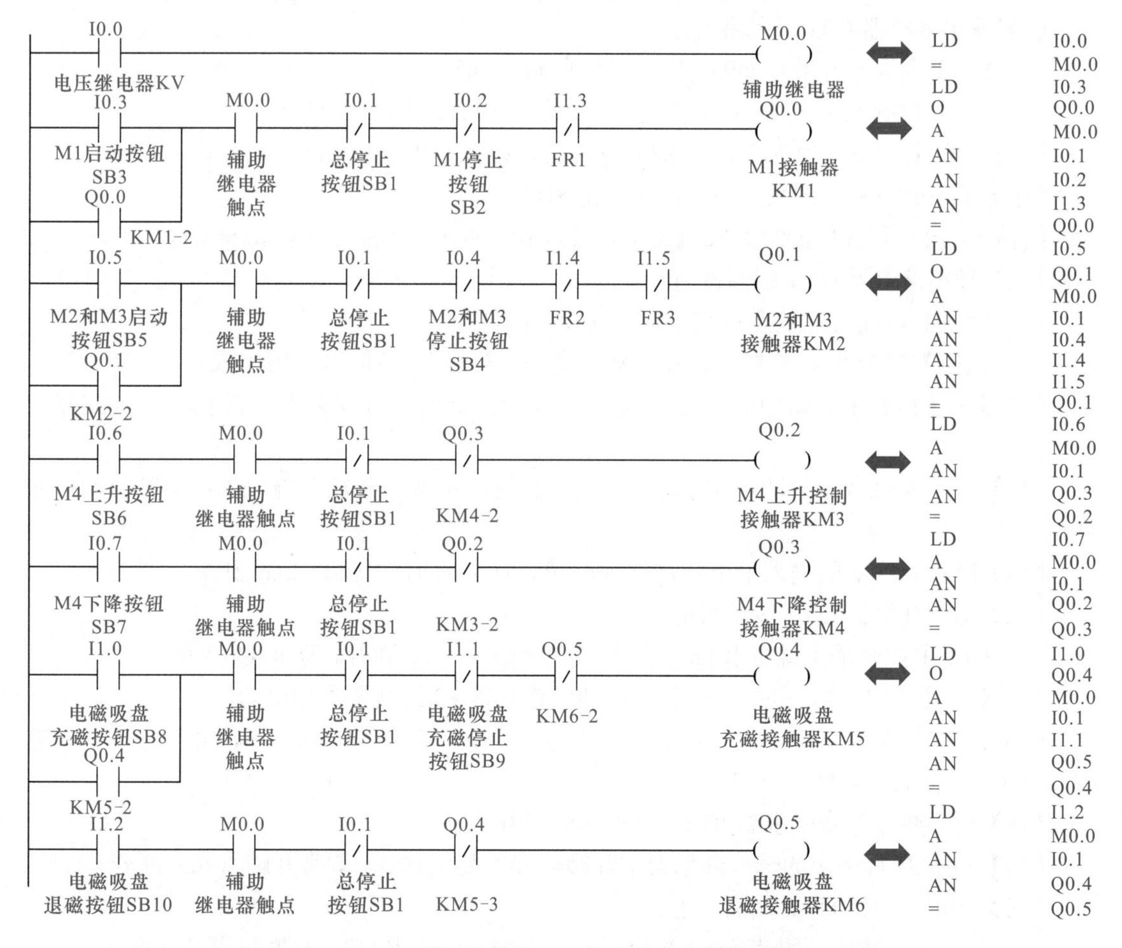

图 16-6　M7120 型平面磨床 PLC 控制电路中的梯形图及语句表

从控制部件、PLC（内部梯形图程序）与执行部件的控制关系入手，逐一分析各组成部件的动作状态，弄清 M7120 型平面磨床 PLC 控制电路的控制过程。

图 16-7 为 M7120 型平面磨床 PLC 控制电路的工作过程。

【1】闭合电源总开关 QS 和断路器 QF。

【2】交流电压经控制变压器 T、桥式整流电路后加到电磁吸盘的充磁退磁电路，同时电压继电器 KV 线圈得电。

【3】电压继电器常开触点 KV-1 闭合。

【4】PLC 程序中的输入继电器常开触点 I0.0 置 1，即常开触点 I0.0 闭合。

【5】辅助继电器 M0.0 得电。

【5_{-1}】控制输出继电器 Q0.0 的常开触点 M0.0 闭合，为其得电做好准备。

【5_{-2}】控制输出继电器 Q0.1 的常开触点 M0.0 闭合，为其得电做好准备。

【5_{-3}】控制输出继电器 Q0.2 的常开触点 M0.0 闭合，为其得电做好准备。

【5_{-4}】控制输出继电器 Q0.3 的常开触点 M0.0 闭合，为其得电做好准备。

【5_{-5}】控制输出继电器 Q0.4 的常开触点 M0.0 闭合，为其得电做好准备。

【5_{-6}】控制输出继电器 Q0.5 的常开触点 M0.0 闭合，为其得电做好准备。

【6】按下液压泵电动机启动按钮 SB3。

【7】PLC 程序中的输入继电器常开触点 I0.3 置 1，即常开触点 I0.3 闭合。

【8】输出继电器 Q0.0 线圈得电。

【8_{-1}】自锁常开触点 Q0.0 闭合，实现自锁功能。

【8_{-2}】控制 PLC 外接液压泵电动机接触器 KM1 线圈得电吸合。

【8_{-2}】→【9】主电路中的主触点 KM1-1 闭合，液压泵电动机 M1 启动运转。

【10】按下砂轮和冷却泵电动机启动按钮 SB5。

【11】将 PLC 程序中的输入继电器常开触点 I0.5 置 1，即常开触点 I0.5 闭合。

【12】输出继电器 Q0.1 线圈得电。

【12_{-1}】自锁常开触点 Q0.1 闭合，实现自锁功能。

【12_{-2}】控制 PLC 外接砂轮和冷却泵电动机接触器 KM2 线圈得电吸合。

【12_{-2}】→【13】主电路中的主触点 KM2-1 闭合，砂轮和冷却泵电动机 M2、M3 同时启动运转。

【14】若需要对砂轮电动机 M4 进行点动控制时，可按下砂轮升降电动机上升启动按钮 SB6。

【15】PLC 程序中的输入继电器常开触点 I0.6 置 1，即常开触点 I0.6 闭合。

【16】输出继电器 Q0.2 线圈得电。

【16_{-1}】控制输出继电器 Q0.3 的互锁常闭触点 Q0.2 断开，防止 Q0.3 得电。

【16_{-2}】控制 PLC 外接砂轮升降电动机接触器 KM3 线圈得电吸合。

【16_{-2}】→【17】主电路中主触点 KM3-1 闭合，接通砂轮升降电动机 M4 正向电源，砂轮电动机 M4 正向启动运转，砂轮上升。

【18】当砂轮上升到要求高度时，松开按钮 SB6。

【19】将 PLC 程序中的输入继电器常开触点 I0.6 复位置 0，即常开触点 I0.6 断开。

【20】输出继电器 Q0.2 线圈失电。

【20_{-1}】互锁常闭触点 Q0.2 复位闭合，为输出继电器 Q0.3 线圈得电做好准备。

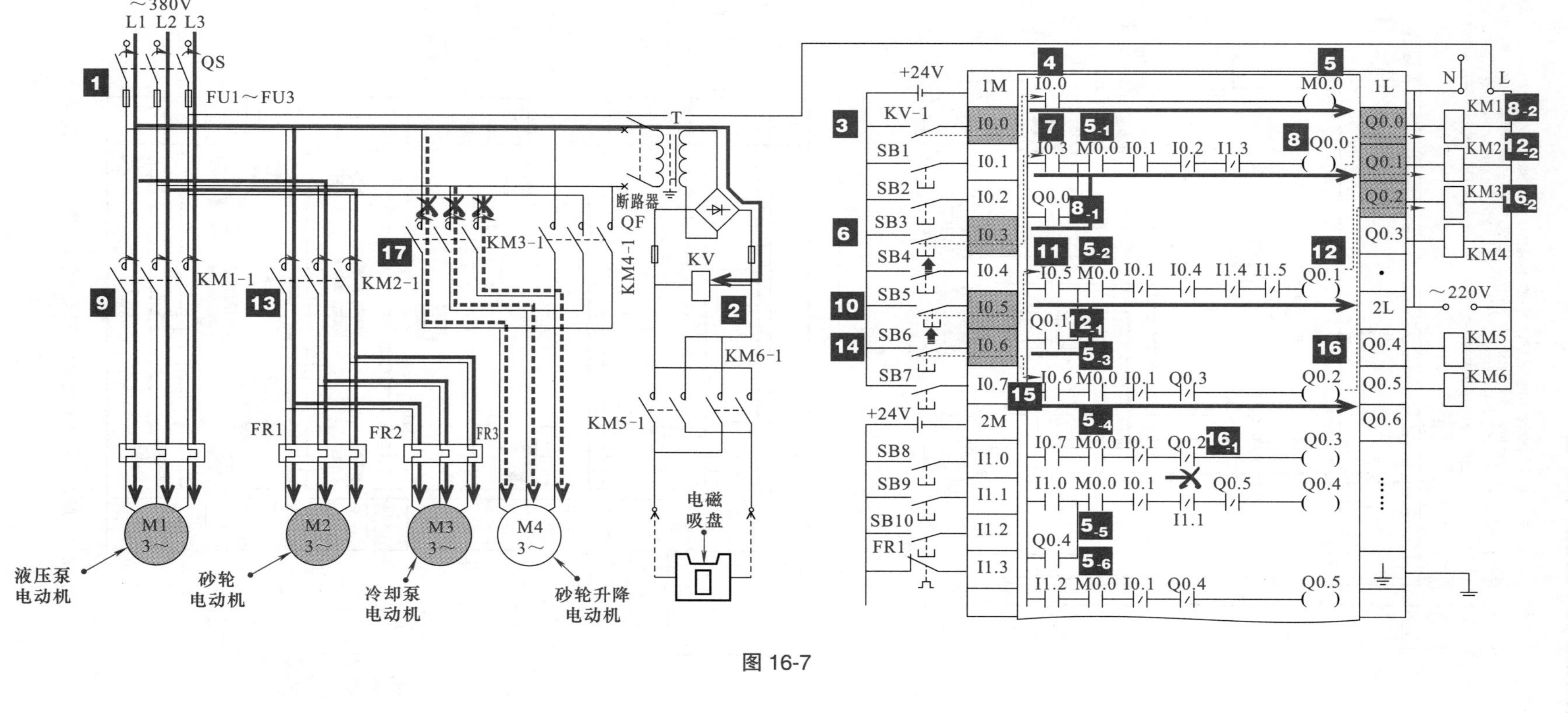
~380V
L1 L2 L3
QS
FU1~FU3
T
断路器
QF
KV
KM1-1
KM2-1
KM3-1
KM4-1
KM5-1
KM6-1
FR1
FR2
FR3
M1 3~
M2 3~
M3 3~
M4 3~
液压泵电动机
砂轮电动机
冷却泵电动机
砂轮升降电动机
电磁吸盘
+24V
KV-1
SB1
SB2
SB3
SB4
SB5
SB6
SB7
SB8
SB9
SB10
FR1
1M
I0.0
I0.1
I0.2
I0.3
I0.4
I0.5
I0.6
I0.7
2M
I1.0
I1.1
I1.2
I1.3
M0.0
Q0.0
Q0.1
Q0.2
Q0.3
Q0.4
Q0.5
I1.4
I1.5
1L
2L
Q0.6
N
L
~220V
KM1
KM2
KM3
KM4
KM5
KM6

图 16-7

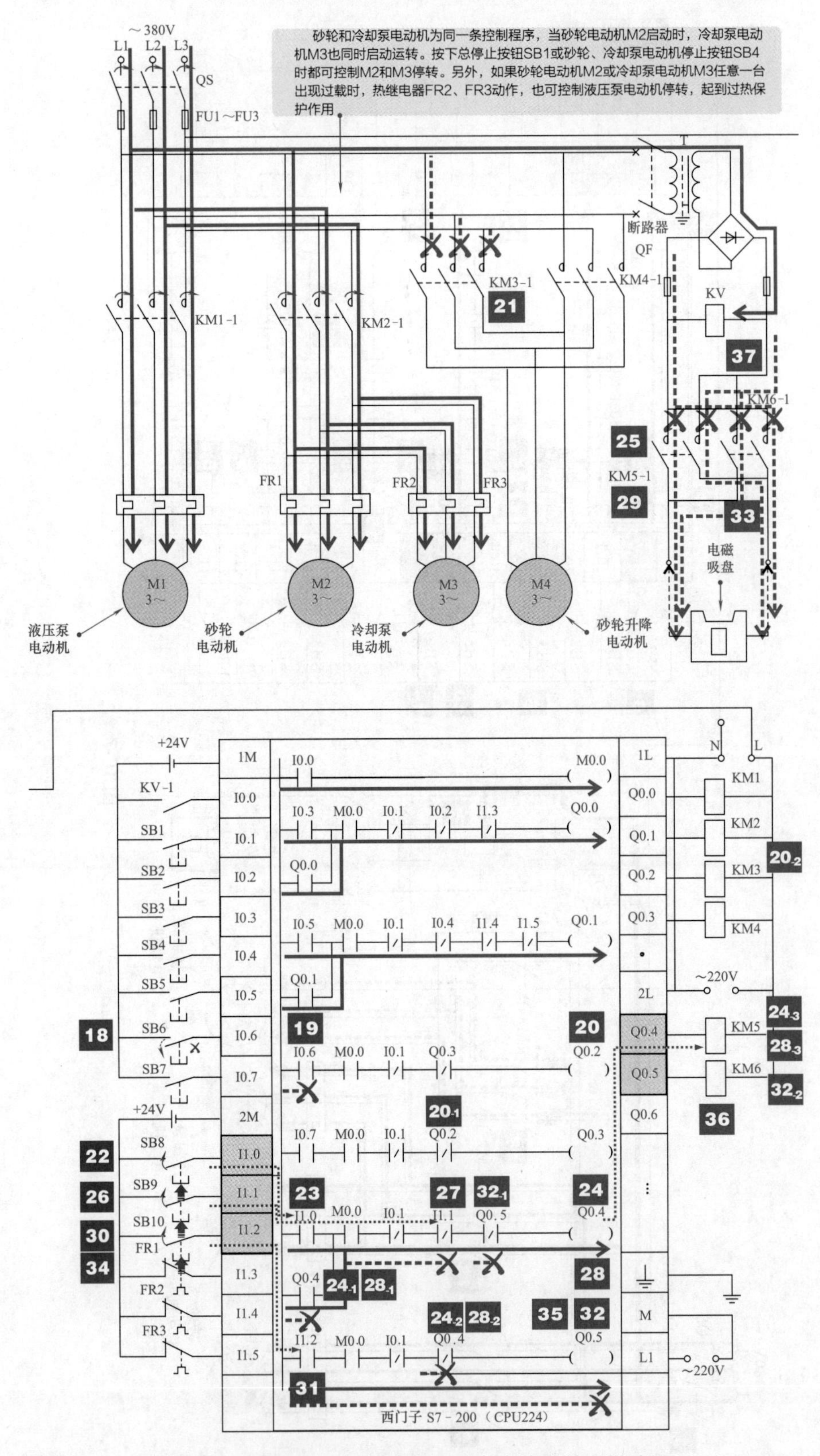

图 16-7　M7120 型平面磨床 PLC 控制电路的工作过程

【20_{-2}】控制 PLC 外接砂轮升降电动机接触器 KM3 线圈失电释放。

【20_{-2}】→【21】主电路中主触点 KM3-1 复位断开，切断砂轮升降电动机 M4 正向电源，砂轮升降电动机 M4 停转，砂轮停止上升。

液压泵停机过程与启动过程相似。按下总停止按钮 SB1 或液压泵停止按钮 SB2 都可控制液压泵电动机停转。另外，如果液压泵电动机 M1 过载，热继电器 FR1 动作，也可控制液压泵电动机停转，起到过热保护作用。

【22】按下电磁吸盘充磁按钮 SB8。

【23】PLC 程序中的输入继电器常开触点 I1.0 置 1，即常开触点 I1.0 闭合。

【24】输出继电器 Q0.4 线圈得电。

【24_{-1}】自锁常开触点 Q0.4 闭合，实现自锁功能。

【24_{-2}】控制输出继电器 Q0.5 的互锁常闭触点 Q0.4 断开，防止输出继电器 Q0.5 得电。

【24_{-3}】控制 PLC 外接电磁吸盘充磁接触器 KM5 线圈得电吸合。

【24_{-3}】→【25】带动主电路中主触点 KM5-1 闭合，形成供电回路，电磁吸盘 YH 开始充磁，使工件牢牢吸合。

【26】待工件加工完毕，按下电磁吸盘充磁停止按钮 SB9。

【27】PLC 程序中的输入继电器常闭触点 I1.1 置 0，即常闭触点 I1.1 断开。

【28】输出继电器 Q0.4 线圈失电。

【28_{-1}】自锁常开触点 Q0.4 复位断开，解除自锁。

【28_{-2}】互锁常闭触点 Q0.4 复位闭合，为 Q0.5 得电做好准备。

【28_{-3}】控制 PLC 外接电磁吸盘充磁接触器 KM5 线圈失电释放。

【28_{-3}】→【29】主电路中主触点 KM5-1 复位断开，切断供电回路，电磁吸盘停止充磁，但由于剩磁作用工件仍无法取下。

【30】为电磁吸盘进行退磁，按下电磁吸盘退磁按钮 SB10。

【31】将 PLC 程序中的输入继电器常开触点 I1.2 置 1，即常开触点 I1.2 闭合。

【32】输出继电器 Q0.5 线圈得电。

【32_{-1}】控制输出继电器 Q0.4 的互锁常闭触点 Q0.5 断开，防止 Q0.4 得电。

【32_{-2}】控制 PLC 外接电磁吸盘充磁接触器 KM6 线圈得电吸合。

【32_{-2}】→【33】主带动主电路中主触点 KM6-1 闭合，构成反向充磁回路，电磁吸盘开始退磁。

【34】退磁完毕后，松开按钮 SB10。

【35】输出继电器 Q0.5 线圈失电。

【36】接触器 KM6 线圈失电释放。

【37】主电路中主触点 KM6-1 复位断开，切断回路。 电磁吸盘退磁完毕，此时即可取下工件。

16.3 西门子 PLC 在双头钻床中的应用

16.3.1 双头钻床 PLC 控制系统的结构

双头钻床是指用于对加工工件进行钻孔操作的工控机床设备，由 PLC 与外接电气部件配合完成对该设备双钻头的自动控制，实现自动钻孔功能。

图 16-8 为双头钻床 PLC 控制电路。

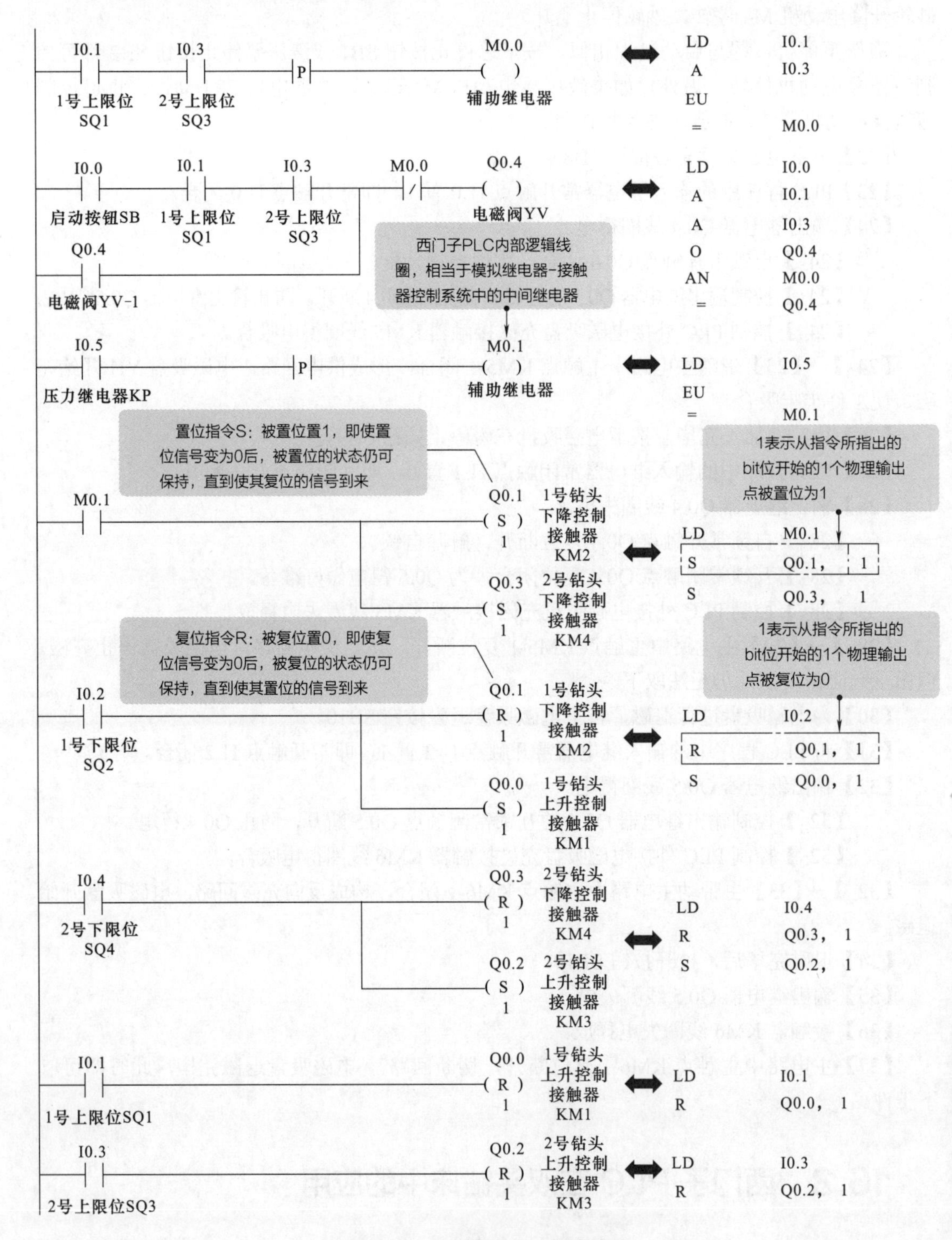

图 16-8　双头钻床 PLC 控制电路

表 16-2 为采用西门子 S7-200 SMART 型 PLC 的双头钻床控制电路 I/O 分配表。

表 16-2 采用西门子 S7-200 SMART 型 PLC 的双头钻床控制电路 I/O 分配表

输入信号及地址编号			输出信号及地址编号		
名称	代号	输入点地址编号	名称	代号	输出点地址编号
启动按钮	SB	I0.0	1 号钻头上升控制接触器	KM1	Q0.0
1 号钻头上限位开关	SQ1	I0.1	1 号钻头下降控制接触器	KM2	Q0.1
1 号钻头下限位开关	SQ2	I0.2	2 号钻头上升控制接触器	KM3	Q0.2
2 号钻头上限位开关	SQ3	I0.3	2 号钻头下降控制接触器	KM4	Q0.3
2 号钻头下限位开关	SQ4	I0.4	钻头夹紧控制电磁阀 YV	YV	Q0.4
压力继电器 KP	KP	I0.5			

16.3.2 双头钻床 PLC 控制系统的控制过程

从控制部件、PLC（内部梯形图程序）与执行部件的控制关系入手，逐一分析各组成部件的动作状态，弄清双头钻床 PLC 控制电路的控制过程。

图 16-9 为双头钻床 PLC 控制电路的工作过程。

【1】1 号钻头位于原始位置，其上限位开关 SQ1 处于被触发状态，将 PLC 程序中的输入继电器常开触点 I0.1 置 1，即常开触点 I0.1 闭合。

【2】2 号钻头位于原始位置，其上限位开关 SQ3 处于被触发状态，将 PLC 程序中的输入继电器常开触点 I0.3 置 1，即常开触点 I0.3 闭合。

【1】+【2】→【3】上升沿使辅助继电器 M0.0 线圈得电 1 个扫描周期。

【4】控制输出继电器 Q0.4 的常闭触点 M0.0 断开。

【3】→【5】在下一个扫描周期辅助继电器 M0.0 线圈失电，辅助继电器 M0.0 的常闭触点复位闭合。

【6】按下启动按钮 SB，将 PLC 程序中的输入继电器常开触点 I0.0 置 1，即常开触点 I0.0 闭合。

【1】+【2】+【5】+【6】→【7】输出继电器 Q0.4 线圈得电。

【7_{-1}】自锁常开触点 Q0.4 闭合，实现自锁功能。

【7_{-2}】控制 PLC 外接钻头夹紧控制电磁阀 YV 线圈得电。

【7_{-2}】→【8】电磁阀 YV 主触点闭合，控制机床对工件进行夹紧。

【9】工件夹紧到达设定压力值后，压力继电器 KP 动作，输入继电器常开触点 I0.5 闭合。

【10】上升沿使辅助继电器 M0.1 线圈得电 1 个扫描周期。

【11】控制输出继电器 Q0.1、Q0.3 的常开触点 M0.1 闭合。

【11】→【12】输出继电器 Q0.1 置位并保持。

【13】PLC 外接 1 号钻头下降接触器 KM2 得电，带动主触点闭合，1 号钻头开始下降。

【11】→【14】输出继电器 Q0.3 置位并保持。

【15】PLC 外接 1 号钻头下降接触器 KM4 得电，带动主触点闭合，2 号钻头开始下降。

【13】→【16】1 号钻头下降到位，下降限位开关 SQ2 动作，输入继电器常开触点 I0.2 闭合。

【16】→【17】输出继电器 Q0.1 复位。

【18】下降接触器 KM2 线圈失电，1 号钻头停止下降。

【16】→【19】输出继电器 Q0.0 置位并保持。

【20】上升接触器 KM1 线圈得电，1 号钻头开始上升。

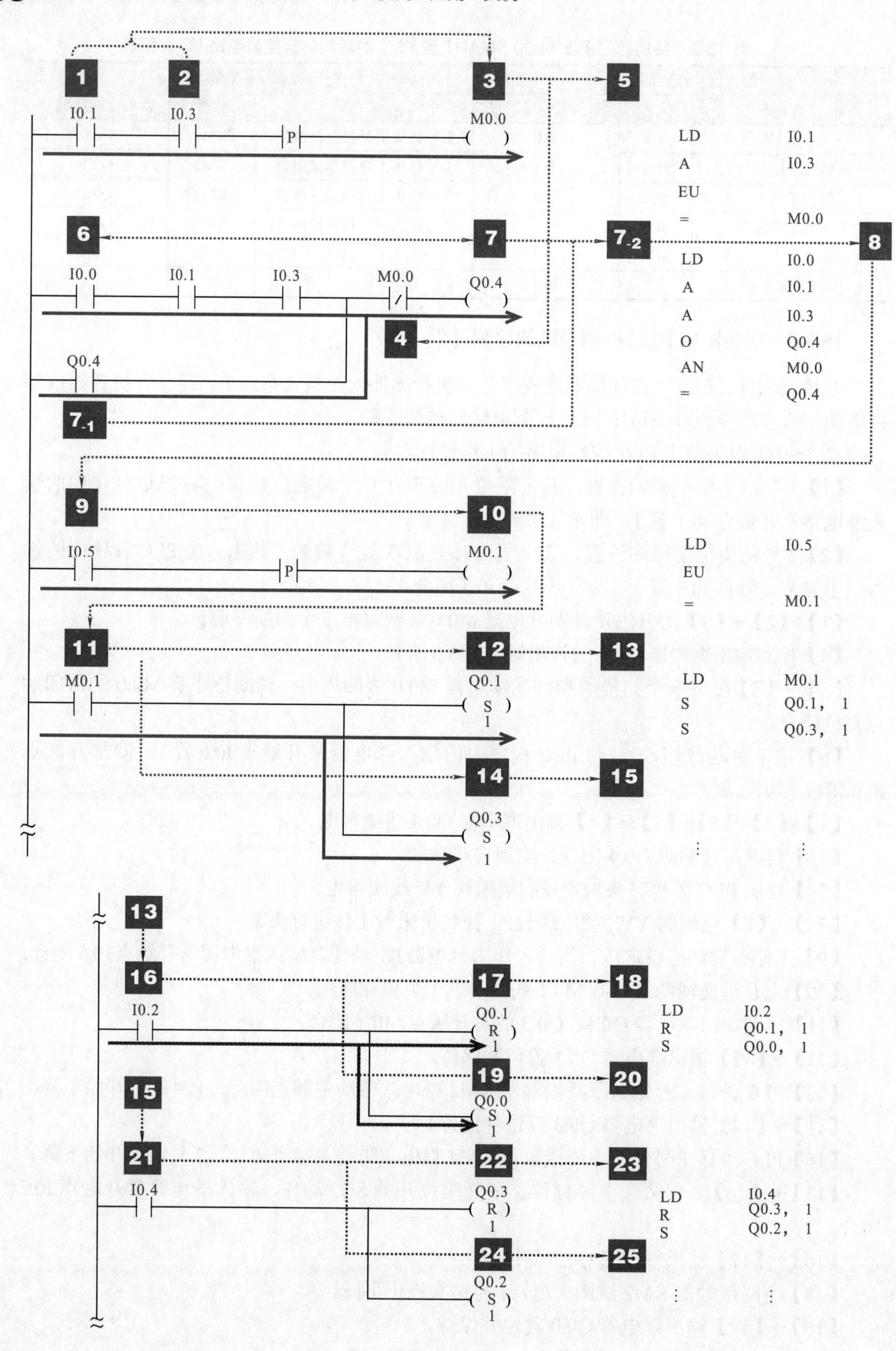
1
2
3
5
I0.1
I0.3
P
M0.0
LD I0.1
A I0.3
EU
= M0.0
6
7
7-2
8
I0.0
I0.1
I0.3
M0.0
Q0.4
LD I0.0
A I0.1
A I0.3
O Q0.4
AN M0.0
= Q0.4
4
Q0.4
7-1
9
10
I0.5
P
M0.1
LD I0.5
EU
= M0.1
11
12
13
M0.1
Q0.1
S
1
LD M0.1
S Q0.1， 1
S Q0.3， 1
14
15
Q0.3
S
1
13
16
17
18
I0.2
Q0.1
R
1
LD I0.2
R Q0.1， 1
S Q0.0， 1
19
20
Q0.0
S
1
15
21
22
23
I0.4
Q0.3
R
1
LD I0.4
R Q0.3， 1
S Q0.2， 1
24
25
Q0.2
S
1

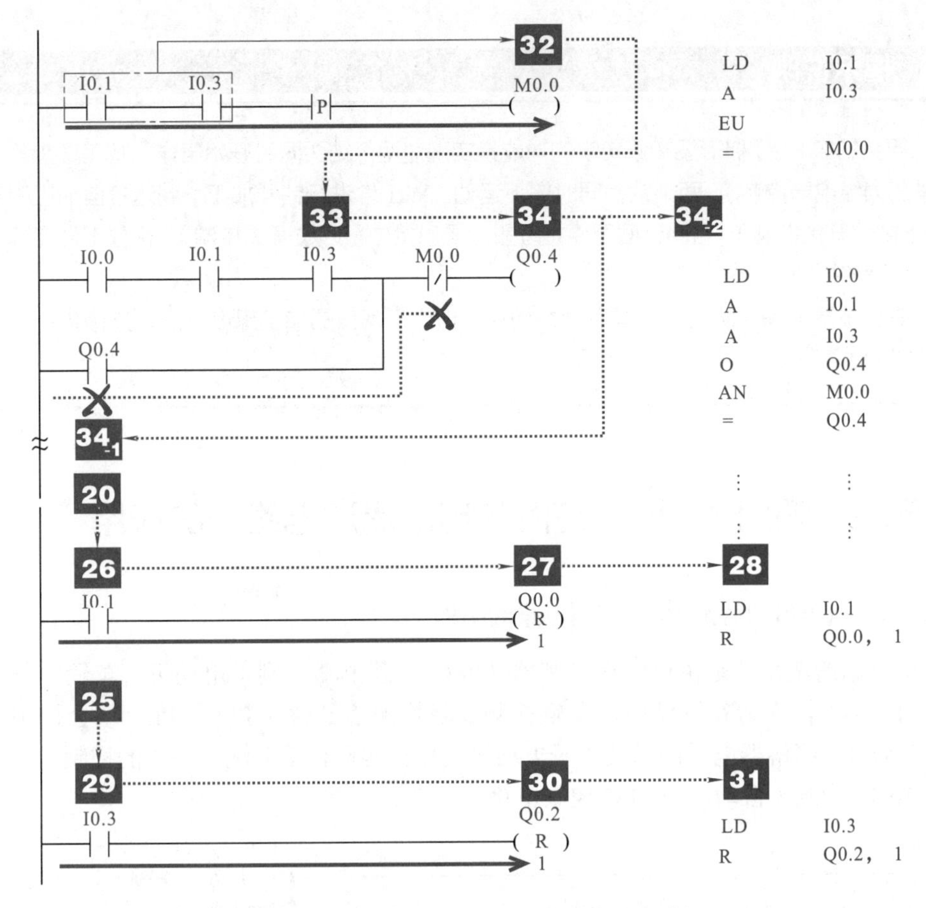

图 16-9　双头钻床 PLC 控制电路的工作过程

【15】→【21】2 号钻头下降到位，下降限位开关 SQ4 动作，输入继电器常开触点 I0.4 闭合。

【21】→【22】输出继电器 Q0.3 复位。

【23】下降接触器 KM4 线圈失电，2 号钻头停止下降。

【21】→【24】输出继电器 Q0.2 置位并保持。

【25】上升接触器 KM3 线圈得电，2 号钻头开始上升。

【20】→【26】1 号钻头上升到位，上升限位开关 SQ1 动作，输入继电器常开触点 I0.1 闭合。

【27】输出继电器 Q0.0 复位。

【28】1 号钻头上升接触器 KM1 线圈失电，1 号钻头停止上升。

【25】→【29】2 号钻头上升到位，上升限位开关 SQ3 动作，输入继电器常开触点 I0.3 闭合。

【30】输出继电器 Q0.2 复位。

【31】2 号钻头上升接触器 KM3 线圈失电，2 号钻头停止上升。

【26】+【29】→【32】I0.1 或 I0.3 的上升沿，使辅助继电器 M0.0 线圈得电 1 个扫描周期。

【33】辅助继电器常闭触点 M0.0 断开。

【34】输出继电器 Q0.4 线圈失电。

【34_{-1}】自锁常开触点 Q0.4 复位断开，解除自锁。

【34_{-2}】控制 PLC 外接电磁阀 YV 线圈失电，工件放松，钻床完成一次循环作业。

提示说明

双头钻床 PLC 梯形图和语句表的功能是实现对两个钻头同时开始工作、将工件夹紧（受夹紧压力继电器控制）、两个钻头同时向下运动，对工件进行钻孔加工，到达各自加工深度后（受下限位开关控制），自动返回至原始位置（受原始位置限位开关控制），释放工件完成一个加工过程的控制。

需要注意的是，两个钻头同时开始动作，但由于各自的加工深度不同，其停止和自动返回的时间也不同。

16.4 西门子 PLC 在汽车自动清洗电路中的应用

16.4.1 汽车自动清洗 PLC 控制电路的结构

汽车自动清洗系统是由可编程控制器（PLC）、喷淋器、刷子电动机、车辆检测器等部件组成的，当有汽车等待冲洗时，车辆检测器将检测信号送入 PLC，PLC 便会控制相应的清洗机电动机、喷淋器电磁阀以及刷子电动机动作，实现自动清洗、停止的控制。

图 16-10 为汽车自动清洗 PLC 控制电路。

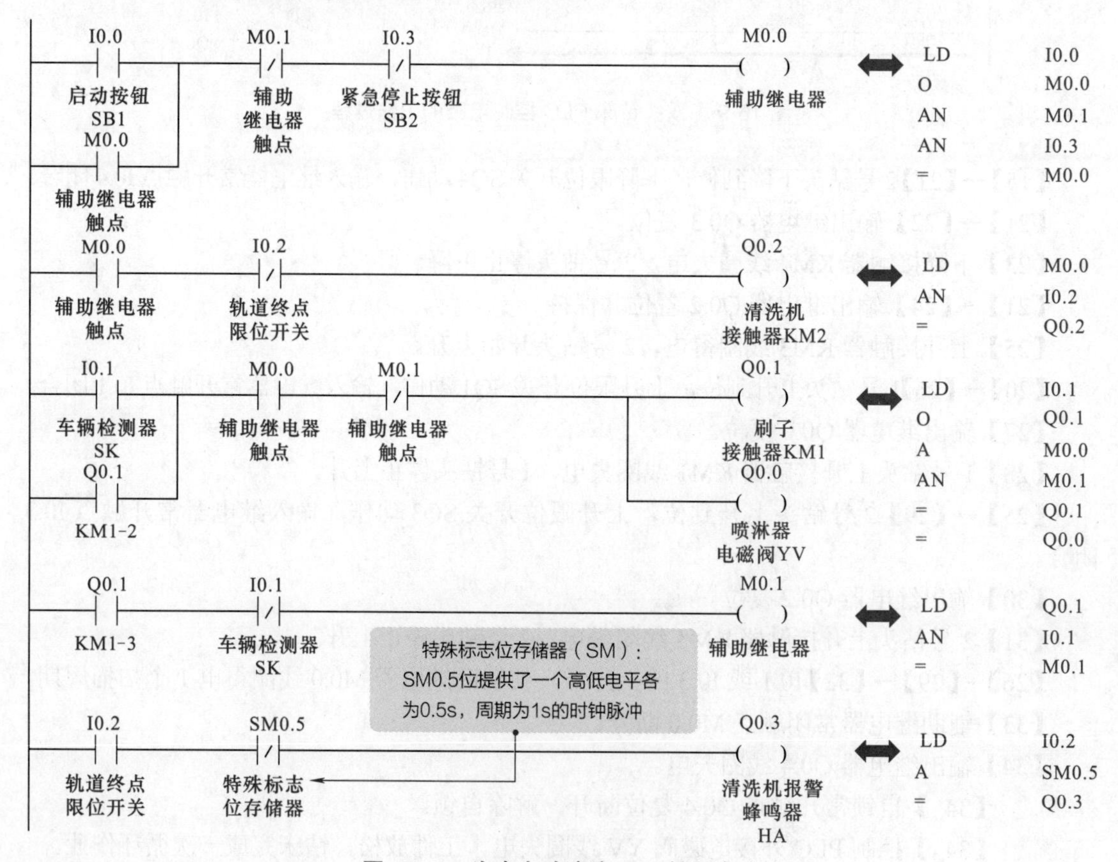

图 16-10 汽车自动清洗 PLC 控制电路

控制部件和执行部件 I/O 分配表连接分配的，对应 PLC 内部程序的编程地址编号。表 16-3 为由西门子 S7-200 SMART 系列 PLC 控制汽车自动清洗控制电路的 I/O 分配表。

表 16-3　由西门子 S7-200 SMART 系列 PLC 控制汽车自动清洗控制电路的 I/O 分配表

输入信号及地址编号			输出信号及地址编号		
名称	代号	输入点地址编号	名称	代号	输出点地址编号
启动按钮	SB1	I0.0	喷淋器电磁阀	YV	Q0.0
车辆检测器	SK	I0.1	刷子接触器	KM1	Q0.1
轨道终点限位开关	FR	I0.2	清洗机接触器	KM2	Q0.2
紧急停止按钮	SB2	I0.3	清洗机报警蜂鸣器	HA	Q0.3

16.4.2　汽车自动清洗 PLC 控制电路的控制过程

从控制部件、梯形图程序与执行部件的控制关系入手，逐一分析各组成部件的动作状态即可弄清汽车自动清洗 PLC 控制电路的控制过程。

图 16-11 为汽车自动清洗 PLC 控制电路的工作过程。

【1】按下启动按钮 SB1，将 PLC 程序中的输入继电器常开触点 I0.0 置 1，即常开触点 I0.0 闭合。

【2】辅助继电器 M0.0 线圈得电。

【2_{-1}】自锁常开触点 M0.0 闭合实现自锁功能。

【2_{-2}】控制输出继电器 Q0.2 的常开触点 M0.0 闭合。

【2_{-3}】控制输出继电器 Q0.1、Q0.0 的常开触点 M0.0 闭合。

【2_{-2}】→【3】输出继电器 Q0.2 线圈得电。

【4】控制 PLC 外接接触器 KM1 线圈得电，带动主电路中的主触点闭合，接通清洗机电动机电源，清洗机电动机开始运转，并带动清洗机沿导轨移动。

【5】当车辆检测器 SK 检测到有待清洗的汽车时，SK 闭合，将 PLC 程序中的输入继电器常开触点 I0.1 置 1，常闭触点 I0.1 置 0。

【5_{-1}】常开触点 I0.1 闭合。

【5_{-2}】常闭触点 I0.1 断开。

【2_{-3}】+【5_{-2}】→【6】输出继电器 Q0.1 线圈得电。

【6_{-1}】自锁常开触点 Q0.1 闭合实现自锁功能。

【6_{-2}】控制辅助继电器 M0.1 的常开触点 Q0.1 闭合。

【6_{-3}】控制 PLC 外接接触器 KM1 线圈得电，带动主电路中的主触点闭合，接通刷子电动机电源，刷子电动机开始运转，并带动刷子进行刷洗操作。

【2_{-3}】+【5_{-1}】→【7】输出继电器 Q0.0 线圈得电。

【8】控制 PLC 外接喷淋器电磁阀 YV 线圈得电，打开喷淋器电磁阀，进行喷水操作，这样清洗机一边移动，一边进行清洗操作。

【9】汽车清洗完成后，汽车移出清洗机，车辆检测器 SK 检测到没有待清洗的汽车时，SK 复位断开，PLC 程序中的输入继电器常开触点 I0.1 复位置 0，常闭触点 I0.1 复位置 1。

【9_{-1}】常开触点 I0.1 复位断开。

【9_{-2}】常闭触点 I0.1 复位闭合。

【6_{-2}】+【9_{-2}】→【10】辅助继电器 M0.1 线圈得电。

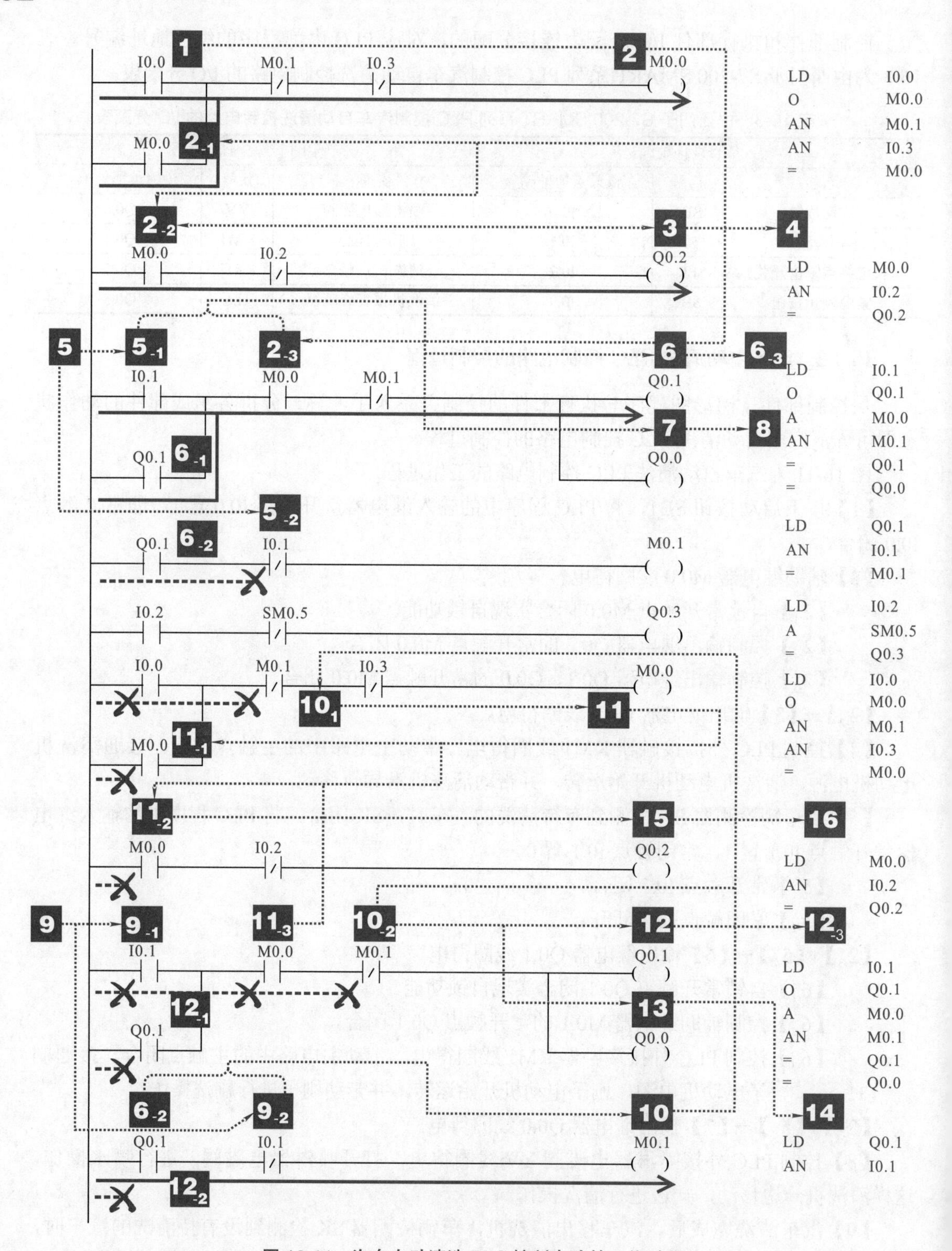

图 16-11　汽车自动清洗 PLC 控制电路的工作过程

【10_{-1}】控制辅助继电器 M0.0 的常闭触点 M0.1 断开。

【10_{-2}】控制输出继电器 Q0.1、Q0.0 的常闭触点 M0.1 断开。

【10_{-1}】→【11】辅助继电器 M0.0 失电。

【11_{-1}】自锁常开触点 M0.0 复位断开。

【11_{-2}】控制输出继电器 Q0.2 的常开触点 M0.0 复位断开。

【11_{-3}】控制输出继电器 Q0.1、Q0.0 的常开触点 M0.0 复位断开。

【10_{-2}】→【12】输出继电器 Q0.1 线圈失电。

【12_{-1}】自锁常开触点 Q0.1 复位断开。

【12_{-2}】控制辅助继电器 M0.1 的常开触点 Q0.1 复位断开。

【12_{-3}】控制 PLC 外接接触器 KM1 线圈失电，带动主电路中的主触点复位断开，切断刷子电动机电源，刷子电动机停止运转，刷子停止刷洗操作。

【10_{-2}】→【13】输出继电器 Q0.0 线圈失电。

【14】控制 PLC 外接喷淋器电磁阀 YV 线圈失电，喷淋器电磁阀关闭，停止喷水操作。

【11_{-2}】→【15】输出继电器 Q0.2 线圈失电。

【16】控制 PLC 外接接触器 KM1 线圈失电，带动主电路中的主触点复位断开，切断清洗机电动机电源，清洗机电动机停止运转，清洗机停止移动。

提示说明

若汽车在清洗过程中碰到轨道终点限位开关 SQ2，SQ2 闭合，将 PLC 程序中的输入继电器常闭触点 I0.2 置 0，常开触点 I0.2 置 1，常闭触点 I0.2 断开，常开触点 I0.2 闭合。输出继电器 Q0.2 线圈失电，控制 PLC 外接接触器 KM1 线圈失电，带动主电路中的主触点复位断开，切断清洗机电动机电源，清洗机电动机停止运转，清洗机停止移动。1s 脉冲发生器 SM0.5 动作，输出继电器 Q0.3 间断接通，控制 PLC 外接蜂鸣器 HA 间断发出报警信号。